Vicens Vives
Educació Secundària

Aula3D

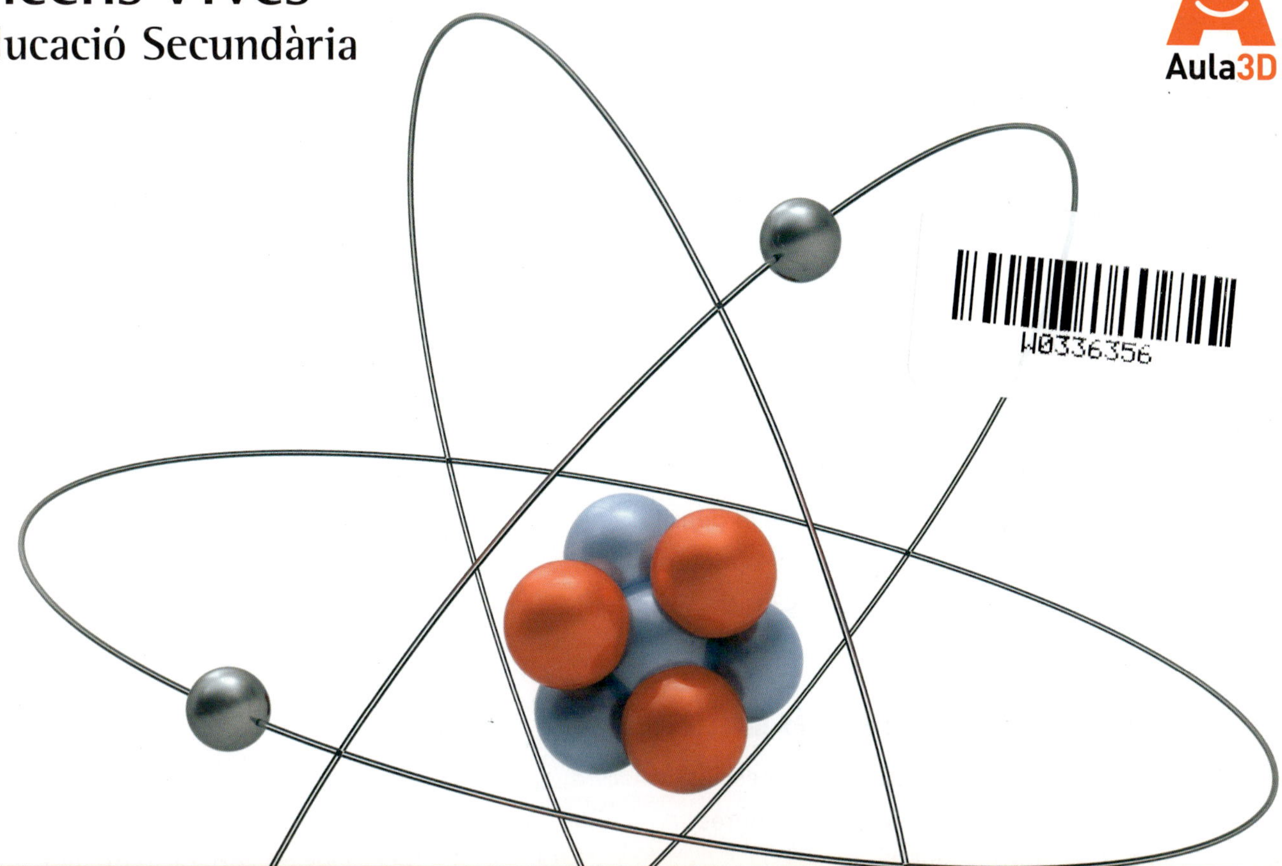

FiQ 3

FÍSICA I QUÍMICA

À. Fontanet Rodríguez
Professor de Física i Química d'IES

M. J. Martínez de Murguía Larrechi
Catedràtica de Física i Química d'IES

Índex

Química

Física

Com és aquest llibre?

Les activitats del llibre estan classificades segons els processos cognitius que treballen:

- **Conèixer:** en aquestes activitats els alumnes treballen directament el contingut.
- **Aplicar:** aquestes activitats relacionen el contingut treballat amb els coneixements previs de l'alumnat i amb l'entorn, és a dir, que treballen amb el context.
- **Raonar:** l'objectiu d'aquestes activitats és que l'alumne reflexioni, expliqui i raoni els perquès de les seves respostes.

Competències

- Comunicació lingüística
- Competència matemàtica
- Competències bàsiques en ciències i tecnologia (no s'indica explícitament ja que es treballa de manera transversal en tot el llibre)
- Aprendre a aprendre
- Consciència i expressions culturals
- Sentit d'iniciativa i esperit emprenedor
- Competències socials i cíviques
- Competència digital

- Les activitats contingudes en aquest llibre s'han de fer en un quadern a part.
- Els espais inclosos en les activitats són simplement indicatius i la seva finalitat és didàctica.

Com s'estructura aquest llibre

INTRODUCCIÓ

Títol i pregunta de caràcter general, que constitueix el centre de la unitat.

Fotografia que il·lustra els aspectes més rellevants de la unitat.

Introducció motivadora que presenta la matèria a estudiar.

Activitats destinades a repassar algunes nocions prèvies i a plantejar-se qüestions sobre el contingut.

Continguts principals de la unitat.

CONTINGUTS DEL TEMA

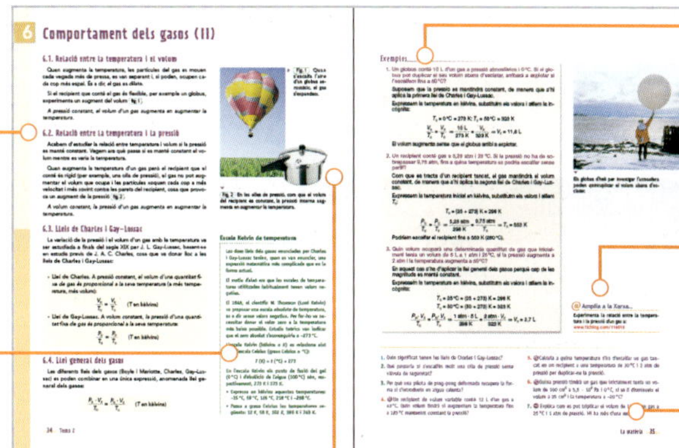

Les unitats estan estructurades en apartats i subapartats.

Documents que amplien o complementen continguts.

Mapes, fotos, esquemes, dibuixos, gràfics... que il·lustren el contingut.

Una completa gamma d'exemples resolts que ofereixen un gran suport per a la comprensió i l'aprenentatge.

@ Amplia a la Xarxa... amb activitats d'accés a Internet.

Activitats orientades a treballar les competències bàsiques.

PÀGINES MONOGRÀFIQUES

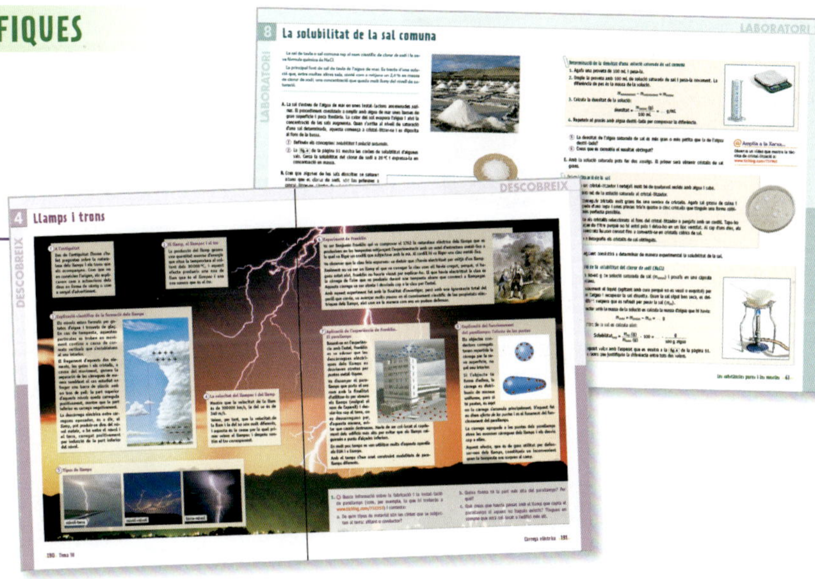

DESCOBREIX

Pàgines per aprofundir aspectes rellevants de la unitat. Inclouen activitats de comprensió i competencials.

LABORATORI

Les activitats experimentals han estat seleccionades amb molta cura pel seu interès didàctic i han estat comprovades per garantir-ne el resultat.

PÀGINES FINALS

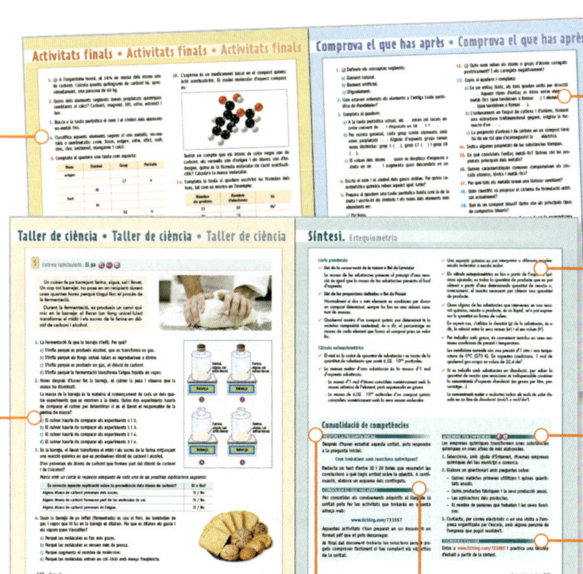

Bloc de preguntes de diferents nivells de dificultat que repassen els continguts del tema.

Activitats per practicar les competències científiques.

Activitat per sintetitzar el contingut de la unitat.

Activitats de consolidació.

Resum dels continguts

Aprendre per emprendre. Activitat de desenvolupament pràctic dels continguts.

Proposta de treball amb una tècnica d'estudi.

Proposta d'autoavaluació.

1 EL TREBALL CIENTÍFIC

Com se sap que una cosa és certa?

Una vegada obtingudes les dades per experimentació o per observació, cal analitzar-les amb profunditat per treure'n conclusions.

1600-1699

1687 – El físic anglès Isaac Newton (1642-1727) publica el llibre *Philosophiae Naturalis Principia Mathematica*, on posa les bases de la mecànica clàssica i de la llei de la gravitació universal.

1700-1799

1790 – Sistema mètric. En el context de la Revolució Francesa, es decideix crear un sistema d'unitats racional, unificat i senzill que substitueix l'embolic d'unitats tradicionals emprats fins aleshores.

1789 – Llei de conservació de la matèria. El químic francès A. Lavoisier (1743-1794) estableix la llei de la conservació de la matèria, segons la qual la matèria ni es crea ni es destrueix, només es transforma.

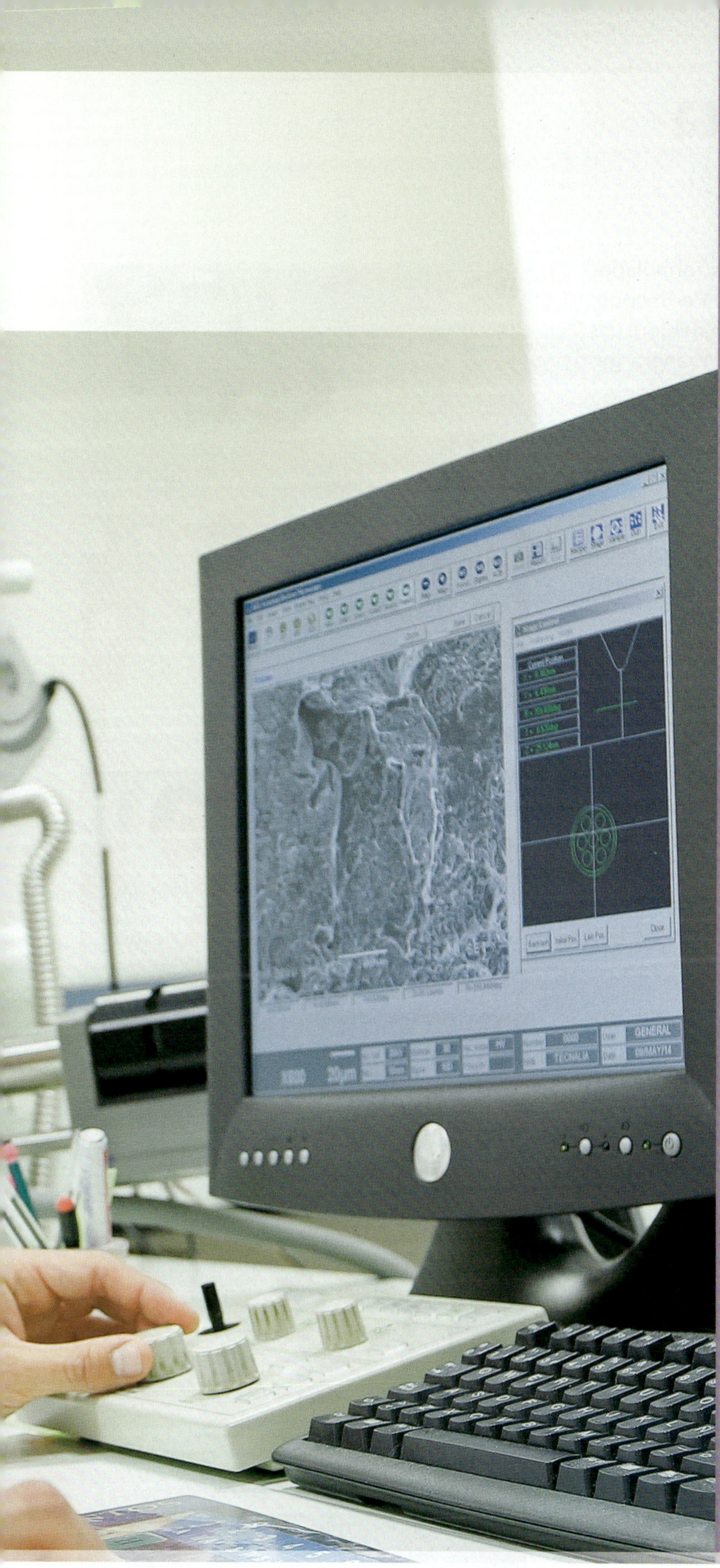

El coneixement es construeix a partir de les preguntes que ens fem els éssers humans i quan intentem respondre-les.

El treball dels científics consisteix a plantejar-se preguntes que siguin d'interès en els seus camps d'investigació respectius (la física, la química, la biologia, la geologia...) i, naturalment, a esforçar-se a donar-hi respostes ben fonamentades.

Les investigacions científiques s'han de dur a terme de manera que es garanteixi, tant com sigui possible, l'encert de les conclusions.

Per aconseguir-ho, els científics utilitzen uns procediments de treball molt rigorosos que es coneixen genèricament amb el nom de **mètode científic**.

Què sabem?

- La física, la química i la biologia són camps d'investigació científica molt extensos. Quins altres camps d'investigació coneixes?
- És el mateix l'astrologia que l'astronomia? Algun d'aquests termes correspon a un camp d'investigació científica?
- A diferència d'altres professions, el treball dels científics i de les científiques sol ser anònim. Coneixes els noms de científics, homes o dones, actuals? I del passat?

Què aprendrem?

1. **La investigació científica**
2. **Magnituds i unitats**
3. ***Descobreix*. El laboratori**
4. **Característiques de la mesura**
5. ***Descobreix*. La seguretat al laboratori**
6. ***Laboratori*. El mètode científic**

1800-1899

1900-1999

El físic Albert Einstein (1879-1955) publica la teoria de la relativitat especial, els postulats de la qual, realment revolucionaris, remouen els fonaments de la mecànica de Newton; per això es considera l'inici de la física moderna.

• 1905

Sistema internacional d'unitats. En l'XI Conferència General de Pesos i Mesures s'estableix el SI amb sis unitats bàsiques: metro, quilogram, segon, ampere, kelvin i candela.

• 1960

• 1971

S'afegeix al SI la unitat bàsica de la química, el mol, corresponent a la magnitud de la quantitat de substància.

1 La investigació científica

1.1. El mètode científic

La ciència ha anat creixent al voltant de les preguntes formulades amb la finalitat de comprendre el món que ens envolta. Per respondre a aquestes preguntes, cada disciplina científica ha establert uns procediments de treball particulars, que anomenem de manera genèrica **mètode científic**.

Malgrat la seva diversitat, en la major part de les investigacions científiques s'hi poden identificar unes **etapes comunes**.

1. Plantejament del problema

El primer pas consisteix a plantejar el problema que es vol estudiar. Aquest sorgeix com a resultat d'observacions o investigacions anteriors i ha de ser una qüestió important.

Es pot obtenir un medicament eficaç per curar una malaltia determinada?

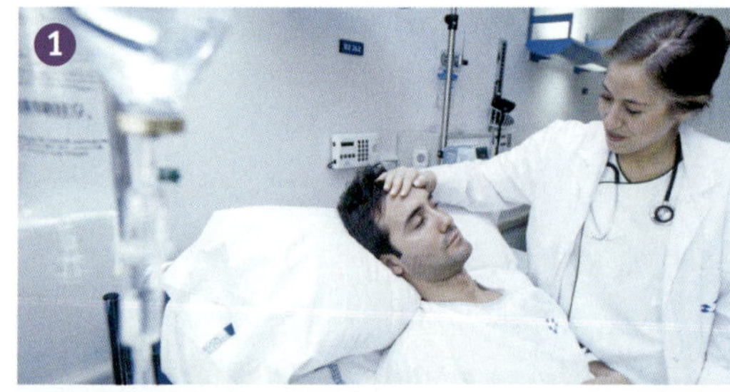

2. Cerca d'informació

El científic cerca tota la informació possible relacionada amb el problema que investiga. Per tant, es documenta sobre els darrers avenços en revistes especialitzades, intercanvia informació amb grups de científics que treballen en el mateix camp...

Es recull informació sobre la malaltia i sobre els medicaments utilitzats fins al moment actual.

3. Formulació d'hipòtesis

Per mitjà de l'estudi de la informació recollida, es té la base teòrica per a la presentació d'hipòtesis, és a dir, respostes possibles al problema plantejat.

Es proposa una substància com a medicament possible.

4. Experimentació i recollida de dades

Els experiments solen fer-se als laboratoris en condicions controlades, excepte quan s'estudien fenòmens que no és possible reproduir.

Es prova el medicament en animals i en humans.

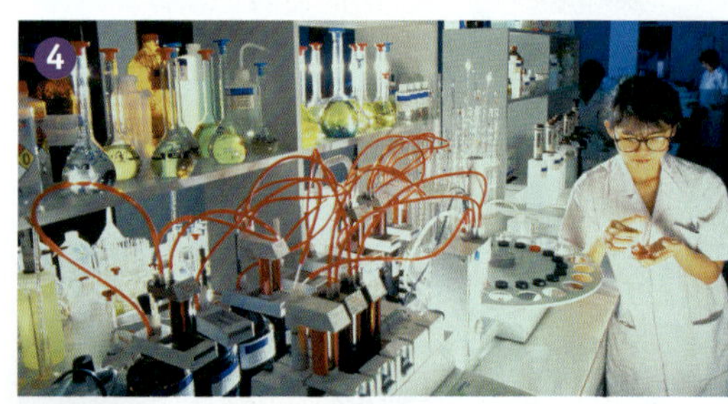

5. Anàlisi de les dades

Les dades obtingudes amb els experiments s'ordenen i s'analitzen per buscar relacions entre les variables que intervenen en el fenomen estudiat, i, si pot ser, aconseguir-ne una formulació matemàtica.

S'ordenen i s'estudien les dades obtingudes.

6. Obtenció de resultats i conclusions

En tot treball científic s'arriba a uns resultats a partir dels quals s'elaboren algunes conclusions. De vegades, les conclusions adquireixen la categoria de llei, que contribueix a la confirmació d'una teoria científica.

Els resultats permeten extreure conclusions sobre l'eficàcia terapèutica del medicament.

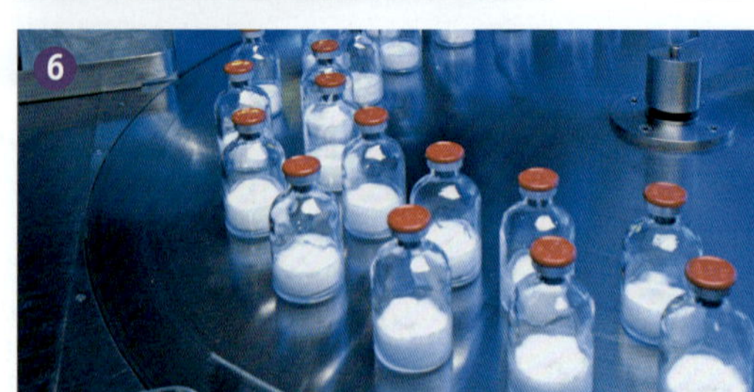

LLEIS I TEORIES CIENTÍFIQUES

La investigació científica genera uns coneixements que van sent recollits en forma de *lleis* i de *teories científiques*.

@ Amplia a la Xarxa...

Repassa el mètode científic a:
www.tiching.com/731739

La llei científica

A grans trets, una **llei científica** és una descripció detallada del fenomen que s'investiga, formulada de manera que es compleixi sense excepció i que, per tant, es pugui considerar una aportació rellevant a la comprensió del fenomen estudiat.

Cal tenir en compte, però, que la validesa d'una llei és sempre provisional. Si una altra investigació demostra que la llei no es compleix en algun cas, caldrà modificar-la o descartar-la. D'aquesta manera, pas a pas, s'ha anat construint el coneixement científic.

La llei de la conservació de la massa enunciada per A. Lavoisier (1743-1794) va marcar l'inici de la química com a disciplina científica.

Teoria científica

Un pas més enllà en el treball científic consisteix a organitzar les lleis relacionades entre si en una agrupació coherent d'idees i principis, de manera que obtenim el que s'ha convingut a anomenar **teoria científica**.

Les teories científiques permeten descriure fenòmens ja observats i predir descobriments futurs, de manera que obren noves vies d'investigació.

Una teoria científica és el resultat del treball de molts científics, tot i que sol ser designada amb el nom del que ha contribuït de manera més remarcable a la seva elaboració o a posar les bases que han permès desenvolupar-la.

Isaac Newton (1642-1727) va elaborar la teoria de la gravetat universal; Albert Einstein (1879-1955) va enunciar la teoria de la relativitat.

1. Explica el mètode científic i les seves etapes.
2. Què és una llei científica? Les lleis científiques poden canviar? A continuació explica què és una teoria científica i la seva relació amb les lleis científiques.
3. Suposa que ets un científic. Planteja una pregunta adequada a la disciplina científica que vulguis i descriu les etapes de la investigació que et permetria donar-hi resposta.
4. Els experiments són observacions controlades que donen molta informació als científics. Però, no sempre són possibles. Explica algun cas en el qual els científics no puguin fer experiments.
5. Quines diferències hi ha entre una llei científica i una llei que regula la convivència de les persones en la societat? Explica com s'arriba a formular una llei de cada tipus.

2 Magnituds i unitats

2.1. Les magnituds i la seva mesura

A la fig. 1 es mostra una fruita tropical anomenada carambola. De la llista de qualitats que podem emprar per descriure-la, n'hi ha que es poden mesurar, com ara la grandària o la massa, i d'altres que no, com el sabor.

Una **magnitud** és qualsevol qualitat de la natura que es pugui mesurar.

Fig. 1 El sabor d'una fruita és una característica que no pot mesurar-se. No és una magnitud.

Per mesurar una magnitud cal establir com a referència de comparació una part d'aquesta mateixa magnitud que es pren com a **unitat** fig. 2.

La **mesura d'una magnitud** és el nombre de vegades que la quantitat de magnitud considerada conté la unitat.

2.2. Sistema internacional d'unitats

Per poder mesurar amb rigor cal elegir una unitat de referència clarament definida i que no presenti variacions.

Els científics empren normalment el **sistema internacional d'unitats (SI)**, que consta de set **unitats bàsiques** clarament definides taula 1.

Fig. 2 La unitat de massa és el *quilogram*. I un quilogram és, exactament, la massa del quilogram patró, que es guarda a l'Oficina Internacional de Pesos i Mesures de Sèvres (França).

Taula 1

Magnitud	Unitat	
longitud	metre	m
massa	quilogram	kg
temps	segon	s
intensitat del corrent	ampere	A
temperatura	kelvin	K
quantitat de substància	mol	mol
intensitat lluminosa	candela	cd

Les altres unitats es defineixen a partir de les bàsiques i per això són **unitats derivades**. Per exemple, la unitat de superfície, el metre quadrat (m^2), i la unitat de volum, el metre cúbic (m^3), deriven de la unitat de longitud, el metre (m).

Els símbols de les unitats

Els símbols de les unitats s'escriuen amb minúscula, excepte els que es deriven del nom d'algun científic prestigiós, que s'escriuen amb majúscula.

Són d'aquest darrer tipus l'ampere (A) i el kelvin (K), que honoren, respectivament, André M. Ampère (1775-1836) i W. Thomson, lord Kelvin (1824-1907).

@ Amplia a la Xarxa...

Treballa el sistema internacional d'unitats a:
www.tiching.com/731740

2.3. Múltiples i submúltiples de les unitats

L'escriptura de quantitats molt grans o molt petites se simplifica utilitzant **múltiples** i **submúltiples** de les unitats. D'aquesta manera s'evita escriure nombres amb moltes xifres i, gràcies a això, es redueixen els errors.

Els múltiples i els submúltiples de les unitats s'indiquen per mitjà de prefixos o, de manera abreujada, pels seus símbols taula 2.

Factors de conversió d'unitats

Per expressar una quantitat per mitjà de múltiples o submúltiples, o amb una altra unitat que no sigui del SI, s'utilitza un procediment matemàtic que anomenem **factor de conversió**.

El procediment consisteix a multiplicar la quantitat que cal convertir, *x*, per un factor *a*/*b*, en el qual *a* i *b* són quantitats equivalents, però expressades en unitats diferents.

Vegem, a tall d'exemple, la conversió d'un període de temps de 3 dies a minuts emprant els factors de conversió següents:

Com que 24 h = 1 dia ⇒ el factor $\frac{24\ \text{h}}{1\ \text{dia}}$ converteix dies en hores.

Com que 1 h = 60 min ⇒ el factor $\frac{60\ \text{min}}{1\ \text{h}}$ converteix hores en minuts.

Ara apliquem factors de conversió i obtenim:

$$\text{temps} = 3\ \cancel{\text{dies}} \cdot \frac{24\ \cancel{\text{h}}}{1\ \cancel{\text{dia}}} \cdot \frac{60\ \text{min}}{1\ \cancel{\text{h}}} = \frac{3 \cdot 24 \cdot 60}{1 \cdot 1}\ \text{min} = 4320\ \text{min}$$

Taula 2

MÚLTIPLES I SUBMÚLTIPLES		
Prefix	**Símbol**	**Factor multiplicador**
tera-	T	10^{12} = 1 000 000 000 000
giga-	G	10^{9} = 1 000 000 000
mega-	M	10^{6} = 1 000 000
quilo- (o kilo-)	k	10^{3} = 1 000
hecto-	h	10^{2} = 100
deca-	da	10^{1} = 10
deci-	d	10^{-1} = 0,1
centi-	c	10^{-2} = 0,01
mil·li-	m	10^{-3} = 0,001
micro-	μ	10^{-6} = 0,000 001
nano-	n	10^{-9} = 0,000 000 001
pico-	p	10^{-12} = 0,000 000 000 001

Exemples

1. **Expressa en micròmetres (μm) la longitud d'una cèl·lula de 0,000 004 5 m.**

   Com que 1 m = 1 000 000 μm, el factor de conversió que converteix metres en micres és:

   $$1\ \mu\text{m} = 0{,}000001\ \text{m} \Rightarrow \frac{1\ \mu\text{m}}{0{,}000001\ \text{m}}$$

   Per tant:

   $$\text{longitud} = 0{,}0000045\ \cancel{\text{m}} \cdot \frac{1\ \mu\text{m}}{0{,}000001\ \cancel{\text{m}}} = 4{,}5\ \mu\text{m}$$

2. **Expressa en metres quadrats (m²) l'àrea d'una taula de cuina que mesura 12 000 cm².**

   Com que és una unitat de superfície, el factor de conversió que converteix centímetres quadrats en metres quadrats és:

   $$1\ \text{m}^2 = (100\ \text{cm})^2 = 10000\ \text{cm}^2 \Rightarrow \frac{1\ \text{m}^2}{10000\ \text{cm}^2}$$

   Per tant:

   $$\text{àrea} = 12000\ \cancel{\text{cm}^2} \cdot \frac{1\ \text{m}^2}{10000\ \cancel{\text{cm}^2}} = 1{,}2\ \text{m}^2$$

@ Amplia a la Xarxa...

Aprèn com s'utilitza un conversor d'unitats a: www.tiching.com/731742

1. Explica què és el sistema internacional d'unitats.
2. Indica quines d'aquestes propietats són magnituds: *longitud*, *bellesa*, *temps*, *volum*, *alegria*, *velocitat*, *força*, *simpatia*, *temperatura*, *tristesa* i *superfície*.
3. Fes aquestes conversions al quadern:
   a. 345 g = ... kg
   b. 2954 s = ... dia
   c. 8000 mm = ... km
   d. 22 m² = ... cm²
   e. 6,5 g = ... mg

3 El laboratori

En un laboratori químic hi ha una gran diversitat de material: provetes, pipetes, matrassos, etc. Cada tipus de material té unes característiques que el fan adequat per a un ús o un altre.

En un laboratori hi podem trobar diferents tipus de materials, cadascun amb aplicacions específiques.

A MATERIAL PER CONTENIR, MESCLAR O ESCALFAR

Gran part del treball que es porta a terme en un laboratori consisteix a contenir, mesclar o escalfar líquids. Els materials més comuns que s'utilitzen per a aquestes finalitats són els següents:

Vas de precipitats. És un recipient de vidre molt polivalent. S'utilitza per contenir líquids o escalfar-los, portar a terme reaccions, etc.

La majoria d'aquests vasos estan graduats, i poden utilitzar-se per mesurar volums aproximats.

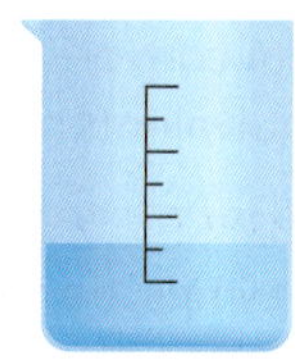

Matràs. És un recipient de forma esfèrica que sol ser utilitzat per escalfar líquids.

Matràs d'Erlenmeyer. És un matràs de forma cònica que sol ser utilitzat per escalfar líquids o fer reaccions.

Tub d'assaig. S'utilitza per fer assaigs qualitatius senzills. Sol col·locar-se en una gradeta.

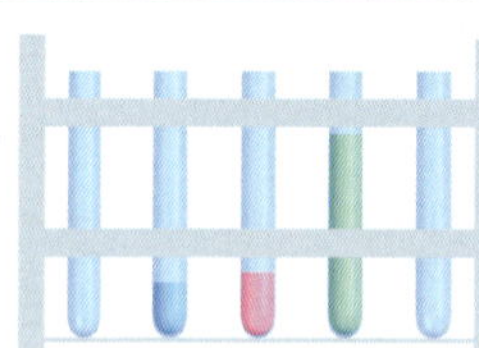

Cristal·litzador. És un recipient baix i ample que s'utilitza per deixar-hi evaporar líquids a temperatura ambient.

Càpsula de porcellana. S'utilitza per escalfar a temperatures elevades.

B INSTRUMENTS HABITUALS

Balança. S'hi pesen les substàncies.

Regle + flexòmetre. S'utilitzen per mesurar longituds.

Termòmetre. Instrument per mesurar temperatures.

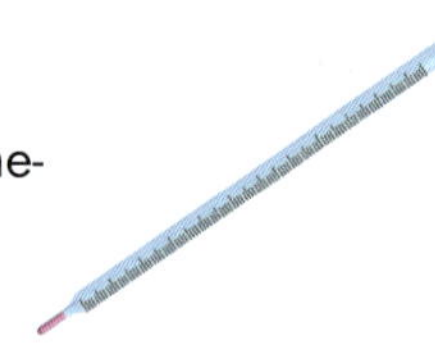

Pila + font d'alimentació. Proporcionen corrent elèctric.

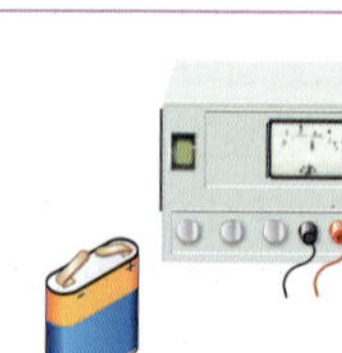

C MATERIAL VOLUMÈTRIC

El material volumètric és el conjunt de recipients de grandària diversa, graduats o aforats, que serveixen per mesurar volums. Els més habituals són aquests:

1 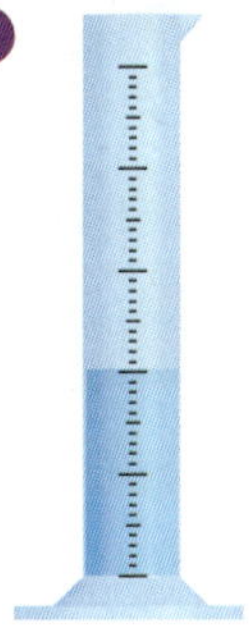
2 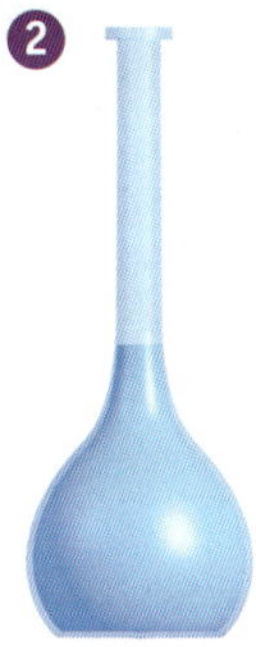
3 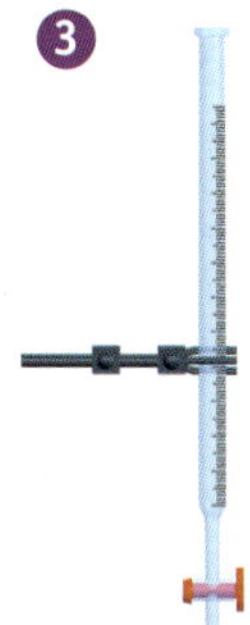
4 

1. **Proveta**. Recipient graduat que serveix per mesurar volums aproximats.
2. **Matràs aforat**. Recipient amb una marca d'aforament, la línia d'anivellament o d'enrasament, que indica el volum contingut.
3. **Bureta**. Tub graduat proveït d'una clau, de manera que permet mesurar el volum abocat.
4. **Pipeta**. Tub graduat o amb marques d'aforament que serveix per transvasar un cert volum. S'utilitza amb aspirador de succió.

Ús d'un comptagotes per abocar unes gotes de reactiu en un tub d'assaig.

D MATERIAL D'ÚS DIVERS

Al laboratori hi ha un gran nombre d'instruments d'utilitat diversa: per transvasar i abocar líquids, agafar porcions, triturar sòlids, etc. Una mostra d'aquest material és la següent:

Comptagotes. S'utilitza per abocar líquids gota a gota.

Embut. Serveix per transvasar líquids d'un recipient a un altre.

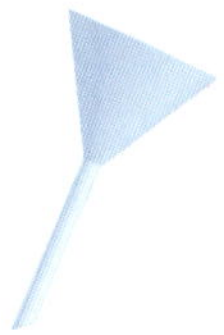

Morter. S'utilitza per triturar sòlids.

Espàtula. Serveix per agafar petites quantitats de sòlids.

Vidre de rellotge. És un petit plat de vidre que serveix per dipositar-hi petites quantitats d'un sòlid.

Flascó rentador. Sol utilitzar-se per tenir-hi aigua destil·lada.

Al laboratori hi ha el material i els productes químics, però també hi ha elements de seguretat.

1. Què és el material volumètric?
2. Quins recipients solen utilitzar-se per escalfar líquids?
3. Per mesurar 15 cm^3 de líquid, què és preferible, utilitzar una proveta de 100 cm^3 o una proveta de 25 cm^3? Per quina raó?

4 Característiques de la mesura

4.1. Mesurament directe

Una mesura es pot obtenir amb un mesurament directe si es diposa de l'instrument adequat: la longitud, amb un regle o amb un peu de rei fig. 1; la masa, amb una balança; el temps, amb un cronòmetre...

En aquests casos, la mesura s'expressa amb un valor numèric format per un cert nombre de xifres, anomenades **xifres significatives**, que es completa amb la unitat corresponent.

Per exemple, si pesem un retolador en una balança que aprecïï fins a un gram, la mesura podria ser 11 g, i el nombre de xifres significatives és dos fig. 2.

Fig. 1 L'amplada d'una peça petita és una magnitud que pot mesurar-se amb un peu de rei.

4.2. Mesurament indirecte

De vegades, però, el mesurament s'ha de fer de manera indirecta a causa de les limitacions de l'instrumental o de la naturalesa de la magnitud que cal mesurar.

Per exemple, la massa d'una xinxeta no es podria mesurar directament amb una balança que només apreciés fins a un gram, però sí que podríem mesurar un nombre elevat de xinxetes i després determinar la massa d'una de sola per mitjà d'una divisió fig. 3.

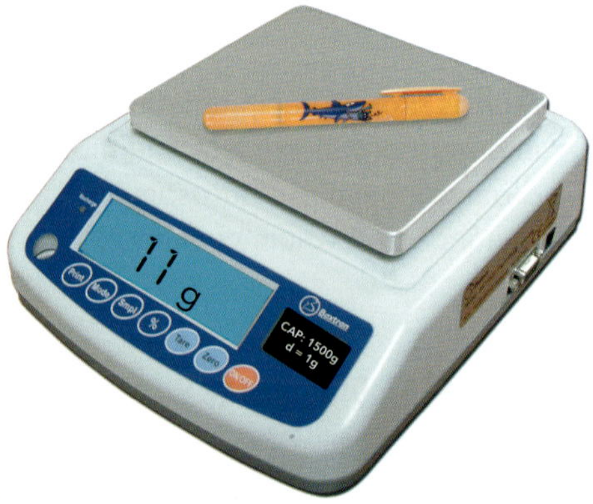

Fig. 2 Mesurament de la massa d'un objecte.

Si la massa de 60 xinxetes és de 37 g, la massa d'una xinxeta serà:

$$\text{massa d'una xinxeta} = \frac{37\text{ g}}{60\text{ xinxetes}} = 0{,}6166666\text{ g/xinxeta}$$

És possible que amb una balança tan simple es pugui mesurar una massa amb una precisió tan gran? Naturalment que no.

La massa de les 60 xinxetes només té dues xifres significatives, i, per tant, la massa d'una xinxeta determinada per mitjà de càlcul no pot tenir més de dues xifres significatives:

$$\text{massa d'una xinxeta} = \frac{37\text{ g}}{60\text{ xinxetes}} = 0{,}62\text{ g/xinxeta}$$

Com es pot veure, els zeros a l'esquerra no es compten com a xifres significatives i **s'ha arrodonit**.

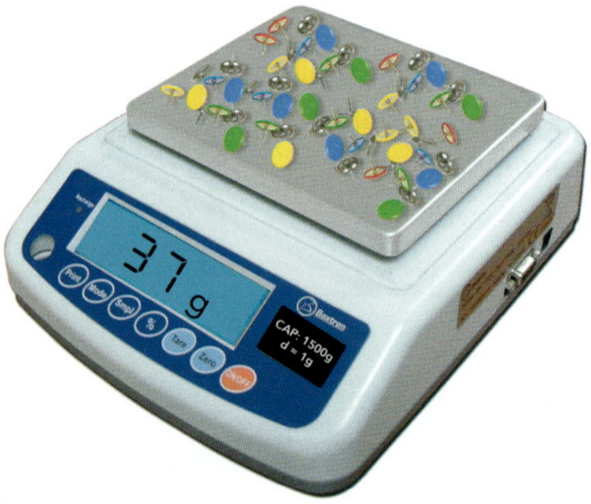

Fig. 3 Mesurament de la massa d'un grup nombrós d'objectes petits.

Arrodoniment numèric

Uns criteris molt simples per arrodonir un valor fins a un nombre de xifres determinat són aquests:

1. Si la primera xifra de què es prescindeix és 0, 1, 2, 3 o 4, l'última xifra significativa es deixa igual.
2. Si la primera xifra de què es prescindeix és 5, 6, 7, 8 o 9, l'última xifra significativa s'augmenta una unitat.

Per exemple, els valors següents han estat arrodonits amb tres xifres significatives:

15,**206** → 15,**2** (aproximació per defecte)

12,**683** → 12,**7** (aproximació per excés)

@ Amplia a la Xarxa...

Utilitza una calculadora de xifres significatives a: www.tiching.com/731744

4.3. Incertesa de la mesura

Una mesura sempre és aproximada a causa de les limitacions del procediment seguit i de les limitacions pròpies de l'instrument emprat.

Per exemple, si en una carrera un àrbitre apreciés a ull nu l'instant de travessar la meta i, a més, mesurés el temps amb un rellotge ordinari, la incertesa de la mesura seria enorme.

En aquest cas, per obtenir una mesura més precisa es pot utilitzar una tècnica més acurada, com ara les fotografies d'arribada i instruments més precisos, com cronòmetres que apreciïn fraccions de segon fig. 4.

En les investigacions científiques, per atenuar tant com es pugui la incertesa de les mesures, es solen fer molts mesuraments iguals i es pren com a valor de la mesura la mitjana aritmètica de tots els valors obtinguts.

Fig. 4 Els temps que registren els atletes es prenen amb intruments molt precisos.

Exemples

1. **Calcula l'àrea d'un cercle de 12,8 cm de radi.**

La mesura de la superfície d'un cercle està determinada per:

$$S = \pi r^2$$

Substituint el valor del radi i fent les operacions s'obté això:

$$S = \pi r^2 = \pi (12,8 \text{ cm})^2 = 514,7184 \text{ cm}^2$$

Com que la mida del radi té tres xifres significatives, el resultat obtingut s'ha d'arrodonir fins a la tercera xifra:

$$S = 51\underline{4},71854 \text{ cm}^2 \rightarrow S = 515 \text{ cm}^2$$

2. **Per mesurar el temps que un objecte tarda a caure des d'una alçada determinada es formen set grups d'alumnes i es fan set mesuraments simultanis. Pots veure'n els resultats a la dreta.**

Quin valor de temps ha de considerar-se com a resultat del mesurament?

Grup	Temps (s)
1	1,14
2	1,27
3	1,03
4	1,16
5	13,22
6	1,05
7	1,13

Tots els valors obtinguts són del mateix ordre, llevat del valor del grup cinc que és massa diferent a la resta.

Un valor tan diferent segurament és degut a un error del procediment o del cronòmetre i ha de ser desestimat en calcular la mesura.

$$t = \frac{1,14 \text{ s} + 1,27 \text{ s} + 1,03 \text{ s} + 1,16 \text{ s} + 1,05 \text{ s} + 1,13 \text{ s}}{6} = 1,13 \text{ s}$$

L'objecte va tardar 1,13 s a caure.

Notació científica

Un nombre expressat com:

$$C \cdot 10^n$$

essent n un nombre enter i C un nombre que té la part entera formada per una única xifra no nul·la, està escrit en **notació científica**.

L'escriptura de nombres molt grans i molt petits és més senzilla d'aquesta manera.

1. Què és un mesurament directe?
2. Quins criteris s'utilitzen per arrodonir un valor?
3. Quina diferència hi ha entre un mesurament directe i un d'indirecte?
4. Si et diuen que una mesura és aproximada, significa que el mesurament s'ha fet malament?
5. Per mesurar la massa d'un caragol metàl·lic se'n van pesar 150 unitats en una balança que apreciava només grams, i la massa total va ser de 958 g.

   Quina massa té un caragol?
6. Les dimensions dels fulls de paper DIN A4 són: 210 mm × 297 mm.

   Calcula l'àrea d'un full DIN A4 expressada en centímetres quadrats i amb tres xifres significatives.
7. Es van obtenir cinc mesures diferents d'una mateixa magnitud:

   34,62; 36,75; 35,92; 34,98 i 36,02

   Quin valor cal prendre com a mesura resultant?

5 La seguretat al laboratori

DESCOBREIX

Al laboratori químic cal respectar un sèrie de normes de treball per aconseguir que les activitats siguin profitoses, però també per tal de reduir els riscos derivats de l'ús d'una diversitat d'instruments, materials i substàncies químiques que, si es manipulen incorrectament, són potencialment perillosos per a la seguretat personal o col·lectiva.

Mesurament de la massa d'un líquid en un recipient hermètic.

A NORMES DE TREBALL AL LABORATORI

Les normes de treball comencen abans d'entrar al laboratori, durant la realització de l'experiència i després, quan hem de recollir-ho tot i deixar-ho ben ordenat.

Abans de començar l'activitat

Abans de començar l'activitat al laboratori, has de llegir-ne atentament el protocol per tal de tenir clar l'objectiu que es pretén i el procediment a seguir. Això et facilitarà molt la planificació de la feina.

Quan hagis comprès bé el protocol, prepara tot el material que necessitaràs, i col·loca'l net i ordenat damunt la taula de treball. Això evitarà desplaçaments pel laboratori i pèrdues de temps.

Durant la realització de l'activitat

Segueix el protocol de l'activitat i no el variïs sense l'autorització del professor o de la professora.

Fixa't en les etiquetes dels reactius que hagis d'emprar i segueix les normes de seguretat i de manipulació que s'hi recomanen. Tingues una cura especial amb les substàncies corrosives, especialment si són líquids que poden esquitxar.

Per evitar intoxicacions accidentals, al laboratori no es pot menjar ni beure.

Extrema les precaucions en manipular el material de vidre, perquè es pot trencar fàcilment i pots tallar-te. A més, no es distingeix quan està calent i pots cremar-te.

L'ús de la bata al laboratori és molt recomanable per evitar qualsevol contaminació accidental. Les ulleres de seguretat protegeixen els ulls; per exemple, dels esquitxos.

Després d'acabar l'activitat

Neteja i desa el material de laboratori que has utilitzat, per tal que estigui a punt quan es necessiti en una pròxima activitat. Neteja també la taula de treball i elimina les restes dels reactius i altres residus seguint les instruccions del professor o la professora. Com a norma general:

- No aboquis al desguàs residus sòlids ni substàncies perilloses per al medi ambient, com, per exemple, compostos de metalls pesants (plom, mercuri...).
- Diposita els residus als contenidors que hi ha al laboratori destinats a aquesta finalitat.

Abans de sortir del laboratori, renta't a consciència les mans amb aigua i sabó.

El material del laboratori s'ha de rentar i s'ha de desar de manera adequada després de fer-lo servir.

B L'ETIQUETATGE DE LES SUBSTÀNCIES QUÍMIQUES

Algunes substàncies químiques emprades al laboratori poden ser perilloses si no es manipulen correctament.

Per aquest motiu, totes les substàncies químiques s'han de guardar en recipients degudament etiquetats, de manera que en mirar l'etiqueta ens adonem de seguida de quina és la perillositat de la substància que conté el recipient, de quines precaucions cal prendre per manipular-lo i què cal fer en cas d'accident.

Als envasos d'aquestes substàncies hi ha uns pictogrames que adverteixen de la seva perillositat. La taula següent ens en mostra els més habituals i el seu significat.

PICTOGRAMES DE SUBSTÀNCIES PERILLOSES	
	**Tòxic.** Substàncies verinoses per ingestió, inhalació o contacte amb la pell, fins i tot en dosis petites. Poden provocar danys greus per a la salut i fins i tot la mort.
	**Nociu.** Són substàncies de toxicitat menor o que són irritants quan actuen sobre les mucoses (pell, ulls, pulmons...).
	**Corrosiu.** Substàncies molt reactives que poden destruir els teixits vius. Han de ser manipulades amb ulleres i guants.
	**Inflamable.** Substàncies que cremen fàcilment en contacte amb una font d'ignició (flama, espurna, electricitat estàtica, etc.), per calor o fregament, en contacte amb l'aire o l'aigua; o en cas que s'alliberin gasos inflamables.
	**Comburent.** Poden provocar o agreujar un foc o una explosió en presència de productes combustibles.
	**Explosiu.** Aquests productes poden explotar en contacte amb una flama, una espurna, electricitat estàtica, per efecte de la calor, per xocs o per fregament, etc.
	**Gasos a pressió.** Són substàncies gasoses o liquades tancades en recipients a pressió. Hi ha risc de fuites per manipulació incorrecta i d'explosió per escalfament.
	**Mutagen.** Són substàncies que, pel fet que són cancerígenes, mutàgenes, al·lergògenes... poden provocar danys greus en la salut de les persones i els seus descendents.
	**Perillós per al medi aquàtic.** Aquests productes tenen efectes nefastos per als organismes del medi aquàtic (peixos, crustacis, algues, etc.). No s'han d'abocar al medi sense control.

Abans de fer servir reactius químics hem de llegir atentament les normes de seguretat i manipulació que s'indiquen a l'etiqueta.

@ Amplia a la Xarxa...

Mira a www.tiching.com/731745 com es treballa en un laboratori.

1. Moltes substàncies d'ús domèstic són perilloses i han de ser manipulades amb cura.

   Cerca envasos de substàncies que tinguis a casa i que mostrin a les etiquetes pictogrames de seguretat.

   Fes una llista indicant el nom de la substància, la seva utilitat i el tipus de pictograma que hi ha a l'envàs.

2. Fes un esquema de la planta del laboratori de la teva escola.

   Després indica-hi la ubicació dels elements de seguretat que hi ha instal·lats: extintors, manta ignífuga, farmaciola...

El mètode científic

Suposa que una empresa que fabrica esponges de bany vol llançar al mercat un producte amb una gran capacitat d'absorció. El responsable del producte ha d'elegir entre dos tipus d'esponja del mateix material però de grandàries i textures diferents. L'una té els forats més grans que l'altra.

esponja A

esponja B

A. El responsable del producte pregunta al departament d'investigació quina de les esponges tindrà més capacitat d'absorció. Però no li donen una resposta definitiva perquè els investigadors tenen opinions oposades.

① Observa les esponges i descriu-les detalladament: forma, grandària, aspecte...

② Quina de les dues textures d'esponja creus que serà més absorbent? Explica en què et bases per sostenir la teva hipòtesi.

B. Com que els investigadors no arriben a una conclusió definitiva, un d'ells proposa aplicar un procediment experimental molt simple:

> Podem submergir les dues esponges en aigua perquè s'amarin bé. Després les traiem de l'aigua i recuperem l'aigua absorbida prement-les ben fort. El volum d'aigua obtingut el mesurem amb una proveta.

③ Aquest procediment experimental és adequat per al propòsit de la investigació? Un investigador hi fa una objecció:

> El disseny que proposes està bé, però els resultats seran inexactes perquè en extreure'n l'aigua esprement l'esponja, sempre quedarà una mica d'aigua a l'esponja humida.

Una investigadora hi fa una altra objecció més important encara, perquè fa notar que una esponja és més grossa que l'altra.

④ Com pot afectar els resultats de l'experiment el fet que les esponges siguin de grandàries diferents?

C. Els investigadors decideixen seguir un procediment experimental que tingui en consideració les objeccions esmentades.

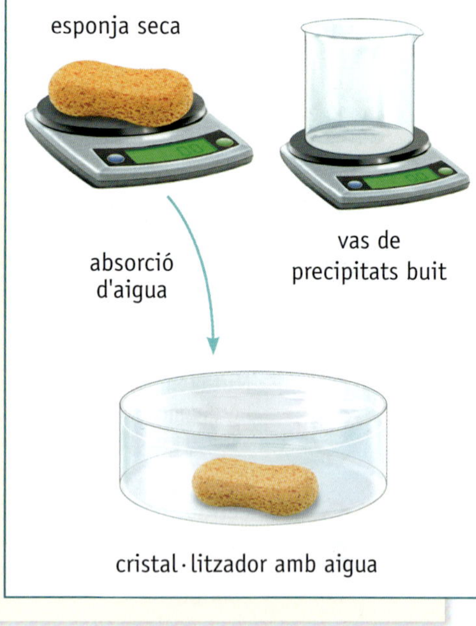

Determinació de la capacitat d'absorció d'aigua d'una esponja

1. Agafa un vas de precipitats i una de les esponges (l'esponja A) i determina'n les masses separadament amb una balança. Anota els valors obtinguts:

   Massa de l'esponja seca A, $m_A = \ldots$ g

   Massa del vas de precipitats buit: $m_{vas} = \ldots$ g

2. Omple un cristal·litzador amb aigua i submergeix-hi completament l'esponja. Perquè l'esponja s'amari d'aigua al màxim, se n'ha d'extreure l'aire que conté. La manera de fer-ho consisteix a esprémer-la repetidament fins que no en surtin bombolletes.

3. Treu l'esponja agafant-la per una punta i aguanta-la vertical damunt el cristal·litzador perquè se n'escorri l'aigua sobrera. Quan quasi no degoti, fica-la al vas de precipitats i pesa el conjunt (m_{total}):

   $m_{total} = \ldots$ g

4. A partir de les tres mesures anteriors, calcula la massa d'aigua absorbida per l'esponja A:

$m_{aigua} = m_{total} - (m_A + m_{vas}) = \ldots$ g

5. Perquè la diferència de grandàries no afecti el resultat, es defineix la capacitat d'absorció de l'esponja (C) com la massa d'aigua absorbida per gram d'esponja.

Es determina la capacitat d'absorció de l'esponja A dividint la massa d'aigua absorbida per la massa d'esponja seca:

$$C_A = \frac{m_{aigua}}{m_A} = \ldots \text{ g per gram d'esponja}$$

6. Repeteix el mateix procediment per a l'esponja B.

7. Compara les capacitats d'absorció de totes dues esponges i indica quina de les dues esponges sembla tenir una capacitat d'absorció més gran.

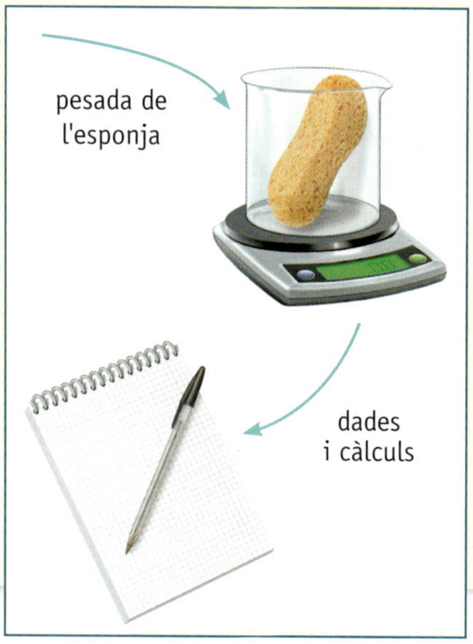

D. Per tal d'estar completament segurs de la fiabilitat dels resultats obtinguts hauries de repetir el mateix experiment unes quantes vegades i calcular-ne la mitjana aritmètica.

Però, com que a més dels resultats tindràs a la teva disposició els dels altres grups d'alumnes, n'hi haurà prou amb la mitjana artimètica dels valors obtinguts per tots els grups.

⑤ Calcula la mitjana aritmètica de la capacitat d'absorció de cada esponja amb els valors de tots els grups i, vistos els resultats calculats, conclou definitivament quina de les dues esponges hauria de ser l'elegida pel fet que la seva capacitat d'absorció és més gran.

⑥ Fes una valoració crítica de la investigació realitzada amb el propòsit de millorar el procediment experimental o de precisar les instruccions operatives.

⑦ Poseu en comú els diferents punts de vista i totes les aportacions.

Investigació

Una empresa que es dedica a fabricar paper d'alumini d'ús domèstic et fa aquest encàrrec:

> Alguns dels nostres clients ens demanen rotlles de paper d'alumini una mica més amples del normal. Per això, volem fabricar un tipus de rotlle de paper d'alumini de gruix corrent, però de dimensions especials: ha de tenir 35 cm d'amplada i 20 m de longitud.

Pren com a material experimental de partida un rotlle de paper d'alumini de cuina de dimensions i preu coneguts i fes un procediment experimental que et permeti contestar les preguntes següents:

a. Quina massa d'alumini contindrà cada rotlle de dimensions especials?

b. A quin preu es podria vendre? (Suposat que el preu del rotlle depèn exclusivament de l'alumini que conté.)

Fes un informe de la investigació.

1. Escriu les unitats i els símbols del sistema internacional que corresponen a les magnituds següents:

longitud, massa, temps, superfície i volum

2. Canvia el símbol de cada unitat pel del múltiple o el submúltiple més adequat:

a) $3{,}1 \cdot 10^{2}$ m c) $42 \cdot 10^{-2}$ m e) $4{,}5 \cdot 10^{-3}$ m

b) $5 \cdot 10^{-12}$ m d) $3{,}6 \cdot 10^{3}$ m f) $2 \cdot 10^{-6}$ m

3. Expressa en segons (s) les mesures següents:

a) 3,52 dies d) 1 hora i 5 minuts

b) 42 minuts e) mitja hora

c) 11 minuts i 24 segons f) 1 setmana

4. Fes al quadern aquestes conversions d'unitats:

a) 68 g = ... kg c) 654 s = ... h

b) $5{,}6 \cdot 10^{-2}$ g = ... mg d) 5 000 cm = ... dm

5. El litre (L) és una unitat de volum que equival a 1 dm^3. Expressa en litres les mesures següents:

a) 2,56 m^3 c) 0,000 52 km^3 e) 2 697 mm^3

b) 735 cm^3 d) 395 dm^3 f) 2,3 hm^3

6. Arrodoneix aquests valors a dues xifres significatives:

a) 23,82 c) 1,999 8 e) 0,034 4

b) 3,002 d) 0,000 567 7 f) 89,02

7. Indica el nombre de xifres significatives de cada mesura:

a) 2,87 km c) 56 mm e) 100 cm

b) 0,05 g d) 56,00 mm f) 34,003 s

8. La massa de 150 caragols iguals és de 737 grams. Quina massa té un caragol?

9. Explica què faries per comptar ràpidament els caragols que conté una capsa plena del tot.

10. Troba l'àrea d'una cartolina triangular de 17 cm de base i 7,5 cm d'altura, en metres quadrats.

11. Utilitza un regle per fer els mesuraments següents i indica si són mesuraments directes o indirectes:

a) El diàmetre exterior i l'interior d'un disc CD.

b) La superfície d'una de les cares d'una moneda de dos euros.

c) Les tres dimensions: ample, llarg i gruix del teu llibre de text.

12. Explica com pots determinar l'àrea d'una cartolina de forma irregular si disposes d'un regle i una balança.

13. El gruix d'un filferro és d'1,2 mm. Expressa-ho en metres (m) i micròmetres (μm).

14. La massa d'un microorganisme és d'$1{,}6 \cdot 10^{-10}$ kg. Expressa-la en nanograms (ng).

15. Un dipòsit cilíndric té un diàmetre d'1,5 m i una altura d'1,7 m. Ens demanen les mesures d'un dipòsit esfèric de capacitat equivalent. Quin diàmetre ha de tenir aquest dipòsit?

16. Tenint en compte que 1 m d'un fil de coure determinat té una massa de 21,39 g, contesta aquestes preguntes:

a) Quina és la massa d'1 centímetre d'aquest fil de coure?

b) Quants metres de fil de coure hi ha en una bobina que, sense comptar l'ànima, té una massa d'1,090 kg?

17. Amb un rellotge, determina el temps que transcorre entre dos batecs consecutius del teu cor.

a) És un mesurament directe o indirecte?

b) Creus que es podria establir el batec cardíac com a unitat de temps? Per què?

18. Les unitats següents no pertanyen al sistema internacional:

polzada, unça, hectàrea, àngstrom, galó, braça, acre, pinta, tona i lliura

Classifica-les en unitats de longitud, massa, superfície i volum.

19. La grandària de la pantalla dels televisors s'expressa amb la longitud de la diagonal en polzades. Si la pantalla d'un televisor de 27 polzades fa 56 cm × 39 cm, a quants centímetres equival una polzada?

20. La milla, la iarda i el peu són unitats de longitud del sistema anglosaxó. Les seves equivalències són aquestes:

1 milla = 1609 m; 1 peu = 30,48 cm; 1 iarda = 91,44 cm

Tingues en compte aquestes equivalències i calcula:

a) Quants peus són 20 iardes?

b) Quantes iardes hi ha en 2 milles?

c) Quantes milles són 500 peus?

21. Una persona diu que s'ha pesat amb la bàscula de bany i que pesa exactament 55 kg. Què li diria un científic sobre aquesta afirmació?

22. Una peça de plàstic de 2,40 cm de gruix té forma de triangle equilàter de 10,6 cm de costat. D'aquestes mesures pots deduir que el regle amb què s'han fet els mesuraments està graduat en mil·límetres. Calcula l'àrea del triangle, expressada en centímetres quadrats i en decímetres quadrats.

23. Imagina que tens un reproductor de discos compactes que funciona amb piles i que, en introduir-hi un disc determinat, l'aparell no emet cap so.

Com investigaries, mitjançant el mètode científic, on hi ha la fallada?

Comprova el que has après • Comprova el que has après

1. Ordena les etapes del mètode científic. Fes-ho copiant al quadern les etapes i assignant a cadascuna el número d'ordre (1a, 2a, 3a, 4a, 5a i 6a):
   ... Obtenció de resultats i conclusions.
   ... Cerca d'informació.
   ... Anàlisi de dades.
   ... Plantejament del problema.
   ... Formulació d'hipòtesis.
   ... Experimentació i recollida de dades.

2. La massa d'un botó és 2,8 g. Expressa-la en quilograms (kg) i mil·ligrams (mg). Quina de les tres unitats és la més adequada?

3. Expressa en metres (m) les mesures següents:

a) 1,34 km	d) 75 hm
b) 245 cm	e) 2697 mm
c) 0,0034 mm	f) 312 dm

4. Expressa en metres quadrats (m^2) les mesures següents:

a) 1,23 hm^2	d) 885 dm^2
b) 532 cm^2	e) 269,5 mm^2
c) 0,00129 km^2	f) 32 dam^2

5. Expressa en metres cúbics (m^3) les mesures següents:

a) 568 dm^3	d) 92 hm^3
b) 73 cm^3	e) 7,85 mm^3
c) 0,00225 km^3	f) 0,15 dam^3

6. Ordena els temps següents, de més gran a més petit:

a) 32 000 segons	d) 3 dies
b) 2 setmanes	e) 50 hores
c) 450 minuts	f) 1 mes

7. Completa al quadern el mapa conceptual següent amb aquests termes sobre el mesurament: *internacional, unitat, múltiples, indirecta, significatives, magnitud, directa* i *submúltiples*.

8. Sabent que 1 m^3 equival a 1000 L, ordena les mesures següents de més gran a més petita:

a) 47 kL	d) 7685 mL
b) 2,8 m^3	e) 1554 cm^3
c) 8 dm^3	f) 0,25 hm^3

9. Relaciona al teu quadern cada volum amb la fotografia corresponent: 200 mL, 1 dm^3, 50 cm^3 i 0,5 m^3.

10. Descriu el procediment que seguiries per mesurar el volum d'una gota d'aigua.

11. Calcula l'àrea de la figura en centímetres quadrats i dóna el resultat amb tres xifres significatives.
Es podria donar el resultat amb més xifres significatives?

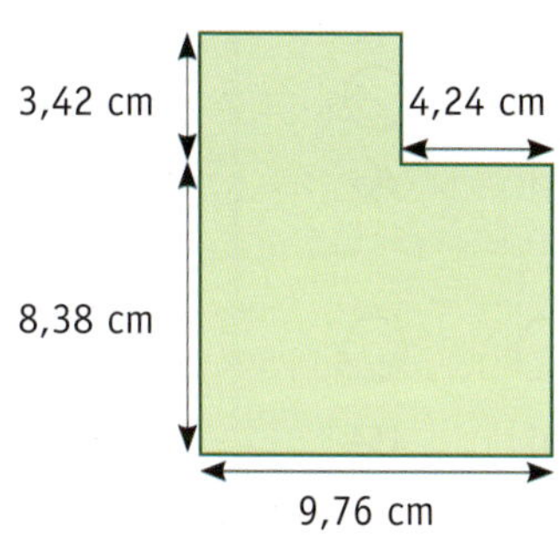

Mesurar una quantitat de certa ... consisteix a comparar-ne el total amb una part que es pren com a ... .

- Un mesurament es pot fer de manera:
  - ... si es disposa de l'instrument de mesurament adequat.
  - ... a causa de les limitacions de l'instrumental o del tipus de mesurament.
- La mesura s'expressa:
  - Per mitjà d'un valor numèric amb un nombre adequat de xifres ... .
  - De manera simplificada utilitzant ... i ... .
  - Indicant la unitat, si pot ser, del sistema ... d'unitats.

1 Experimenta. Els protectors solars

La Mireia i en Daniel volen saber quin protector solar els proporcionarà la millor protecció per a la pell. Els protectors solars porten un factor de protecció solar (FPS) que indica fins a quin punt el producte absorbeix les radiacions ultraviolades de la llum solar. Un protector solar amb un FPS alt protegeix la pell durant més temps que un protector solar amb un FPS baix.

A la Mireia se li va acudir una manera de comparar diversos protectors solars. Amb en Daniel van reunir aquests materials:

- Dues làmines d'un plàstic transparent que no absorbeix la llum solar.
- Un full de paper sensible a la llum.
- Oli mineral (OM) i una crema amb òxid de zinc (ZnO).
- Quatre protectors solars diferents, que van anomenar PS1, PS2, PS3 i PS4.

La Mireia i en Daniel van utilitzar oli mineral perquè deixa passar la major part de la llum solar, i l'òxid de zinc perquè bloqueja gairebé del tot la llum del sol.

En Daniel va posar una gota de cada substància dins d'uns cercles marcats en una de les làmines de plàstic i després hi va col·locar al damunt l'altra làmina. A continuació va posar, damunt les làmines de plàstic, un llibre gros per fer-hi pressió.

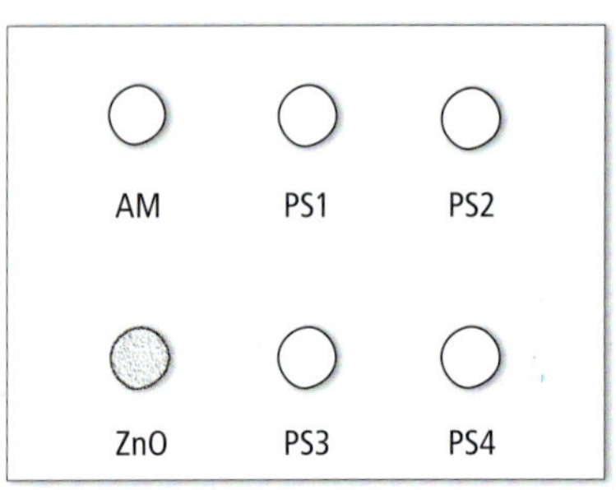

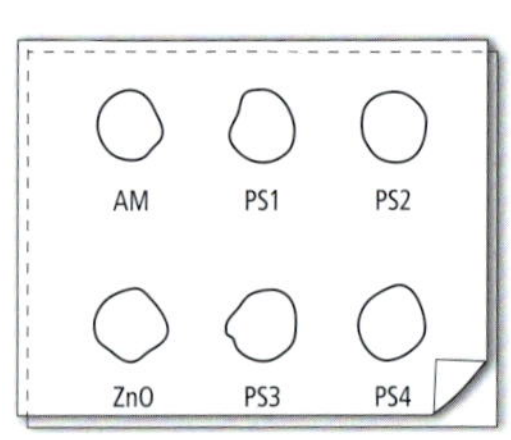

Tot seguit, la Mireia va posar les làmines de plàstic damunt del full de paper sensible a la llum. El paper sensible a la llum canvia de gris fosc a blanc (o gris molt clar), en funció del temps d'exposició a la llum solar. Finalment, en Daniel va posar els fulls en un lloc assolellat.

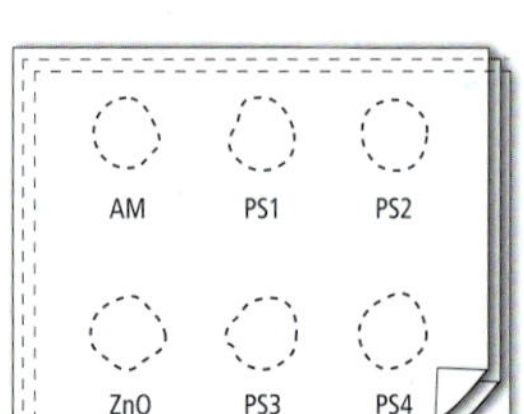

Pregunta 1

Quina de les afirmacions següents és una descripció científica de la funció que fan l'oli mineral i l'òxid de zinc en la comparació de l'efectivitat dels protectors solars?

A. L'OM i el ZnO són els dos factors que s'estan estudiant.

B. L'OM és un factor que està sent estudiat, i el ZnO és una substància de referència.

C. L'OM és una substància de referència i el ZnO és el factor que s'està estudiant.

D. L'OM i el ZnO són les dues substàncies de referència.

Pregunta 2

Quina d'aquestes preguntes miren de respondre la Mireia i en Daniel?

A. Quina protecció proporciona cada protector solar en comparació amb els altres?

B. Com protegeixen la pell de la radiació ultraviolada els protectos solars?

C. Algun protector solar protegeix menys que l'oli mineral?

D. Algun protector solar protegeix més que l'òxid de zinc?

Pregunta 3

Per què van fer pressió damunt la segona làmina de plàstic?

A. Per impedir que s'assequessin les gotes.

B. Per estendre les gotes al més ràpidament possible.

C. Per mantenir les gotes a l'interior dels cercles.

D. Perquè les gotes fossin totes del mateix gruix.

Pregunta 4

El paper sensible a la llum és gris fosc i canvia a gris clar quan s'exposa a una mica de llum i a blanc quan s'exposa a molta llum.

Quina d'aquestes figures representa un resultat possible? Explica l'elecció.

A

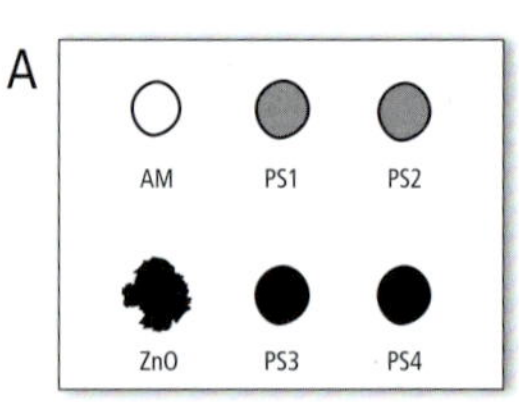

C

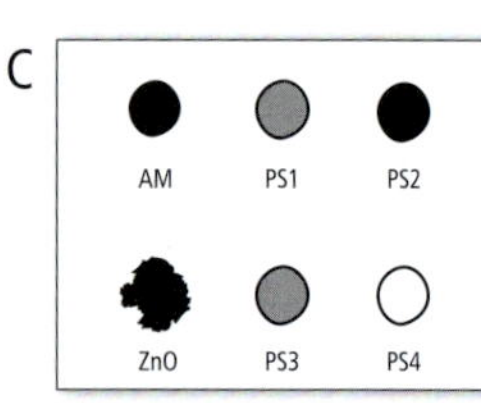

B

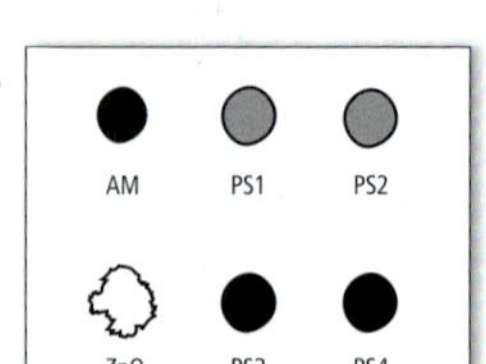

D

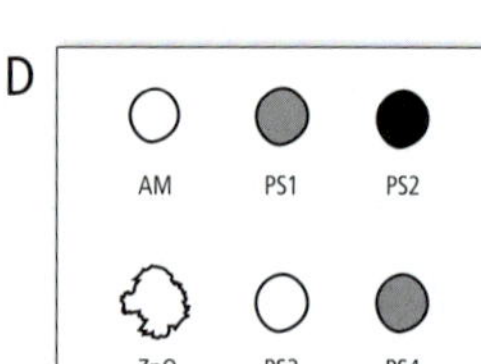

Síntesi. El treball científic

El treball científic

- El **mètode científic** és el procediment de treball que aplica qualsevol disciplina científica.
- Les **etapes** comunes del mètode científic són aquestes.
  1. Plantejament del problema
  2. Cerca d'informació
  3. Formulació d'hipòtesis
  4. Experimentació i recollida de dades
  5. Anàlisi de les dades
  6. Obtenció de resultats i conclusions
- Una **llei científica** és una descripció detallada del fenomen que s'investiga, enunciada de tal manera que es compleixi sense excepció i, conseqüentment, pugui ser considerada una aportació rellevant a la comprensió del fenomen investigat.
- Una **teoria científica** és una agrupació coherent i organitzada de les lleis relacionades entre si. Permeten descriure fenòmens ja observats i predir resultats d'experiments i descobriments futurs.

Sistema internacional

- Una **magnitud** és qualsevol qualitat de la natura que es pugui mesurar.
- La **mesura d'una magnitud** és el nombre de vegades que la quantitat de magnitud considerada conté la unitat.
- Els científics utilitzen normalment el sistema internacional d'unitats (SI), que consta de set **unitats bàsiques**:
  - longitud (metre, m)
  - massa (quilogram, kg)
  - temps (segon, s)
  - intensitat de corrent (ampere, A)
  - temperatura (kelvin, K)
  - quantitat de substància (mol, mol)
  - intensitat lluminosa (candela, cd)

  La resta d'unitats són **unitats derivades**.

Característiques de la mesura

- Una mesura s'expressa amb un valor numèric format per un cert nombre de xifres, anomenades **xifres significatives**, i completat amb la unitat corresponent.
- Una mesura sempre és **aproximada** a causa de les limitacions del procediment seguit i de les pròpies de l'instrument emprat.

El laboratori

- En un laboratori hi ha una gran diversitat de materials. Cada tipus de material té unes característiques que el fan adequat per a un ús o un altre.
- Les normes de treball aconsegueixen que les activitats siguin profitoses i redueixen els riscos derivats de l'ús d'instruments, materials i substàncies molt diversos.

Consolidació de competències

RESPON A LA PREGUNTA INICIAL

Després d'haver estudiat aquest tema, pots respondre la pregunta inicial:

Com se sap que una cosa és certa?

Redacta un text d'entre 10 i 20 línies que resumeixi les conclusions a les que hagis arribat sobre el tema.

CONSOLIDA EL QUE HAS APRÈS

Per consolidar els coneixements adquirits al llarg de la unitat pots fer les activitats que trobaràs al web següent:

www.tiching.com/731551

Aquestes activitats s'han preparat en un document en format pdf que pots descarregar-te.

Al final del document trobaràs les solucions de manera que puguis comprovar si has acomplert els objectius del tema.

APRÈN PER EMPRENDRE

La recerca, el desenvolupament i la innovació (R+D+I) són fonamentals per a les empreses que tenen activitats vinculades al sector cientificotecnològic.

1. Prepara una presentació per explicar:
   - El significat general de la (R+D+I).
   - La importància que la (R+D+I) podria tenir per a una empresa, per exemple, del sector farmacèutic.
2. Ensenya la presentació als teus companys i observa les seves.
3. Introdueix canvis a la teva presentació triant les idees dels teus companys que t'hagin semblat més escaients.

TÈCNIQUES D'ESTUDI:

Entra a: www.tiching.com/727426 i practica una tècnica d'estudi a partir de la síntesi.

QUÍMICA

2 LA MATÈRIA

Com s'explica el comportament de la matèria?

La Terra es podria dir *planeta Aigua*, perquè hi trobem aigua en els tres estats d'agregació: sòlida, líquida i gasosa.

1640-1699

• 1643

Pressió atmosfèrica. El científic italià E. Torricelli (1608-1647) mesura la pressió atmosfèrica.

• 1662

Llei de Boyle. El físic irlandès R. Boyle (1627-1691) descobreix la relació entre el volum d'un gas i la pressió a què es troba.

1700-17

• 1742

Escala Celsius. L'astrònom suec A. Celsius (1701-1744) proposa una escala tèrmica centígrada que situa el valor zero al punt de congelació de l'aigua i el valor 100 al punt d'ebullició.

Terra és el nom que hem donat al planeta on vivim. Tot i això, seria més apropiat el nom *Aigua*, tenint en compte la seva abundància i la importància que té per a la vida.

En la naturalesa, l'aigua es troba en forma sòlida, líquida i gasosa, i passa fàcilment d'un estat a un altre, tal com va observar el filòsof grec Tales de Milet (segle VI a.C.).

Tales va dir que tota la matèria era una forma o altra d'aigua. Encara que s'equivocava, la seva intuïció estava ben dirigida cap a la naturalesa comuna dels canvis d'estat en qualsevol tipus de substància.

Han hagut de passar més de dos mil anys perquè els científics concebessin un model de la matèria, l'anomenada teoria *cineticomolecular*, que explica els estats d'agregació de la matèria i els seus canvis.

Què sabem?

- Descriu els canvis d'estat que es produeixen en l'anomenat "cicle de l'aigua".
- La major part de l'aigua del nostre planeta és salada, però no ho és el gel acumulat en els pols. Per què?
- Coneixes alguna substància que passi d'un estat d'agregació a un altre amb tanta facilitat com l'aigua?

Què aprendrem?

1800-1899

• 1787 Llei de Charles. El científic francès J. Charles (1746-1823) descobreix la relació entre el volum que ocupa un gas i la temperatura a què es troba.

• 1802 Llei de Gay-Lussac. El científic francès J. L. Gay-Lussac (1778-1850) descobreix la relació entre la pressió d'un gas i la temperatura a què es troba.

• 1848 Temperatura absoluta. El físic britànic W. Thomson (1824-1907), baró de Kelvin, proposa una escala tèrmica sense valors negatius.

• 1857-1871 Teoria cineticomolecular. Es construeix al segle XIX basada en els treballs de:

R. Clausius (1822-1888)

J. C. Maxwell (1831-1879)

L. Boltzmann (1844-1906)

1 La matèria i els seus estats

1.1. Què és la matèria?

Tot el que hi ha al teu voltant és matèria. El llibre que llegeixes o l'aire que respires, encara que no el puguis veure, són matèria.

Per **matèria** podem entendre tot allò que té massa i ocupa un volum.

La **massa** (m) indica la quantitat de matèria que compon un objecte. Es mesura amb balances fig. 1 i s'expressa, en el sistema internacional d'unitats (SI), en quilograms (kg), encara que per a masses petites se solen fer servir el gram (g) i el mil·ligram (mg).

El **volum** (V) és l'espai que ocupa la matèria. En el SI s'expressa en metres cúbics (m^3), encara que també es poden fer servir altres unitats, com ara el litre (L) o el mil·lilitre (mL).

La massa i el volum es relacionen per mitjà de la **densitat** (ρ), que ens indica quanta massa d'una substància determinada ocupa un volum concret fig. 2:

$$\rho = \frac{m}{V}$$

La densitat té com a unitat en el SI el quilogram per metre cúbic (kg/m^3), encara que sovint s'expressa en grams per centímetre cúbic (g/cm^3).

Fig. 1 La matèria té massa i ocupa un volum.

Fig. 2 El ferro és més dens que el plàstic perquè en un mateix volum conté més massa.

Exemple

1. Quina és la densitat d'un líquid si es comprova que un volum de 100 cm^3 té una massa de 92 g?

$$\rho = \frac{m}{V} = \frac{92\ g}{100\ cm^3} = 0{,}92\ g/cm^3$$

1.2. Estats d'agregació de la matèria

Com ja saps, la matèria es pot presentar en la naturalesa en un d'aquests tres estats d'agregació: **sòlid**, **líquid** o **gas**.

- **Sòlid**. Els sòlids tenen forma pròpia i, com que no es poden comprimir, el seu volum és constant. Si s'escalfen, el volum augmenta una mica, és a dir es *dilaten*.
- **Líquid**. Els líquids no tenen forma pròpia perquè flueixen i s'adapten a la forma del recipient que els conté.

  Encara que canvien de forma, el seu volum és pràcticament constant, ja que gairebé no es poden comprimir. Quan s'escalfen, es dilaten més que els sòlids.
- **Gas**. Els gasos no tenen forma pròpia perquè flueixen i tendeixen a ocupar tot l'espai del recipient que els conté.

  El seu volum no és constant, ja que es poden comprimir fàcilment. A més, quan s'escalfen, es dilaten molt.

@ Amplia a la Xarxa...

Observa què succeeix quan col·loquen líquids de diferents densitats en un recipient sense barrejar-los a www.tiching.com/116017

1. Quina és la densitat d'un líquid si un volum de 25 cm^3 té una massa de 34 g?
2. Quin volum ocupa un bloc de 230 kg d'una roca que té una densitat de 4 200 kg/m^3?

1.3. Com canvien els estats de la matèria?

Els estats d'agregació de la matèria no són permanents. Si se sotmet la matèria a variacions de temperatura o pressió, pot passar d'un estat a un altre. Aquesta transformació rep el nom de **canvi d'estat** fig. 3.

Per exemple, si agafem un tros de gel i l'escalfem, es fondrà i es convertirà en aigua líquida i, si continuem escalfant-lo, es transformarà en vapor d'aigua.

El procés també es pot donar a l'inrevés, ja que, si refredem el vapor d'aigua, es condensarà en aigua líquida i, posteriorment, se solidificarà en forma de gel.

En el nostre planeta hi ha constantment canvis d'estat. Per exemple, quan hi ha una erupció volcànica, les roques foses surten a la superfície formant uns rius de lava impressionants que, en refredar-se, se solidifiquen.

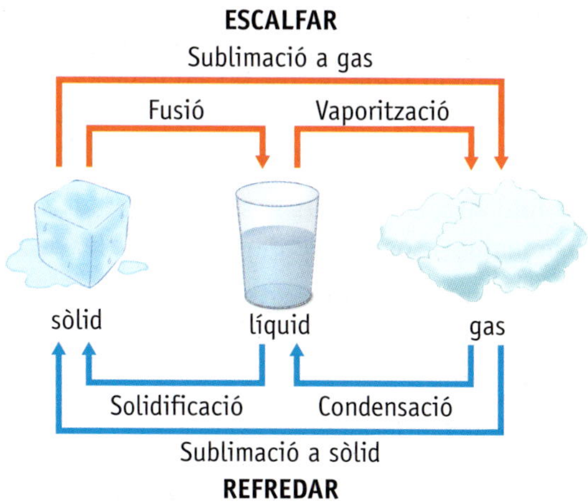

Fig. 3 Canvis d'estat de la matèria.

Reflexiona

La massa i el volum són propietats extensives de la matèria, perquè només depenen de la quantitat de matèria considerada i no de la seva naturalesa. Així, per exemple, un quilogram de plom té la mateixa massa que un quilogram de fusta.

La densitat, en canvi, és una propietat específica de la matèria, ja que depèn del tipus de substància i no de la seva quantitat.

En el laboratori hi ha quatre esferes de materials diferents. Les esferes A, C i D són de la mateixa mida, però la B és més petita:

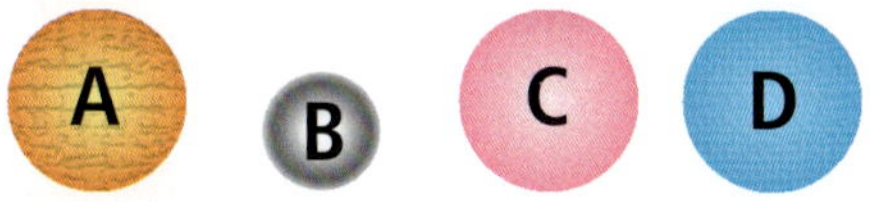

Un grup d'alumnes compara les masses de les esferes de dues en dues, tal com es mostra a la dreta:

A la vista dels resultats, els alumnes dedueixen que:

- El material B és més dens que el material A.
- El material C és més dens que el material B.
- El material D és més dens que el material C.
- El material A és el menys dens de tots quatre.
- El material D és el més dens de tots quatre.

Justifica quines afirmacions són certes i quines són falses.

3. Què és la matèria? En quins estats es presenta?
4. Explica la relació entre la massa i el volum d'un objecte.
5. Què es necessita per canviar l'estat físic d'una substància? Escriu uns quants exemples de canvis d'estat quotidians que hagis observat.
6. Per què una esfera de fusta pesa menys que una esfera de ferro de la mateixa mida?
7. Per què quan et dutxes amb aigua calenta el mirall del bany s'entela?
8. Què és la marca blanca que deixen els avions en el cel?

2 Determinació de la densitat

LABORATORI

Els arqueòlegs s'ocupen de recuperar, conservar i estudiar les restes materials de societats antigues.

Les peces arqueològiques de més interès se solen estudiar multidisciplinàriament i, per fer-ho, els arqueòlegs disposen de laboratoris científics especialitzats on es porten a terme assajos que, segons els objectius de la recerca, poden arribar a ser molt complexos.

Tot i això, els primers passos de l'estudi consisteixen bàsicament a documentar l'aspecte i les dimensions de les peces fig. 1.

Fig. 1 Excavació arqueològica.

A. Imagina't que ets un arqueòleg que has trobat una sèrie de peces que has de documentar:

① Primer enumera les peces. A continuació, observa detingudament la peça i descriu-ne l'aspecte: color, material (fusta, metall, ceràmica...) i forma geomètrica (regular o irregular). Si la forma és regular, indica el tipus de cos geomètric (esfera, cub, cilindre...).

Amb la informació, emplena una taula com aquesta:

Peça	Descripció de l'aspecte
1	...
2	...
...	...

Ara completa la documentació de cada peça mesurant-ne la massa, el volum i la densitat.

B. La massa es mesura directament amb una balança, però la mesura del volum depèn de la forma de l'objecte:

- Si té una forma regular (esfera, cub, cilindre...), pots calcular-ne el volum aplicant-hi la fórmula matemàtica corresponent taula 1.
- Si té una forma irregular, pots determinar-ne indirectament el volum pel desplaçament en l'aigua.

② Agafa la proveta que has d'omplir per mesurar el volum per desplaçament i observa que, entre els senyals grans numerats, hi ha una sèrie de subdivisions. Quantes? A quin volum equival cada subdivisió fig. 2?

Recorda que, per llegir correctament el volum d'un líquid en una proveta, la vista ha d'estar a l'altura del menisc.

Material

- Una sèrie de peces petites
- Balança
- Proveta
- Peu de rei

Taula 1		Volum
cub	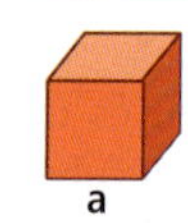	a^3
prisma rectangular	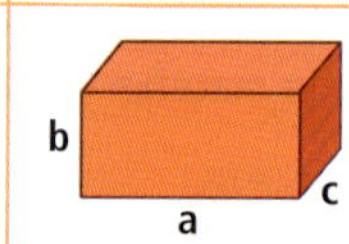	$a \cdot b \cdot c$
cilindre	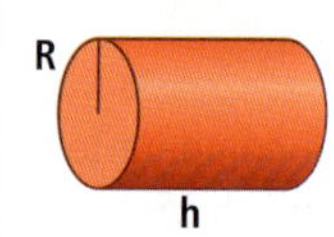	$\pi \cdot R^2 \cdot h$
esfera	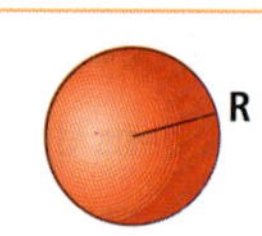	$\frac{4}{3} \cdot \pi \cdot R^3$

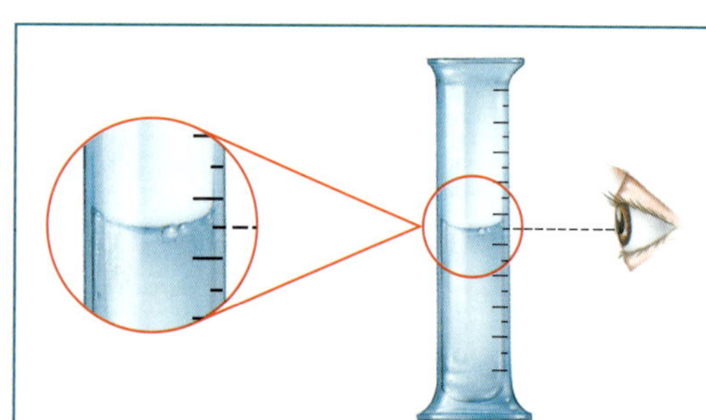

Fig. 2 Mesura d'un volum.

Determinació de la densitat d'un sòlid de forma regular

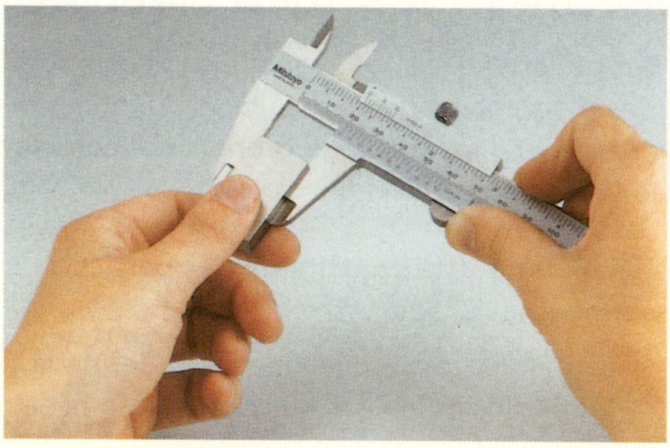

1. Pesa el sòlid.

   $m_{sòlid} = \ldots$ g

2. Pren les mides rellevants del sòlid i aplica-hi la fórmula corresponent per calcular-ne el volum:

   $V_{sòlid} = \ldots$ cm^3

3. La densitat del sòlid és:

$$\text{densitat} = \frac{m_{sòlid}}{V_{sòlid}} = \frac{\ldots \text{ g}}{\ldots \text{ cm}^3} = \ldots \text{ g/cm}^3$$

Determinació de la densitat d'un sòlid de forma irregular

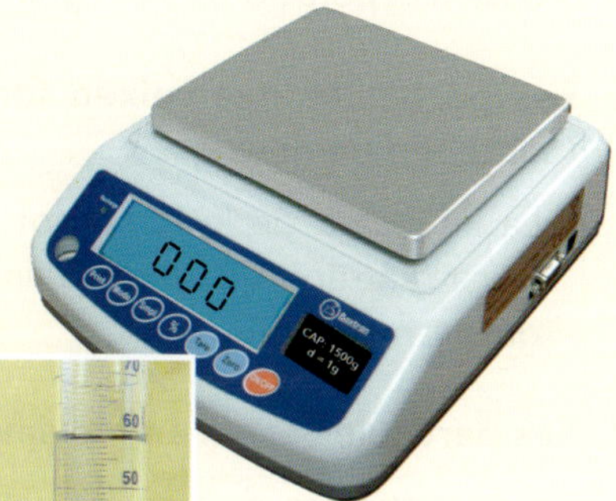

1. Pesa el sòlid.

   $m_{sòlid} = \ldots$ g

2. Agafa una proveta amb la boca prou ampla perquè el sòlid hi càpiga de sobres. Omple-la amb l'aigua necessària perquè, en posar-hi el sòlid, pugui quedar completament submergit. Anota el volum d'aigua ($V_{inicial}$).
3. Introdueix-hi el sòlid i pren notes del nou nivell de l'aigua (V_{final}).
4. Per diferència de volums, calcula el volum del sòlid:

   $V_{sòlid} = V_{final} - V_{inicial} = \ldots$ cm^3

5. La densitat del sòlid és:

$$\text{densitat} = \frac{m_{sòlid}}{V_{sòlid}} = \frac{\ldots \text{ g}}{\ldots \text{ cm}^3} = \ldots \text{ g/cm}^3$$

③ Determina la massa i el volum de cada peça i calcula'n la densitat. Segons com sigui la forma de la peça, aplica un procediment o un altre.

Amb els resultats obtinguts, completa una taula com la que pots observar a la dreta.

Peça	Massa (g)	Volum (cm^3)	Densitat (g/cm^3)
1	...	...	...
2	...	...	...
...	...	...	...

Experimentació TIC @

Identificació de materials per la seva densitat en una simulació experimental. Trobaràs el programa de simulació a: www.tiching.com/731943

a. Activa *Misteri* en el menú de la dreta.

b. Determina la massa dels blocs amb la balança i el volum per desplaçament. Assegura't de submergir completament els objectes que floten a l'aigua.

c. Calcula la densitat de cada bloc.

d. Consulta la taula de materials que hi ha a la part inferior del menú i identifica el material.

e. Amb les dades obtingudes emplena la taula:

Bloc	Color del bloc	Massa (kg)	Volum (L)	Densitat (kg/L)	Material
A	...	...	...	...	...
B	...	...	...	...	...
C	...	...	...	...	...
D	...	...	...	...	...
E	...	...	...	...	...

3 Teoria cineticomolecular de la matèria

3.1. Postulats de la teoria cineticomolecular

Per poder explicar les propietats i el comportament dels diferents estats d'agregació de la matèria, els científics han desenvolupat una teoria general, anomenada **teoria cineticomolecular de la matèria**, que té com a postulats principals:

1. **La matèria està constituïda per partícules molt petites, pràcticament invisibles.**
   - La matèria és discontínua i està formada per partícules. Entre les partícules hi ha el buit, és a dir no hi ha res.
   - En els sòlids, les partícules estan molt juntes, gairebé en contacte. En els líquids, hi ha una separació més gran. En els gasos, la separació és molt gran.
2. **Les partícules exerceixen forces d'atracció entre si que les mantenen unides.**
   - La intensitat de la força pot ser molt variada. En els sòlids, la força d'atracció és molt gran; en els líquids, moderada; en els gasos, molt petita.
3. **Les partícules estan en moviment constant.**
   - Les partícules dels sòlids amb prou feines es mouen. Et pots imaginar un sòlid com una estructura de partícules unides entre si mitjançant una espècie de molles, de manera que amb prou feines poden vibrar fig. 1.
   - Les partícules dels gasos es mouen independentment les unes de les altres desplaçant-se per tot el volum del recipient que les conté fig. 2.
   - En els líquids es dóna una situació intermèdia. Les partícules que formen un líquid tenen més moviment que les dels sòlids però menys que les dels gasos.

     Aquesta situació és comparable a un sac ple de bales, en què cadascuna es desplaça respecte de les altres però no se separa del conjunt.
   - A més, s'ha de tenir en compte que, com més elevada sigui la temperatura de la matèria, més gran serà la velocitat de les partícules.

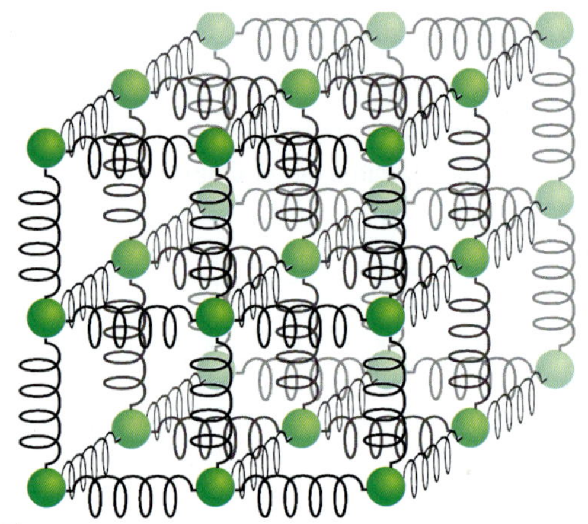

Fig. 1 Model d'un sòlid: partícules unides per molles molt rígides.

@ Amplia a la Xarxa...

Revisa el model cineticomolecular de la matèria a: www.tiching.com/731948

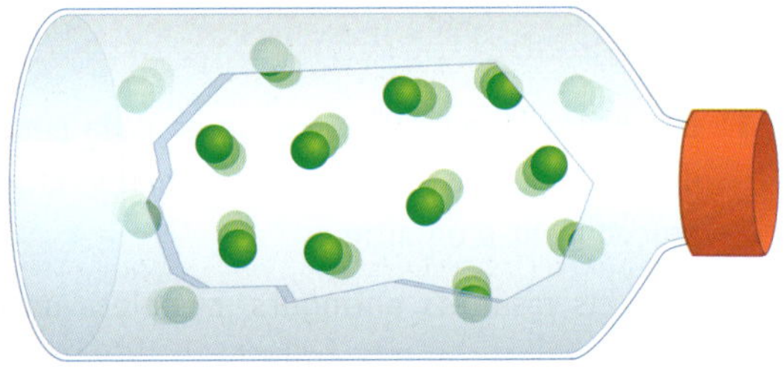

Fig. 2 En els gasos, les partícules es mouen independentment les unes de les altres, ja que les forces d'atracció entre partícules són molt dèbils.

1. Com s'explica el comportament de la matèria?
2. De què es compon la matèria?
3. Reflexiona sobre els fenòmens següents i respon les preguntes. Basa la teva argumentació en els postulats de la teoria cineticomolecular de la matèria.
   a. Explica per què la força necessària per comprimir un gas és molt més petita que la força necessària per comprimir un líquid.
   b. Per què, quan es tira una mica de perfum en una habitació, al cap de molt poca estona l'olor se sent a tota l'habitació?
   c. L'aigua bull a 100 °C, i l'alcohol (etanol), a 78,4 °C. En quina de les dues substàncies creus que la força entre les partícules és més gran?
4. Justifica tres característiques dels estats d'agregació de la matèria gràcies a la teoria cineticomolecular.

COM EXPLICA LA TEORIA CINETICOMOLECULAR LES PROPIETATS DE LA MATÈRIA?

Si tirem unes gotes de tinta en un got ple d'aigua, observarem que en poc temps el líquid ha agafat color. Si l'aigua fos calenta, el temps de **difusió** de la tinta seria molt menor. Aquest senzill experiment posa de manifest que les partícules de la matèria es mouen, i més com més alta és la temperatura.

A partir d'aquest postulat fonamental de la teoria cineticomolecular es poden explicar les propietats dels estats d'agregació.

PROPIETATS DELS SÒLIDS

Propietats	Explicació	Model
Són rígids i mantenen la forma.	La força entre les partícules és tan forta que els impedeix de desplaçar-se. L'únic moviment que tenen és de vibració.	 Els sòlids estan formats per estructures rígides de partícules.
El volum és constant, no es poden comprimir.	Amb prou feines hi ha espai lliure entre les partícules, de manera que és gairebé impossible que es puguin ajuntar més.	
En escalfar-se es dilaten poc.	L'energia subministrada mitjançant escalfor provoca que les partícules augmentin la vibració. D'aquesta manera les partícules tendeixen a ocupar més espai.	 Quan escalfem un sòlid, les seves partícules vibren més i ocupen més espai.

PROPIETATS DELS LÍQUIDS

Propietats	Explicació	Model
Són fluids i adopten la forma del recipient que els conté.	La força entre les partícules és bastant dèbil, de manera que poden relliscar entre elles i adoptar la forma del recipient.	 Les forces entre les partícules permeten que rellisquin les unes sobre les altres per adaptar-se al recipient.
El volum és pràcticament constant, amb prou feines es poden comprimir.	Hi ha poc espai lliure entre les partícules. Es comprimeixen una mica perquè, com que rellisquen les unes sobre les altres, poden encaixar fins a cert punt.	
En escalfar-se es dilaten força.	L'energia subministrada mitjançant l'escalfor provoca que les partícules augmentin la velocitat, es moguin més i ocupin més espai.	 La dilatació de l'alcohol en el termòmetre permet saber la temperatura.

PROPIETATS DELS GASOS

Propietats	Explicació	Model
Són fluids i adopten la forma del recipient ocupant tot l'espai disponible.	La força entre les partícules és tan dèbil que cada una es mou de manera independent, molt de pressa i a l'atzar.	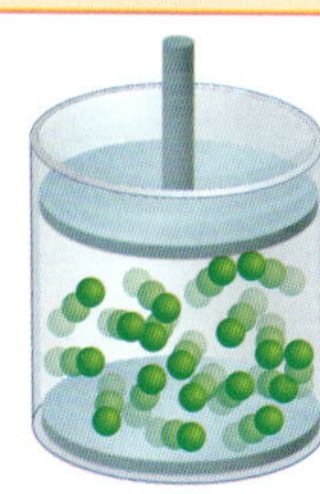 Les partícules dels gasos es mouen a l'atzar.
El volum no és constant. Es poden comprimir fàcilment.	Hi ha molt d'espai buit entre les partícules, de manera que es poden ajuntar més i reduir el volum.	
En escalfar-se es dilaten molt.	L'energia subministrada mitjançant l'escalfor provoca que les partícules augmentin la velocitat.	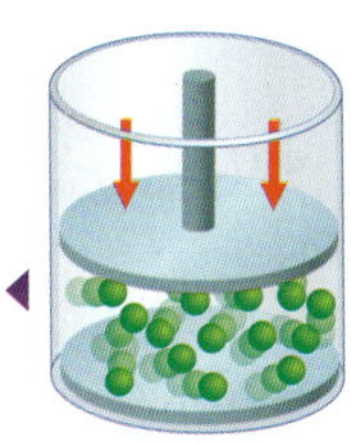 Els gasos es poden comprimir perquè hi ha molt d'espai entre les partícules.

4 Comportament dels gasos (I)

4.1. Pressió d'un gas

Les partícules de qualsevol gas estan contínuament en moviment xocant les unes contra les altres i contra les parets del recipient que les conté.

Quan una partícula col·lideix contra les parets del recipient, exerceix una força. Si mesurem aquesta força per unitat de superfície, obtenim la pressió fig. 1.

La **pressió d'un gas** és la força que exerceixen les seves partícules per unitat de superfície.

En el SI la pressió es mesura en pascals (Pa), amb l'equivalència 1 Pa = 1 N/m^2, però és molt habitual utilitzar com a unitat l'atmosfera (atm). L'equivalència entre aquestes unitats és:

$$101\,300 \text{ Pa} = 1 \text{ atm}$$

Pressió atmosfèrica

Els efectes de la pressió es poden observar en qualsevol punt de la superfície terrestre i de l'atmosfera: és la **pressió atmosfèrica**. Aquesta pressió es deu al pes de la columna d'aire que hi ha sobre el punt considerat fig. 2.

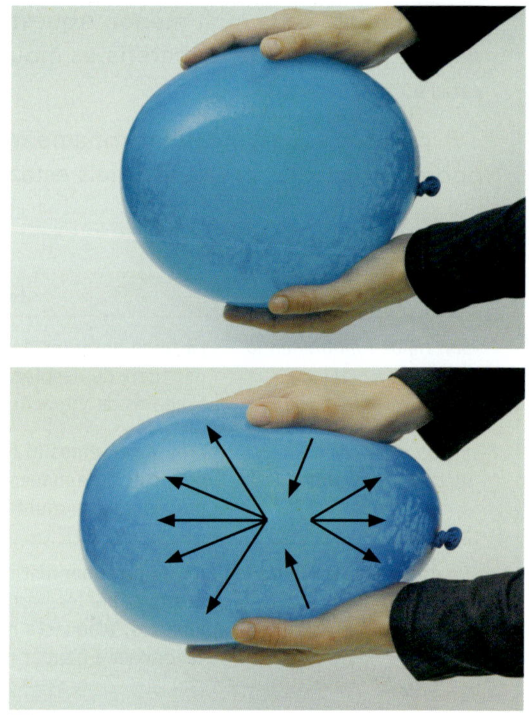

Fig. 1 La pressió exercida per les partícules del gas tancat mantenen la forma arrodonida del globus. Ho pots experimentar intentant deformar-lo.

Fig. 2 La pressió atmosfèrica disminueix amb l'altura perquè cada vegada hi ha menys aire a sobre. El 99 % de l'aire està situat per sota dels 32 km.

4.2. Relació entre el volum i la pressió d'un gas

Si s'empeny l'èmbol d'una xeringa que té l'extrem tapat es comprova que cada vegada s'ha de fer més força. La raó és que, en empènyer l'èmbol, es redueix el volum del gas, de manera que les partícules tenen menys espai per moure's.

Si hi ha menys espai, les partícules fan uns recorreguts més curts i impacten més vegades contra les parets. És a dir, en reduir el volum augmenta la pressió del gas fig. 3.

En el cas contrari, en estirar l'èmbol el volum augmenta i les partícules tendeixen a ocupar tot el nou volum. El nombre d'impactes és més petit i es redueix la pressió.

En resum, per a un gas tancat en un recipient a temperatura constant, *si reduïm el volum augmenta la pressió i, si augmentem el volum, es redueix la pressió.*

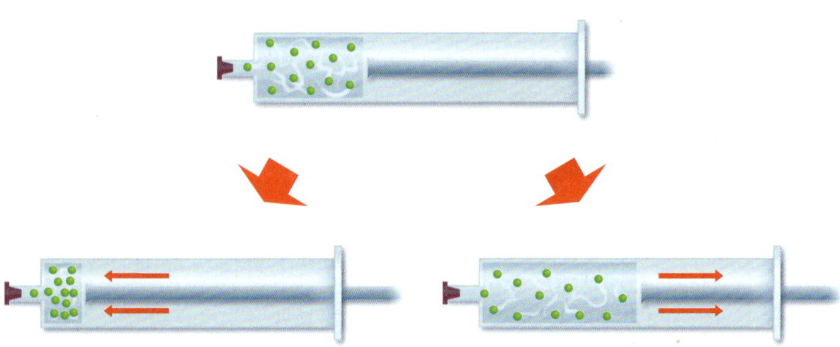

Fig. 3 En empènyer o estirar l'èmbol d'una xeringa, variem el volum del gas que conté, de manera que també en modifiquem la pressió.

4.3. Llei de Boyle i Mariotte

La relació entre la pressió i el volum d'un gas s'expressa de manera quantitativa per la **llei de Boyle i Mariotte**:

Per a una quantitat fixa de gas a temperatura constant, el producte del volum que ocupa per la pressió a què està el gas és constant.

Així, en passar d'un volum V_1 i una pressió P_1 a un volum V_2 i una pressió P_2, es compleix que:

$$P_1 \cdot V_1 = P_2 \cdot V_2$$

Aquesta relació es pot comprovar disminuint la pressió d'un gas a temperatura constant i mesurant-ne el volum taula 1.

Taula 1

Pressió (atm)	Volum (cm³)	Producte *P* · *V*
1,00	100	100
1,25	80	100
1,67	60	100
2,50	40	100
5,00	20	100

En representar gràficament la pressió enfront del volum, s'obté una corba hiperbòlica, característica de les relacions de proporcionalitat inversa fig. 4.

Exemple

1. Un recipient amb una capacitat de 25 L conté un gas a una pressió de 7,5 atm.

   Calcula la nova pressió a què es veurà sotmès el gas si el comprimim fins a un volum de 10 L sense canviar la temperatura.

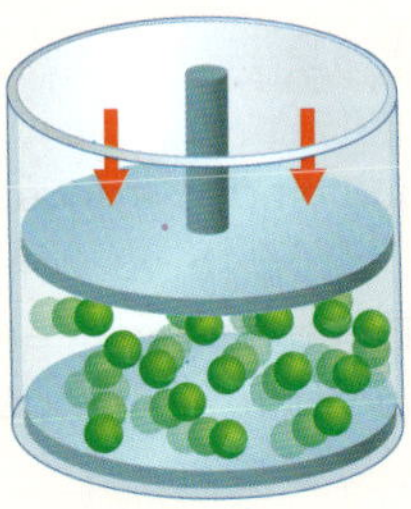

A partir de la llei de Boyle i Mariotte sabem que, si mantenim la temperatura constant, el producte de la pressió pel volum és constant.

Per tant, només hem d'identificar cada un dels factors de la fórmula i aïllar el que pretenem determinar:

$V_1 = 25$ L $P_1 = 7{,}5$ atm $V_2 = 10$ L $P_2 = ?$

$$P_1 \cdot V_1 = P_2 \cdot V_2 \Rightarrow P_2 = \frac{P_1 \cdot V_1}{V_2} = \frac{7{,}5\ \text{atm} \cdot 25\ \cancel{\text{L}}}{10\ \cancel{\text{L}}} = 18{,}75\ \text{atm}$$

La nova pressió del gas serà de 18,75 atm.

@ Amplia a la Xarxa...

Relaciona la pressió i el volum en els gasos a: www.tiching.com/731949

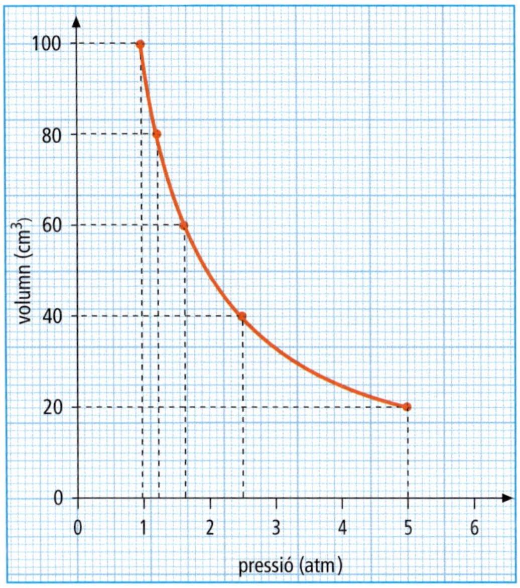

Fig. 4 Si la temperatura d'un gas és constant, la pressió d'aquest gas és inversament proporcional al seu volum.

1. Què és la pressió d'un gas?
2. Quina relació hi ha entre la pressió i el volum d'un gas a temperatura constant?
3. Per què esclata un globus inflat si hi fem pressió?
4. La pressió d'un neumàtic de bicicleta és de 3,57 atm. Quina és la pressió expressada en pascals?
5. En comprimir un gas tancat en un èmbol, la seva pressió passa de 2,3 atm a 8,5 atm. Si el volum final és de 2 L, quin era l'inicial?

Pressió atmosfèrica

L'aire pesa, encara que no ho sembli pel fet de ser un gas. A qualsevol punt de l'atmosfera hi ha una pressió atmosfèrica causada pel pes de la columna de l'aire que hi ha sobre el punt considerat.

La pressió atmosfèrica mitjana al nivell del mar és $1{,}013 \cdot 10^5$ Pa en unitats del SI, i el seu equivalent és una atmosfera (1 atm). D'aquest valor es dedueix que, just per sobre del nostre cap, hi ha uns 200 kg d'aire.

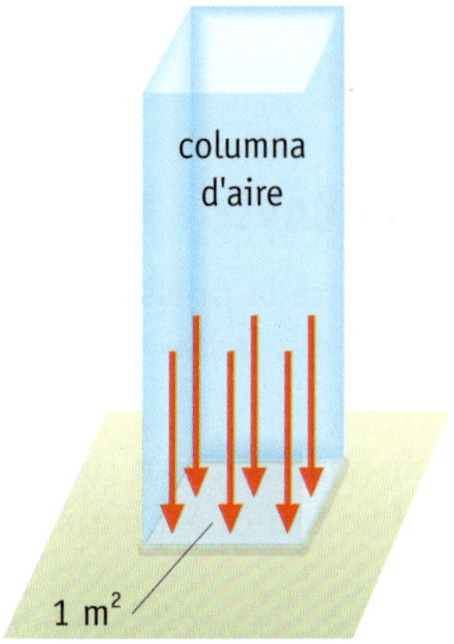

A EXPERIMENT DE TORRICELLI

Evangelista Torricelli (1608-1647) va ser un físic i matemàtic italià que va portar a terme un experiment, el 1643, que va posar de manifest l'existència de la pressió atmosfèrica.

Va omplir completament amb mercuri un tub de vidre aproximadament d'1 m de longitud tancat per un extrem. A continuació va fer la volta al tub, amb molt de compte per no vessar gens de mercuri i evitar que es formessin bombolles d'aire en l'interior, i el va submergir per l'extrem obert en una cubeta plena de mercuri. Va observar que el mercuri del tub baixava fins a una altura aproximada de 76 cm, cosa que va formar un espai lliure a la part superior del tub amb mercuri.

Va interpretar que aquest espai lliure era buit i que la columna de mercuri de 76 cm se sostenia per efecte de la pressió atmosfèrica.

D'aquesta mesura sorgeixen les unitats de pressió basades en les longituds del mercuri.

Algunes equivalències usuals d'unitats de pressió són:

$1{,}013 \cdot 10^5$ Pa = 1013 hPa = 1 atm = 76 cm Hg = 760 mm Hg

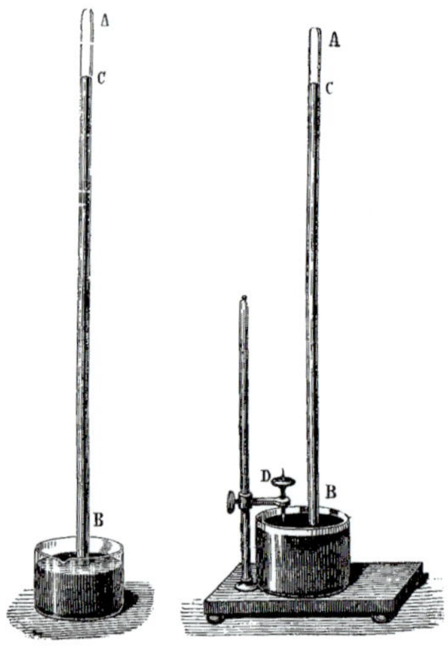

1. Què hauria passat si Torricelli hagués fet servir un tub més curt, per exemple de només 50 cm? I si hagués fet servir aigua en comptes de mercuri?

B EXPERIMENT DE L'ASCENSIÓ AL PUÈI DOMAT

Blaise Pascal (1623-1662) va ser un filòsof i matemàtic francès que va estudiar la pressió a l'interior dels fluids. El 1648 va convèncer el seu cunyat, Florin Périer, de fer per a ell un experiment en el Puèi Domat (en francès, Puy de Dôme), un antic volcà inactiu de 1 464 m d'altitud.

Périer, que portava un baròmetre de mercuri, va mesurar la pressió atmosfèrica durant l'ascensió. Va comprovar que la pressió era més alta a la falda de la muntanya i que baixava en anar ascendint al cim, cosa que significava que el gruix de l'atmosfera disminuïa i que, per tant, l'atmosfera tenia necessàriament un límit.

1. Torricelli va escriure: "Vivim en el fons d'un oceà d'aire".

Fins a quin punt creus que l'analogia és correcta per al cas de l'atmosfera?

C ALTÍMETRE

Uns instruments d'ús habitual entre els alpinistes són els altímetres de butxaca. Són instruments que indiquen amb una bona aproximació l'altura sobre el nivell del mar.

Els altímetres són, en realitat, baròmetres que mesuren la pressió atmosfèrica i que, basant-se en la relació ben coneguda entre pressió atmosfèrica i altitud, estan calibrats perquè la mesura que ens donin sigui l'altitud.

1. Un alpinista surt d'un punt on la pressió atmosfèrica era de 890 hPa i puja fins al cim d'una muntanya on la pressió atmosfèrica és de 750 hPa. Utilitza el gràfic següent per determinar l'altura que ha pujat.

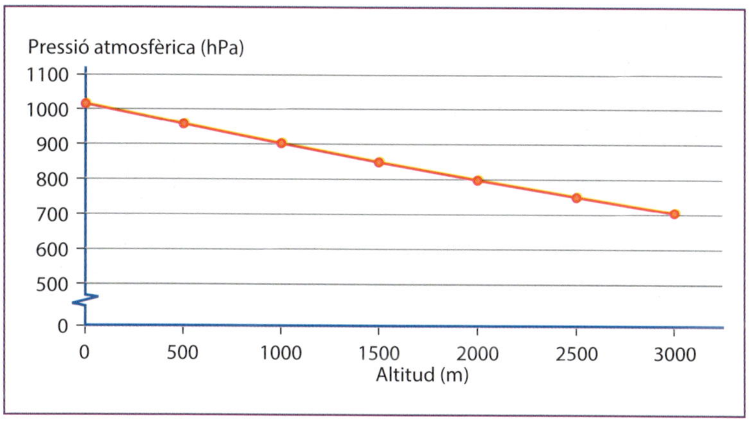

@ Els "vuitmils" són les 14 muntanyes de la Terra que superen els vuit mil metres d'alçària. Trobaràs el nom, l'alçària i molta més informació sobre els "vuitmils" a: www.tiching.com/732091

Determina la pressió atmosfèrica que hi ha en el cim dels 14 vuitmils amb la calculadora de pressió atmosfèrica i altura que trobaràs a: www.tiching.com/731944

L'Everest és un dels "vuitmils" més conegut.

Recerca TIC @

Les petites estacions meteorològiques domèstiques són instruments que mesuren diferents paràmetres climàtics, com la temperatura, la humitat o la pressió atmosfèrica, i que, a més, prediuen aproximadament el temps meteorològic.

El seu encert es basa en el fet que la pressió atmosfèrica depèn d'alguns factors climàtics (a més de l'altitud) relacionats amb els canvis meteorològics.

Fes un treball de recerca sobre quins altres factors afecten la pressió atmosfèrica i valora fins a quin punt poden ser vàlides les prediccions d'aquestes estacions meteorològiques domèstiques.

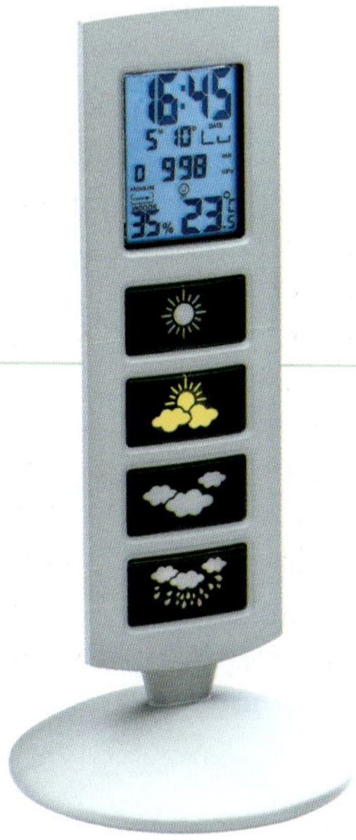

Estació meteorològica casolana.

6 Comportament dels gasos (II)

6.1. Relació entre la temperatura i el volum

Quan augmenta la temperatura, les partícules del gas es mouen cada vegada més de pressa, es van separant i, si poden, ocupen cada cop més espai. És a dir, el gas es dilata.

Si el recipient que conté el gas és flexible, per exemple un globus, experimenta un augment del volum fig. 1.

A pressió constant, el volum d'un gas augmenta en augmentar la temperatura.

Fig. 1 Quan s'escalfa l'aire d'un globus aerostàtic, el gas s'expandeix.

6.2. Relació entre la temperatura i la pressió

Acabem d'estudiar la relació entre temperatura i volum si la pressió es manté constant. Vegem ara què passa si es manté constant el volum mentre es varia la temperatura.

Quan augmenta la temperatura d'un gas però el recipient que el conté és rígid (per exemple, una olla de pressió), el gas no pot augmentar el volum que ocupa i les partícules xoquen cada cop a més velocitat i més sovint contra les parets del recipient, cosa que provoca un augment de la pressió fig. 2.

A volum constant, la pressió d'un gas augmenta en augmentar la temperatura.

Fig. 2 En les olles de pressió, com que el volum del recipient és constant, la pressió interna augmenta en augmentar la temperatura.

6.3. Lleis de Charles i Gay-Lussac

La variació de la pressió i el volum d'un gas amb la temperatura va ser estudiada a finals del segle XIX per J. L. Gay-Lussac, basant-se en estudis previs de J. A. C. Charles, cosa que va donar lloc a les **lleis de Charles i Gay-Lussac**:

- **Llei de Charles**. A pressió constant, *el volum d'una quantitat fixa de gas és proporcional a la seva temperatura* (a més temperatura, més volum):

$$\frac{V_1}{T_1} = \frac{V_2}{T_2} \quad (T \text{ en kèlvins})$$

- **Llei de Gay-Lussac**. A volum constant, *la pressió d'una quantitat fixa de gas és proporcional a la seva temperatura*:

$$\frac{P_1}{T_1} = \frac{P_2}{T_2} \quad (T \text{ en kèlvins})$$

6.4. Llei general dels gasos

Les diferents lleis dels gasos (Boyle i Mariotte, Charles, Gay-Lussac) es poden combinar en una única expressió, anomenada **llei general dels gasos**:

$$\frac{P_1 \cdot V_1}{T_1} = \frac{P_2 \cdot V_2}{T_2} \quad (T \text{ en kèlvins})$$

Escala Kelvin de temperatura

Les dues lleis dels gasos enunciades per Charles i Gay-Lussac tenien, quan es van enunciar, una expressió matemàtica més complicada que en la forma actual.

El motiu d'això era que les escales de temperatures utilitzades habitualment tenen valors negatius.

El 1848, el científic W. Thomson (Lord Kelvin) va proposar una escala *absoluta* de temperatura, és a dir sense valors negatius. Per fer-ho va necessitar donar el valor zero a la temperatura més baixa possible. Estudis teòrics van indicar que el zero absolut s'aconseguiria a −273 °C.

L'escala Kelvin (kèlvins o K) es relaciona així amb l'escala Celsius (graus Celsius o °C):

$$T\text{ (K)} = t\text{ (°C)} + 273$$

En l'escala Kelvin els punts de fusió del gel (0 °C) i d'ebullició de l'aigua (100 °C) són, respectivament, 273 K i 373 K.

- Expressa en kèlvins aquestes temperatures: −15 °C, 59 °C, 125 °C, 218 °C i −208 °C.
- Passa a graus Celsius les temperatures següents: 12 K, 58 K, 102 K, 396 K i 743 K.

Exemples

1. **Un globus conté 10 L d'un gas a pressió atmosfèrica i 0 °C. Si el globus pot duplicar el seu volum abans d'esclatar, arribarà a explotar si l'escalfem fins a 50 °C?**

   Suposem que la pressió es mantindrà constant, de manera que s'hi aplica la primera llei de Charles i Gay-Lussac.

   Expressem la temperatura en kèlvins, substituïm els valors i aïllem la incògnita:

$$T_1 = 0\,°C = 273\ K;\ T_2 = 50\,°C = 323\ K$$

$$\frac{V_1}{T_1} = \frac{V_2}{T_2} \Rightarrow \frac{10\ L}{273\ K} = \frac{V_2}{323\ K} \Rightarrow V_2 = 11{,}8\ L$$

   El volum augmenta sense que el globus arribi a explotar.

2. **Un recipient conté gas a 5,25 atm i 25 °C. Si la pressió no ha de sobrepassar 9,75 atm, fins a quina temperatura es podria escalfar sense perill?**

   Com que es tracta d'un recipient tancat, el gas mantindrà el volum constant, de manera que s'hi aplica la segona llei de Charles i Gay-Lussac.

   Expressem la temperatura inicial en kèlvins, substituïm els valors i aïllem T_2:

$$T_1 = (25 + 273)\ K = 298\ K$$

$$\frac{P_1}{T_1} = \frac{P_2}{T_2} \Rightarrow \frac{5{,}25\ atm}{298\ K} = \frac{9{,}75\ atm}{T_2} \Rightarrow T_2 = 553\ K$$

   Podríem escalfar el recipient fins a 553 K (280 °C).

3. **Quin volum ocuparà una determinada quantitat de gas que inicialment tenia un volum de 5 L a 1 atm i 25 °C, si la pressió augmenta a 2 atm i la temperatura augmenta a 50 °C?**

   En aquest cas s'ha d'aplicar la llei general dels gasos perquè cap de les magnituds es manté constant.

   Expressem la temperatura en kèlvins, substituïm els valors i aïllem la incògnita:

$$T_1 = 25\,°C = (25 + 273)\ K = 298\ K$$

$$T_2 = 50\,°C = (50 + 273)\ K = 323\ K$$

$$\frac{P_1 \cdot V_1}{T_1} = \frac{P_2 \cdot V_2}{T_2} \Rightarrow \frac{1\ atm \cdot 5\ L}{298\ K} = \frac{2\ atm \cdot V_2}{323\ K} \Rightarrow V_2 = 2{,}7\ L$$

Els globus d'heli per investigar l'atmosfera poden quintuplicar el volum abans d'esclatar.

@ Amplia a la Xarxa...

Experimenta la relació entre la temperatura i la pressió d'un gas a:
www.tiching.com/116018

1. Quin significat tenen les lleis de Charles i Gay-Lussac?
2. Què passaria si s'escalfés molt una olla de pressió sense vàlvula de seguretat?
3. Per què una pilota de ping-pong deformada recupera la forma si s'introdueix en aigua calenta?
4. Un recipient de volum variable conté 12 L d'un gas a 43 °C. Quin volum tindrà si augmentem la temperatura fins a 185 °C mantenint constant la pressió?
5. Calcula a quina temperatura s'ha d'escalfar un gas tancat en un recipient a una temperatura de 30 °C i 2 atm de pressió per duplicar-ne la pressió.
6. Quina pressió tindrà un gas que inicialment tenia un volum de 100 cm^3 a $3{,}5 \cdot 10^5$ Pa i 0 °C, si se li disminueix el volum a 25 cm^3 i la temperatura a −20 °C?
7. Explica com es pot triplicar el volum de 15 L d'un gas a 25 °C i 1 atm de pressió. Hi ha més d'una resposta?

7 Canvis d'estat

7.1. Com es produeix un canvi d'estat

Els canvis d'estat són **reversibles**, ja que es pot passar una substància de sòlid a líquid escalfant-la (o de líquid a gas) i, després, passar-la de nou a sòlid (o de gas a líquid) refredant-la.

Els canvis sòlid → líquid → gas s'afavoreixen escalfant i disminuint la pressió; els processos contraris, els canvis gas → líquid → sòlid s'afavoreixen refredant i augmentant la pressió.

Quan s'escalfa un sòlid, la vibració de les partícules augmenta fins que és tan forta que supera les forces d'atracció que mantenen unides les partícules del sòlid, de manera que el sòlid es desfà i es converteix en un líquid (fusió) fig. 1a.

Si es continua escalfant el líquid obtingut, les partícules es mouen cada vegada més ràpidament, fins que algunes arriben a la velocitat necessària per abandonar el líquid (evaporació).

En continuar escalfant-lo, arribarà un moment que gairebé totes les partícules tindran la velocitat necessària i el líquid començarà a bullir (ebullició) fig. 1b.

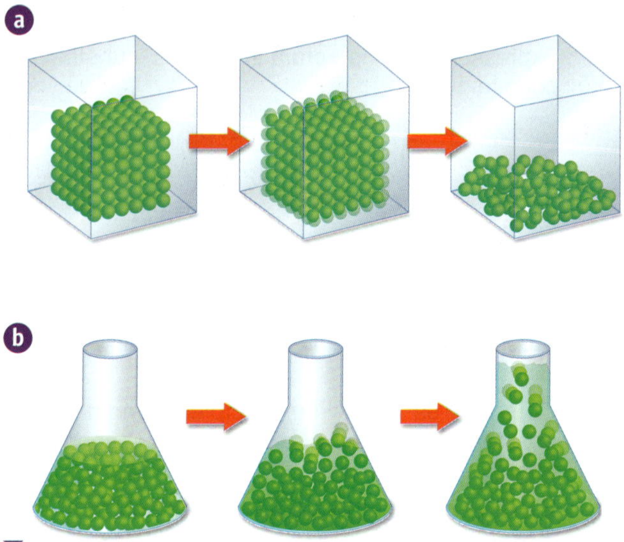

Fig. 1 Fusió i ebullició segons la teoria cineticomolecular.

7.2. Temperatura de canvi d'estat

En escalfar una substància pura, per exemple aigua destil·lada, es pot comprovar que la temperatura continua fixa mentre té lloc un canvi d'estat.

La teoria cineticomolecular explica aquesta constància: mentre es produeix el canvi d'estat, tota l'energia subministrada mitjançant l'escalfor es fa servir per vèncer les forces d'atracció entre les partícules. En conseqüència, la temperatura no augmenta, sinó que es manté constant mentre quedi matèria per canviar d'estat.

La temperatura en què es donen els canvis d'estat s'anomena **temperatura de canvi d'estat**.

Com que normalment es treballa a pressió atmosfèrica, els valors de les temperatures de canvi d'estat solen donar-se per a una pressió atmosfèrica d'1 atm (normalment anomenada pressió atmosfèrica al nivell del mar). Així, per exemple, a aquesta pressió l'aigua bull a 100 °C.

Recorda que no cal que el líquid bulli perquè passi a estat vapor: a temperatures inferiors ja es vaporitza, encara que més a poc a poc. El procés de vaporització d'un líquid sense arribar a bullir rep el nom d'**evaporació**.

Gràfics de canvi d'estat

Els gràfics de canvi d'estat són representacions de la temperatura d'una substància enfront del temps d'escalfament (o de refredament) fig. 2.

@ Amplia a la Xarxa...

Observa el model cineticomolecular dels canvis d'estat a: www.tiching.com/731951

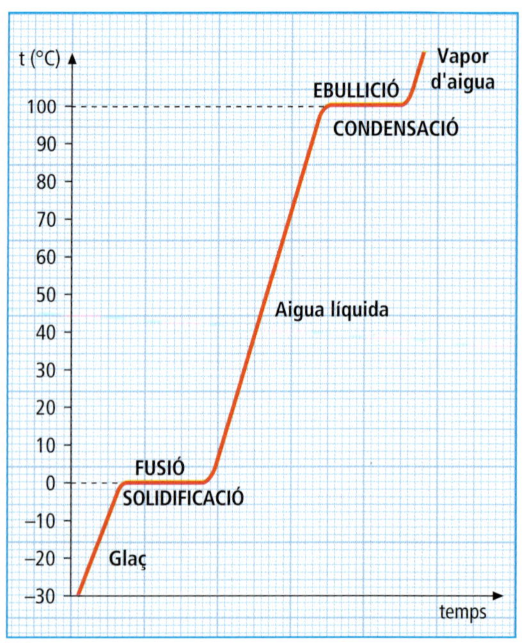

Fig. 2 Gràfic del canvi d'estat de l'aigua.

7.3. Influència de la pressió

Si el canvi d'estat té lloc per sobre del nivell del mar, la pressió atmosfèrica és més petita. En aquest cas, hi ha menys impediments perquè les partícules s'allunyin del líquid i, en conseqüència, la temperatura de canvi d'estat també és més petita.

Així, en el cim del Teide, a 3718 m, la pressió atmosfèrica és de 0,65 atm, i la temperatura d'ebullició de l'aigua, 88 °C.

En canvi, si la pressió de l'ambient és més gran, les partícules tenen més dificultats per separar-se (sigui per fondre's o per vaporitzar-se) i, en conseqüència, la temperatura de canvi d'estat és més gran fig. 3.

Fig. 3 En el cim del Teide, la temperatura d'ebullició de l'aigua és menor de 100 °C.

Reflexiona-hi

El gràfic següent mostra la temperatura d'ebullició de l'aigua a diferents altituds.

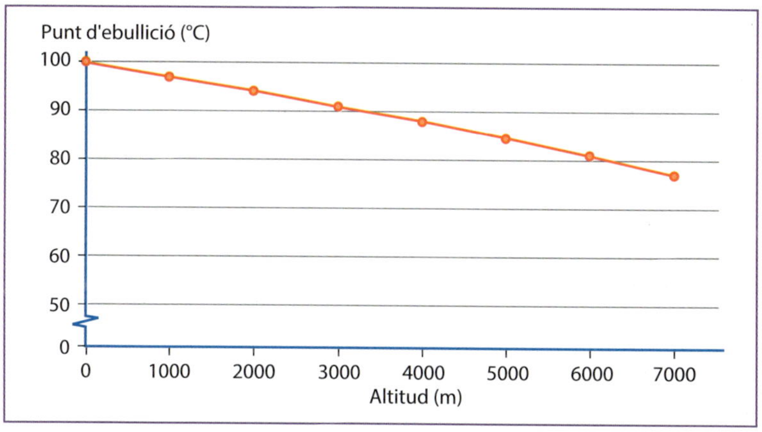

Moltes ciutats del món són en serralades o altiplans molt elevats sobre el nivell del mar i, en conseqüència, la temperatura d'ebullició de l'aigua no arriba a 100 °C.

- A l'Amèrica del Sud hi ha moltes ciutats a gran altitud en la serralada dels Andes. A quina temperatura bull l'aigua a les ciutats indicades a la taula de la dreta?
- Com es poden bullir aliments (en aigua) a temperatures més elevades en aquestes ciutats?

Ciutat	Altitud (m)	País
El Alto	4 150	Bolívia
La Paz	3 640	Bolívia
Cusco	3 400	Perú
Quito	2 800	Equador

1. Per què no varia la temperatura durant els canvis d'estat d'una substància pura?
2. Quan en una paella humida s'hi posa oli a escalfar, comença a esquitxar perillosament passada una estona. Explica'n la causa.
3. Per què notem una sensació de frescor quan ens humitegem les mans amb colònia?
4. Explica com i per què influeix la pressió atmosfèrica en la temperatura d'ebullició d'una substància.
5. On bull a més temperatura l'aigua, a València o a Madrid? Per què?
6. Explica com es produeix el canvi d'estat de sublimació a gas segons la teoria cineticomolecular de la matèria. I de sublimació a sòlid?

Gràfic de canvi d'estat

A principis del segle XVIII els científics mesuraven la temperatura amb els termòmetres de mercuri ideats el 1714 pel físic alemany D. G. Fahrenheit (1686-1736). Aquests termòmetres es calibraven en una escala de temperatures amb dues referències, que eren la temperatura més baixa que Fahrenheit havia aconseguit experimentalment (una mescla refrigerant de gel, aigua i clorur d'amoni) i la temperatura normal del cos humà. Entre totes dues referències, Fahrenheit va dividir l'interval de temperatura en 96 graus.

Poc temps després, el 1742, el físic suec Anders Celsius (1701-1744) va proposar una nova escala, inicialment anomenada centígrada, que prenia com a referències els punts de fusió i d'ebullició de l'aigua, mesurades al nivell del mar, i va dividir l'interval en 100 graus fig. 1.

Fig. 1 Termòmetre del 1743.

A. Actualment l'escala Celsius és la més utilitzada mundialment, però en alguns països encara es fa servir l'escala Fahrenheit. Quins països fan servir habitualment l'escala Fahrenheit de temperatura?

Construcció del gràfic de canvi d'estat de l'aigua

1. Omple un vas de precipitats amb 200-300 g de gel i una mica d'aigua i posa-hi un termòmetre. Després d'una estona, pren nota de la temperatura inicial, que correspondrà a la temperatura de fusió del gel (o congelació de l'aigua).
2. Posa el vas de precipitats sobre una placa calefactora i comença a escalfar-lo. Remou sovint el contingut per aconseguir un escalfament uniforme. Pren la temperatura cada minut (procura que el termòmetre no toqui les parets del recipient) i recull les dades en una taula com la següent:

Temps (min)	Temperatura (°C)	Estat d'agregació
0		
1		
...		

3. Al cap d'uns minuts d'haver arribat a la temperatura d'ebullició, atura l'escalfament i la recollida de dades.
4. Representa les dades en un gràfic, amb el temps a les abscisses i la temperatura a les ordenades.

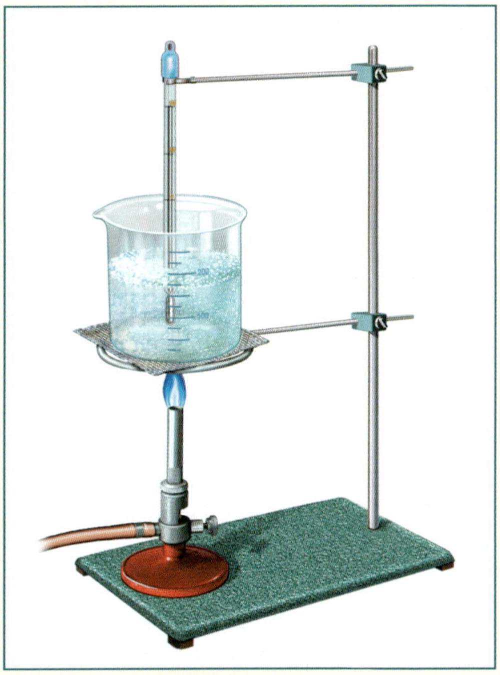

Muntatge experimental.

(1) El més probable és que les temperatures de fusió del gel i d'ebullició de l'aigua reflectides als gràfics difereixin una mica dels valors esperats: 0 °C i 100 °C, respectivament. Pots donar alguna raó que justifiqui la diferència?

(2) Un tram inclinat del gràfic indica que la temperatura va augmentant a un ritme constant a causa de l'escalfament, però com es justifica que en el gràfic hi hagi dos trams horitzontals si mai no es deixa d'escalfar l'aigua?

B. Els canvis d'estat de la matèria també succeeixen per refredament (condensació i solidificació) i, en aquest cas, el gràfic del canvi d'estat s'anomena **regressiu**.

Imagina't que ets un científic d'un laboratori d'anàlisis i que reps una mostra d'una substància desconeguda.

Per l'aspecte i l'olor tan característica que desprèn et sembla que la substància és 1,4-diclorobenzè, un producte que es fa servir com a repel·lent d'arnes domèstic.

③ En el laboratori hi ha un pot amb 1,4-diclorobenzè. Inspecciona la informació de l'etiqueta i elabora una fitxa del producte:

- Descriu l'aspecte, el color i l'olor de la mostra.
- Escriu la fórmula del compost.
- Pren nota del punt de fusió que consta a l'etiqueta.
- Dibuixa els pictogrames de seguretat i explica'n el significat fig. 2.

Per confirmar que la mostra és 1,4-diclorobenzè, pots determinar la temperatura de fusió de la mostra.

Fig. 2 Mostra de 1,4-diclorobenzè, anomenat també *para*-diclorobenzè.

Determinació del punt de fusió de l'1,4-diclorobenzè

La pràctica s'ha de fer en una vitrina de gasos, perquè els vapors d'1,4-diclorobenzè són nocius.

1. Omple un tub d'assaig gran fins a un terç amb 1,4-diclorobenzè i submergeix-lo en un bany d'aigua calenta com mostra la figura.

   Introdueix un termòmetre a l'interior del tub de manera que no toqui les parets ni el fons del tub. Pots posar el termòmetre en la posició que vulguis amb l'ajuda d'unes pinces.

2. Continua l'escalfament fins que l'1,4-diclorobenzè s'hagi fos completament i estigui a uns 65-70 °C. En aquest moment treu amb prudència el tub del bany d'aigua i deixa'l refredar.
3. Durant el procés de refredament, mesura la temperatura cada minut i recull totes les dades en una taula com la de la dreta.
4. Representa les dades en un gràfic, amb el temps a les abscisses i la temperatura a les ordenades.
5. La temperatura del tram horitzontal del gràfic indica la temperatura del punt de fusió de l'1,4-diclorobenzè. Pren nota del resultat que has obtingut.

   T (fusió) = ... °C

6. Per obtenir un resultat més exacte, agafa els resultats dels altres grups de treball i fes la mitjana aritmètica.
7. Compara el valor que has obtingut amb la temperatura de fusió indicada en l'etiqueta del producte pur. Pots afirmar que la mostra assajada probablement és 1,4-diclorobenzè?

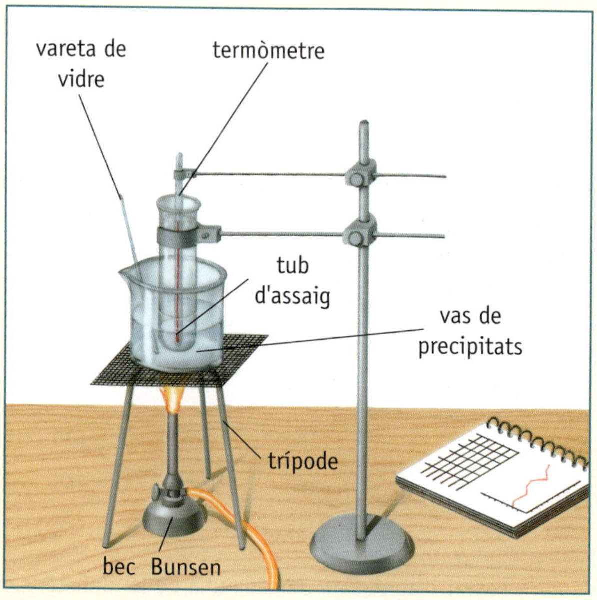

Muntatge experimental.

Temps (min)	Temperatura (°C)	Estat d'agregació
0		
1		
...		

1. A la naturalesa l'aigua es troba en forma líquida, però també com a gel o vapor d'aigua. Ordena els tres estats d'agregació de l'aigua de menys densitat a més.

2. Imagina que tens dues boles de massa igual, l'una de ferro i l'altra de fusta. Justifica si són certes o falses aquestes afirmacions:

   a) Les dues boles tenen un volum igual.

   b) Els dos materials tenen una densitat igual.

   c) La bola de ferro és més petita.

3. Quina és la densitat (en grams per centímetre cúbic i en quilograms per metre cúbic) d'una roca de 450 g de massa si té un volum de 110 cm^3?

4. Completa al quadern la taula sobre quatre mostres de metalls.

Substància	Densitat (g/cm^3)	Massa (g)	Volum (cm^3)
plom	11,35	45	
zinc	7,13		27
mercuri		217	16
estany	7,31		42

5. L'etanol té una densitat de 0,79 g/cm^3. Calcula la massa continguda en una ampolla de mig litre.

   A continuació, determina el volum que ocupa 1 kg d'etanol.

6. Considera la taula següent:

Substància	Temperatura de fusió (°C)	Temperatura d'ebullició (°C)
A	50	180
B	−35	235
C	1 320	2 670
D	−100	−45
E	−35	50

   Indica l'estat d'agregació de cada una de les substàncies si la temperatura és de:

   a) 25 °C b) 50 °C c) 200 °C

7. En una xeringa hi ha 50 cm^3 d'aire tancats a una pressió d'1 atm. Calcula'n el volum final si desplacem l'èmbol fins a augmentar la pressió a 2 atm.

8. En un èmbol hi ha 10 L d'aire a 2,5 · 10^5 Pa de pressió. Quina pressió hi hem d'exercir per reduir-ne el volum fins a 2 L?

9. La pressió dels neumàtics d'una bicicleta s'ha de canviar segons el pes de la persona. Si el pes de l'usuari augmenta, què s'ha de fer, augmentar la pressió del neumàtic o disminuir-la?

10. Fes aquestes conversions d'unitats de pressió:

    a) 1,25 atm a pascals.

    b) 1,6 · 10^5 Pa a atmosferes.

    c) 1 024 hPa a atmosferes.

11. Expressa les temperatures següents en kèlvins: 20 °C, 0 °C i −10 °C. A continuació, expressa aquestes temperatures en graus Celsius: 352 K, 85 K i 0 K.

12. Per què en els recipients dels aerosols s'adverteix que és perillós exposar-los a temperatures superiors a 50 °C?

13. Es tanca un gas en un èmbol i es varia la pressió mantenint constant la temperatura. Es mesura cada vegada el nou volum.

    Si els valors obtinguts són els de la taula, hi ha hagut algun error en la presa de mesures? Per què?

Pressió (atm)	1,0	1,2	1,4	1,5	1,8	2,1
Volum (mL)	89	74	64	59	45	42

14. S'escalfa un recipient tancat hermèticament i es mesura la pressió del seu interior, que dóna els valors següents:

Temperatura (°C)	20	40	60	80
Pressió (atm)	1,00	1,07	1,14	1,20

    a) Representa les dades de la taula anterior en un gràfic, posant la pressió en l'eix de les ordenades i la temperatura en l'eix de les abscisses.

    b) A quina temperatura s'aconseguiria una pressió d'1,50 atm?

    c) Quina pressió hi havia quan la temperatura era de 50 °C?

15. Una conductora revisa la pressió dels neumàtics del seu vehicle abans de fer un trajecte llarg. A mig camí, mesura de nou la pressió i comprova que ha augmentat. Quina és la raó?

16. Quin volum ocuparà un gas que inicialment tenia un volum de 5 L a 1 atm i 25 °C si se li augmenta la pressió a 2 atm i la temperatura a 50 °C?

17. Quina pressió tindrà un gas que inicialment tenia un volum de 100 cm^3 a 3,5 · 10^5 Pa i 0 °C si se li disminueix el volum a 25 cm^3 i la temperatura a −20 °C?

18. El centre de la Terra és sòlid encara que la temperatura és tan gran que qualsevol substància hauria d'estar fosa. Quina pot ser l'explicació?

19. El mar Mort està situat per sota del nivell del mar. Aquesta circumstància pot tenir alguna influència en la temperatura d'ebullició de l'aigua? Per quin motiu?

20. Per què els alpinistes fan servir bombones d'aire comprimit quan pugen a muntanyes molt altes?

1. En un dels vasos de precipitats hi ha aigua, i en l'altre, alcohol. Sabent que la densitat de l'aigua és més gran que la de l'alcohol, indica justificadament quin líquid hi ha a cada vas.

2. Copia l'esquema al quadern i completa'l amb els noms dels canvis d'estat:

sòlid	→	...	→	líquid
sòlid	→	...	→	gas
líquid	→	...	→	sòlid
líquid	→	...	→	gas
gas	→	...	→	sòlid
gas	→	...	→	líquid

3. Què provoca la pressió a l'interior d'un recipient ple de gas?

4. A què es deu l'existència de pressió atmosfèrica?

5. A cada zona de punts del dibuix li correspon un valor de la pressió atmosfèrica. Escriu al quadern la zona (*a*, *b*, *c*) i el valor que creguis més adequat dels valors següents: 0,8 atm, 0,9 atm i 1 atm.

6. Com influeix la pressió atmosfèrica en la temperatura de canvi d'estat?

7. Escriu al quadern l'expressió que relaciona l'escala Celsius amb l'escala Kelvin.

8. A partir de la llei general dels gasos, es poden obtenir tant la llei de Boyle i Mariotte com les de Charles i Gay-Lussac.

Completa al quadern una taula com la següent. Dedueix en cada cas quina llei s'obté a partir de la llei general i escriu-ne el nom.

Llei general	Condició	Llei obtinguda
$\frac{P_1 \cdot V_1}{T_1} = \frac{P_2 \cdot V_2}{T_2}$	T = ct	
	P = ct	
	V = ct	

9. Sabries explicar com es manté la temperatura d'una substància pura mentre canvia d'estat? Com s'explica aquest fenomen?

10. Com influeix la pressió atmosfèrica en la temperatura de canvi d'estat?

Explica aquest fet mitjançant la teoria cineticomolecular de la matèria.

11. Copia i completa els mots encreuats al quadern i en la columna assenyalada hi apareixerà el nom d'un científic francès que va estudiar els gasos.

Definicions:

1. L'estat d'agregació menys dens de la matèria.
2. Pas de líquid a gas sense arribar a la temperatura d'ebullició.
3. Científic irlandès que va estudiar els gasos.
4. S'obté per condensació d'un gas.
5. Pas de sòlid a gas o viceversa.
6. Estat d'agregació que es caracteritza pel manteniment de la forma.
7. Força per unitat de superfície que exerceixen les partícules d'un gas.
8. Pas de líquid a gas.
9. Fan falta 101 300 d'aquestes unitats per fer 1 atmosfera.

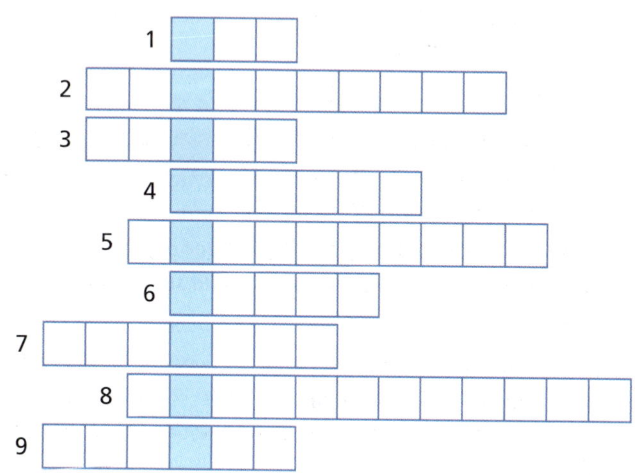

1 Experimenta. La pressió atmosfèrica

Un experiment molt fàcil que pots fer a casa és el següent:

a) Omple un got amb aigua fins al màxim possible, és a dir, just fins al punt en què que comenci a vessar.

b) Després posa-hi a sobre un full de paper procurant que no quedin bombolles d'aigua atrapades entre el full i l'aigua.

c) Pressiona el paper sobre la vora del got. Subjecta el paper amb la mà i gira el got de cap per avall.

Comprova que l'aigua no cau.

Pregunta 1

Com expliques que un simple paper pugui sostenir tot el pes de l'aigua que hi ha dins del got?

Pregunta 2

Redacta un informe que relacioni els resultats de l'experiment amb les lleis dels gasos i la pressió atmosfèrica.

2 Reflexiona. Dilatació i contracció dels gasos

Un grup d'alumnes va portar a terme l'experiment següent:

a) Van agafar una ampolla buida i la van segellar amb una pel·lícula fina d'aigua sabonosa.

b) Van introduir l'ampolla en un recipient amb aigua calenta i van observar que es formava una bombolla que sobresortia de la boca de l'ampolla.

c) Seguidament, van posar l'ampolla en un bany de gel i aigua i van observar que la mida de la bombolla decreixia i, fins i tot, que acabava invertint la curvatura i introduint-se en l'interior de l'ampolla.

Després de discutir les observacions experimentals, els alumnes van redactar l'informe següent:

"Aquest experiment és una prova de la llei de Gay-Lussac. Al principi, l'aire tancat dintre l'ampolla té la mateixa pressió que la pressió atmosfèrica.

Quan l'ampolla s'introdueix en aigua calenta, l'aire que hi ha dins de l'ampolla està més calent que l'aire de l'exterior i per això la seva pressió augmenta fins a arribar a ser més gran que la pressió atmosfèrica, i llavors la bombolla sobresurt.

Finalment, quan es posa l'ampolla en un bany fred, l'aire de dintre està més fred que el de l'exterior i, per tant, la pressió a l'interior de l'ampolla disminueix i arriba a ser força inferior a la pressió atmosfèrica, i per això la corba de la bombolla queda invertida."

Pregunta 1

Què opines de la interpretació que han fet els alumnes de l'experiment?

Pregunta 2

Si hi ha errors o imprecisions en l'informe, corregeix-los i redacta un informe millor.

Síntesi. La matèria

Estats de la matèria

- Per **matèria** podem entendre tot allò que té massa i ocupa un volum.
- La matèria es pot presentar en la naturalesa en un d'aquests tres **estats d'agregació**: sòlid, líquid o gas.
- Si se sotmet la matèria a variacions de temperatura o pressió, pot passar d'un estat a un altre. Aquesta transformació rep el nom de **canvi d'estat**.

Teoria cineticomolecular de la matèria

- Postulats de la **teoria cineticomolecular** de la matèria:
  1. La matèria està constituïda per partícules molt petites, pràcticament invisibles.
  2. Les partícules exerceixen forces d'atracció entre si que les mantenen unides.
  3. Les partícules estan constantment en moviment.

Comportament dels gasos

- La pressió d'un gas és la força que exerceixen les partícules d'aquest gas per unitat de superfície.
- **Llei de Boyle i Mariotte**

  Per a una quantitat fixa de gas a temperatura constant, el producte del volum que ocupa per la pressió a què està és constant:

  $P_1 \cdot V_1 = P_2 \cdot V_2$ (*T* constant)

- Lleis de Charles i Gay-Lussac

  Llei de Charles. A pressió constant, el volum d'una quantitat fixa de gas és proporcional a la temperatura:

  $$\frac{V_1}{T_1} = \frac{V_1}{T_1}$$ (*T* en kèlvins, *P* constant)

  Llei de Gay-Lussac. A volum constant, la pressió d'una quantitat fixa de gas és proporcional a la seva temperatura:

  $$\frac{P_1}{T_1} = \frac{P_2}{T_2}$$ (*T* en kèlvins, *V* constant)

- **Llei general dels gasos**

  Les diverses lleis dels gasos es poden combinar en una única expressió:

  $$\frac{P_1 \cdot V_1}{T_1} = \frac{P_2 \cdot V_2}{T_2}$$ (*T* en kèlvins)

Canvis d'estat

- Els canvis d'estat són **reversibles**, ja que es pot passar una substància de sòlid a líquid escalfant-la (o de líquid a gas) i, després, passar-la altra vegada a sòlid (o de gas a líquid) refredant-la.
- La temperatura a què es produeixen els canvis d'estat s'anomena **temperatura de canvi d'estat**.
- Els gràfics de canvi d'estat són representacions de la temperatura d'una substància enfront del temps d'escalfament (o refredament).

Consolidació de competències

CONTESTA LA PREGUNTA INICIAL

Després d'haver estudiat aquesta unitat, pots respondre la pregunta inicial:

Com s'explica el comportament de la matèria?

Redacta un text d'entre 10 i 20 línies que resumeixi les conclusions a què hagis arribat sobre el tema.

CONSOLIDA EL QUE HAS APRÈS

Per consolidar els coneixements adquirits al llarg de la unitat, pots fer les activitats que trobaràs a l'adreça web següent:

www.tiching.com/731552

Aquestes activitats s'han preparat en un document en format pdf que pots descarregar-te.

Al final del document trobaràs les solucions de les activitats de manera que puguis comprovar si has acomplert els objectius de la unitat.

APRÈN PER EMPRENDRE

L'heli és un gas més lleuger que l'aire i amb un punt d'ebullició extremedament baix. Gràcies a aquestes propietats i que és inert químicament es fa servir en molts sectors industrials. A la següent pàgina web trobaràs informació sobre les aplicacions que té:

www.tiching.com/731952

Suposa que una empresa que comercialitza gasos industrials t'encarrega el disseny d'un fulletó informatiu sobre l'heli. El fulletó ha d'incloure un resum breu de les propietats de l'heli i les aplicacions que té.

Has d'esforçar-te a aconseguir que en el fulletó hi hagi tota la informació rellevant, però que sigui fàcil d'entendre i atractiu visualment.

TÈCNIQUES D'ESTUDI

Entra a: www.tiching.com/727426 i practica una tècnica d'estudi a partir de la síntesi.

3 LES SUBSTÀNCIES PURES I LES MESCLES

Com és la matèria que ens envolta?

La Pinta del vent, d'Eduardo Chillida. A la natura hi abunden les mescles: l'aigua de mar, les roques, etc. Els éssers humans en separem els components i els tornem a mesclar per obtenir materials útils, com ara l'acer.

S. VIII

Ğabir ibn Hayyan (721-815), alquimista persa anomenat Geber a occident, descriu als seus escrits alguns processos de separació de mescles, entre els quals la destil·lació i la cristal·lització.

• S.VIII

1750-1799

El químic suec Carl W. Scheele (1742-1786) descobreix que l'aire és una mescla de gasos formada principalment per oxigen i nitrogen.

• 1772-1773

• 1774

El químic britànic Joseph Priestley (1732-1804) descobreix l'oxigen, independentement de Scheele.

180

Friedrich F. Runge (1795-1867), químic alemany, fa els primers passos en la tècnica de la cromatografia amb paper. Aconsegueix separar mescles de colorants derivats de l'anilina.

• 1850

Els diferents tipus de matèria, anomenats substàncies, es caracteritzen per les seves propietats. De vegades, les substàncies es poden reconèixer a ull nu. Per exemple, és fàcil distingir l'or, el carbó o el vidre.

Però no sempre és així de fàcil. Molt sovint cal recórrer a anàlisis físiques i químiques molt complexes per poder diferenciar substàncies semblants.

A la natura, el més freqüent és trobar-hi les substàncies mesclades; l'aigua de mar, per exemple, malgrat que és principalment aigua, porta dissolta sal i moltes altres substàncies.

Per tal d'aïllar les substàncies que componen les mescles cal recórrer a tècniques de separació que aprofiten alguna de les propietats característiques de les substàncies que volem separar.

Què sabem?

- Esmenta dues substàncies diferents que tinguin un aspecte molt semblant a ull nu.
- Quines substàncies conté l'aigua de mar?
- Com es pot separar la sal que conté l'aigua de mar?
- Saps què és una salina?

Què aprendrem?

1900-1999

1906

El botànic rus Mikhail Tswett (1872-1919) desenvolupa la tècnica de la cromatografia a columna i aconsegueix separar pigments vegetals utilitzant una columna de vidre plena de pols d'òxid d'alumini.

1956

Egon Stahl (1924-1986), un farmacèutic alemany, perfecciona la tècnica de la cromatografia de capa fina, i converteix així aquest procediment en la tècnica analítica ràpida, econòmica i precisa que és actualment.

1 Les substàncies pures i les mescles

1.1. Les substàncies pures

En general, anomenem *substància* qualsevol tipus de matèria que pot distingir-se de les altres, a grans trets, pel fet de tenir algunes característiques pròpies.

Si et presenten el vas de la fig. 1 i et pregunten quina substància és, n'observaràs el color, la consistència, l'olor, el sabor (si t'asseguren que pots tastar-la)... i només després de fer aquesta inspecció reconeixeràs que aquesta substància és llet. Fins i tot podries afirmar que es tracta de llet pura de vaca.

Fig. 1 És una substància pura la *llet pura de vaca*? I l'aigua pura d'una font?

Però, què vol dir que una substància és pura? En el llenguatge comú solem donar el qualificatiu de pur a les substàncies d'origen natural, que no porten additius o que no estan contaminades.

Però, per a un químic, aquesta noció és molt diferent:

Substància pura és cadascun dels tipus de matèria que té una composició definida i unes propietats característiques i invariables.

@ Amplia a la Xarxa...

Classifica la matèria en substàncies pures i mescles a: www.tiching.com/731953

1.2. Les mescles

Des del punt de vista químic, la llet no és una substància pura, sinó una **mescla** de substàncies diferents: aigua, sucre, fosfat de calci, greixos, vitamines, etc. A més, pot contenir més o menys proporció d'aigua, ser sencera o desnatada...

Una **mescla** està formada per dues o més substàncies, anomenades *components* de la mescla, de manera que la composició no està definida i les propietats depenen de la classe i de la proporció dels seus components.

Fig. 2 El granit està format per quars (transparent), feldspat (blanc) i mica (negra).

Les mescles es classifiquen en *heterogènies* i *homogènies* segons la grandària de les partícules dels seus components.

Mescles heterogènies

En una **mescla heterogènia** les partícules de les diferents substàncies que la componen es poden observar a ull nu o amb instruments òptics de pocs augments.

Aquest és el cas del granit, en el qual a ull nu es reconeixen els tres minerals que el formen fig. 2.

Mescles homogènies

En una **mescla homogènia** les partícules que la componen són tan petites que no es poden observar amb cap mitjà òptic fig. 3. Moltes d'aquestes mescles són *solucions aquoses*.

L'aigua del mar, per exemple, és una mescla homogènia, perquè no és possible distingir-hi les partícules d'aigua de les partícules de les diferents sals que conté dissoltes.

Fig. 3 L'acer és una mescla homogènia de ferro i carboni que pot contenir altres components. La mescla es duu a terme mentre els components estan fosos.

DISPERSIONS COL·LOÏDALS

En algunes mescles, les partícules només es poden veure amb l'ajut de microscopis molt potents. Aquest és el cas de la llet, perquè, tot i que no és una mescla homogènia, tampoc no podem veure a ull nu les partícules dels seus components.

D'aquestes mescles, que es poden considerar heterogènies malgrat que les seves partícules només es poden veure amb l'ajut de microscopis, en diem **dispersions col·loïdals**.

Per tant, a més de la llet, també són dispersions col·loïdals el fum, la boira, el vidre acolorit, la maionesa, l'escuma, la nata muntada...

En aquestes mescles, les petites partícules d'una substància, que anomenem **fase dispersa**, es troben disseminades a l'interior d'una altra substància, anomenada **medi dispersor**. La grandària de les partícules de la fase dispersa està entre 1 nm i 1 μm taula 1. Si les partícules de la fase dispersa són més petites que 1 nm, la mescla és homogènia.

Cada color d'un vitrall és un sol sòlid de vidre amb substàncies que l'acoloreixen.

Taula 1

TIPUS DE DISPERSIONS COL·LOÏDALS			
Tipus	**Medi dispersor**	**Fase dispersa**	**Exemple**
sol	líquid	sòlid	farina en aigua
emulsió	líquid	líquid	llet
escuma	líquid	gas	nata muntada
sol sòlid	sòlid	sòlid	vidre acolorit
gel	sòlid	líquid	gelatina
escuma sòlida	sòlid	gas	escumes plàstiques
aerosol	gas	sòlid	fum
aerosol líquid	gas	líquid	boira

Les escumes sòlides són dispersions d'aire en sòlid.

1. ¿Què és una substància pura?
2. Quines diferències hi ha entre una substància pura i una mescla?
3. Quin aspecte té una mescla homogènia? I una mescla heterogènia?
4. Explica en què consisteix una dispersió col·loïdal. Posa'n algun exemple.
5. Quina relació hi ha entre la grandària de les partícules de la fase dispersa i el tipus de mescla que en resulta? Justifica aquesta relació.
6. L'aire és una mescla d'oxigen i nitrogen, entre altres gasos. Quina classe de mescla és l'aire?
7. Si tirem trossets de sucre en un recipient amb aigua i remenem el contingut durant una estona, quin tipus de mescla obtenim?

   I si fos sorra en lloc de sucre el que tirem a l'aigua del recipient?
8. Investiga quin tipus de dispersió col·loïdal és la maionesa i quins en són el mitjà dispersor i la fase dispersa.
9. L'aigua pot ser el medi dispersor de la tinta d'un retolador indeleble? Per què?
10. La merenga es prepara batent clares d'ou ràpidament i durant força estona. Explica què s'aconsegueix amb el procés de batre?

2 Identificació de substàncies pures

2.1. Propietats generals i específiques

Dos gots plens, l'un d'aigua i l'altre d'alcohol (etanol) tenen un aspecte molt semblant fig. 1. És molt difícil distingir a ull nu entre una substància i una altra, però podem intentar-ho mesurant-ne alguna propietat.

Fig. 1 Si no fos per les ampolles, sabries quin got conté aigua i quin etanol?

Això no obstant, no es tracta pas de mesurar-ne una propietat qualsevol. Les propietats comunes a qualsevol tipus de matèria, anomenades **propietats generals**, no ens seran útils. Són propietats generals la massa, el volum i la temperatura.

Altres propietats, les anomenades **propietats característiques** o **específiques**, sí que permeten diferenciar entre una substància i una altra. Es tracta de propietats com ara la densitat, el punt de fusió, el punt d'ebullició, la conductivitat tèrmica, el color, etc. taula 1.

Densitat

La **densitat** és la massa de substància que ocupa un volum determinat. Es pot distingir l'aigua de l'etanol mesurant-ne la densitat, perquè la de l'aigua és d'1 g/cm^3 i la de l'etanol és aproximadament de 0,8 g/cm^3.

Temperatura de canvi d'estat

La temperatura del **punt de fusió** (t_f) és aquella a la qual es fon una substància sòlida quan la pressió externa és d'1 atm. Per exemple, el punt de fusió del glaç és de 0 °C i el de l'etanol és de –114 °C.

La temperatura del **punt d'ebullició** (t_e) és aquella a la qual bull una substància líquida quan la pressió externa és d'1 atm. Continuant amb l'exemple, el punt d'ebullició de l'aigua és de 100 °C i el de l'etanol és de 78,4 °C.

Quan una substància pura passa d'estat sòlid a líquid o de líquid a gas, la temperatura es manté constant durant tot el canvi d'estat fig. 2, substància pura.

Això no obstant, si la substància no és pura sinó que està mesclada amb altres, l'inici del canvi d'estat no es veu tan clarament, perquè la temperatura no es manté constant sinó que varia a poc a poc fig. 2, mescla.

Taula 1

Substància	t_f (°C)	t_e (°C)	Densitat (g/cm^3)
aigua	0	100	1,00
etanol	–114	78,4	0,79
sofre	113	444,8	2,07
brom	–7,1	58,9	3,12
zinc	419,7	907	7,13
estany	232	2 270	7,31
mercuri	–38,7	356,7	13,55
plom	327,6	1 740	11,35

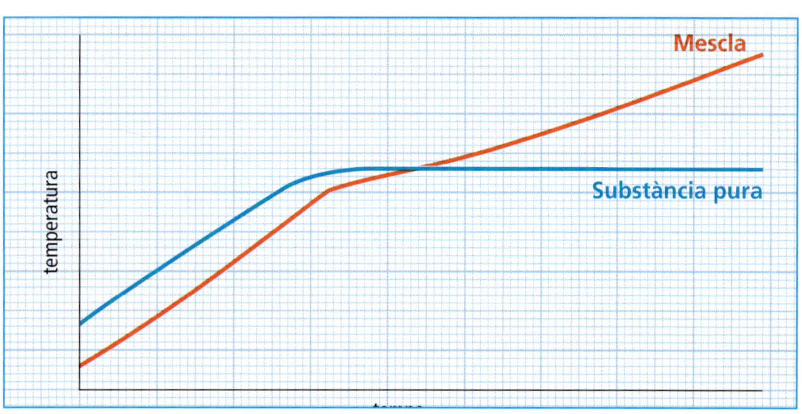

Fig. 2 Variació de la temperatura durant el canvi d'estat d'una substància pura i d'una mescla.

Reflexiona

Al laboratori de l'escola hi ha tres recipients amb reactius químics que han perdut l'etiqueta.

Per identificar-los, els alumnes estudien en primer lloc l'aspecte de les substàncies. Atenent al color, l'olor, la textura, etc., sembla que es tracta de la mateixa classe de substància en tots tres casos.

Amb la finalitat de comprovar-ho, tres grups d'alumnes van realitzar un experiment amb el qual van determinar la temperatura de fusió de cadascuna de les tres substàncies.

L'experiment va consistir a escalfar una mostra de substància en un bany d'aigua fins que la substància es va fondre, i després mesurar la temperatura de refredament a cada minut.

Els resultats de l'experiment de cada grup es mostren als gràfics següents:

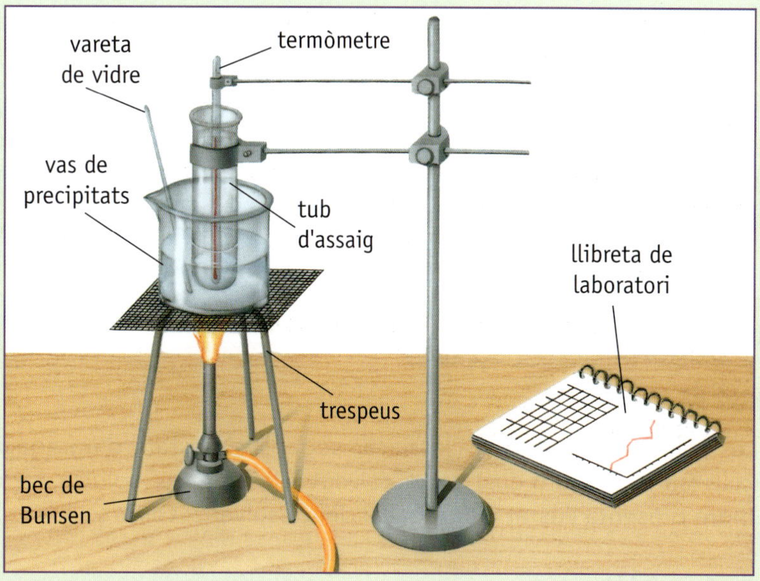

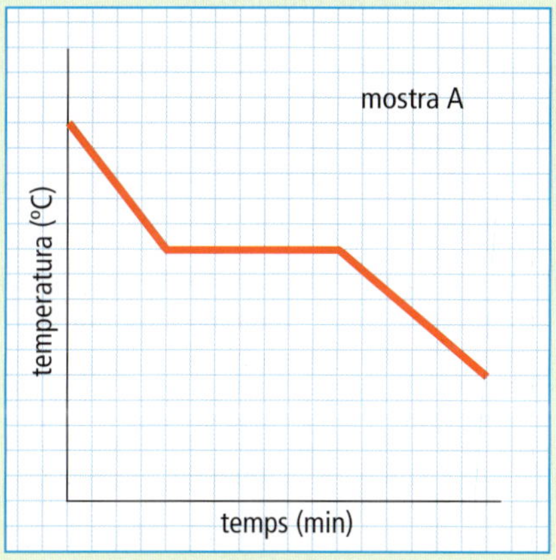

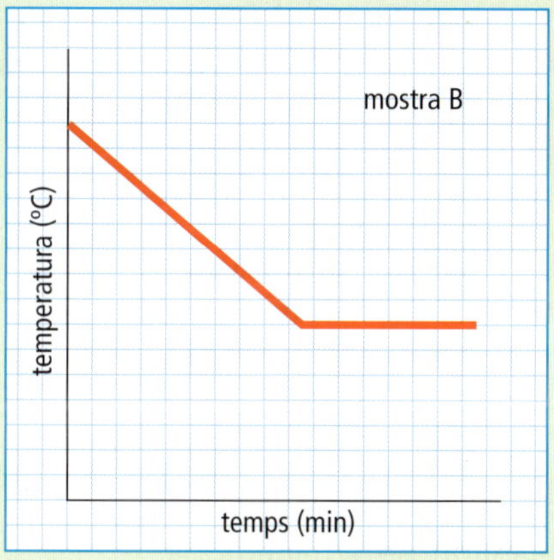

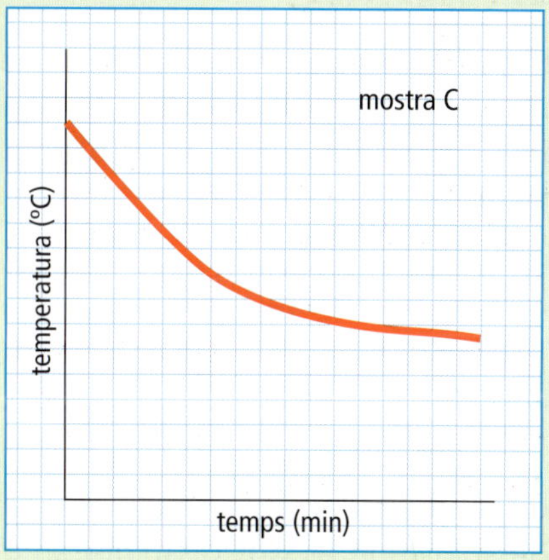

Cada grup d'alumnes va interpretar així els resultats:

- El **grup 1** defensava que les mostres A i B eren la mateixa substància perquè totes dues tenien trams horitzontals i que la resta del gràfic no era important. D'altra banda, considerava la substància C diferent.
- El **grup 2** opinava que les mostres A i B eren substàncies diferents, perquè les temperatures dels trams horitzontals són diferents. Tanmateix, coincidien amb el grup 1 en dir que la substància C era diferent de les altres dues.
- El **grup 3** opinava que les mostres B i C són d'una mateixa substància, però que la substància B és pura i la C, impura. I que l'única substància que era realment diferent era la del recipient A.

Ara has de donar la teva opinió sobre el cas:

– Què opines sobre la interpretació defensada per cada grup d'alumnes?

– Quina interpretació de resultats defensaries tu?

1. Fes una llista amb deu propietats de la matèria i classifica-les en propietats generals o específiques.
2. Indica quines propietats s'utilitzen per identificar una substància pura.
3. Com es comporta la temperatura durant el canvi d'estat d'una substància pura?
4. Explica si es pot identificar una substància només pel seu aspecte exterior (color, textura, etc.). Per què?
5. Bullirà a la mateixa temperatura l'aigua de mar que l'aigua d'un riu? Justifica la resposta.

   Quin tipus de gràfic de canvi d'estat presentaran tots dos tipus d'aigua?

3 Solucions i solubilitat

3.1. Les solucions

Una **solució** és una mescla homogènia de dues o més substàncies.

La substància que hi trobem en una proporció més gran rep el nom de **dissolvent**, i el component (o els components) minoritari s'anomena **solut** fig. 1.

L'aigua és el dissolvent més comú, però no és l'únic. Per exemple, si es prepara una solució mesclant 1 mL d'aigua i 1 L d'etanol, en aquest cas l'etanol serà el dissolvent (pel fet de ser-hi en una proporció més gran) i l'aigua, el solut.

Tipus de solucions

Les solucions es poden classificar segons els estats d'agregació inicials (sòlid, líquid o gas) del dissolvent i del solut. La solució, però, sempre presenta l'estat d'agregació del dissolvent taula 1.

Fig. 1 Totes tres solucions són aquoses (el dissolvent és l'aigua), però a la primera el solut és clorur de sodi (blanc), a la segona és sulfat de coure (blau) i a la tercera, vermell de metil.

Taula 1

TIPUS DE SOLUCIONS		
Dissolvent	**Solut**	**Exemple**
sòlid	sòlid	aliatge de coure i estany (bronze)
	líquid	amalgama de mercuri en or
	gas	hidrogen absorbit en platí
líquid	sòlid	sucre en aigua
	líquid	etanol en aigua
	gas	oxigen en aigua
gas	sòlid	iode sublimat en aire
	líquid	humitat en aire
	gas	aire sec

3.2. Solubilitat

El sucre és molt soluble en aigua. Podem mesclar-hi una gran quantitat i s'hi dissoldrà. Però, si seguim afegint sucre a l'aigua, arribarà un moment que ja no es dissoldrà i es dipositarà al fons del recipient.

En aquest moment, quan la solució ja no admet la incorporació de més quantitat de solut, diem que està **saturada**. Per tal de mesurar la quantitat de solut que pot admetre un dissolvent s'utilitza la solubilitat.

La **solubilitat** d'un solut en un dissolvent és la quantitat màxima de solut que es pot dissoldre en una quantitat determinada de dissolvent a una certa temperatura.

Una substància que tingui una solubilitat molt petita en un dissolvent determinat diem que és **insoluble** o, si es tracta de líquids, **immiscible**.

La solubilitat depèn del solut i del dissolvent. Però també pot variar molt amb la temperatura. En general, com més gran és la temperatura, més alta és la solubilitat fig. 2. Per això és més fàcil dissoldre sucre en aigua calenta que en aigua freda.

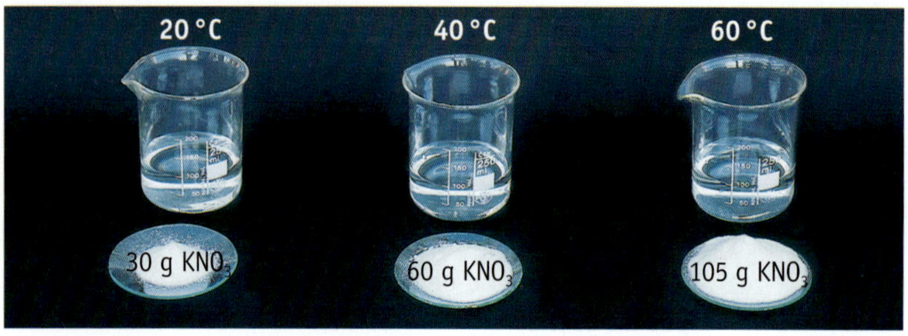

Fig. 1 La solubilitat pot variar molt amb la temperatura. Aquest fet es pot comprovar dissolent nitrat de potassi (KNO_3) en aigua a temperatures diferents fins a la saturació.

Corba de solubilitat

La **corba de solubilitat** d'una substància és la representació de la seva solubilitat, normalment expressada en grams de solut dissolts en 100 g de dissolvent, en funció de la temperatura.

La fig. 3 és la corba de solubilitat del clorur d'amoni (NH_4Cl) en aigua. A una temperatura determinada, qualsevol quantitat de solut que es correspongui amb una solubilitat per damunt de la corba de solubilitat es quedarà sense dissoldre's.

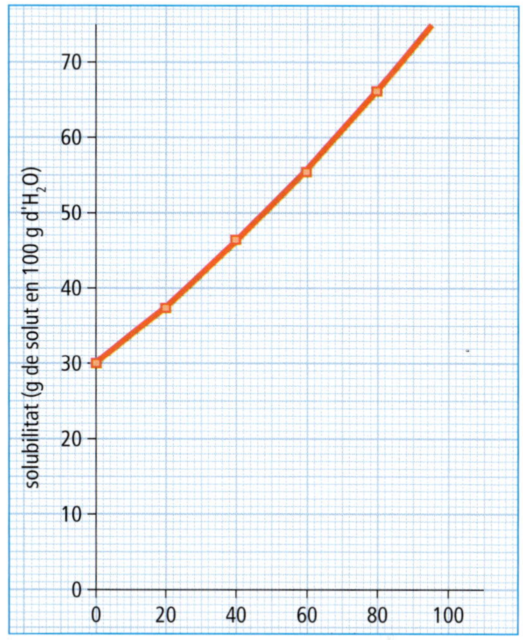

Fig. 3 Corba de solubilitat del NH_4Cl.

Exemple

1. A partir de la corba de solubilitat del clorur d'amoni fig. 3:
   a) Calcula la solubilitat del NH_4Cl a 70 °C.
   b) Determina si és possible obtenir una solució de NH_4Cl a 20 °C mesclant 50 g de NH_4Cl i 100 g d'aigua.

   a) Per determinar la solubilitat a 70 °C es traça, al punt 70 °C, una perpendicular a l'eix d'abscisses fins al punt de tall amb la corba. A continuació es traça una línia fins a l'eix de coordenades. Aquest valor serà la solubilitat del clorur d'amoni a 70 °C.

   Comprova que és d'uns 61 g de NH_4Cl en 100 g d'aigua.

   b) En representar al gràfic el punt S = 50 g i t = 20 °C, s'observa que queda per damunt de la corba de solubilitat.

   Això mostra que no es poden dissoldre totalment els 50 g de NH_4Cl, perquè el màxim possible són 37 g.

   La diferència entre totes dues masses (50 g – 37 g = 13 g) és l'excés de NH_4Cl sòlid que quedarà al fons del recipient.

@ Amplia a la Xarxa...

Aconsegueix més informació sobre solucions a: www.tiching.com/731960

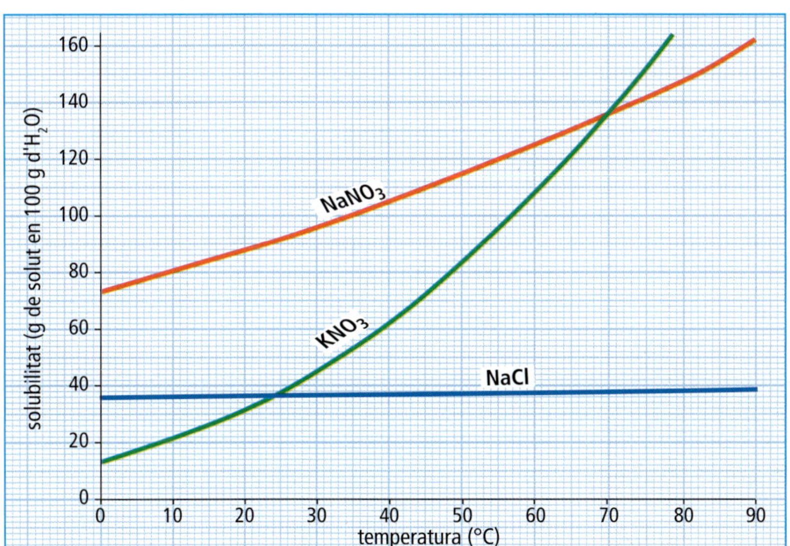

Fig. 4 Corbes de solubilitat de NaCl, KNO_3 i $NaNO_3$.

1. Quin tipus de mescla és una solució?
2. Què és la solubilitat?
3. Com afecta la temperatura a la solubilitat?
4. El llautó és fet de dos metalls, coure i zinc. Quin tipus de solució és el llautó?
5. Què passarà si s'intenta dissoldre més solut en una solució saturada?
6. Una solució diluïda, pot estar saturada?
7. Observa i indica a partir de la fig. 4:
   a. La solubilitat a 50 °C de KNO_3 i de NaCl.
   b. La solubilitat de KNO_3 i de NaCl a 20 °C.
   c. La massa de $NaNO_3$ que podem dissoldre en 100 g d'aigua, a una temperatura de 80 °C.
   d. La massa de NaCl que podem dissoldre en 200 g d'aigua, a 30 °C.

4 Concentració d'una solució

4.1. La concentració

La **concentració** d'una solució és la quantitat de solut dissolt en una certa quantitat de dissolvent o solució.

Hi ha diferents formes d'expressar la concentració d'un solut en una solució. En veurem tres: la massa per volum, el percentatge en massa i el percentatge en volum.

Massa de solut per volum de solució (g/L)

Indica els grams de solut dissolts en un litre de solució. És una de les formes més freqüents d'expressar la concentració de les substàncies dissoltes en aigua exemple 1:

$$\text{Concentració en massa (g/L)} = \frac{\text{grams de solut}}{\text{litres de solució}}$$

Si la proporció dels soluts és petita, s'expressa en mg/L.

Percentatge en massa (% en massa)

És la massa de solut que hi ha en 100 unitats de massa de dissolució fig. 1 i exemple 2.

$$\text{\% en massa} = \frac{\text{grams de solut}}{\text{grams de solut + grams de dissolvent}} \cdot 100$$

Percentatge en volum (% en volum)

Sol utilitzar-se per a components líquids o gasos. És el volum de solut dissolt en 100 volums de solució exemple 3.

$$\text{\% en volum} = \frac{\text{litres de solut}}{\text{litres de solució}} \cdot 100$$

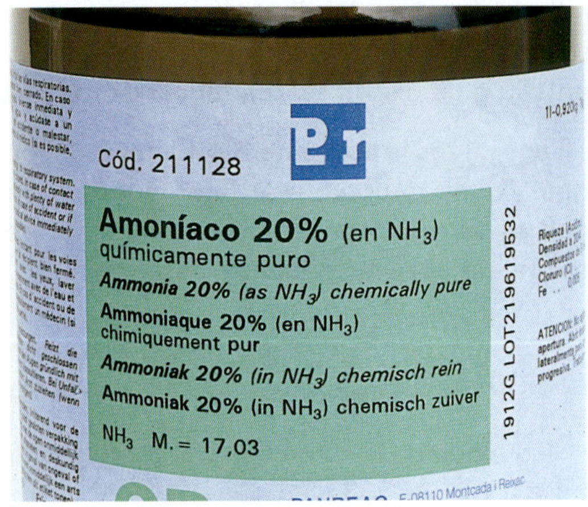

Fig. 1 En 1 kg de solució d'amoníac en aigua al 20 % en massa, hi ha 200 g d'amoníac. En 100 g de solució hi ha només 20 g d'amoníac.

@ Amplia a la Xarxa...

Practica la preparació de solucions a:
www.tiching.com/731961

Com es prepara una solució

Per preparar 250 g de solució de sal comuna amb un percentatge en massa del 5% es necessita:

sal i aigua; vidre de rellotge; espàtula; vas de precipitats; vareta de vidre; ampolla d'emmagatzematge; embut i etiquetes

Procediment:

1. Calculeu la massa de sal necessària i peseu-la en un vidre de rellotge:

$$m_{sal} = 250 \text{ ~~g de solució~~} \cdot \frac{5 \text{ g de sal}}{100 \text{ ~~g de solució~~}} = 12{,}5 \text{ g de sal}$$

2. Calculeu la massa d'aigua necessària i peseu-la:

$$m_{aigua} = m_{solució} - m_{sal} = 250 \text{ g de solució} - 12{,}55 \text{ g de sal} = 237{,}5 \text{ g d'aigua}$$

3. Aboqueu la sal a l'aigua i remeneu-ho amb la vareta fins que es dissolgui del tot.
4. Aboqueu la solució, amb l'ajut de la vareta (i d'un embut si cal), a l'ampolla, i col·loqueu-hi una etiqueta identificadora.

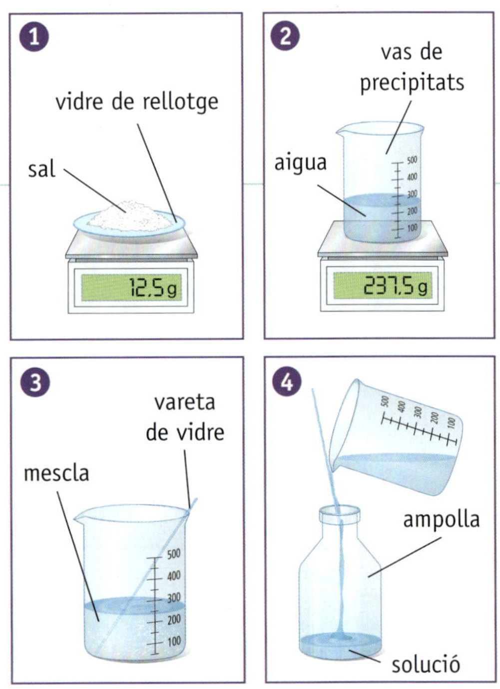

Passos en la preparació d'una solució.

Exemples

1. Determina la concentració en volum d'una solució preparada dissolent 8 g de sal (clorur de sodi) en aigua fins a obtenir 500 mL (0,5 L) de solució fig. 2.

$$\text{Concentració en massa} = \frac{8 \text{ g de sal}}{0{,}5 \text{ L de solució}} = 16 \text{ g/L}$$

2. Al laboratori es prepara una solució dissolent 25 g de sucre en 375 g d'aigua. Quina és la concentració de sucre en la solució expressada en percentatge en massa?

$$\% \text{ en massa} = \frac{25 \text{ g de sucre}}{25 \text{ g de sucre} + 375 \text{ g d'aigua}} \cdot 100 = 6{,}25\,\%$$

3. Calcula, a partir de les dades de composició de l'aire sec que recollim a la fig. 3 i taula 1, els litres d'argó i de diòxid de carboni que hi ha en 50 L d'aire sec (no hi ha vapor d'aigua).

Taula 1

Substància	% en volum
nitrogen (N_2)	78,03
oxigen (O_2)	20,99
argó (Ar)	0,94
diòxid de carboni (CO_2)	0,033
altres gasos	0,007

Per calcular el volum d'argó, simplement es multiplica el volum d'aire pel percentatge d'argó que conté:

$$\text{Volum d'argó} = 50 \text{ L } \cancel{\text{aire}} \cdot \frac{0{,}94 \text{ L argó}}{100 \text{ L } \cancel{\text{aire}}} = 0{,}47 \text{ L argó}$$

I el volum de diòxid de carboni:

$$\text{Volum de } CO_2 = 50 \text{ L } \cancel{\text{aire}} \cdot \frac{80{,}033 \text{ L } CO_2}{100 \text{ L } \cancel{\text{aire}}} = 0{,}0165 \text{ L } CO_2$$

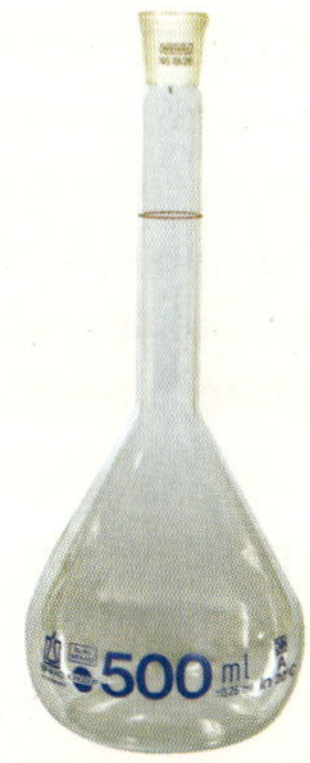

Fig. 2 El matràs aforat permet dissoldre una substància en un volum de solució determinat.

Fig. 3 Un 78 % del volum de l'aire és nitrogen (en 100 L d'aire hi ha 78 L de nitrogen).

1. Què representa la concentració d'una solució? En quines unitats s'expressa?
2. Posa exemples quotidians de solucions en les quals s'indiqui la concentració d'una o més substàncies.
3. Es volen preparar 250 mL d'una solució aquosa de sucre de concentració 30 g/L. Determina la massa de sucre que necessitaries disoldre i descriu els passos del procediment i el material que utilitzaries.
4. Es prepara una solució dissolent 25 g de sucre en 500 g d'aigua. Quina n'és la concentració expressada en percentatge en massa?
5. Una ampolla conté 750 g d'una solució ensucrada amb un 60 % de sucre. Calcula quina massa de sucre conté aquesta ampolla.
6. La concentració d'una solució de clorur de potassi és de 25 g/L. Quina massa de clorur de potassi hi haurà en 400 mL de solució?
7. Quin volum d'alcohol hi ha en 330 mL de cervesa amb una concentració d'etanol del 5 % en volum?
8. Mesclem 100 mL d'aigua pura amb 50 mL d'etanol. Justifica si pots considerar que el volum final de mescla serà de 150 mL.

La química a la cuina

Malgrat que a primera vista no ho sembli, els químics i els cuiners comparteixen un mateix propòsit: transformar unes substàncies en d'altres.

El cuiner transforma mescles complexes de substàncies químiques, els aliments, en unes altres mescles que resultin més mengívoles i nutritives. Per fer-ho, canvia les propietats fisicoquímiques dels aliments amb tècniques de mescla o de separació i els sotmet a tractaments tèrmics, d'escalfament o de refredament.

Els estris de cuina són molt diversos: cassoles, batedores, coladors, balances, vasos de mesurament... Però, només que hi pensis una mica, t'adonaràs de l'equivalència de cadascun d'aquests materials amb els que són habituals als laboratoris químics.

En els primers temps de la química, els útils que empraven els químics eren en gran mesura els mateixos que s'empraven a les cuines, però amb el temps es van anar perfeccionant per fer-los més adequats i específics.

Actualment es dóna un procés invers: els cuiners prenen útils i tècniques propis dels laboratoris químics per emprar-los en les seves receptes més innovadores.

A les cuines més innovadores hi sol haver un evaporador rotatiu, un destil·lador a baixa pressió propi dels laboratoris químics, però una mica modificat i amb el nom comercial de Rotaval.

@ Amplia a la Xarxa...

Observa com es fa servir el Rotaval (nom comercial del rotavapor) a la cuina a: www.tiching.com/731954

A LA CUINA MOLECULAR

"A parer meu, comporta una reflexió trista sobre la nostra civilització el fet que siguem capaços de mesurar la temperatura de l'atmosfera de Venus, però ignorem què passa a l'interior dels nostres suflés."

Aquesta frase va ser pronunciada el 1969 pel físic Nicholas Kurti en el transcurs d'una conferència a la Royal Society de Londres titulada *El físic a la cuina*, que tenia l'objectiu de despertar l'interès dels científics sobre els processos fisicoquímics que s'esdevenen durant la preparació culinària dels aliments.

Pocs anys després, els treballs del químic francès Hervé This van donar un impuls definitiu al projecte investigador proposat per Kurti, que ell va anomenar *cuina molecular*, i va delimitar l'objecte del seu interès en l'exploració científica dels fenòmens i les transformacions gastronòmiques descrites pels llibres de cuina o pels cuiners.

Actualment, un aspecte de l'alimentació que desperta el més gran interès científic i econòmic és aconseguir preparar aliments especials (sense lactosa, sense greixos, sense gluten...), tan diversos i gustosos com els originals.

Hervé This (Suresmes, 1955).

Nicholas Kurti (1908-1998).

Seu de la Fundació Alícia.

1. Un centre important del nostre país dedicat a l'estudi científic dels aliments és la Fundació Alícia. Cerca informació sobre els objectius generals i pel que fa als col·lectius amb necessitats alimentàries especials. Pots començar amb aquest enllaç: www.tiching.com/731604

B UN INVENT: EL FORN DE MICROONES

El forn de microones és un electrodomèstic que s'utilitza per escalfar de manera còmoda i ràpida aliments que contenen aigua.

Aquest electrodomèstic és tan habitual a les nostres cuines que sorprèn que la seva invenció no tingués inicialment cap relació amb la cocció dels aliments.

En la dècada del 1940, en el curs d'un projecte d'investigació militar sobre detecció i mesurament de distàncies per ones de ràdio (radar), es va descobrir accidentalment que la radiació de les microones escalfava materials que contenien aigua.

Al cap de poc temps ja es van començar a comercialitzar els primers forns de microones, però va passar un temps fins que es va aconseguir perfeccionar-los i que fossin tan eficaços, segurs i econòmics com els actuals.

▸ El primer microones comercialitzat el 1954 tenia les dimensions d'un frigorífic.

@ Amplia a la Xarxa...

Observa el funcionament dels forns microones a: www.tiching.com/731956

RECEPTA DE FLAM

Ingredients per a vuit flams:

1 L de llet

1 bastonet de canyella

6 ous

200 g de sucre llustre

caramel líquid

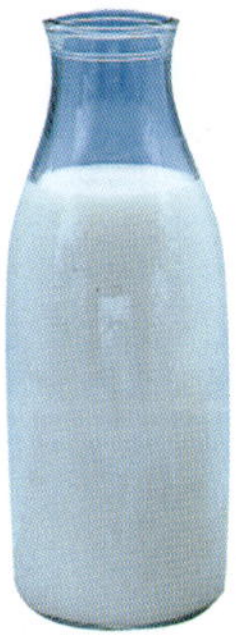

Procediment:

- Aromatitzar la llet posant-la amb un bastonet de canyella en una cassola. Escalfar-la fins que faci un primer bull. Retirar la canyella i deixar refredar.
- Batre els ous amb el sucre en un bol i a continuació afegir la mescla a la llet aromatitzada.
- Caramelitzar els fons de les flameres i omplir-les amb la mescla.
- Posar les flameres en una safata de forn gairebé plena d'aigua i coure al bany maria en un forn a 180 °C-200 °C. L'aigua del bany maria no ha de bullir, perquè el flam s'ompliria de foradets.

  El flam es qualla quan al seu interior la temperatura assoleix els 85 °C.
- Treure els flams del forn i deixar-los refredar abans de servir-los.

1. Justifica quina frase de les següents és la millor resposta a aquesta pregunta: fins a quina temperatura com a màxim es pot coure una verdura en un forn de microones?
   a. Depèn del temps de cocció programat.
   b. Al voltant de 100 °C.
   c. Si la potència és màxima, a molt més de 100 °C.
2. Explica com es cuinen les crispetes en un forn de microones.
3. A quina temperatura es qualla el flam?
4. La mescla crua del flam és líquida, però en coure-la es qualla i queda sòlida. Quin tipus de mescla és un flam quallat? I la massa crua del flam?
5. La densitat de la llet és d'1 g/cm^3 i la massa d'un ou és d'uns 70 g. Quina massa tindrà aproximadament cadascun dels flams?
6. Quina concentració de sucre, expressada en percentatge en massa, té un flam?
7. Si a la cuina només tinguéssim cinc ous, quin volum de llet i quina massa de sucre hauríem d'emprar mantenint la proporció?
8. El forn és a 180-200 °C, però gràcies al recurs del bany maria la temperatura de cocció no supera els 100 °C. Com és possible que la temperatura del flam sigui inferior a la del forn?
9. Si l'aigua del bany maria arriba a bullir, es formen foradets al flam. Quina és la causa de la formació d'aquests foradets?

6 Tècniques de separació de mescles (I)

6.1. Tècniques de separació

Moltes vegades ens interessa separar una o més substàncies d'una mescla. Per exemple, suposem que es mesclen grans d'arròs i de sal. Com que els grans de sal són molt més petits que els de l'arròs, podem utilitzar un colador per separar-los.

Una **tècnica de separació** és un procediment per separar els components d'una mescla.

El fonament del procediment és aprofitar les proporcions específiques de cada component. Segons aquestes proporcions (en el cas de l'arròs i la sal és la grandària), s'ha d'utilitzar una tècnica de separació o una altra.

6.2. Decantació

Aquesta tècnica permet separar un sòlid mesclat de manera heterogènia amb un líquid en el qual és insoluble o bé dos líquids immiscibles de densitats diferents.

Decantació d'un sòlid

Si el sòlid és força dens i gros, es dipositarà al fons del recipient, és a dir, es *sedimentarà*. Per tant, si s'inclina el recipient, es podria separar el líquid o **sobrenedant**, abocant-lo en un altre recipient sense que caigui el sòlid o **sediment** fig. 1.

Decantació d'un líquid

Per separar **líquids immiscibles**, com per exemple l'aigua i l'oli, s'introdueix la mescla en un recipient anomenat **embut de decantació** i es deixa reposar fins que els líquids se separin en dues capes fig. 2.

Després, s'obre la clau i es deixa sortir el líquid de la capa inferior lentament. A continuació, es tanca la clau quan falti poc perquè surti l'altre líquid.

Per evitar contaminar els components de la mescla en separar-los, cal no aprofitar ni el final del primer líquid ni el començament del segon. Finalment, es pren un altre recipient i s'hi recull el segon líquid.

6.3. Filtració

Aquesta tècnica permet separar un sòlid que estigui en suspensió en un líquid.

Consisteix a fer travessar la mescla per un filtre permeable i porós, generalment de paper. El filtre permet el pas del líquid o **filtrat**, però no el del sòlid fig. 3.

Un paper de filtre funciona com ho faria un colador de forats microscòpics. El sòlid és retingut al filtre perquè les seves partícules són més grosses que els porus del paper.

DECANTACIÓ D'UN SÒLID

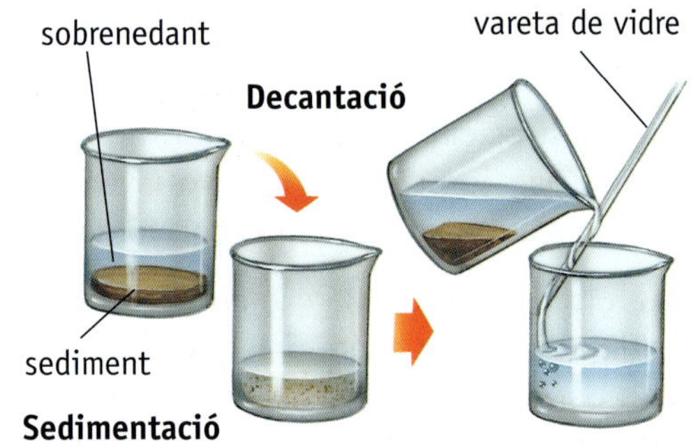

Fig. 1 En deixar reposar una mescla d'aigua i sorra, aquesta es sedimenta i la mescla es pot separar per decantació.

DECANTACIÓ DE LÍQUID

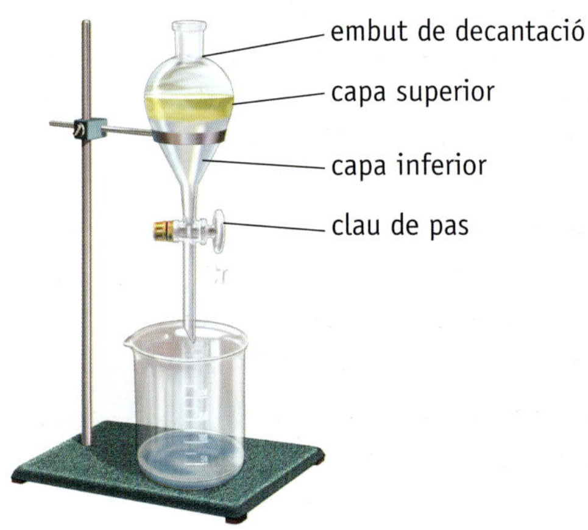

Fig. 2 Una mescla d'aigua i oli es pot separar per mitjà d'un embut de decantació.

FILTRACIÓ

Fig. 3 Per separar les partícules en suspensió d'una mostra d'aigua, es pot utilitzar la filtració

6.4. Vaporització i cristal·lització

S'utilitzen per separar un sòlid dissolt en un líquid.

Vaporització

La solució s'escalfa en una càpsula de porcellana fins a la vaporització total del líquid. És un procediment ràpid i senzill, però el gra obtingut és molt petit.

Cristal·lització

La solució es deixa en un cristal·litzador perquè el líquid s'evapori a temperatura ambient. Així, a mesura que la solució es concentra i es sobresatura, el solut es cristal·litza en forma de cristalls grossos fig. 4.

6.5. Altres tècniques

Hi ha diferents tècniques que aprofiten alguna proporció d'un sòlid per separar-lo d'altres sòlids. Per exemple:

- **Extracció amb un dissolvent**. Si només un dels components és soluble en un dissolvent determinat, aquest es pot afegir a la mescla. D'aquesta manera es dissol aquest component soluble i la resta es manté en estat sòlid. Per separar-ho, es filtra la solució i es vaporitza el dissolvent.
- **Sublimació**. Si un dels components de la mescla se sublima en ser escalfat (passa directament de sòlid a gas), només caldrà escalfar la mescla per separar-lo, i després refredar el gas perquè torni a sublimar-se a sòlid fig. 5.
- **Magnetisme**. Si un metall o un aliatge té propietats magnètiques serà atret per un imant, i això permetrà separar-lo d'aquelles substàncies que no siguin magnètiques fig. 6.

CRISTAL·LITZACIÓ

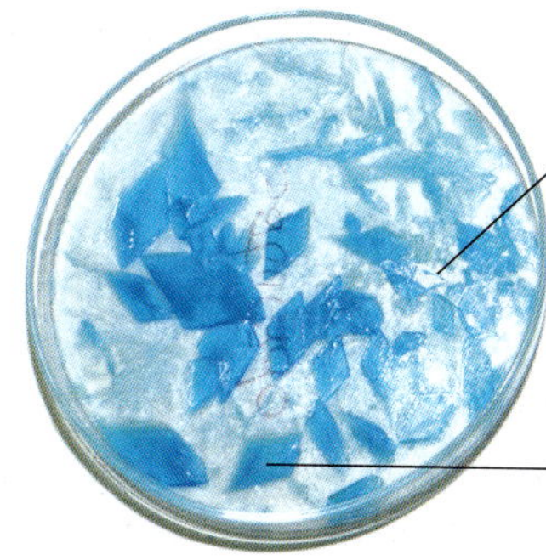

Fig. 4 El cristal·litzador, un recipient baix i de boca ampla, facilita l'evaporació del dissolvent.

SUBLIMACIÓ

Fig. 5 Una mescla de sal i iode es pot separar perquè el iode se sublima molt fàcilment.

MAGNETISME

Fig. 6 En una mescla de sofre i llimadures de ferro, un imant permet separar-ne el ferro.

1. En què es basen les tècniques de separació?
2. Per què serveix la filtració? Què ens permet separar?
3. Què podria passar si no deixéssim que se sedimentés una mescla abans de decantar-la?
4. Quin procediment se t'acut per separar una mescla de sal i arròs si no tens un colador?
5. Indica quines d'aquestes mescles de líquids es poden separar per mitjà de la decantació:
   a. aigua i oli
   b. aigua i alcohol
   c. vinagre i oli
   d. vinagre i aigua
6. Quin procediment utilitzaries per recuperar la sal d'una solució de sal en aigua?
7. En una cinta que transporta escombraries per al reciclatge, interessa separar els objectes de ferro de la resta. Amb què podríem fer-ho?

@ Amplia a la Xarxa...

Observa un vídeo de separació de substàncies a: www.tiching.com/731957

7 Tècniques de separació de mescles (II)

7.1. La destil·lació

La destil·lació és una tècnica que permet separar i recuperar els components líquids d'una solució fig. 1.

Consisteix a aprofitar les diferents temperatures d'ebullició dels components. En escalfar un mescla, s'evapora abans la substància amb un punt d'ebullició menor, cosa que permet separar-la dels altres components.

En una destil·lació fig. 2 cal tenir en compte això:

- La solució no ha d'omplir més de la meitat de la capacitat del matràs de destil·lació.
- Abans d'escalfar el matràs amb la solució s'introdueixen en el líquid uns trossets de porcellana porosa i perles de vidre. La raó és que d'aquesta manera l'ebullició es produeix amb bombolles petites i sense esquitxos.
- En el refrigerant, l'aigua hi entra per la part inferior i en surt per la part superior.

En escalfar el matràs amb la mescla, es vaporitza en primer lloc el líquid de punt d'ebullició més baix, i se separa de l'altre líquid o del solut dissolt. En passar després pel refrigerant, es torna a condensar.

El líquid de punt d'ebullició més baix queda a l'erlenmeyer i el líquid de punt d'ebullició més alt, al matràs.

Una mescla de gasos, com ara l'aire, també es pot separar per destil·lació, però per mitjà d'un procés una mica diferent. Com que l'aire ja és un gas, només caldrà refredar-lo progressivament perquè es condensin successivament els gasos que componen la mescla.

També es pot condensar inicialment tot l'aire i després deixar que s'evaporin lentament els components més volàtils.

Fig. 1 Els diferents components del petroli se separen per mitjà de destil·lació.

@ Amplia a la Xarxa...

Observa un vídeo que mostra com fer una destil·lació a: www.tiching.com/731958

Fig. 2 La destil·lació permet separar mescles homogènies de líquids; per exemple, aigua i alcohol.

DESTIL·LACIÓ

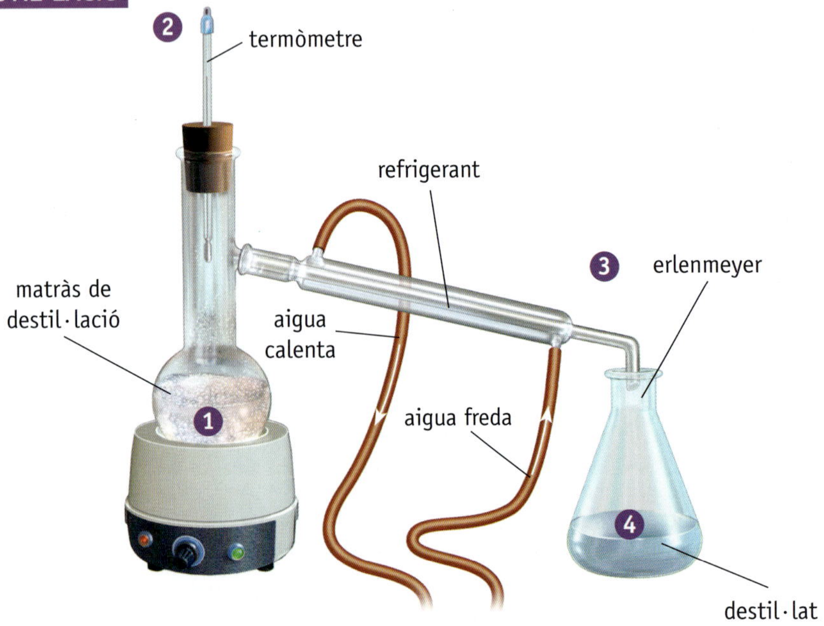

El procés de destil·lació segueix aquests passos:

1. La mescla es porta a ebullició.
2. El termòmetre permet reconèixer les diferents fases del procés:
   - La temperatura pujarà de manera uniforme fins que comenci a vaporitzar-se el primer component.
   - Durant l'ebullició, la temperatura no es manté constant, però puja de manera més lenta, fins que el primer component s'hagi destil·lat del tot.
3. Pel refrigerant hi circula aigua freda que condensa els vapors.
4. L'erlenmeyer recull els vapors condensats.

7.2. La cromatografia

Quan un dissolvent arrossega una mescla de substàncies a través d'un suport, les substàncies es mouen a velocitats diferents perquè estan sotmeses a forces d'atracció oposades, a causa del dissolvent i el suport.

Un component que senti més atracció pel dissolvent es desplaçarà més de pressa, mentre que si el component s'adhereix més al suport es desplaçarà més lentament fig. 3.

La cromatografia és una tècnica de separació molt sensible i molt habitual als laboratoris especialitzats en anàlisi química.

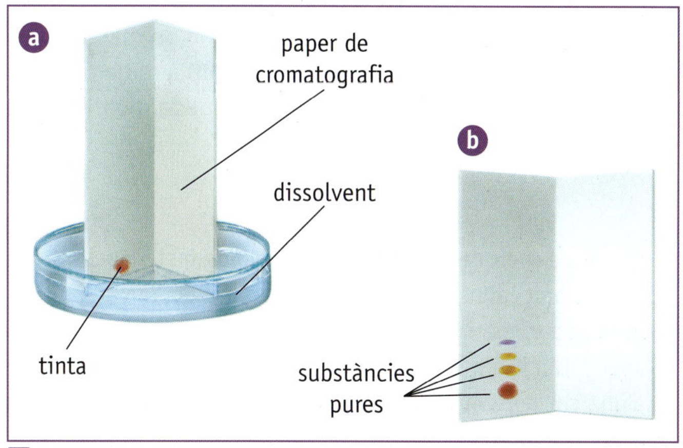

Fig. 3 a) El suport amb la mescla es posa en contacte amb el dissolvent. b) El dissolvent puja pel suport i arrossega els components a velocitat diferent.

@ Amplia a la Xarxa...

Observa una cromatografia a: www.tiching.com/116022

Exemple

1. **Explica com separaries una mescla de sal (és soluble en aigua i insoluble en etanol), iode (és soluble en etanol i, a més, se sublima), ferro (és insoluble en aigua, en etanol i té proporcions magnètiques) i sorra (és insoluble en aigua i en etanol).**

SAL + IODE + FERRO + SORRA

Amb un imant se separa el **ferro**. → FERRO

SAL + IODE + SORRA

Per sublimació se separa el **iode**. → IODE

SAL + SORRA

Es tracta amb aigua i es dissol la sal.

SOLUCIÓ DE SAL + SORRA

Per filtració se separa la **sorra**. → SORRA

SOLUCIÓ DE SAL

Per vaporització (cristal·lització) s'obté la **sal**. → SAL

Separació completa

1. Per què serveix la destil·lació? Quin tipus de mescles permet separar?
2. Explica com es pot dur a terme la destil·lació d'una mescla de gasos.
3. Explica què permet la separació de components en una cromatografia i com es realitza.
4. Si vols obtenir aigua força pura a partir d'aigua de mar, quina tècnica de separació utilitzaries?
5. Per què s'han d'afegir trossets de porcellana porosa o perles de vidre al matràs d'una destil·lació?
6. Quina és la funció del refrigerant en el muntatge de la destil·lació?

La solubilitat de la sal comuna

La sal de taula o sal comuna rep el nom científic de *clorur de sodi* i la seva fórmula química és NaCl.

La principal font de sal de taula és l'aigua de mar. Es tracta d'una solució que, entre moltes altres sals, conté com a mitjana un 2,4 % en massa de clorur de sodi, una concentració que queda molt lluny del nivell de saturació.

A. La sal s'extreu de l'aigua de mar en unes instal·lacions anomenades *salines*. El procediment consisteix a omplir amb aigua de mar unes basses de gran superfície i poca fondària. La calor del sol evapora l'aigua i així la concentració de les sals augmenta. Quan s'arriba al nivell de saturació d'una sal determinada, aquesta comença a cristal·litzar-se i es diposita al fons de la bassa.

(1) Defineix els conceptes: *solubilitat* i *solució saturada*.

(2) La fig. 4 de la pàgina 51 mostra les corbes de solubilitat d'algunes sals. Cerca la solubilitat del clorur de sodi a 20 °C i expressa-la en concentració en massa.

B. Com que algunes de les sals dissoltes se saturen abans que el clorur de sodi, són les primeres a cristal·litzar-se. L'ordre de cristal·lització es mostra a la figura de la dreta.

(3) A les salines, l'aigua de mar canvia d'estat de líquid a gas. D'aquest fet, caldria deduir que la temperatura de l'aigua a les salines ateny aproximadament els 100 °C?

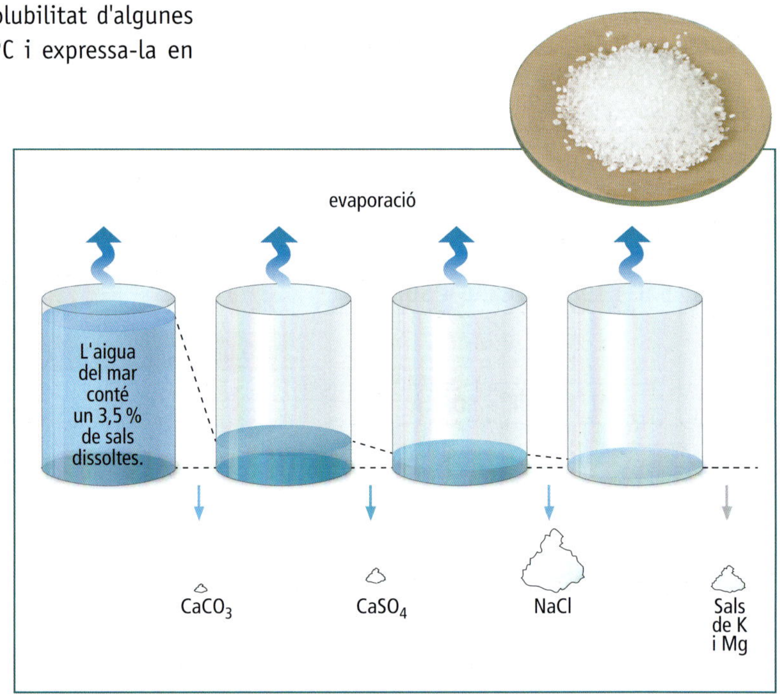

C. Reproduir el procés de les salines al laboratori és senzill, però massa lent per fer-ho al laboratori. Per accelerar-lo has de vaporitzar l'aigua amb l'ajuda d'un calefactor.

(4) En quins aspectes s'assemblen i en quins es diferencien els processos d'evaporació i vaporització?

Preparació d'una solució saturada de sal comuna (clorur de sodi)

1. Es pesen 200 g de sal en una bàscula i es dissolen en 400 mL d'aigua tèbia.

   Com que no hi ha prou aigua per a aquesta quantitat de sal, aquesta no es dissoldrà del tot i quedarà precipitada al fons del recipient.
2. La solució preparada es deixa reposar uns dies. El líquid que hi sobreneda és una solució saturada de sal.

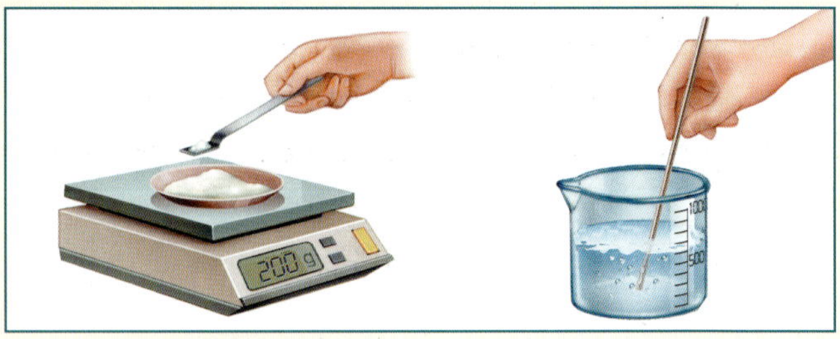

D. La solució obtinguda és completament transparent encara que conté molta sal dissolta. Pots fer un assaig simple per comprovar que la seva densitat és molt diferent de la de l'aigua.

Determinació de la densitat d'una solució saturada de sal comuna

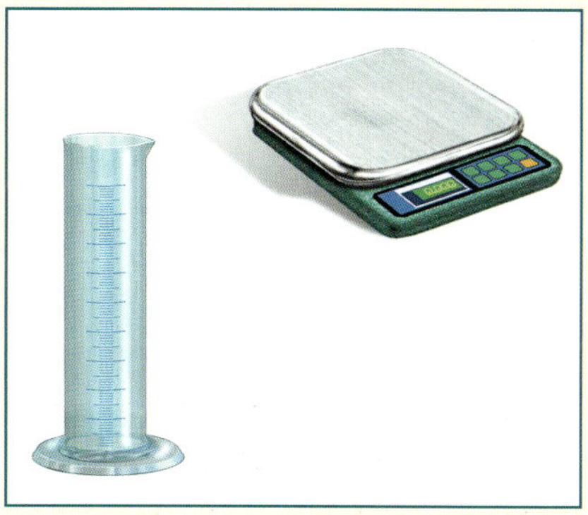

1. Agafa una proveta de 100 mL i pesa-la.
2. Omple la proveta amb 100 mL de solució saturada de sal i pesa-la novament. La diferència de pes és la massa de la solució.

$$m_{\text{proveta plena}} - m_{\text{proveta buida}} = m_{\text{solució}}$$

3. Calcula la densitat de la solució:

$$\text{densitat} = \frac{m_{\text{solució}}\ (\text{g})}{100\ \text{mL}} = \dots\ \text{g/mL}$$

4. Repeteix el procés amb aigua destil·lada per comprovar la diferència.

⑤ La densitat de l'aigua saturada de sal és més gran o més petita que la de l'aigua destil·lada?

⑥ Creus que és raonable el resultat obtingut?

@ Amplia a la Xarxa...

Observa un vídeo que mostra la tècnica de cristal·lització a: www.tiching.com/731962

E. Amb la solució saturada pots fer dos assaigs. El primer serà obtenir cristalls de sal grans.

Cristal·lització de la sal

1. Agafa un cristal·litzador i neteja'l molt bé de qualsevol residu amb aigua i sabó.
2. Posa 100 mL de la solució saturada al cristal·litzador.
3. Per aconseguir cristalls molt grans fes una sembra de cristalls. Agafa sal grossa de cuina i amb ajuda d'una lupa i unes pinces tria'n quatre o cinc cristalls que tinguin una forma cúbica al més perfecta possible.
4. Diposita els cristalls seleccionats al fons del cristal·litzador o penja'ls amb un cordill. Tapa-ho amb paper de filtre perquè no hi entri pols i deixa-ho en un lloc ventilat. Al cap d'uns dies, els nuclis sembrats hauran crescut fins a convertir-se en cristalls cúbics de sal.
5. Dibuixa o fotografia els cristalls de sal obtinguts.

F. L'assaig següent consistirà a determinar de manera experimental la solubilitat de la sal.

Determinació de la solubilitat del clorur de sodi (NaCl)

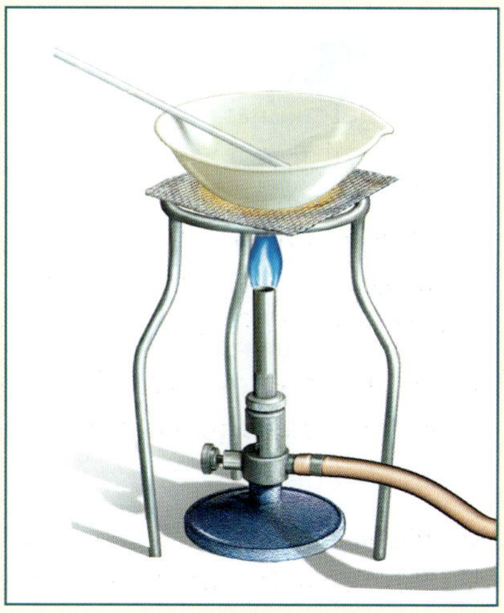

1. Pesa uns 50-60 g de solució saturada de sal ($m_{\text{solució}}$) i posa'ls en una càpsula de porcellana.
2. Escalfa suaument el líquid (agitant amb cura perquè no es vessi o esquitxi) per vaporitzar l'aigua i recuperar la sal dissolta. Quan la sal sigui ben seca, es deixa d'escalfar i s'espera que es refredi per pesar la sal (m_{sal}).
3. Per diferenciar amb la massa de la solució es calcula la massa d'aigua que hi havia:

$$m_{\text{aigua}} = m_{\text{solució}} - m_{\text{sal}} = \dots\ \text{g}$$

La solubilitat de la sal es calcula així:

$$\text{Solubilitat}_{\text{NaCl}} = \frac{m_{\text{sal}}\ (\text{g})}{m_{\text{aigua}}\ (\text{g})} \cdot 100 = \dots \cdot \frac{\text{g}}{100\ \text{g aigua}}$$

4. Compara aquest valor amb l'esperat que es mostra a la fig. 4 de la pàgina 51. Argumenta raons que justifiquin la diferència entre tots dos valors.

1. En un laboratori es pretén comprovar la puresa d'algunes substàncies. Indica quins assaigs es podrien fer més fàcilment, segons el tipus de substància:

Substància	Densitat	Temperatura de fusió	Temperatura d'ebullició
aigua			
ferro			
etanol			
cera			
marbre			

2. S'escalfa una mostra d'una substància i se'n registra la temperatura cada cert temps:

Temps (min)	0	1	2	3	4	5	6
Temperatura (°C)	20	34	52	69	86	86	86

a) Representa els valors en un gràfic. Situa el temps a l'eix d'abscisses i la temperatura al d'ordenades.

b) Justifica si la mostra és una substància pura o és una mescla.

3. Fixa't en les corbes de solubilitat de la pàgina 51. Es pot afirmar que el nitrat de potassi (KNO_3) és més soluble que el clorur de sodi (NaCl)? Per què?

4. Què passarà si es refreda una solució saturada de sal?

5. En un experiment es mesura la solubilitat d'una sal en funció de la temperatura i s'obtenen les dades següents:

Temperatura (°C)	0	10	20	30	40	50
Solubilitat (g/100 g aigua)	12,2	17,9	27,8	40,1	59,3	80,2

a) Representa la corba de solubilitat d'aquesta sal.

b) Determina'n la solubilitat a 25 °C.

c) Es vol preparar una solució de la sal a 20 °C dissolent 60 g en 250 g d'aigua. Serà possible?

6. Per determinar la solubilitat del nitrat de potassi (KNO_3) a 20°C, es van prendre 500 g d'una solució saturada i es va evaporar fins a la sequedat. La massa de nitrat de potassi obtinguda va ser de 115 g. Quina és la solubilitat del nitrat de potassi a 20 °C?

7. Es prepara una solució dissolent 50 g de clorur de sodi (NaCl) en aigua fins a completar 400 mL de solució. Determina la concentració del clorur de sodi expressada en grams per litre.

8. Es prepara una solució dissolent 30 g de nitrat de potassi (KNO_3) en 400 g d'aigua. Calcula la concentració de nitrat de potassi, expressada en percentatge en massa.

9. Es prepara una solució mesclant 30 g de sucre amb aigua fins a completar 500 g de solució. Determina el percentatge en massa de sucre.

10. Es prepara una solució mesclant 40 cm^3 d'alcohol (etanol) en aigua fins a completar un volum de 800 cm^3 de solució. Determina la concentració de l'alcohol expressada en percentatge en volum.

11. Raona si són veritables o falses aquestes frases sobre una solució aquosa de concentració 200 g/L:

a) Un litre de solució té una massa de 200 g

b) En 1 mL de solució hi ha dissolts 200 mg de solut.

c) En 1 litre de solució hi ha 1 litre d'aigua.

12. Raona si són veritables o falses les frases següents sobre una solució aquosa de concentració 20 % en massa:

a) 100 g de solució tenen una massa de 20 g.

b) En 500 g de solució hi ha dissolts 10 g de solut.

c) En 1 kg de solució hi ha 800 g d'aigua.

13. En l'aigua de mar hi ha, entre altres substàncies, 0,3 mil·ligrams d'or per metre cúbic d'aigua. Quin volum d'aigua hauria de tractar-se per extreure 1 kg d'or?

14. El vinagre és una solució diluïda d'àcid acètic en aigua. Calcula la massa d'àcid acètic que hi ha en 500 g d'un vinagre de concentració del 4 % en massa.

15. Quina és la concentració de nitrat de sodi ($NaNO_3$) en percentatge en massa d'una solució saturada a 25 °C? Utilitza el gràfic de la pàgina 51 per determinar la solubilitat del nitrat de sodi.

16. A 400 g d'una solució de KCl al 20 % en massa s'hi afegeixen 200 g d'aigua. Quina concentració de KCl té la nova solució?

17. Calcula quants grams de sucre necessitaries per preparar les solucions següents:

a) 200 grams d'una solució amb una concentració del 15 % en massa de sucre.

b) 800 mL d'una solució de concentració en sucre de 30 g/L.

18. Explica com separaries, pas a pas, una mescla formada per sorra i sucre. Indica el material de laboratori que faries servir.

19. Explica quin procediment empraries per separar els components de les mescles següents:

a) Iode, guix i llimadures de ferro.

b) Etanol, aigua i sucre.

c) Oli, aigua i sal.

d) Sorra, aigua i sal.

1. Esmenta els diferents tipus de dispersions col·loïdals que hi ha, i posa un exemple de cadascun.
2. Quines proporcions específiques de la matèria solen utilitzar-se als laboratoris per identificar una substància?
3. Descriu pas a pas el procediment que seguiries per identificar un tros de metall de forma irregular per mitjà del mesurament de la seva densitat.
4. Indica la veracitat o la falsedat d'aquestes afirmacions:
   a) Les solucions són sempre líquids.
   b) No es pot dissoldre un gas en aigua.
   c) Una solució és aquosa si el dissolvent és aigua.
   d) Totes les solucions contenen aigua.
5. Completa la frase al quadern amb alguns d'aquests termes: *substància pura, solució, components, fases, majoritària, minoritària, solut, dissolvent* i *saturació*.

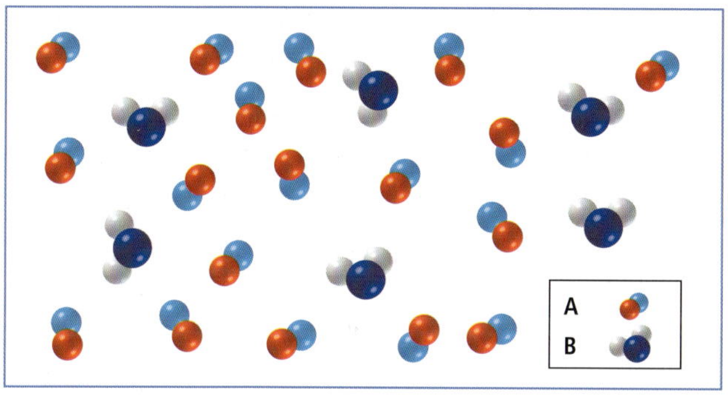

La figura representa una ... de dues ... . La substància A és ... i, per tant, pot ser considerada el ..., i la substància B, el ... .

6. Què significa que una solució està saturada?
7. Què és la solubilitat d'una substància? En quines unitats es medeix la solubilitat?
8. Què representa la corba de solubilitat d'una substància?
9. El gràfic següent representa la variació de solubilitat de dues substàncies, A i B, amb la temperatura. Fixa-t'hi i raona si són certes o falses les afirmacions que pots llegir a continuació:

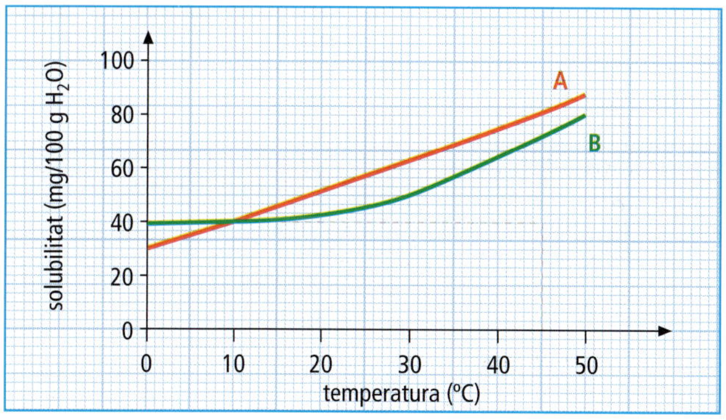

   a) A 30 °C, la substància B és més soluble que la substància A.
   b) A 40 °C, no es poden dissoldre més de 60 g de B en 100 g d'aigua.
   c) A 10 °C, totes dues substàncies tenen igual solubilitat.
   d) A 20 °C, no es poden dissoldre 100 g de la substància A en 1 L d'aigua.
   e) La substància A és més soluble que la substància B.
10. Copia i completa al quadern:
    a) La concentració és la quantitat de ... dissolt en certa quantitat de ... o de ....
    b) La concentració es pot expressar com a massa de solut per ... de solució, com a percentatge en ... o com a percentatge en ... .
11. La concentració d'una solució aquosa de sal és de 20 g/L. Tenint-ho en compte indica al quadern la veracitat o la falsedat de les afirmacions següents:
    a) En 1 litre d'aigua hi ha 20 g de sal.
    b) En 1 litre de solució hi ha 20 g de sal.
    c) En 1 dm^3 de solució hi ha 20 g de sal.
    d) En 100 cm^3 de solució hi ha 2 g de sal.
12. La concentració d'una solució aquosa de sucre és del 10% en massa. Indica al quadern la veracitat o la falsedat de les afirmacions següents:
    a) Per cada 10 g d'aigua hi ha 100 g de sucre.
    b) Per cada 10 g d'aigua hi ha 10 g de sucre.
    c) Per cada 100 g d'aigua hi ha 10 g de sucre.
    d) En 100 g de solució hi ha 10 g de sucre.
    e) En 100 g de solució hi ha 90 g d'aigua.
13. Descriu el material necessari per efectuar una filtració i dibuixa el muntatge corresponent.

    A continuació, pensa i descriu dos exemples de filtracions en la vida quotidiana: quins instruments s'hi fan servir? Quines substàncies se separen?
14. Dibuixa el muntatge del material necessari per portar a terme una destil·lació i escriu el nom i la funció de cada element.
15. Relaciona al quadern aquestes mescles amb la tècnica que empraries per separar-ne els components:

llimadures de ferro i sorra	sublimació
aigua i oli	magnetisme
aigua i alcohol	destil·lació
iode i sorra	decantació
aigua i sal	cristal·lització

1 Experimenta. Brillant de llavis i pintallavis

La taula següent té dues receptes de cosmètics que es poden fer a casa.

PINTALLAVIS

Ingredients:
5 g d'oli de ricí
0,2 g de cera d'abella
0,2 g de cera de palmera
1 cullerada petita de colorant
1 gota d'aroma alimentari

Instruccions:
Escalfeu l'oli i les ceres en un recipient al bany maria fins a obtenir una mescla homogènia. Afegiu-hi el colorant i l'aroma i mescleu-ho tot.

BRILLANT DE LLAVIS

Ingredients:
5 g d'oli de ricí
1 g de cera d'abella
1 g de cera de palmera
1 cullerada petita de colorant
1 gota d'aroma alimentari

Instruccions:
Escalfeu l'oli i les ceres en un recipient al bany maria fins a obtenir una mescla homogènia. Afegiu-hi el colorant i l'aroma i mescleu-ho tot.

El pintallavis és més dur que el brillant de llavis, que és suau i cremós.

Pregunta 1

En fer el pintallavis i el brillant de llavis, es mesclen l'oli i les ceres. El colorant i l'aroma s'hi afegeixen després.

El pintallavis fet amb aquesta recepta és dur i no és fàcil de fer-lo servir. Com canviaries la proporció dels ingredients per fer un pintallavis més tou?

Pregunta 2

Els olis i les ceres són substàncies que es mesclen bé entre ells. L'aigua no es mescla amb els olis, i les ceres no són solubles en aigua.

Si s'aboca molta aigua en la mescla del pintallavis quan s'està escalfant, què és més probable que passi?

a) S'obtindrà una mescla més cremosa i tova.
b) La mescla serà més dura.
c) La mescla gairebé no canviarà.
d) Grumolls greixosos de la mescla suraran en l'aigua.

Pregunta 3

Quan s'hi afegeix un emulsionant, aquest fa que es mesclin bé els olis i les ceres amb l'aigua.

Per què el sabó i l'aigua netegen una taca de pintallavis?

a) L'aigua té un emulsionant en la seva composició que permet que es mesclin el sabó i el pintallavis.
b) El sabó actua com a emulsionant i permet que l'aigua i el pintallavis es mesclin fàcilment.
c) Els emulsionants del pintallavis permeten que el sabó i l'aigua es mesclin.
d) El sabó i el pintallavis es combinen i formen un emulsionant que es mescla amb l'aigua.

Vocabulari

Busca al diccionari el significat d'aquestes paraules i adapta'l als teus experiments:

- Cera
- Ricí
- Aroma alimentari
- Colorant
- Grumoll
- Emulsionant
- Sabó

Síntesi. Les substàncies pures i les mescles

Substàncies pures i mescles

- **Substància pura** és cadascun dels tipus de matèria que té una composició definida i unes propietats característiques i invariables.
- Una **mescla** està formada per dues o més substàncies, anomenades components de la mescla, de manera que la seva composició no està definida i les seves propietats depenen de la classe i de la proporció dels seus components.
- En una mescla **heterogènia** les partícules es poden veure a ull nu; en una d'**homogènia** no.
- Les **dispersions col·loïdals** són mescles heterogènies amb unes partícules que només es poden veure amb ultramicroscopis.
- Les **propietats característiques** o **específiques** permeten diferenciar entre una substància i una altra.

Solucions i solubilitat

- Una **solució** o dissolució és una mescla homogènia de dues o més substàncies.
- La **solubilitat** d'un solut en un dissolvent és la quantitat màxima de solut que es pot dissoldre en una quantitat determinada de dissolvent a una temperatura determinada.
- La **corba de solubilitat** d'una substància és la representació de la seva solubilitat, expressada normalment en grams de solut dissolts en 100 g de dissolvent, en funció de la temperatura.

Concentració

- La **concentració** d'una solució és la quantitat de solut dissolt en certa quantitat de dissolvent o solució.
- Percentatge en massa (% en massa) és la massa de solut que hi ha en 100 unitats de massa de solució:

$$\frac{\text{grams de solut}}{\text{grams de solut} + \text{grams de dissolvent}} \cdot 100$$

- Percentatge en volum (% en volum) és el volum de solut dissolt en 100 volums de solució:

$$\frac{\text{litres de solut}}{\text{litres de solució}} \cdot 100$$

Tècniques de separació de mescles

- Una **tècnica de separació** és un procediment per separar els components d'una mescla.
- Són tècniques de separació la decantació d'un sòlid o d'un líquid, la filtració, la vaporització, la cristal·lització, l'extracció amb un dissolvent, la sublimació, el magnetisme, la destil·lació i la cromatografia.
- Cada mescla necessita l'aplicació d'una o més tècniques per separar-ne tots els components.
- La **destil·lació** és una tècnica que permet separar i recuperar els components líquids d'una solució.
- La **cromatografia** està basada en el diferent arrossegament de substàncies a través d'un suport per un dissolvent.

Consolidació de competències

CONTESTA LA PREGUNTA INICIAL

Després d'haver estudiat aquesta unitat, pots contestar la pregunta inicial:

Com és la matèria que ens envolta?

Resumeix les conclusions a què has arribat en un text d'entre 10 i 20 línies.

CONSOLIDA EL QUE HAS APRÈS

Per consolidar els coneixements que has adquirit al llarg de la unitat, pots fer les activitats de l'adreça web següent:

www.tiching.com/731553

Aquestes activitats les hem desades en un document en format pdf que pots descarregar.

Al final del document trobaràs les solucions de les activitats de manera que puguis comprovar si has assolit els objectius de la unitat.

APRENDRE PER EMPRENDRE

El reciclatge de residus en redueix l'impacte medioambiental i permet recuperar matèries primeres valuoses.

Tot i això, el reciclatge correcte és més complicat que no sembla perquè hi hem d'aplicar uns criteris de separació adients.

Organitza't amb uns quants companys de classe i planifiqueu el reciclatge dels residus generats a l'aula. Heu de descobrir quins residus s'hi fan normalment i com es poden separar i recollir.

No et descuidis ni de fer una campanya de publicitat per promoure la iniciativa ni de demanar a tots els alumnes que hi col·laborin, i no et deixis els cartells informatius sobre els criteris de separació.

TÈCNIQUES D'ESTUDI

Entra a: www.tiching.com/727426 i practica una tècnica d'estudi a partir de la síntesi.

4 TEORIA ATÒMICA

Quins són els maons de l'univers?

Detector ATLAS del laboratori europeu CERN. Els microscopis ens acosten a la matèria, però, per observar-ne l'interior, calen instal·lacions cada vegada més grans i complexes.

1800-1899

1808

Model atòmic de Dalton.
El científic anglès J. Dalton (1766-1844) proposa el primer model atòmic de la matèria basat en proves experimentals.

1896

Descobriment de la radioactivitat.
El físic francès H. Becquerel (1852-1908) descobreix la radioactivitat en estudiar compostos d'urani.

1904

Model atòmic de Thomson.
El físic anglès J. J. Thomson (1856-1940) el proposa després de detectar els electrons.

1911

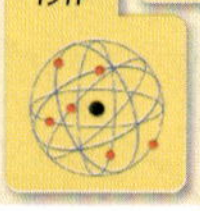

Model atòmic nuclear de Rutherford.
El físic neozelandès E. Rutherford (1871-1937) el proposa després de determinar l'existència del nucli atòmic (1908).

1913

Model atòmic de Bohr.
El físic danès N. Bohr (1885-1962) proposa que els electrons giren en òrbites determinades.

1932

Descobriment del neutró.
El físic anglès J. Chadwick (1891-1974) descobreix una nova partícula subatòmica, el neutró, a l'interior del nucli atòmic.

Si volem saber què conté una capsa tancada, el més fàcil és obrir-la i mirar-hi a dins. De vegades ens podem fer una idea aproximada del contingut sense necessitat d'obrir-la. Així, quan ens donen un regal embolicat amb tota cura, l'agafem, l'observem i el sacsegem una mica per veure si pel pes, la forma o el soroll que fa en moure'l podem descobrir què és.

Des de fa molt de temps la humanitat s'ha preguntat com és l'interior de la matèria. Per desgràcia la matèria no es pot obrir com una capsa, de manera que els científics s'han de limitar a observar-ne les propietats i, a partir de les propietats, imaginar-se com és l'interior (igual que si agaféssim el regal i el sacsegéssim).

Actualment tenim una imatge de l'interior de la matèria bastant completa, fonamentada en la teoria atòmica de la matèria.

Què sabem?

- Tot i no ser un científic, segurament tens teories pròpies sobre l'interior de la matèria. Explica què penses sobre l'afirmació següent i, un cop estudiat el capítol, revisa el que has respost.

  "Un tros de paper d'alumini es pot fragmentar en trossos tan petits com es vulgui; l'única limitació és que, si els trossos són molt petits, ja no els podrem veure."

Què aprendrem?

1. Teoria atòmica
2. *Laboratori*. Electròlisi
3. Models atòmics
4. Característiques dels àtoms
5. Radioactivitat
6. Fissió i fusió nuclears
7. *Descobreix*. Radiació natural i artificial

1900-1999

1945 • 
Bombes de fissió nuclear. Els EUA dissenyen i fabriquen les primeres bombes atòmiques de fissió nuclear i en comproven el poder destructiu a Hiroshima i Nagasaki.

1952 • 
Bomba de fusió nuclear. Els EUA fan explotar la primera bomba de fusió nuclear, unes 500 vegades més potent que la bomba d'Hiroshima, en un atol del Pacífic.

• 1954 Central nuclear. Es posa en funcionament a Obninsk (Rússia) la primera central de fissió nuclear.

1986 • 
Accident de Txernòbil. A la central nuclear de Txernòbil (Ucraïna) es produeix l'accident nuclear més greu de la història.

1 Teoria atòmica

1.1. Les primeres teories

Actualment, la idea que la *matèria està constituïda per unes partícules anomenades àtoms* està ben consolidada científicament i, probablement, és un dels conceptes científics més coneguts. Tot i això, el camí fins a acceptar l'existència dels àtoms ha estat molt llarg i controvertit.

Alguns científics grecs del segle V a.C. creien que tot estava format per la combinació d'unes poques substàncies simples que no es podien descompondre en unes altres de més senzilles. Aquests elements eren quatre: aigua, aire, foc i terra fig. 1.

En aquesta mateixa època va aparèixer la primera hipòtesi atòmica, enunciada pels filòsofs grecs Leucip i Demòcrit. Aquesta hipòtesi deia que la matèria estava formada per unes partícules molt petites i indivisibles, els **àtoms**. Els àtoms eren les partícules més petites en què es podia fragmentar la matèria.

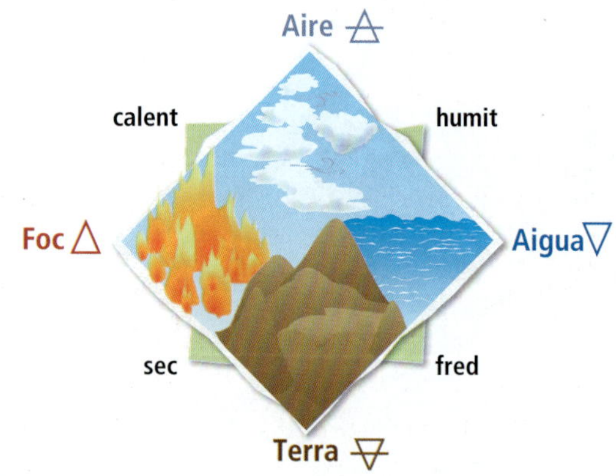

Fig. 1 Els quatre elements de l'antiguitat.

1.2. La teoria atòmica de Dalton

El 1808 el científic anglès John Dalton (1766-1844) va publicar les seves idees sobre la constitució de la matèria, que es poden resumir, fent servir un llenguatge més actual, en els postulats següents:

- La matèria està formada per partícules extremament petites, indivisibles i indestructibles, anomenades *àtoms*.
- Cada element químic té tots els àtoms idèntics entre ells però diferents dels d'altres elements químics fig. 2.
- Cada compost químic està format per la unió d'àtoms de diferents elements, sempre del mateix tipus i en una mateixa proporció fig. 3.

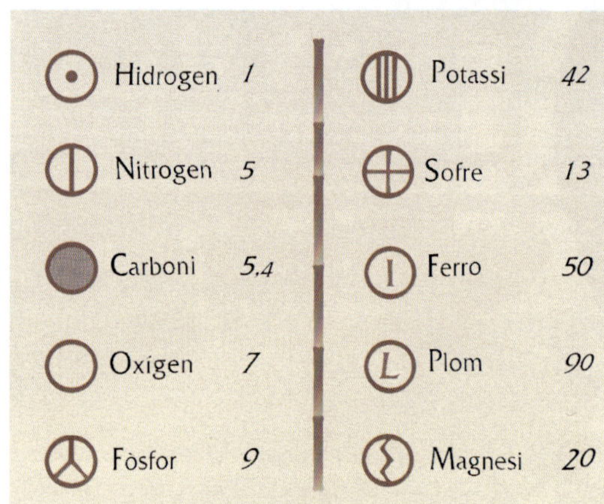

Fig. 2 Simbologia utilitzada per Dalton per representar els àtoms d'alguns elements.

Elements i compostos químics

Una vegada acceptada la teoria atòmica, els científics es van proposar determinar el nombre d'elements químics. En principi, identificar una substància com a element o com a compost sembla senzill:

- **Element químic**. És la substància que no es pot descompondre en altres de més senzilles, perquè està formada per un únic tipus d'àtoms.
- **Compost**. És aquella substància que es pot descompondre en altres de més senzilles, perquè està formada per àtoms de més d'un element.

Tanmateix, en la pràctica no és tan fàcil. Si una substància pura no es pot descompondre pot ser un element, però també pot tractar-se d'un compost al qual no s'ha aplicat el mètode de descomposició adequat.

Al començament del segle XIX es coneixien del cert poc més de dues dotzenes d'elements, però gràcies a tècniques d'anàlisi millors i a la utilització de l'electricitat per descompondre els compostos, al final del segle XIX ja se'n coneixien més de vuitanta elements.

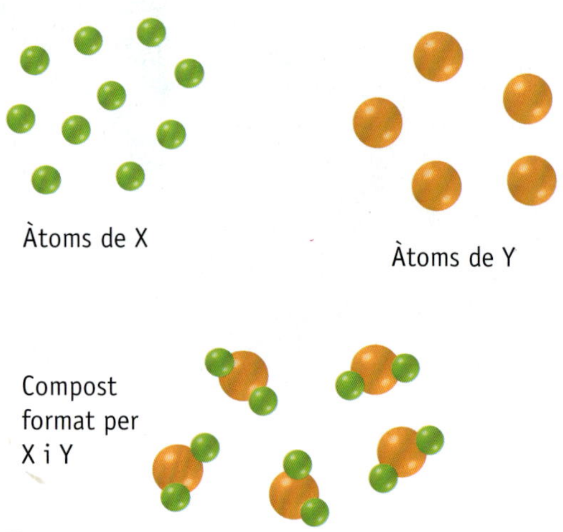

Fig. 3 Àtoms de l'element X es combinen amb àtoms de l'element Y per formar un compost.

Electròlisi i noves teories

El 1800, en el transcurs d'uns experiments en els quals es feia passar corrent elèctric a través de l'aigua, es va observar que se'n desprenien bombolletes de gasos, que poc després van ser identificats com a oxigen i hidrogen.

Havia nascut una tècnica poderosa, l'**electròlisi**, que servia per descompondre una substància pura en els seus elements. Gràcies a això es van descobrir nous elements en compostos que fins llavors no s'havia aconseguit descompondre.

Aquests experiments van portar els científics a pensar que els àtoms no podien ser esferes massisses de matèria, sinó que havien de tenir una estructura interna de naturalesa elèctrica.

Per exemple, en l'electròlisi d'una solució de dibromur de coure fig. 4 es forma brom (Br_2) al voltant de l'ànode i un dipòsit de coure en el càtode.

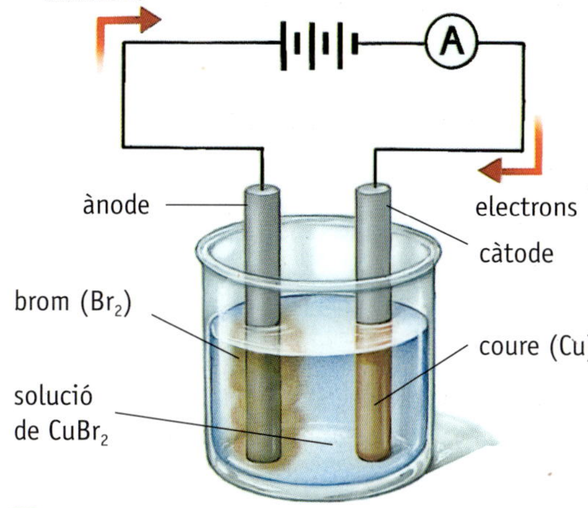

Fig. 4 Electròlisi de $CuBr_2$ (aq).

Obtenció de l'alumini

L'alumini és un metall que, tot i ser més abundant que el ferro a l'escorça terrestre, no es va poder aïllar fins al 1825, quan H. C. Oersted (1777-1851) ho va aconseguir fent servir magnesi com a reactiu.

Com que el mètode d'Oersted era laboriós i poc productiu, l'alumini pur era un metall molt rar i, per aquest motiu, era considerat un metall valuós, tant o més que l'or i la plata. Malgrat tot, aquesta apreciació va canviar radicalment el 1886, quan el nord-americà Martin Hall (1863-1914) va aconseguir aïllar-lo per electròlisi d'una massa fosa composta per òxid d'alumini (Al_2O_3) i criolita (Na_3AlF_6).

Actualment l'alumini s'obté d'una manera fàcil i econòmica amb el mètode ideat per Hall, fins al punt que és el metall més consumit després del ferro.

Encara que l'alumini és molt comú actualment, fins al 1886 va ser un metall preciós.

1. Descriu la teoria atòmica de Dalton.
2. Quina és la diferència fonamental entre un element i un compost?
3. En què consisteix l'electròlisi?
4. Dalton dibuixava els compostos amb els àtoms dels elements disposats simètricament, tal com es veu en l'exemple de l'aigua (taula de la dreta).

   Representa al teu quadern la resta de compostos de la taula fent servir la simbologia de Dalton.
5. Quan fem passar corrent elèctric per una cubeta plena de sal comuna fosa, s'observa el despreniment d'un gas verdós a l'ànode i un dipòsit metàl·lic al càtode.

   Dedueix si la sal comuna és un element o un compost. Justifica la resposta.

Nom	Composició	Representació
aigua	Un àtom d'oxigen i dos d'hidrogen.	⊙○⊙
amoníac	Un àtom de nitrogen i tres d'hidrogen.	
diòxid de carboni	Un àtom de carboni i dos d'oxigen.	
òxid de dinitrogen	Un àtom d'oxigen i dos de nitrogen.	
triòxid de sofre	Un àtom de sofre i tres d'oxigen.	
metà	Un àtom de carboni i quatre d'hidrogen.	

LABORATORI

2 Electròlisi

El físic italià Alessandro Volta (1745-1827) va inventar la pila elèctrica el 1799. Aquest fet va comportar un gran salt en el progrés científic, ja que, per primera vegada, els científics tenien a la seva disposició un subministrament constant d'energia elèctrica per fer experiments.

Humphry Davy (1778-1829), un prestigiós químic anglès, va ser el primer d'aplicar l'electròlisi a les seves recerques. Va desenvolupar l'electroquímica explorant l'ús de la pila de Volta o bateria. Com a fruit d'aquest treball va descobrir i aïllar nous elements químics.

Sir Humphry Davy, pintat per Sir Thomas Lawrence.

A. Consulta el web següent i fes una relació dels elements químics que Davy va descobrir o va aconseguir aïllar:

www.tiching.com/731964

A continuació, recrea alguns d'aquests experiments. Per obtenir corrent elèctric, utilitza una font d'alimentació de corrent continu, que és més fàcil de manipular que les piles elèctriques comunes.

(1) Dibuixa un esquema de la font d'alimentació que faràs servir i descriu-ne el funcionament.

(2) Els contactes elèctrics que s'introdueixen en el compost que es vol descompondre s'anomenen *elèctrodes*.

- De quin material són els elèctrodes que faràs servir?
- Com s'anomena l'elèctrode positiu? I el negatiu?

Font d'alimentació de corrent continu.

Electròlisi de l'aigua

L'objectiu és descompondre l'aigua en els seus elements: oxigen i hidrogen.

1. Omple la cubeta amb aigua destil·lada fins a la meitat de capacitat. Per millorar la conductivitat elèctrica de l'aigua, dissol-hi una mica de sulfat de sodi o sulfat de potassi.

2. Omple dos tubs d'assaig amb aigua i introdueix-los invertits a la cubeta.

3. Introdueix un elèctrode a cada tub i connecta la font d'alimentació.

Observaràs un bombolleig en els elèctrodes i, a poc a poc, els tubs s'aniran omplint de gas, l'un amb hidrogen i l'altre amb oxigen. El gas del tub amb l'elèctrode negatiu és hidrogen, i el de l'elèctrode positiu és oxigen.

4. Els nivells dels gasos recollits en els dos tubs no són iguals. En un dels tubs hi ha més gas que en l'altre. Quin gas és el majoritari?

Justifica, basant-te en la fórmula de l'aigua, H_2O, per què es recull més d'un gas que de l'altre.

5. Compara el teu procediment experimental amb el que pots observar a **www.tiching.com/731963**.

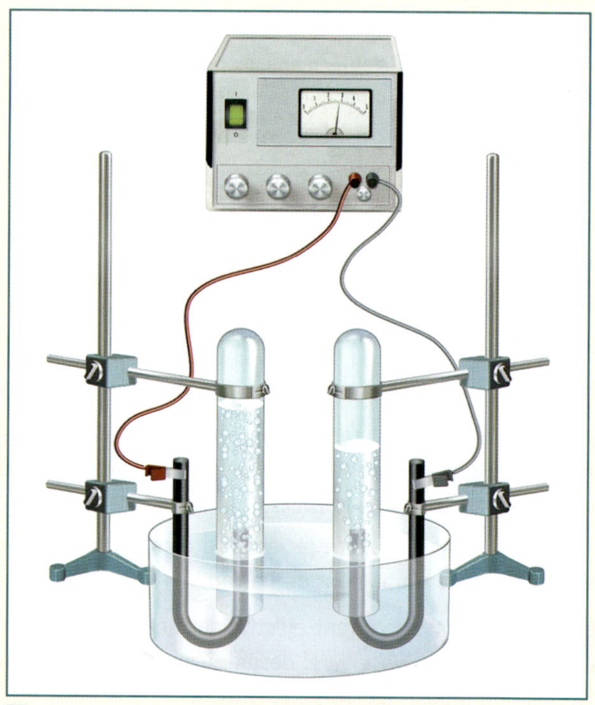

Muntatge per a l'electròlisi de l'aigua, H_2O.

Identificació de l'hidrogen i l'oxigen

Per identificar els gasos obtinguts en l'electròlisi de l'aigua es fan els assajos següents:

1. Agafa el tub ple d'hidrogen i, sense invertir-lo, tapa'l amb un tap de goma. Fes la volta al tub i acosta-hi una flama.

   En treure el tap comprovaràs que hi ha una breu explosió sorda, perquè l'hidrogen és combustible.

2. Repeteix l'operació amb el tub de l'oxigen, però ara l'assaig consisteix a acostar a la boca del tub la brasa d'un llumí, sense arribar a deixar-lo.

   Veuràs que la brasa es revifa, perquè l'oxigen és un comburent.

3. A partir dels resultats, explica què significa que l'hidrogen sigui un combustible i que l'oxigen sigui un comburent.
4. En el primer assaig, quan l'hidrogen es crema es combina amb un element químic que hi ha a l'aire. Amb quin? Quin compost es forma?
5. En el segon assaig, és cert que la flama es revifa perquè l'oxigen obtingut es crema amb l'aire? Explica el teu punt de vista sobre això.

Electròlisi d'una solució aquosa de iodur de potassi

En aquest cas s'obté iode a l'ànode. Si poses una mica d'alcohol a la solució, distingiràs el iode per l'olor i pel color de desinfectant iodat.

També pots identificar el iode perquè tenyeix el midó de color blau marí.

1. Posa un tros de pa o una mica de farina en un vidre de rellotge, afegeix-hi una mica d'aigua i barreja-ho amb compte.
2. Agafa una mica del líquid de prop de l'ànode amb un comptagotes i afegeix-l'hi. S'observa un canvi de color a blau marí, gairebé negre.

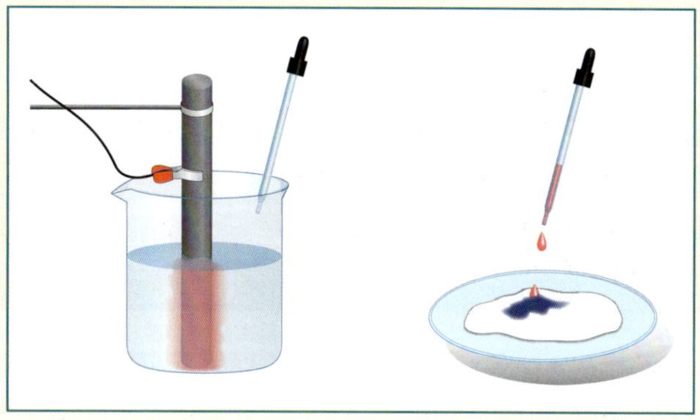

Electròlisi d'una solució aquosa de sal comuna

En aquest cas s'obté clor a l'ànode. El clor produït és un gas que es dissol a l'aigua i forma una solució de lleixiu, que s'identifica fàcilment per l'olor.

Nota de seguretat: l'assaig s'ha de fer amb ulleres de seguretat i en una vitrina de gasos; a més, no es pot prolongar, perquè el clor és un gas tòxic.

Recerca

La pila elèctrica inventada per Volta consistia en un gran nombre de discos de coure, zinc i paper amarat en una solució concentrada de sal (salmorra) apilats en capes successives.

El propòsit de la recerca és redescobrir el treball de Volta construint una pila semblant a la que va inventar.

- Amb un polímetre, mesura el voltatge que has obtingut a la teva pila.
- Utilitza la pila construïda per intentar descompondre electrolíticament una solució de iodur de potassi o de clorur de potassi.
- Elabora una presentació o un vídeo que mostri els passos del procés de construcció de la pila i els assajos fets.

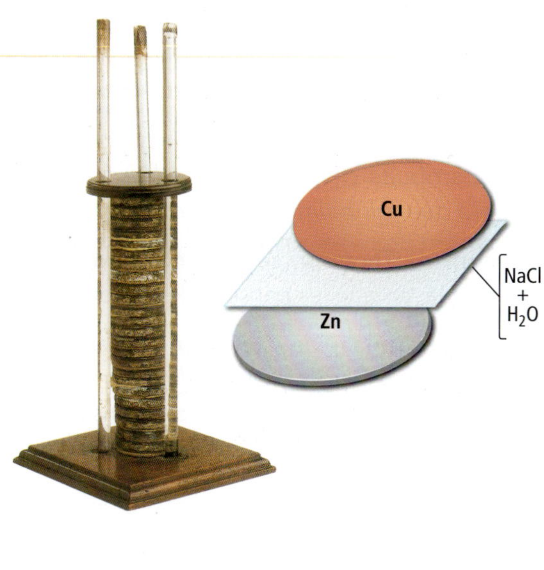

3 Models atòmics

3.1. Model atòmic de Thomson

Segons el model atòmic de Dalton els àtoms eren indivisibles i sense estructura interna fig. 1a. Tot i això, el 1897 el físic britànic J. J. Thomson (1856-1940) va descobrir una partícula subatòmica, l'electró, que presentava la propietat de tenir càrrega elèctrica.

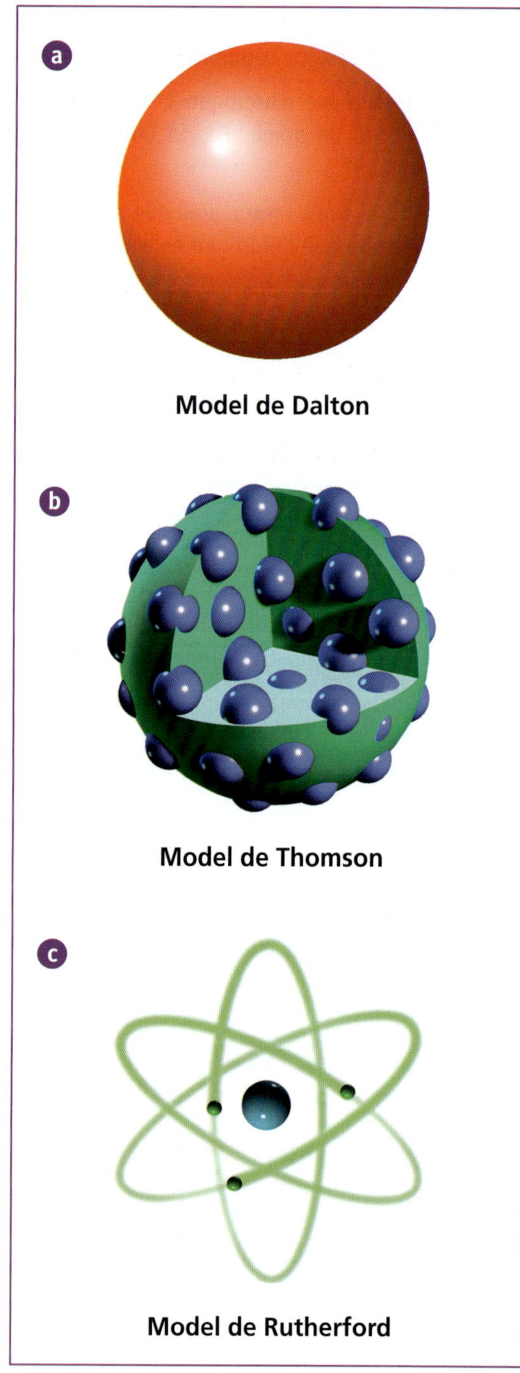

Fig. 1 L'evolució dels models atòmics es deu als nous descobriments científics.

Naturalesa elèctrica de la matèria

Feia molt temps que es coneixien fenòmens, com ara l'electrització dels objectes per fregament fig. 2, que s'explicaven per l'acumulació i la transferència de càrrega elèctrica d'un objecte a un altre, però es desconeixia la naturalesa material de la càrrega elèctrica.

Fig.2 Quan freguem dos objectes es poden electritzar de manera que quedin carregats i siguin capaços, per exemple, d'atreure trossets de paper.

El que sí que se sabia sobre les càrregues elèctriques era:

- Hi ha càrregues elèctriques de dos tipus, simbolitzades com a positives (+) i negatives (–).
- Les càrregues elèctriques de tipus diferent s'atreuen, mentre que les del mateix tipus es repel·leixen.
- Les càrregues elèctriques poden passar d'un objecte a un altre.
- Com menys distància hi hagi entre les càrregues, més gran serà la força d'atracció o repulsió.

Descripció del model atòmic de Thomson

Thomson va descobrir que els electrons són partícules molt petites amb càrrega elèctrica negativa i va proposar, el 1904, un model atòmic d'acord amb el nou descobriment fig. 1b:

Els àtoms estan formats per electrons, amb càrrega elèctrica negativa, distribuïts per una esfera de matèria de càrrega positiva, de manera que, globalment, l'àtom és elèctricament neutre.

L'àtom de Thomson seria semblant a un pastisset amb panses o a una síndria, en què les panses o les llavors serien els electrons.

Es va estimar la mida d'un àtom i es va arribar a la conclusió que tenia un diàmetre de l'ordre dels 10^{-10} m. Perquè te'n facis una idea, una ratlla de llapis d'1 cm de llargada conté uns 63 milions d'àtoms de carboni en fila:

63 000 000 àtoms de carboni en fila cobreixen 1 cm

@ Amplia a la Xarxa...

Amplia el que saps dels models atòmics a: www.tiching.com/731965

3.2. Model atòmic de Rutherford

El 1908 el físic E. Rutherford (1871-1937) va dirigir uns experiments que el van portar a elaborar un altre model atòmic.

Es van llançar a gran velocitat unes partícules de grandària atòmica i càrrega positiva contra una pel·lícula d'or molt fina fig. 3, i es va observar que la majoria la travessaven, però que algunes es desviaven més de 90°.

Per això Rutherford va concloure que gairebé tota la matèria era acumulada en un volum petit, el nucli, i que la resta de l'àtom era pràcticament buit.

El model de Rutherford, d'acord amb aquests experiments, considerava que fig. 1c:

- Els àtoms tenen dues zones diferenciades: el **nucli atòmic** i l'**escorça electrònica**.
- El nucli és molt petit en comparació amb l'àtom, però conté gairebé tota la massa i tota la càrrega positiva fig. 4.
- Els electrons giren al voltant del nucli en un espai molt més gran. El nombre d'electrons és tal que iguala la càrrega positiva de l'àtom del nucli, i l'àtom és elèctricament neutre.

Més endavant, es va descobrir que els àtoms contenien dues partícules subatòmiques més, a banda dels electrons: els **protons** i els **neutrons**.

Els protons tenen la mateixa càrrega elèctrica que els electrons però positiva i una massa molt més gran. Els neutrons no tenen càrrega elèctrica i la seva massa és gairebé idèntica a la del protó taula 1. Els protons i els neutrons estan junts al nucli.

Taula 1

Partícula	Massa	Càrrega elèctrica	Situació de la partícula
protó	$1{,}672 \cdot 10^{-27}$ kg	$+1{,}602 \cdot 10^{-19}$ C	nucli
neutró	$1{,}674 \cdot 10^{-27}$ kg	0	nucli
electró	$9{,}109 \cdot 10^{-31}$ kg	$-1{,}602 \cdot 10^{-19}$ C	escorça

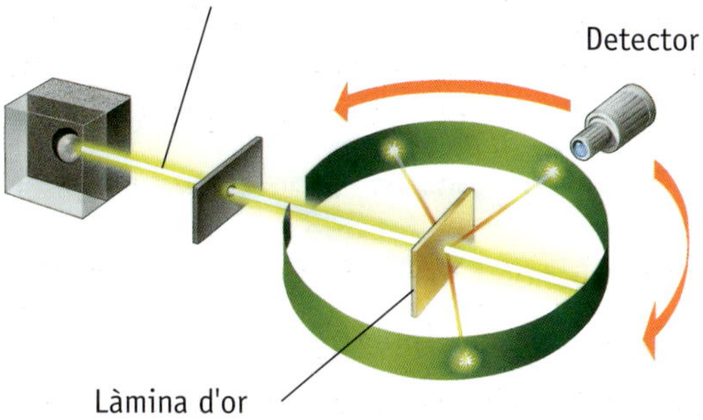

Fig. 3 Experiment dirigit per E. Rutherford que va evidenciar l'existència del nucli atòmic. Resumit amb paraules del mateix Rutherford, "és gairebé tan increïble com si disparés una bala contra un full de paper i rebotés".

Fig. 4 El nucli de l'àtom és unes 10 000 vegades més petit que la mida total de l'àtom. Si un nucli tingués la mida d'una moneda d'un euro, l'escorça electrònica seria com un estadi de futbol.

1. Quines característiques tenen les càrregues elèctriques?
2. Descriu el model atòmic de Thomson.
3. Quins són els principals aspectes del model atòmic de Rutherford?

   Llegeix les paraules de Rutherford quan parla de l'experiment que va evidenciar l'existència del nucli atòmic a la fig. 3 i explica-les.
4. Ordena de menys massa a més: àtom, electró, protó i neutró.
5. Els models atòmics de Dalton, Thomson i Rutherford presenten diferències respecte del tipus de partícules subatòmiques que contenen. Quin model no considera l'existència de partícules subatòmiques? Quin model té més tipus de partícules subatòmiques?
6. Quants electrons calen per neutralitzar la càrrega d'un protó? I per igualar-ne la massa?
7. Dibuixa un àtom de carboni que tingui 6 protons, 6 neutrons i 6 electrons. Fes-ho segons el model atòmic de Rutherford.

4 Característiques dels àtoms

4.1. Nombre atòmic i nombre màssic

Els àtoms estan formats per protons, neutrons i electrons, amb una estructura determinada. Per estudiar-los definirem els conceptes de *nombre atòmic* i *nombre màssic*:

- El **nombre atòmic**, *Z*, és el nombre de protons que té un àtom. Tots els protons de l'àtom es troben al nucli. Un element químic es caracteritza pel fet que tots els seus elements tenen, en el nucli, el mateix nombre de protons.

  Per exemple, l'hidrogen té 1 protó; l'heli, 2; el carboni, 6; l'oxigen, 8, i l'urani, 92 fig. 1.

- El **nombre màssic**, *A*, és el nombre total de partícules que hi ha en el nucli d'un àtom, és a dir, la suma de protons i neutrons.

  La diferència entre el nombre màssic i el nombre atòmic és el nombre de neutrons (*N*):

$$N = A - Z$$

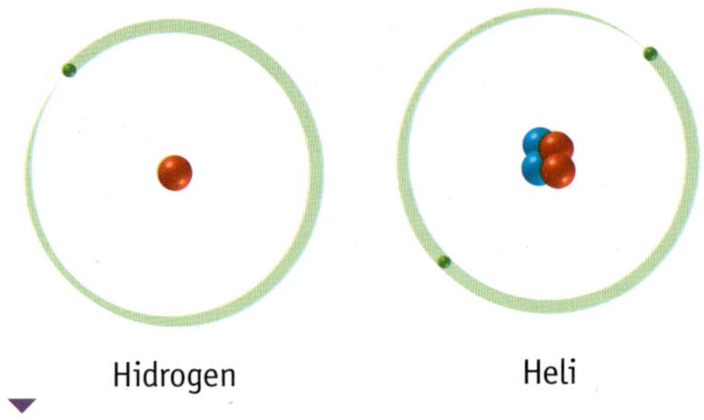

Fig. 1 Àtoms dels elements hidrogen i heli.

4.2. Isòtops

S'ha comprovat que hi ha àtoms d'un mateix element químic que tenen masses diferents. Això significa que el nombre de partícules en aquests àtoms ha de ser diferent.

Com que el nombre de protons i electrons és fix per a cada element, només el nombre de neutrons pot ser variable.

Els **isòtops** són aquells àtoms que tenen el mateix nombre atòmic però nombre màssic diferent.

Per identificar els isòtops d'un mateix element s'utilitza una notació simbòlica en què s'indica, a més del símbol de l'element, el seu nombre atòmic i el seu nombre màssic fig. 2.

Així, el carboni-12 (6 protons i 6 neutrons) se simbolitza ${}^{12}_{6}C$, l'oxigen-16 (8 protons i 8 neutrons) se simbolitza ${}^{16}_{8}O$...

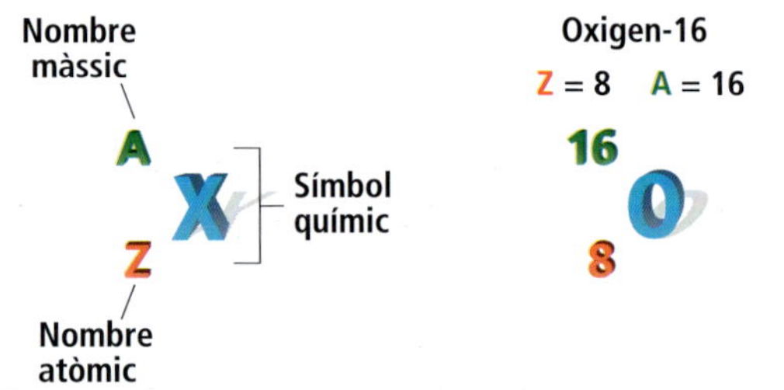

Fig. 2 Per simbolitzar un isòtop s'indica el símbol de l'element químic, el seu nombre màssic i el seu nombre atòmic. Així, l'oxigen-16 (Z = 8, A = 16) es representa com a ${}^{16}_{8}O$.

Abundància isotòpica natural

La majoria dels elements químics estan formats per més d'un isòtop fig. 3. El percentatge de cada un dels isòtops que hi ha a la natura és l'**abundància isotòpica natural** de l'element.

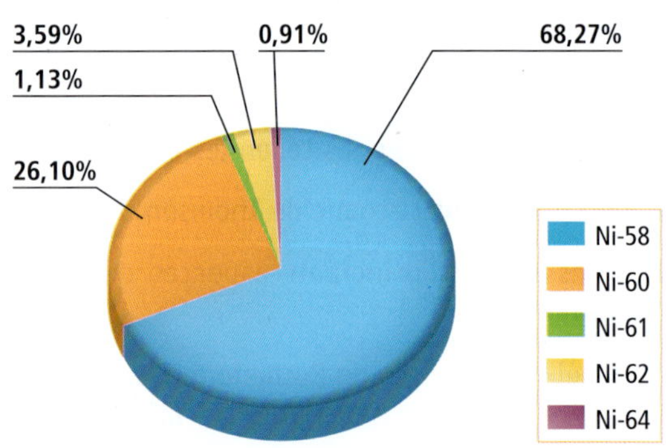

Fig. 3 Abundància isotòpica natural del níquel. A la natura hi ha cinc isòtops de l'element níquel, amb abundàncies diferents.

Exemple

1. Calcula el nombre de protons i neutrons de ${}^{59}_{27}Co$ i ${}^{123}_{51}Sb$.

   El subíndex és el nombre atòmic (nombre de protons) i el superíndex és el nombre màssic (protons i neutrons):

   ${}^{59}_{27}Co$. Té 27 protons i 59 – 27 = 32 neutrons

   ${}^{123}_{51}Sb$. Té 51 protons i 123 – 51 = 72 neutrons

4.3. Massa dels àtoms i dels elements

La massa dels àtoms és molt petita, i això fa que resulti convenient utilitzar una unitat de massa que sigui del mateix ordre de magnitud, és a dir, que sigui també molt petita.

Per conveni s'ha establert, com a unitat de massa atòmica, **u**, que és la dotzena part de la massa d'un àtom de carboni-12:

$$\text{massa d'1 àtom de carboni-12} = 12\ u \Rightarrow 1\ u = 1{,}660 \cdot 10^{-27}\ kg$$

La massa dels àtoms se sol expressar en unitats de massa atòmica i, en aquest cas, ometem l'escriptura de la unitat. Per exemple, la massa i l'abundància dels isòtops del magnesi són fig. 4:

Isòtop	Massa atòmica	Abundància (% en àtoms)
magnesi-24	23,99	78,99
magnesi-25	24,99	10,00
magnesi-26	25,98	11,01

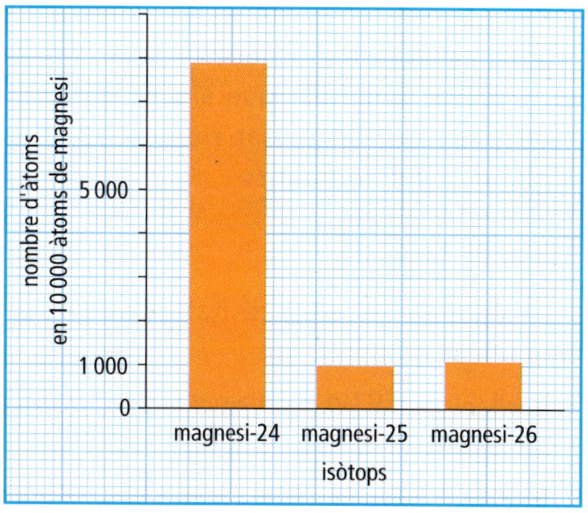

Fig. 4 Distribució isotòpica de l'element magnesi. De cada 10 000 àtoms de magnesi, 7 899 són de magnesi-24; 1 000 són de magnesi-25 i 1 101, de magnesi-26.

Massa d'un element

Per calcular la massa d'un element es fa la mitjana de les masses dels isòtops que el formen segons les seves abundàncies naturals.

La **massa atòmica relativa** d'un element, ***Ar***, és la mitjana ponderada de les masses dels seus isòtops naturals.

A partir de la taula sabem que, de cada 100 àtoms de magnesi, 78,99 són de magnesi-24, 10 són de magnesi 25 i 11,01 de magnesi-26. La massa total dels 100 àtoms és:

$$23{,}99 \cdot 78{,}99 + 24{,}99 \cdot 10{,}00 + 25{,}98 \cdot 11{,}01$$

La massa mitjana s'obté dividint la massa dels 100 àtoms (que acabem d'expressar) entre 100:

$$Ar\,(\text{Mg}) = \frac{23{,}99 \cdot 78{,}99 + 24{,}99 \cdot 10{,}00 + 25{,}98 \cdot 11{,}01}{100} = 24{,}31$$

@ Amplia a la Xarxa...

Consolida els teus coneixements sobre els àtoms a: www.tiching.com/731966

1. Defineix nombre atòmic, nombre màssic i isòtop.
2. Amb quina unitat s'expressa la massa d'un àtom?
3. El nombre atòmic d'un element químic és 82. Quants protons tenen tots els seus àtoms?
4. El níquel natural (Z = 28) està format per cinc isòtops, de nombres màssics 58, 60, 61, 62 i 64. Escriu la notació simbòlica de cada un.
5. El liti natural està format en un 7,5 % per liti-6 i en un 92,5 % per liti-7. Escriu la notació simbòlica de cada un i calcula la massa atòmica relativa de l'element liti.
6. El crom està format per quatre isòtops naturals. Calcula la massa atòmica relativa de l'element crom amb les dades de la taula següent:

Isòtop	Massa atòmica	Abundància (% en àtoms)
crom-50	49,95	4,35
crom-52	51,94	83,79
crom-53	52,94	9,50
crom-54	53,94	2,36

5 Radioactivitat

5.1. Radioactivitat

Al final del segle XIX es va descobrir que algunes substàncies emetien una radiació desconeguda. Més endavant, el fenomen va ser explicat admetent que alguns isòtops, anomenats **radioisòtops**, mostraven **radioactivitat** perquè els seus nuclis eren inestables i acabaven desintegrant-se.

Tipus de radiació

L'estudi de la radioactivitat mostra que hi ha tres tipus principals de radiacions diferents:

- **Radiació alfa** (α). Són nuclis d'heli formats per dos protons i dos neutrons.
- **Radiació beta** (β). Són electrons emesos a gran velocitat.
- **Radiació gamma** (γ). És una radiació semblant a la llum o als rajos X, però d'una energia molt més gran.

La radiació, especialment la radiació gamma, és nociva per a la salut, i una exposició prolongada pot provocar greus malalties i fins i tot la mort fig. 1.

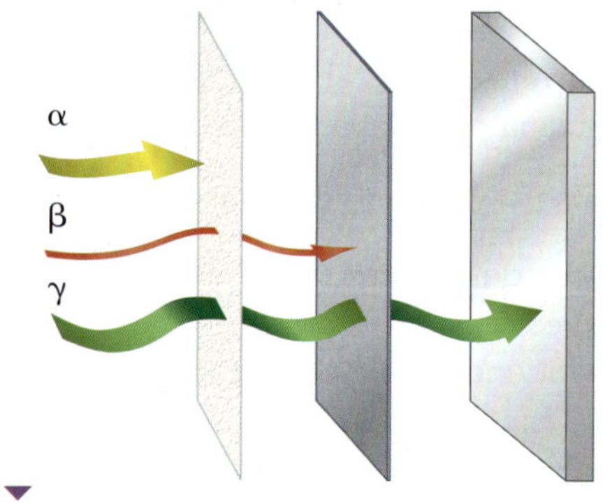

Fig. 1 La radiació alfa és detinguda fàcilment per un full de paper de 0,1 mm de gruix; la radiació beta necessita una placa de plom d'1 mm de gruix, i la radiació gamma es pot detenir amb plaques d'acer de 5 cm a 15 cm de gruix.

Període de semidesintegració

Els radioisòtops tenen nuclis inestables, però no es desintegren tots alhora. Cada radioisòtop es desintegra a un ritme diferent determinat pel **període de semidesintegració**, que és el temps que triga a desintegrar-se la meitat dels nuclis inicials del radioisòtop.

Per exemple, per a l'urani-235 el període de semidesintegració és de 710 milions d'anys. Això significa que han de passar 710 milions d'anys perquè, de 1 000 nuclis d'urani-235, se'n desintegrin 500. Aquest valor ens dóna una idea de l'estabilitat de l'isòtop: *com més gran és el període de semidesintegració, més gran és l'estabilitat del radioisòtop.*

Exemple

1. **El període de semidesintegració del radi-228 és de 5,77 anys. Calcula el temps que triga a desintegrar-se 1 kg de radi-228 fins que només en quedin 125 g.**

   La fracció de Ra-228 que queda sense desintegrar es calcula simplificant la massa final entre la inicial:

   $$\frac{125\text{ g radi-228}}{1000\text{ g radi-228}} = \frac{1}{8}$$

   Com que en cada període de desintegració la quantitat es redueix a la meitat, perquè es redueixi a una vuitena part ha de transcórrer tres vegades el període de semidesintegració:

   $$\frac{1}{2} \cdot \frac{1}{2} \cdot \frac{1}{2} = \frac{1}{8}$$

   Per tant, hauran transcorregut: $3 \cdot 5{,}77$ anys = 17,31 anys.

El descobriment de la radioactivitat

El 1896 el físic francès H. Becquerel va descobrir un compost d'urani que emetia unes radiacions invisibles i desconegudes, capaces d'impressionar una placa fotogràfica. Aquest fenomen va rebre el nom de radioactivitat.

En estudiar aquest fenomen, els científics van observar que els àtoms no eren inalterables, sinó que uns es podien transformar en altres.

En els anys posteriors, l'estudi de la radioactivitat va portar científics com Pierre i Marie Curie a descriure nous elements radioactius.

- Fes una recerca sobre els elements químics descoberts per Pierre i Marie Curie i dóna'n els noms.

Marie i Pierre Curie.

APLICACIONS DELS RADIOISÒTOPS

Els radioisòtops tenen moltes aplicacions pràctiques en diferents camps de la ciència i de la tècnica.

Dues de les més destacades són la diagnosi i el tractament mèdics i la datació de restes arqueològiques d'éssers vius.

@ Amplia a la Xarxa...

Aprèn més coses sobre la datació amb C-14 a: www.tiching.com/731967

Aplicacions en medicina

- **Exploració diagnòstica**. Consisteix a injectar al pacient una solució amb radioisòtops dels elements que tendeixen a incorporar-se a l'òrgan sobre el qual es vol fer el diagnòstic.

  Posteriorment es porta a terme una radiografia especial que detecta rajos gamma per obtenir la imatge de l'òrgan.

- **Tractament del càncer**. L'energia de la radiació es fa servir amb finalitats terapèutiques per destruir cèl·lules canceroses.

  El tractament consisteix a subministrar petites dosis de radiació, concentrada en els teixits cancerosos, al llarg d'una sèrie de sessions breus, prou espaiades perquè el teixit sa que pugui quedar afectat es recuperi dels efectes secundaris.

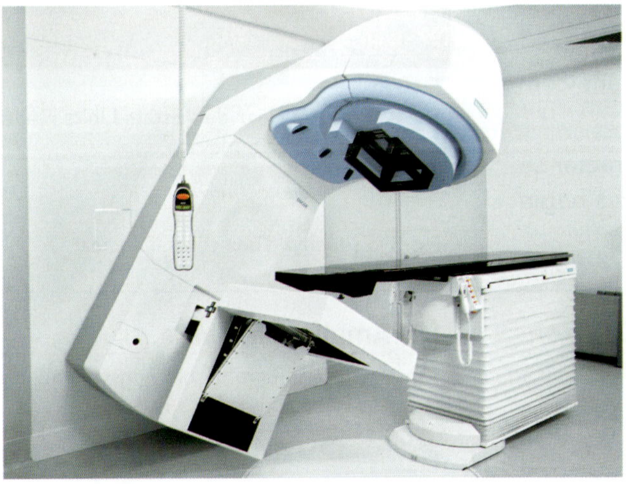

Els radioisòtops s'utilitzen tant per diagnosticar malalties com per tractar-les.

Datació amb carboni-14

El carboni-14 és un radioisòtop del carboni que es genera contínuament a l'atmosfera a causa de la radiació còsmica. Tots els éssers vius tenen una concentració de C-14 semblant a la del diòxid de carboni atmosfèric, perquè el carboni s'incorpora a l'organisme per mitjà del cicle de carboni.

Determinar la proporció de carboni-14 en restes orgàniques permet fixar-ne l'antiguitat.

Quan l'ésser viu es mor, s'atura l'absorció de carboni i la proporció de C-14 decreix segons el ritme que marca el seu període de semidesintegració, uns 5700 anys. Analitzant la quantitat que hi queda de C-14 es pot determinar l'antiguitat de mostres d'origen orgànic (fusta, cuiro, ossos...).

Actualment es poden datar antiguitats de fins a 10 000 anys a partir d'una petita mostra de 5 mg a 10 mg de material orgànic.

1. Digues quina és la característica més rellevant dels radioisòtops.
2. Descriu la naturalesa dels diferents tipus de radiació. Quin tipus de radiació és la més perjudicial per a la nostra salut?
3. Quina proporció de nuclis d'un radioisòtop es desintegra durant un període de semidesintegració?
4. El tecneci-99 és un radioisòtop que s'utilitza habitualment en l'exploració diagnòstica perquè té un període de semidesintegració de només sis hores.
   a. Per què creus que interessa que el període de semidesintegració sigui tan curt?
   b. Si en una exploració es fan servir 2 mg de tecneci-99, quant en quedarà per desintegrar-se al cap d'un dia?

6 Fissió i fusió nuclears

6.1. Fissió nuclear

L'any 1938 es va descobrir que en bombardejar àtoms d'urani amb neutrons, els nuclis es trenquen. En aquesta fragmentació, anomenada **fissió nuclear**, s'allibera una gran quantitat d'energia.

També es va observar que en aquest procés s'alliberen més neutrons que, al seu torn, eren capaços de fragmentar més nuclis d'urani, repetint el procés. A aquest procés continuat se l'anomena **reacció en cadena** fig. 1.

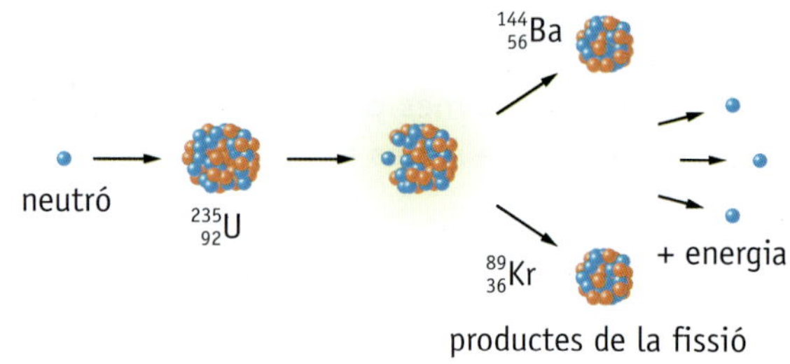

Fig. 1 Reacció en cadena: un neutró fragmenta en dos un àtom d'urani i allibera tres neutrons que poden, al seu torn, fragmentar altres àtoms d'urani i així successivament.

Centrals nuclears

La quantitat de calor que es desprèn en el procés de fissió és enorme: la fissió d'un gram d'urani produeix tanta calor com la combustió de 3000 kg de carbó fig. 2.

Fig. 2 Prova nuclear dels Estats Units realitzada el 18 d'abril del 1953 a Nevada.

Però per poder aprofitar aquesta energia, la reacció en cadena ha d'estar controlada. Això es duu a terme a les centrals nuclears, on la calor que es produeix en la reacció de fissió de l'urani s'utilitza per passar aigua líquida a l'estat de vapor fig. 3.

El vapor d'aigua a pressió mou unes turbines acoblades a generadors elèctrics que produeixen corrent elèctric. Aquest funcionament és similar al d'una central tèrmica, només que s'utilitza urani en lloc de carbó per generar calor.

La generació de l'energia nuclear presenta una sèrie de riscos:

- Les reaccions nuclears poden descontrolar-se accidentalment (com va passar el 1986 a la central de Txernòbil, Ucraïna).
- Es generen molts residus radioactius que no poden tractar-se fàcilment per convertir-los en innocus, cosa que fa que s'hagin d'aïllar amb molta cura del medi ambient.

Fig. 3 Esquema d'una central nuclear.

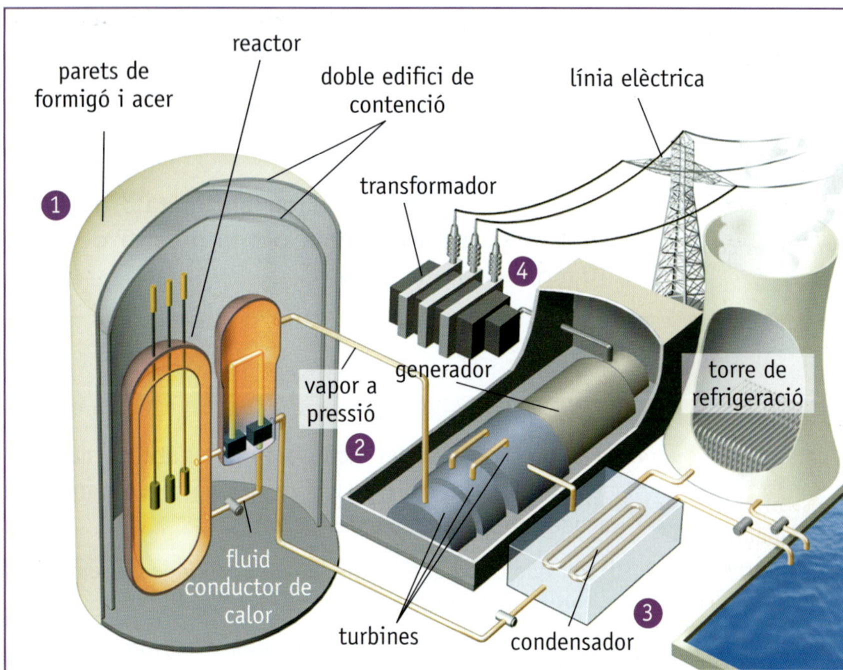

CENTRAL NUCLEAR

1. El reactor nuclear i el generador de vapor se situen dins d'un dispositiu de contenció.
2. El vapor d'aigua d'un segon circuit, escalfat pel que s'ha produït en el generador de vapor, mou les turbines i aquestes el generador que produeix corrent elèctric.
3. El vapor d'aigua es condensa abans de tornar al circuit.
4. L'electricitat produïda es transforma per transportar-la.

@ Amplia a la Xarxa...

Observa una infografia sobre energia nuclear a: www.tiching.com/731969

6.2. Fusió nuclear

La **fusió nuclear** es produeix quan s'uneixen nuclis petits per formar nuclis més massius; en aquest procés s'allibera una gran quantitat d'energia.

A la fig. 4 es representa la fusió de dos isòtops de l'hidrogen, el deuteri ($^{2}_{1}H$) i el triti ($^{3}_{1}H$), procés que produeix un nucli d'heli ($^{4}_{2}He$) i un neutró.

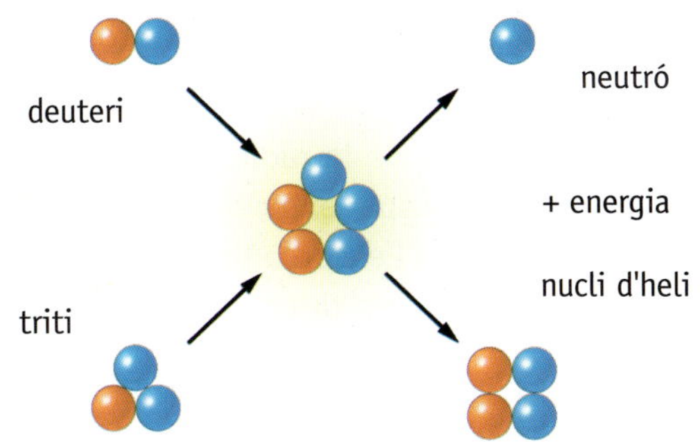

Fig. 4 Representació d'un procés de fusió nuclear (un nucli de triti i un nucli de deuteri donen un nucli d'heli, He-4, i un neutró).

Avantatges i inconvenients de la fusió nuclear

El principal avantatge de la fusió nuclear és que es tracta d'un procés que desprèn una gran quantitat d'energia.

La fusió nuclear és el procés més energètic que es coneix. Si es compara l'energia alliberada per una mateixa massa de combustible, urani en la fissió i hidrogen en la fusió, resulta que en la fusió s'allibera unes deu vegades més energia.

Un altre avantatge és que el combustible utilitzat és hidrogen, un element abundant als mars i oceans. A més, la fusió nuclear és un procés més net que la fissió nuclear perquè no genera tants residus radioactius.

El principal inconvenient es presenta a l'hora de controlar la fusió nuclear, ja que les temperatures a les quals arriba (de l'ordre dels milions de graus) necessiten unes instal·lacions especialitzades que encara es troben en fase experimental fig. 5.

A l'actualitat, la investigació sobre la fusió nuclear és intensa, i s'espera que a mitjan segle les centrals basades en la fusió nuclear ja seran una realitat.

Fig. 5 Interior d'una cambra de fusió experimental.

Formació d'elements a les estrelles

L'energia que emet el Sol procedeix de les reaccions de fusió que es produeixen en el seu interior, on la temperatura pot arribar als 14 000 000 °C (la superfície només està a 6 000 °C).

El Sol consumeix 10^{12} kg d'hidrogen per segon per produir heli. Una vegada s'hagi esgotat quasi tot l'hidrogen (d'aquí uns 5000 milions d'anys), la fusió nuclear continuarà a partir de l'heli i es formaran nuclis més pesats com el carboni i l'oxigen.

A les estrelles amb una massa més gran que la del Sol, la fusió pot continuar i així es formen la resta d'elements de la taula periòdica.

Quan una d'aquestes grans estrelles explota, les cendres, constituïdes per diferents elements químics, es dispersen per l'espai i formen noves estrelles o planetes.

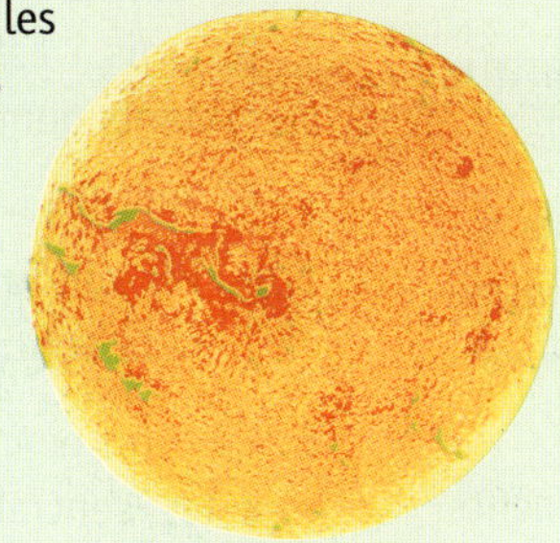

- Les estrelles que exploten s'anomenen noves i supernoves, segons la seva intensitat lluminosa. Busca per Internet alguna d'aquestes estrelles que s'hagi descobert recentment.

1. Descriu en què consisteix la fissió nuclear.
2. Què és una reacció en cadena?
3. Quins són els riscos de la generació d'energia per mitjà de la fissió nuclear?
4. Què és la fusió nuclear? Descriu les diferències entre la fissió nuclear i la fusió nuclear.
5. Quins avantatges té la fusió nuclear en comparació amb la fissió nuclear?
6. Observa la figura 1. En quins elements es transforma l'urani en la fissió?
7. Per què encara no hi ha centrals nuclears basades en la fusió nuclear?

Radiació natural i artificial

Molta gent es pensa que les centrals nuclears són les responsables de la radiació que rebem, i res més lluny de la realitat. La radiació amb un origen atribuïble a les centrals nuclears no arriba a l'1% del total que rebem.

La major part de la radiació ambiental és d'origen natural; procedeix de l'espai exterior (rajos còsmics) i de les roques i sòls que formen l'escorça terrestre. Al voltant d'un 70% de la radiació que rebem directament o indirectament és d'origen natural.

La radiació d'origen artificial procedeix principalment de les exploracions mèdiques, sobretot per la utilització d'equips de rajos X (radiografies).

Fons de radiació natural. En qualsevol punt del planeta rebem una certa quantitat de radiació procedent del medi ambient.

A RESIDUS RADIOACTIUS

Els processos de fissió nuclear que es porten a terme a les centrals nuclears són una font de radiació.

A l'Estat espanyol es generen al voltant de 2000 tones de residus radioactius cada any, uns residus que s'aïllen i s'emmagatzemen per evitar que contaminin el medi ambient.

Els residus de menys radioactivitat s'emmagatzemen en unes instal·lacions que hi ha a El Cabril (Còrdova), i els de més radioactivitat es dipositen provisionalment a les centrals nuclears, mentre s'espera un emmagatzemament definitiu que tindrà com a primera etapa els anomenats *magatzems temporals centralitzats* (encara per construir).

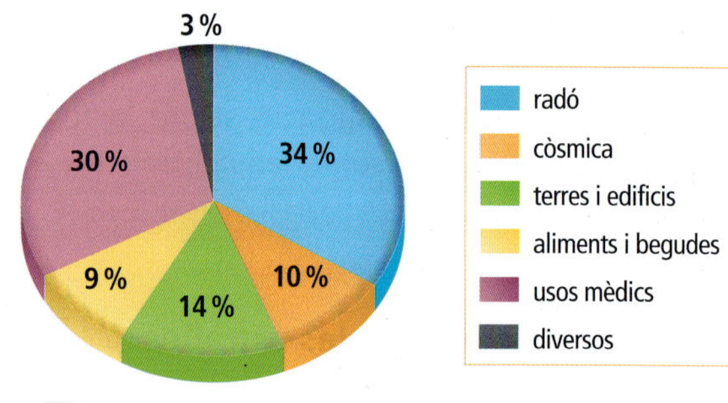

Origen de la radiació.

1. Explica breument d'on procedeix la radiació ambiental d'origen natural.
2. Quin percentatge de la radiació correspon a un origen natural? I a un origen artificial?
   – Quina és la causa principal de la radiació d'origen artificial que rebem?
3. Tots els aliments contenen petites quantitats d'elements radioactius i, en conseqüència, els incorporem a l'organisme en ingerir-los. Els més importants són el potassi-40 i el carboni-14.
   – Reflexiona i respon si es podria evitar menjar aliments que continguin carboni-14?
4. Alguns materials de construcció contenen petites quantitats de radi, un metall radioactiu que, en desintegrar-se, desprèn gas radó, també radioactiu.

   El radó és més dens que l'aire i tendeix a acumular-se a soterranis i estances mal ventilades, igual que altres contaminants químics despresos pels mobles.
   – Ventiles la teva habitació cada dia? Quanta estona?
   – Per què un gas radioactiu és més perillós que un sòlid radioactiu?
5. Quin percentatge de la radiació que rebem és atribuïble a les centrals nuclears? Justifica les precaucions que es prenen en aquestes centrals.

B QUÈ ÉS LA RADIACIÓ CÒSMICA?

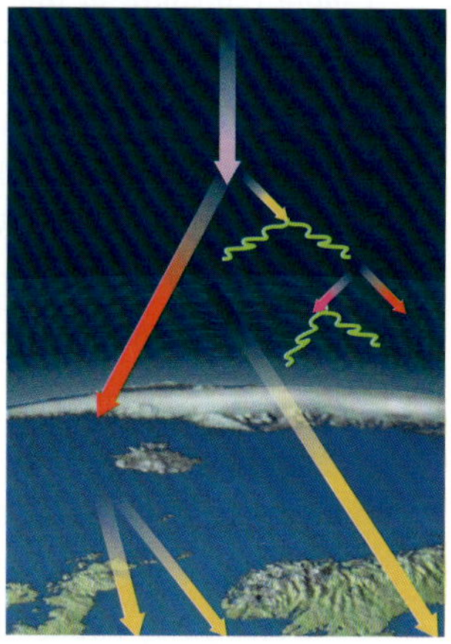

La radiació còsmica són partícules (majoritàriament protons, nuclis d'heli i electrons) que es desplacen a velocitats pròximes a la velocitat de la llum. El seu origen s'atribueix a les explosions d'estrelles molt massives, les supernoves.

La major part de la radiació còsmica que bombardeja la Terra no arriba a la superfície perquè és desviada pel camp magnètic. Però, encara tot i això, representa un 10% de la radiació que rebem.

C INVENT: COMPTADOR GEIGER

H. Geiger (1882-1945) era un físic alemany que va treballar a les ordres de E. Rutherford en el famós experiment de la làmina d'or que va evidenciar l'existència del nucli atòmic.

Geiger va inventar per a aquest experiment un detector de radiació alfa que va perfeccionar amb el temps. El 1928, amb l'ajuda del llavors estudiant W. Müller (1905-1979), va inventar un aparell molt sensible per detectar i mesurar la radioactivitat, un aparell que continuem utilitzant sense grans canvis.

El comptador Geiger-Müller consisteix en un tub tancat que conté un gas inert i dos elèctrodes en els extrems. Quan les partícules emeses per la desintegració radioactiva penetren en el tub, el gas es ionitza i condueix l'electricitat, cosa que produeix un corrent elèctric momentani entre els elèctrodes, la intensitat del qual es registra.

@ Amplia a la Xarxa...

Mira un vídeo sobre radioactivitat a: www.tiching.com/731973

D RESERVES MUNDIALS D'URANI

L'urani és un metall radioactiu que es pot pensar que és poc abundant. I és una afirmació certa, però només relativament, ja que hi ha altres metalls, com ara l'or, el platí, la plata o el mercuri, que encara són menys abundants a l'escorça terrestre.

La taula següent mostra una estimació de les reserves recuperables d'urani i la seva localització.

País	Reserves d'urani (t)	Percentatge (%)
Austràlia	1 798 300	23,5
Kazakhstan	875 000	11,5
Rússia	689 200	9,0
Canadà	650 500	8,5
EUA	472 100	6,2
Namíbia	455 600	6,0
Sud-àfrica	450 800	5,9
Níger	404 900	5,3
resta del món	1 838 800	24,1
total	7 635 200	100

1. Representa en un gràfic de barres els percentatges de les reserves mundials d'urani per països.
2. El consum mundial d'urani el 2013 va ser aproximadament de 59 000 tones. A aquest ritme de consum, en quants anys s'esgotaria l'urani del planeta?
3. @ A l'Estat espanyol actualment no s'extreu urani, però uns estudis geològics recents estimen que hi ha unes reserves explotables d'unes 20 900 tones d'urani.

   Qualsevol explotació minera ha d'adoptar una sèrie de mesures de control mediambiental segons les indicacions d'un document oficial anomenat Declaració d'Impacte Ambiental (DIA). En el cas de les explotacions de mineral d'urani, els controls encara són més restrictius.

   Busca informació sobre l'impacte mediambiental que comporta una explotació minera i sobre els motius que obliguen a prendre precaucions addicionals amb el mineral d'urani.

1. Ordena-ho de més gran a més petit: protó, elefant, nucli de carboni, electró, àtom de carboni i virus.

2. L'element ferro està format per dos isòtops: Fe-54 i Fe-56. Indica quants protons i quants neutrons hi ha en el nucli dels àtoms de cada isòtop i quants electrons orbiten a l'escorça electrònica.

3. Completa al quadern una taula com la següent referida a àtoms neutres:

Nom de l'element		iode		
Símbol de l'isòtop	$^{34}_{16}S$			
Nombre atòmic (*Z*)			9	
Nombre màssic (*A*)		127		37
Nombre de protons				17
Nombre de neutrons			10	
Nombre d'electrons				

4. Respon a les qüestions següents per als nuclis atòmics representats simbòlicament: $^{12}_{6}X$; $^{14}_{7}Y$; $^{14}_{6}Z$ i $^{11}_{5}W$.
   a) Quins són isòtops?
   b) Quins tenen el mateix nombre de neutrons?
   c) Quin element químic correspon a cada símbol?

5. Per què a la taula periòdica s'indica el nombre atòmic i la massa de cada element químic però no el nombre màssic?

6. El clor té dos isòtops, el clor-35 i el clor-37. Calcula la massa atòmica relativa de l'element clor. Utilitza les dades de la figura, en què s'indiquen les masses dels dos isòtops del clor i les seves abundàncies relatives expressades en percentatges.

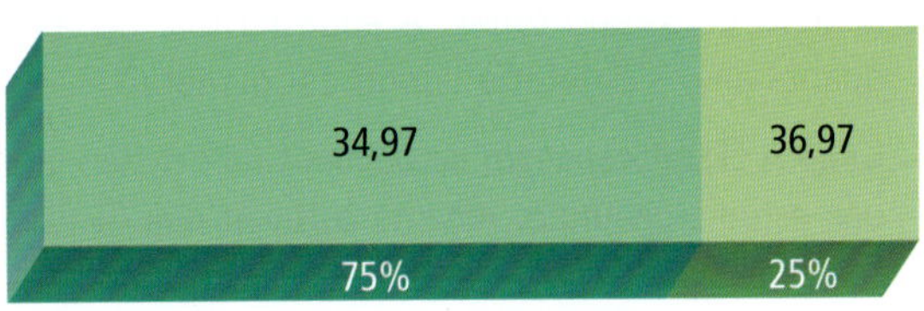

7. Completa les frases següents al quadern:
   a) Un objecte amb càrrega elèctrica negativa té un nombre més gran d'... que de protons.
   b) Un objecte amb càrrega elèctrica neutra té un nombre ... d'electrons que de ... .
   c) Un objecte amb càrrega elèctrica positiva té un nombre més ... d'electrons que de protons.

8. A partir de les masses atòmiques dels elements alumini i plom (consulta la taula periòdica), calcula quants àtoms d'alumini caldrien per igualar la massa de 1000 àtoms de plom.

9. La plata té dos isòtops naturals: plata-107 i plata-109. La massa i l'abundància natural de l'isòtop Ag-107 són, respectivament, 106,91 i 51,84 %.
   a) Quina és l'abundància natural de l'isòtop Ag-109?
   b) Si la massa atòmica relativa de la plata és 107,87, determina la massa atòmica de l'isòtop Ag-109.

10. Consulta la taula periòdica i completa al quadern:

Element	Símbol	Nombre atòmic	Massa atòmica
Carboni			
	Cu		
		56	
			16,00
Sodi			
	S		
	Au		
			83,80

11. L'element fòsfor està format al 100 % per un únic tipus d'àtom, de massa 30,97 u. Determina la massa d'un àtom de fòsfor expressada en grams.

12. El sodi natural és Na-23 al 100 %, però té dos radioisòtops, Na-22 i Na-24, amb períodes de semidesintegració, respectivament, de 2,6 anys i 14,9 hores.
   a) Indica el nombre de protons i neutrons que hi ha en el nucli de cada isòtop del sodi.
   b) Ordena els tres isòtops del sodi de més estabilitat a menys estabilitat.

13. El bismut té un radioisòtop, el Bi-206, amb un període de semidesintegració de sis dies. Si inicialment tenim 100 mg de Bi-206, quina quantitat quedarà sense desintegrar al cap de 30 dies?

14. En el control de la massa d'un radioisòtop que quedava sense desintegrar es van obtenir aquests resultats:

Temps (dies)	0	1	2	3	4	5
Massa (mg)	4,20	3,32	2,64	2,10	1,66	1,32

   a) Representa gràficament aquestes dades (a l'eix *Y*, la massa, i a l'eix *X*, el temps).
   b) Troba el període de semidesintegració del radioisòtop.
   c) Quina massa de radioisòtop quedarà el sisè dia?

Comprova el que has après • Comprova el que has après

1. Quins quatre elements formaven la matèria segons els antics grecs? A quins filòsofs grecs es deu la primera hipòtesi atòmica?
2. Defineix *element químic* i *compost químic*.
3. Completa al quadern aquestes frases sobre la teoria atòmica de Dalton:
   a) La matèria està formada per ... molt petites, indivisibles i indestructibles, anomenades ....
   b) Tots els àtoms d'un mateix element químic són..., però ... dels d'un altre element químic.
   c) Els àtoms de diferents elements s'... sempre en una mateixa ... per formar ... químics.
4. En quin moment hi ha un increment important en el nombre d'elements descoberts? Per què?
5. Què és l'electròlisi?
6. Quin fet va propiciar el canvi del model atòmic de Dalton al de Thomson?
7. Completa al quadern aquestes frases:
   a) Hi ha càrregues elèctriques de dos tipus, ..., simbolitzades com a (+), i ..., simbolitzades com a (−).
   b) Les càrregues elèctriques de tipus diferent s'... mentre que les del mateix tipus es ....
   c) Com més petita és la distància entre les càrregues, més ... seran les forces d'... o de ....
8. Quines són les partícules subatòmiques?
9. Associa al quadern aquests termes als models atòmics de la dreta:
   a) neutró
   b) electró
   c) protó
   d) nucli
   e) escorça

   model de Thomson

   model de Rutherford
10. Observa la figura, que representa un àtom, i respon:
    a) Què representen les partícules de color vermell, les de color blau i les de color verd?
    b) Digues a quin element químic pertany aquest àtom.
    c) Poden tenir un nombre diferent de protons els àtoms d'un mateix element? I un nombre diferent de neutrons?

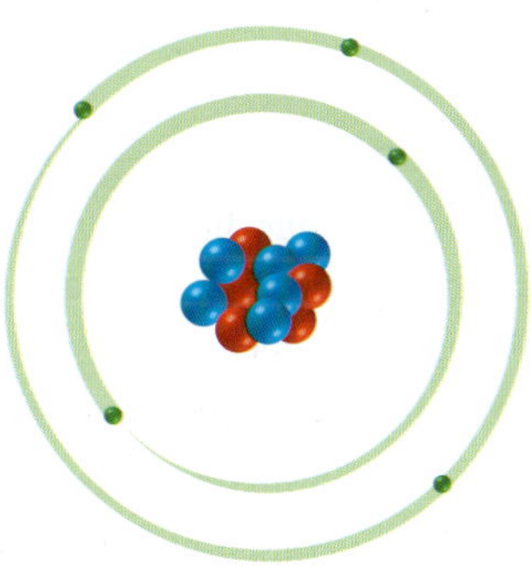

11. Quants protons i quants neutrons hi ha en el nucli d'un àtom de sodi-23?
12. Defineix els conceptes següents:
    a) Nombre atòmic
    b) Isòtop
    c) Nombre màssic
    d) Abundància isotòpica natural
13. Què és la unitat de massa atòmica? Com es defineix?
14. Indica si són certes o falses les frases següents:
    a) Tota la matèria està formada per àtoms.
    b) Els àtoms dels gasos pesen menys que els àtoms dels sòlids.
    c) En el nucli hi ha els protons i els neutrons.
    d) En un àtom, el nucli i els electrons estan separats per aire.
    e) Tots els àtoms d'un mateix element tenen la mateixa massa.
    f) Tots els àtoms d'un mateix element tenen el mateix nombre atòmic.
15. Què provoca la radioactivitat d'una substància?
16. Descriu els principals tipus de radiació.
    a) De què està compost cada tipus de radiació?
    b) Quin tipus de radiació costa més d'aturar?
17. Els radioisòtops tenen aplicacions en medicina. Digues quines i explica en què consisteixen.
18. Explica en què es fonamenta i quines limitacions té la tècnica de datació amb carboni-14.
19. Indica si són certes o falses les afirmacions següents sobre la fissió nuclear:
    a) La fissió nuclear es va descobrir bombardejant àtoms d'urani amb protons.
    b) En la fissió nuclear s'allibera energia quan es trenquen els nuclis.
    c) A les centrals nuclears es porten a terme reaccions en cadena controlades.
    d) Les centrals nuclears generen residus radioactius, però en petita quantitat.
20. Indica si són certes o falses les afirmacions següents sobre la fusió nuclear:
    a) La fusió nuclear es produeix quan s'uneixen nuclis petits per formar nuclis més grans.
    b) Actualment les centrals nuclears basades en la fusió nuclear produeixen una gran quantitat d'energia.
    c) L'inconvenient principal de la fusió nuclear és que el combustible utilitzat és escàs.
    d) La fusió nuclear genera menys residus radioactius que la fissió nuclear.

1 Aplica les TIC. Datació de restes amb isòtops radioactius

A la pàgina següent trobaràs una simulació que et permetrà datar l'antiguitat de diferents objectes igual que ho fan els científics:

www.tiching.com/731972

a) Activa la pestanya *Dating game* de la part superior dreta.

b) Acosta el detector als objectes i fes una llista amb el nom dels divuit objectes.

c) Acosta el detector a cada objecte que s'ha de datar i escull el radioisòtop més adequat per establir la data. Hi ha dos radioisòtops predeterminats, el carboni i l'urani, i un tercer anomenat "custom", que pots escollir segons el període de semidesintegració.

d) Un cop hagis obtingut un valor mesurable (ho sabràs perquè veuràs un percentatge superior a zero), mou el cursor verd del gràfic i llegeix directament l'antiguitat indicada. Fixa't bé en la unitat de temps i en els múltiples per llegir-ho correctament;

K = multiplica el valor indicat per 1 000 anys

M = multiplica el valor indicat per 1 000 000 anys

B = multiplica el valor indicat per 1 000 000 000 anys

e) Amb els resultats obtinguts, completa al quadern una taula com la de la dreta.

Número	Objecte	Antiguitat	Radioisòtop utilitzat
1	calavera d'animal	148 anys	carboni-14
2	casa	...	...
3	...	...	...

2 Reflexiona. Tractament de residus hospitalaris

Gairebé tots els residus hospitalaris s'incineren en instal·lacions d'alta seguretat, però una part, els que s'han generat en els tractaments amb radioisòtops, s'emmagatzemen en dipòsits aïllats amb molt de compte de l'entorn.

Pregunta 1

Observa la fotografia. Explica què indica el pictograma de seguretat que hi ha en el precinte. Pots trobar més informació sobre aquesta qüestió a l'article següent:

www.tiching.com/731971

Pregunta 2

Explica quines aplicacions tenen els radioisòtops en medicina.

Pregunta 3

Aquests residus hospitalaris es guarden en magatzems especials però, no seria més fàcil destruir-los cremant-los? Indica quina de les raons següents et sembla més adequada per no cremar-los.

a) Seria més costós, perquè es necessita combustible per cremar-los.

b) Es podria provocar una explosió nuclear, perquè els radioisòtops són radioactius.

c) Els radioisòtops radioactius es dispersarien i encara serien més perillosos.

d) Alguns residus no són combustibles i no es cremarien.

Pregunta 4

Alguns residus hospitalaris s'etiqueten amb el pictograma de la dreta, que indica risc biològic. Això vol dir que...

a) són residus d'un nivell radioactiu superior.

b) contenen restes biològiques infeccioses.

c) són substàncies especialment contaminants.

d) són substàncies molt verinoses.

Síntesi. Teoria atòmica

Teoria atòmica

- **Teoria atòmica de Dalton**
  La matèria està formada per partícules extremament petites, indivisibles i indestructibles, anomenades àtoms.
- **Element químic** és la substància que no es pot descompondre en altres de més senzilles, perquè està formada per un únic tipus d'àtom.
- **Compost** és la substància que es pot descompondre en altres de més senzilles, perquè està formada per àtoms de més d'un element.
- **Model atòmic de Thomson**
  Els àtoms estan formats per electrons, amb càrrega elèctrica negativa, distribuïts per una esfera de matèria de càrrega positiva, de manera que, globalment, l'àtom és elèctricament neutre.
- **Model atòmic de Rutherford**
  - Els àtoms tenen dues zones diferenciades: el nucli atòmic i l'escorça electrònica.
  - El nucli és molt petit en comparació amb l'àtom, però conté gairebé tota la massa i tota la càrrega positiva.

Característiques dels àtoms

- Els àtoms contenen tres partícules subatòmiques: els electrons, els protons i els neutrons.
- El **nombre atòmic**, Z, és el nombre de protons que té un àtom (tots en el nucli).
- El **nombre màssic**, A, és el nombre total de partícules que hi ha en el nucli d'un àtom (suma de protons i neutrons).
- La diferència entre el nombre màssic i el nombre atòmic és el **nombre de neutrons** (N), $N = A - Z$
- Els **isòtops** són els àtoms que tenen un mateix nombre atòmic però un nombre màssic diferent.
- El percentatge de cada un dels isòtops que hi ha a la naturalesa és l'**abundància isotòpica natural** de l'element.
- La **massa atòmica relativa** d'un element, Ar, és la mitjana ponderada de les masses dels seus isòtops naturals.

Radioactivitat

- Hi ha tres tipus principals de radiacions diferents:
  - Radiació **alfa** (α). Nuclis d'heli.
  - Radiació **beta** (β). Electrons.
  - Radiació **gamma** (γ). Radiació electromagnètica.
- El **període de semidesintegració** d'un radioisòtop és el temps que triga a desintegrar-se la meitat dels nuclis inicials d'un radioisòtop.
- La **fisió nuclear** és la ruptura dels nuclis atòmics.
- La **fusió nuclear** es produeix quan s'uneixen nuclis petits per formar nuclis de massa més gran.
- La major part de la radiació ambiental és d'origen natural; procedeix de l'espai exterior (rajos còsmics) i de l'escorça terrestre. La radiació d'origen artificial procedeix principalment de les radiografies.

Consolidació de competències

CONTESTA LA PREGUNTA INICIAL

Després d'haver estudiat aquesta unitat, pots respondre la pregunta inicial:

Quins són els maons de l'univers?

Redacta un text de 10 a 20 línies que resumeixi les conclusions a què hagis arribat sobre això.

CONSOLIDA EL QUE HAS APRÈS

Per consolidar els coneixements adquirits al llarg de la unitat, pots fer les activitats que trobaràs a l'adreça web següent:

www.tiching.com/731554

Aquestes activitats s'han preparat en un document en format pdf que et pots descarregar.

Al final del document trobaràs les solucions, de manera que pots comprovar si has complert els objectius de la unitat.

APRENDRE PER EMPRENDRE

L'energia nuclear sempre ha despertat una gran inquietud en la societat. Quan pensem en energia nuclear, segurament ens vénen a la ment les imatges dels efectes devastadors de la bomba atòmica o de l'accident a la central nuclear de Fukushima.

Fa trenta anys es va suspendre momentàniament la inversió en energia nuclear. Aquesta moratòria nuclear s'acaba ara, però la desconfiança de la societat respecte de l'energia nuclear continua sent igual o més forta que llavors.

Llegeix l'article següent: www.tiching.com/731970 i redacta un escrit amb les idees principals que conté. Acaba'l donant la teva opinió sobre aquesta qüestió, però sostinguda amb arguments i no amb prejudicis.

TÈCNIQUES D'ESTUDI

Entra a www.tiching.com/727426 i practica una tècnica d'estudi a partir de la síntesi.

5 ESTRUCTURA DE LA MATÈRIA

Com s'organitzen els àtoms?

La combinació d'uns quants tipus d'elements pot originar una gran varietat: un idioma (el nostre combina menys de 30 lletres), els jocs de construcció, la matèria (formada per menys de 100 elements químics)…

1860-1899

- 1869

Taula periòdica.
El químic rus B. Mendeleiev (1834-1907) proposa disposar els elements químics en ordre creixent de la massa atòmica i agrupar-los segons propietats químiques semblants.

- 1914

Taula periòdica moderna.
Amb base als treballs del físic anglès H. Moseley (1887-1915) s'adopta el criteri actual de disposar els elements a la taula periòdica segons l'ordre creixent de nombre atòmic.

- 1919

Fundació de la IUPAC (Unió Internacional de Química Pura i Aplicada), organització que regula la nomenclatura química i atorga noms oficials als elements químics.

- 1925

Reni. Els químics alemanys Ida Tacke (1896-1978), W. Noddack (1893-1960) i O. Berg (1873-1939) descobreixen el reni ($Z = 75$), l'últim element estable que quedava per identificar.

Tot i que el nombre d'elements químics és petit, la varietat de compostos que es forma amb ells és enorme. Es coneixen milions de compostos i cada dia se'n descobreixen o sintetitzen més.

El Chemical Abstracts Service (CAS), filial de l'American Chemical Society, té registrats al voltant de 66 milions de compostos químics, i la xifra s'incrementa cada dia.

Aquesta diversitat de compostos s'explica per la gran capacitat que tenen els àtoms per unir-se entre ells i formar estructures complexes, tant molècules com xarxes cristal·lines.

Què sabem?

La capacitat de combinació dels elements químics per formar compostos és comparable a la de les lletres de l'abecedari i la formació de paraules. Amb unes quantes lletres es poden construir multitud de paraules.

- Construeix totes les paraules que puguis (confirma-les amb el diccionari) amb les lletres A, E, N, R i S. Pots repetir les lletres i fer-les servir totes o només algunes.
- Quantes paraules pots construir amb les mateixes lletres si no et demanen que tinguin sentit? Per exemple, AAAAA, AAAAS, etc.

Què aprendrem?

1. **Els elements químics**
2. **Els elements a la taula periòdica**
3. ***Descobreix*. Els metalls en els organismes vius**
4. **Enllaç químic**
5. **Substàncies moleculars i atòmiques**
6. **Substàncies metàl·liques i iòniques**
7. ***Laboratori*. Molècules i ions**
8. **El llenguatge químic**

1900-1999

1937

Tecneci. Els físics italians C. Perrier (1886-1948) i E. Segrè (1905-1989) descobreixen la presència d'un element desconegut de Z = 43 en una mostra de molibdè que havia estat bombardejat amb isòtops pesants d'hidrogen. És el primer element sintetitzat artificialment i per això es denomina *tecneci*.

2000-Actualitat

Nihoni, moscovi, tennessi i oganessó. Són els últims elements químics anomenats per la IUPAC. Els noms honoren el Japó, Moscou, Tennessee i l'investigador rus Yuri Oganessian. La IUPAC va aprovar els noms el 28 de novembre de 2016 amb els símbols corresponents de dues lletres: Nh, Mc, Ts i Og.

2016

1 Els elements químics

1.1. Els elements a la natura

Tot i que es coneixen més d'un centenar d'elements, a la natura només se'n poden trobar 90, els anomenats **elements naturals**. La resta d'elements ha estat creada als laboratoris de física (als acceleradors de partícules), i per això s'anomenen **elements artificials** fig. 1.

Pocs dels elements naturals es troben en estat lliure; gairebé tots es troben a la natura combinats amb d'altres, formant compostos.

Fig. 1 Laboratori del CERN. Els nous elements químics s'obtenen en acceleradors de partícules.

Els elements a la Terra

L'element més abundant al nostre planeta és el ferro, tot i que la quantitat més gran d'aquest element es troba al nucli terrestre. A la capa més superficial del planeta, l'escorça terrestre, els dos elements més abundants són l'oxigen i el silici fig. 2.

Fig. 2 L'oxigen i el silici de l'escorça terrestre formen, per exemple, el diòxid de silici de la sorra.

Els elements en els éssers vius

En els éssers vius, el 99 % de la matèria està constituïda únicament per sis elements: oxigen, carboni, hidrogen, nitrogen, calci i fòsfor fig. 3.

L'1 % restant correspon a una gran diversitat d'elements indispensables perquè les funcions biològiques es facin correctament. Aquests elements s'anomenen **oligoelements** perquè es necessiten en quantitats mínimes i són, per exemple, el cobalt, el coure, el zinc, el seleni i el fluor.

Els elements a l'univers

Els elements més abundants de l'univers són els més lleugers: l'hidrogen i l'heli. Aproximadament, el 90 % dels àtoms de l'univers són d'hidrogen, el 9 % són d'heli i l'1 % restant correspon als altres elements fig. 4.

Fig. 3 En els éssers vius, el 99 % en massa de la matèria està formada per oxigen (O), carboni (C), hidrogen (H), nitrogen (N), calci (Ca) i fòsfor (P).

Fig. 4 El 99 % dels àtoms de l'univers són d'hidrogen i d'heli. La concentració més gran es troba a les estrelles i als planetes gegants gasosos, com ara Júpiter.

1.2. Taula periòdica dels elements

En el segle XIX, el descobriment progressiu de nous elements químics va portar els científics a intentar classificar-los per facilitar-ne l'estudi.

Es van anar elaborant diferents criteris de classificació que van culminar amb la proposta feta pel químic rus D. I. Mendeleiev (1834-1907) i el metge alemany J. L. Meyer (1830-1895).

Tots dos científics van suggerir, simultàniament i independentment, ordenar els elements en ordre creixent de massa atòmica i agrupar en columnes els que tinguessin propietats químiques semblants.

El 1869, Mendeleiev va publicar una taula dels elements on va col·locar els 63 elements llavors coneguts ordenats en files i columnes fig. 5. Mendeleiev va reservar espais buits per a elements encara no descoberts. Amb el temps, aquests elements es van descobrir.

La taula dels elements que utilitzem actualment, anomenada **taula periòdica** dels elements químics o **sistema periòdic**, deriva d'aquella primera taula del 1869, però modificada perquè els elements s'ordenen segons el nombre atòmic i no per la seva massa atòmica.

Fig. 5 El químic rus D. I. Mendeleiev va fer una ordenació periòdica dels elements que és la precursora de la que s'utilitza actualment.

El descobriment dels elements químics

Els elements químics s'han anat descobrint al llarg de la història, tot i que el major nombre s'ha descobert a partir de l'any 1800, ja que en aquesta època van començar a progressar ràpidament les tècniques d'anàlisi fisicoquímica.

Justament, la primera electròlisi va tenir lloc el 1800, i el 1807 Humphry Davy va aïllar potassi i sodi.

També s'ha de tenir en compte que des del 1940 fins a l'any 2000 es van sintetitzar als laboratoris més d'una vintena d'elements químics (elements artificials), gràcies a l'ús d'uns nous equips d'investigació: els acceleradors de partícules. El primer va ser el tecneci, el 1937.

En el gràfic adjunt s'ha representat el nombre d'elements descoberts en diferents períodes (en intervals de 25 anys, excepte el primer). Actualment, el nombre d'elements descoberts s'eleva ja a 118.

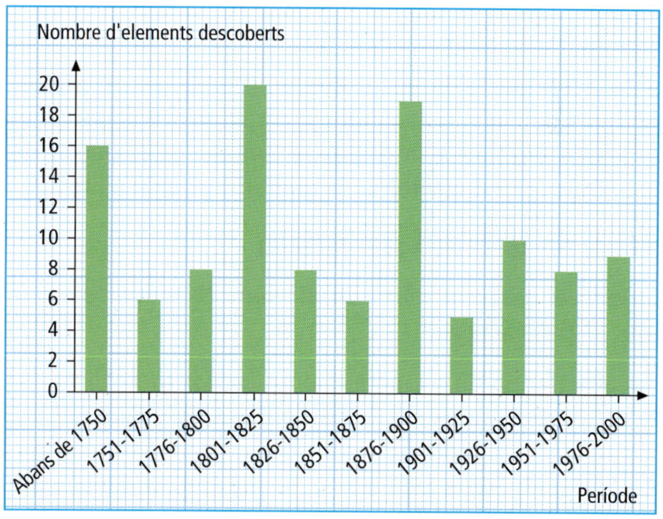

1. Quants elements químics es coneixen actualment? Quants són artificials?
2. Què són els oligoelements?
3. Quin criteri s'utilitza actualment per ordenar els elements químics?
4. Dels elements químics més abundants, quins són comuns a l'escorça terrestre i als éssers vius?
5. Al voltant del 0,006 % de la massa d'una persona és ferro. Calcula quants grams de ferro té, aproximadament, una persona de 60 kg.

2 Els elements a la taula periòdica

2.1. Grups i períodes

A la taula periòdica actual, els elements estan col·locats en ordre creixent de nombre atòmic i disposats en 18 grups (les columnes de la taula periòdica) i 7 períodes (les files).

Generalment, cada grup de la taula periòdica conté elements químics amb propietats semblants. Alguns d'aquests grups tenen noms distintius:

- **Alcalins**. Són els elements del grup 1 (tret de l'hidrogen). Es tracta de metalls de baixa densitat (alguns són menys densos que l'aigua), tous i que reaccionen enèrgicament amb moltes substàncies, fins i tot amb l'aigua.
- **Halògens**. Són els elements del grup 17. Són molt corrosius, reaccionen amb els metalls i formen sals.
- **Gasos nobles**. Són els elements del grup 18. Se'ls anomena així perquè són extraordinàriament estables i rarament es combinen amb altres elements; només ho fan en condicions molt extremes.

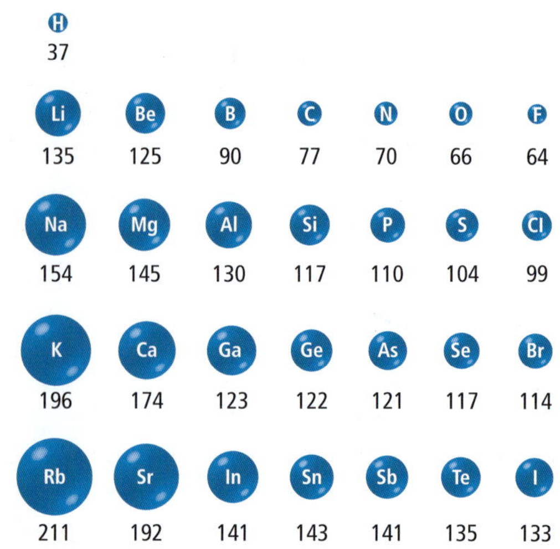

Fig. 1 Volums atòmics relatius. Els valors dels radis atòmics que hi pots veure estan expressats en picòmetres (1 pm = 10^{-12} m).

2.2. Propietats periòdiques

Algunes de les propietats dels elements varien de manera regular dins d'un grup o un període.

Així, per exemple, el volum dels àtoms disminueix quan es desplaça d'esquerra a dreta en un període i augmenta quan descendeix en un grup fig. 1.

Caràcter metàl·lic

El **caràcter metàl·lic** està relacionat amb les propietats físiques i químiques dels elements. Aquest caràcter disminueix a mesura que ens desplacem cap a la dreta per un període, per la qual cosa el dels primers grups és molt més gran que el dels últims.

Metalls, no-metalls i semimetalls

Segons el caràcter metàl·lic, podem classificar els diferents elements en tres famílies:

- **Metalls**. Tenen un aspecte lluent (*lluïssor metàl·lica*) i són freds al tacte, perquè són molt bons conductors de la calor. Els metalls també són bons conductors de l'electricitat (la plata és el millor de tots), *dúctils* (se'ls pot donar forma de fil) i *mal·leables* (forma de làmina) fig. 2.
- **No-metalls.** No tenen propietats metàl·liques. Molts són gasos, com ara l'oxigen i el nitrogen, però també n'hi ha amb elevats punts de fusió, com ara el carboni. A la taula periòdica estan agrupats a la dreta.
- **Semimetalls**. Són elements difícils de classificar, perquè tenen característiques intermèdies entre metalls i no-metalls. Alguns semimetalls, com ara el silici i el germani, s'utilitzen àmpliament en la fabricació de components electrònics.

Fig. 2 Els metalls són dúctils (se'ls pot donar forma de fil) i mal·leables (se'ls pot donar forma de làmina).

TAULA PERIÒDICA

CLAU DE LA TAULA

- Metalls
- No-metalls
- Semimetalls
- Gasos nobles

Nombre atòmic — 1 H Hidrogen — *Símbol* — *Nom*

Període \ Grup	1	2	3	4	5	6	7	8	9	10	11	12	13	14	15	16	17	18
1	1 H Hidrogen																	2 He Heli
2	3 Li Liti	4 Be Beril·li											5 B Bor	6 C Carboni	7 N Nitrogen	8 O Oxigen	9 F Fluor	10 Ne Neó
3	11 Na Sodi	12 Mg Magnesi											13 Al Alumini	14 Si Silici	15 P Fòsfor	16 S Sofre	17 Cl Clor	18 Ar Argó
4	19 K Potassi	20 Ca Calci	21 Sc Escandi	22 Ti Titani	23 V Vanadi	24 Cr Crom	25 Mn Manganès	26 Fe Ferro	27 Co Cobalt	28 Ni Níquel	29 Cu Coure	30 Zn Zinc	31 Ga Gal·li	32 Ge Germani	33 As Arsènic	34 Se Seleni	35 Br Brom	36 Kr Criptó
5	37 Rb Rubidi	38 Sr Estronci	39 Y Itri	40 Zr Zirconi	41 Nb Niobi	42 Mo Molibdè	43 Tc Tecneci	44 Ru Ruteni	45 Rh Rodi	46 Pd Pal·ladi	47 Ag Plata	48 Cd Cadmi	49 In Indi	50 Sn Estany	51 Sb Antimoni	52 Te Tel·luri	53 I Iode	54 Xe Xenó
6	55 Cs Cesi	56 Ba Bari	57 La Lantani	72 Hf Hafni	73 Ta Tantali	74 W Tungstè	75 Re Reni	76 Os Osmi	77 Ir Iridi	78 Pt Platí	79 Au Or	80 Hg Mercuri	81 Tl Tal·li	82 Pb Plom	83 Bi Bismut	84 Po Poloni	85 At Àstat	86 Rn Radó
7	87 Fr Franci	88 Ra Radi	89 Ac Actini	104 Rf Rutherfordi	105 Db Dubni	106 Sg Seaborgi	107 Bh Bohri	108 Hs Hassi	109 Mt Meitneri	110 Ds Darmstadti	111 Rg Roentgeni	112 Cn Copernici	113 Nh Nihoni	114 Fl Flerovi	115 Mc Moscovi	116 Lv Livermori	117 Ts Tennessi	118 Og Oganessó

Terres rares

6	58 Ce Ceri	59 Pr Praseodimi	60 Nd Neodimi	61 Pm Prometi	62 Sm Samari	63 Eu Europi	64 Gd Gadolini	65 Tb Terbi	66 Dy Disprosi	67 Ho Holmi	68 Er Erbi	69 Tm Tuli	70 Yb Iterbi	71 Lu Luteci
7	90 Th Tori	91 Pa Protoactini	92 U Urani	93 Np Neptuni	94 Pu Plutoni	95 Am Americi	96 Cm Curi	97 Bk Berkeli	98 Cf Californi	99 Es Einsteni	100 Fm Fermi	101 Md Mendelevi	102 No Nobeli	103 Lr Laurenci

Calci, Ca

Titani, Ti

Brom, Br

@ Amplia a la Xarxa...

Per conèixer millor les característiques dels elements de la taula periòdica, entra a: www.tiching.com/731974

1. Com varia el volum atòmic al llarg de les files i les columnes de la taula periòdica?
2. En quin costat de la taula periòdica és més accentuat el caràcter metàl·lic dels elements: en el dret o en l'esquerre?
3. Quins elements formen el grup dels halògens? I el dels gasos nobles?
4. Esmenta cinc elements no-metàl·lics amb el seu ús quotidià.
5. Escriu el nom i el símbol de vuit elements químics que siguin metalls d'ús corrent.
6. Consulta la taula periòdica i classifica els elements següents en metalls, no-metalls i semimetalls: bari, iode, cobalt, nitrogen, ferro, hidrogen, germani, plom, crom, brom, arsènic, sofre, rubidi, cadmi i urani.
7. Consulta la taula periòdica i calcula el percentatge d'elements metàl·lics, no-metàl·lics i semimetàl·lics.
8. Els nombres atòmics dels elements artificials són el 43, el 61 i del 93 en endavant. Busca a la taula periòdica el símbol i el nom d'aquests elements i escriu-los. Es podran obtenir nous elements artificials?

DESCOBREIX

3 Els metalls en els organismes vius

Hem vist que el 99 % dels éssers vius està format per sis elements i només un, el calci, és un metall. No obstant això, els oligoelements, molts d'ells metalls, són indispensables.

El calci, el potassi, el sodi, etc. són essencials per al nostre organisme. En canvi, metalls com el plom o el mercuri són verinosos.

A QUINS ELEMENTS METÀL·LICS HI HA AL NOSTRE COS?

Al nostre cos trobem molts elements metàl·lics, però sembla que només hi ha 14 metalls realment essencials perquè funcioni saludablement.

Metall	Massa aproximada de metall en una persona de 70 kg (g)
calci	1000
potassi	140
sodi	100
magnesi	25
ferro	4,2
zinc	2,3
coure	0,072

Metall	Massa aproximada de metall en una persona de 70 kg (g)
estany	0,020
vanadi	0,020
crom	0,014
manganès	0,012
molibdè	0,005
cobalt	0,003
níquel	0,001

La resta de metalls que hi ha al nostre cos sembla que no tenen cap funció específica. La seva presència és deguda al fet que els incorporem amb els aliments que mengem, l'aigua que bevem o l'aire que respirem. Alguns, com ara el plom o el mercuri, són molt perillosos per a la salut.

B EL MERCURI, UN METALL PERILLÓS PER A LA SALUT

Els aliments que mengem són la font principal d'entrada de mercuri (en forma de compost metilmercuri) al nostre organisme.

La concentració de mercuri en els aliments és normalment baixa, però en algunes espècies de peixos molt voraços i longeus (tonyina, emperador, caçó...) se'n poden donar concentracions elevades perquè acumulen al cos el mercuri dels peixos que devoren.

Tot i que el consum moderat d'aquestes espècies no representa un risc per a la salut de la població en general, les autoritats sanitàries recomanen a les embarassades que en limitin el consum, perquè els compostos orgànics de mercuri travessen la placenta i es concentren en el fetus, amb la qual cosa es compromet seriosament el seu desenvolupament físic i intel·lectual.

1. Al cos humà hi tenim fins i tot or, però en una proporció realment petita, aproximadament un 0,000 01 %. Quina massa d'or, expressada en mil·ligrams, hi ha al teu cos?

2. L'Autoritat Europea de Seguretat Alimentària (EFSA) recomana que la ingesta setmanal de metilmercuri no superi els 0,0013 mg per kg de pes de la persona.

   a. Calcula la massa de metilmercuri que segons el teu pes pots ingerir setmanalment com a màxim.

   b. En una llauna de tonyina en conserva hi ha uns 65 g de tonyina.

   Si la concentració de mercuri en la tonyina és de 0,045 mg/100 g, calcula quantes llaunes d'aquesta tonyina pots menjar a la setmana sense perill.

C EL FERRO A LA DIETA

El ferro és un dels elements metàl·lics que compleix funcions bioquímiques en el nostre organisme.

El ferro només és un 0,006% de la massa d'una persona, però el seu paper és molt important perquè intervé en la formació de l'hemoglobina de la sang, responsable del transport de l'oxigen.

La necessitat diària de ferro és, aproximadament, de 10 mg a 12 mg per als homes i d'uns 18 mg per a les dones, i molt més si estan embarassades.

La carència de ferro a la dieta produeix anèmia, els símptomes principals de la qual són cansament, tant físic com mental, i sensació de fred.

Molts elements contenen ferro, com pots veure a la taula de la dreta, però no tot és igualment aprofitable.

El ferro que contenen els aliments d'origen animal (ferro hèmic) s'absorbeix fàcilment, entre un 20% i un 30%, mentre que el ferro d'origen vegetal (ferro no hèmic) s'absorbeix només entre un 3% i un 8%.

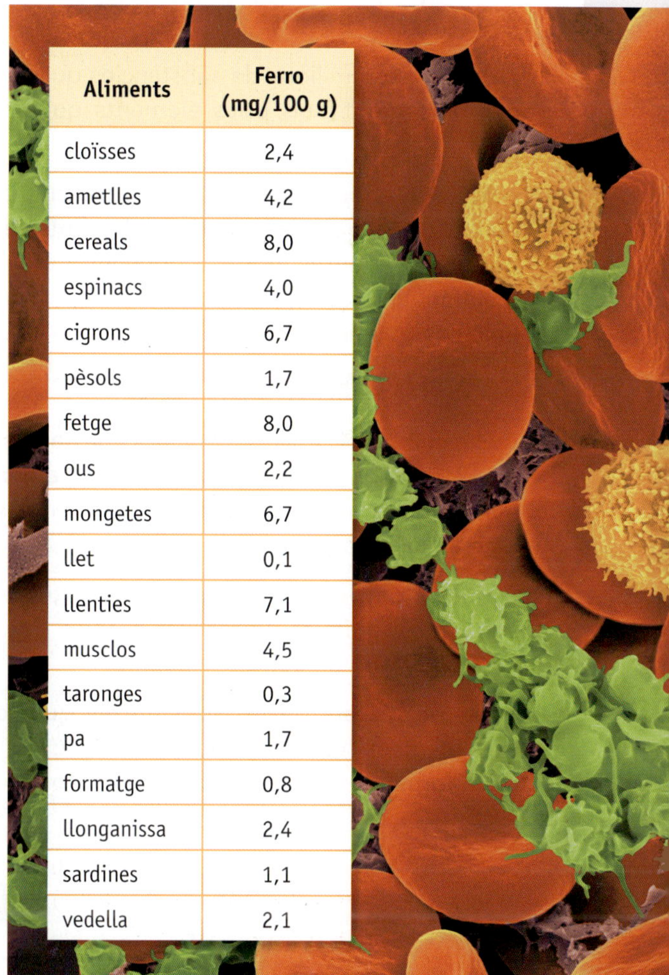

Aliments	Ferro (mg/100 g)
cloïsses	2,4
ametlles	4,2
cereals	8,0
espinacs	4,0
cigrons	6,7
pèsols	1,7
fetge	8,0
ous	2,2
mongetes	6,7
llet	0,1
llenties	7,1
musclos	4,5
taronges	0,3
pa	1,7
formatge	0,8
llonganissa	2,4
sardines	1,1
vedella	2,1

1. Per a què serveix el ferro en l'organisme?
2. Quina massa de ferro és necessari ingerir cada dia?
3. Segons la seva capacitat per ser absorbit, com s'anomena el ferro present en els aliments?
4. És rar que tinguem carència de ferro perquè, malgrat que s'absorbeixi poc, cada dia n'ingerim una quantitat molt més alta de la que normalment necessitem i, a més, disposem d'una reserva de ferro al fetge.

   Quina massa de ferro tens al cos?
5. Per què els esportistes necessiten una aportació més gran de ferro?
6. És una creença popular que menjar espinacs aporta molt de ferro, però en realitat la seva importància com a font de ferro és molt baixa perquè contenen substàncies que en dificulten l'absorció per l'organisme. Malgrat tot, la ingesta d'espinacs i de verdures és molt saludable per la seva aportació de fibra.

   Com s'anomena el ferro present en els espinacs?
7. Divideix els aliments de la taula de dalt en dues taules, segons el seu origen vegetal o animal, i ordena'ls de més a menys contingut en ferro.
8. Calcula la massa de ferro que ingereixes en un àpat el menú del qual és el següent:
   1. 150 g de pèsols
   2. 100 g de pa
   3. Un bistec de vedella de 150 g
   4. Una taronja de 100 g

Enllaç químic

4.1. Enllaç químic

Es coneixen milions de substàncies químiques i totes estan formades únicament pels pocs elements químics de la taula periòdica fig. 1.

Aquesta enorme varietat de substàncies és possible gràcies al fet que els àtoms de la majoria d'elements tenen una gran capacitat per unir-se a altres àtoms, sigui com a àtoms del mateix element o d'elements diferents, mitjançant forces d'atracció conegudes com a **enllaços químics**.

Molècules i xarxes cristal·lines

El resultat dels enllaços químics abasta des d'una agrupació discreta d'àtoms, anomenada **molècula**, fins a una estructura de milions i milions d'àtoms ordenats regularment en l'espai, que forma una **xarxa cristal·lina** o **cristall**.

Si els àtoms que uneixen són del mateix element, es formarà una **substància química elemental**, mentre que si són de diferents elements tindrem un **compost químic**.

Les propietats de les substàncies químiques són conseqüència dels elements constituents, del nombre d'àtoms que hi participen i de la forma en què aquests àtoms es troben units entre ells.

Fig. 1 Amb deu xifres construïm tots els nombres; amb uns quants elements químics, totes les substàncies químiques.

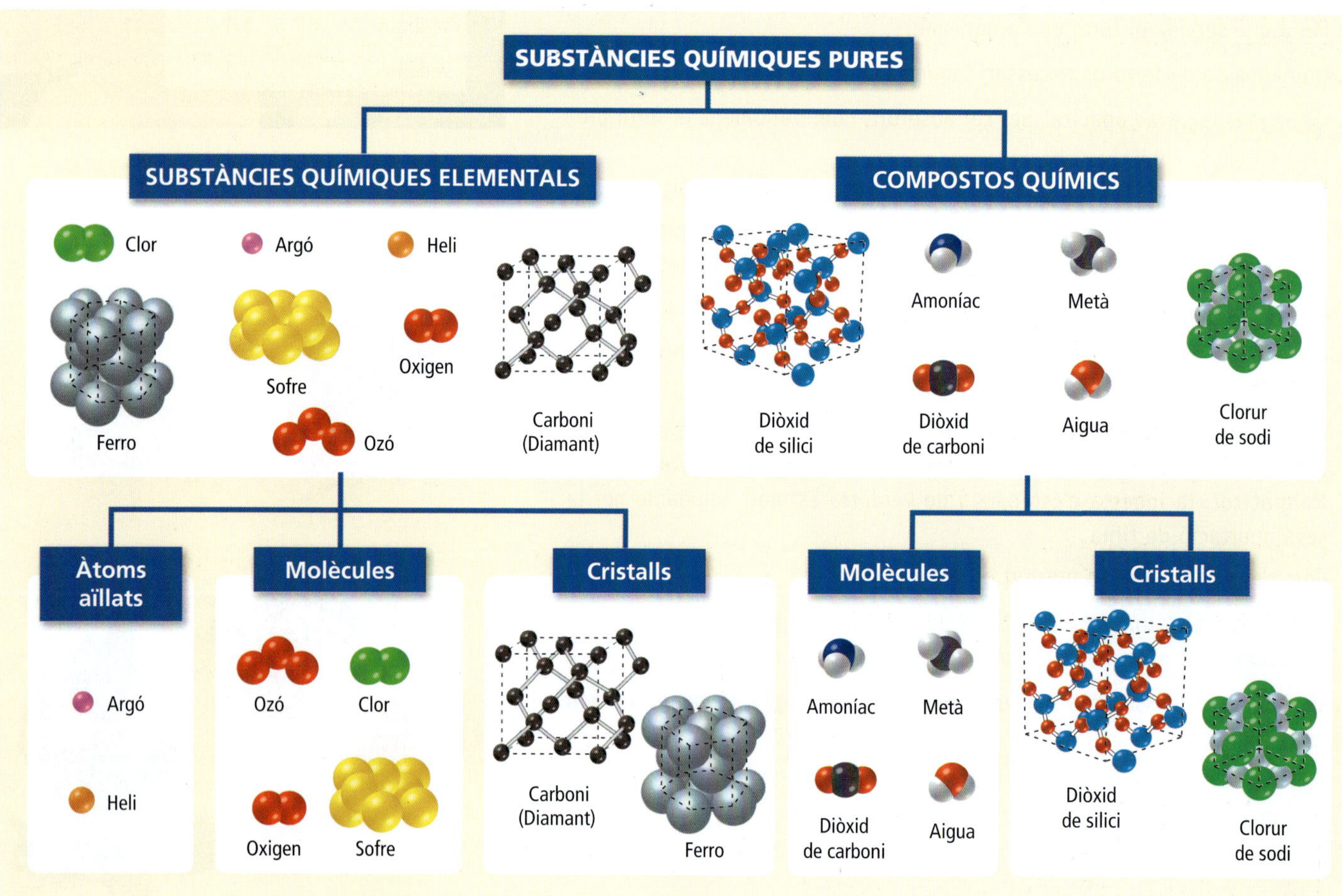

4.2. Fórmules químiques

Una fórmula química és la representació d'una substància química, que informa de les classes d'elements que componen la substància i, mitjançant subíndexs numèrics, de la proporció en la qual es troben en aquesta substància.

Fórmula d'una molècula

La fórmula química que representa una substància formada per molècules rep el nom de *fórmula molecular*.

Una **fórmula molecular** indica el nombre exacte d'àtoms de cada element que hi ha a la molècula. Així, per exemple, les fórmules d'algunes molècules comunes són: Cl_2 (clor), S_8 (sofre), NH_3 (amoníac), CH_4 (metà), H_2O (aigua)... fig. 2.

Fig. 2 El sofre es presenta a la natura en forma de molècules de 8 àtoms, S_8.

Fórmula d'una xarxa cristal·lina

La fórmula química que representa una substància formada per una xarxa cristal·lina rep el nom de *fórmula empírica*.

Una **formula empírica** només indica la proporció relativa entre els àtoms de cada element que hi ha a la xarxa cristal·lina. Així, per exemple, el diòxid de silici es representa per la fórmula SiO_2, que indica que la proporció a la xarxa cristal·lina és d'un àtom de silici per cada dos àtoms d'oxigen.

Si una xarxa cristal·lina està formada per un únic tipus d'àtoms, la seva fórmula és el símbol de l'element. Per exemple, la fórmula del ferro és simplement Fe.

Regles d'escriptura

Quan s'escriu una fórmula química, s'han de seguir una sèrie de regles:

- No s'escriu mai el subíndex 1. Per exemple, s'escriu KCl i no K_1Cl_1.
- Quan hi ha un grup d'àtoms que es repeteixen més d'una vegada, s'escriu el grup entre parèntesis i amb un subíndex que indica quantes vegades està repetit aquest grup d'àtoms.

  Per exemple, la fórmula $Ca(NO_3)_2$ indica que per cada àtom de calci (Ca) hi ha dos grups d'àtoms NO_3. Així, en total, hi ha un àtom de Ca, dos àtoms de N i sis àtoms de O.
- El conveni per escriure les fórmules dels compostos binaris és posar a l'esquerra l'element que es troba més a l'esquerra de la seqüència que pots observar a continuació:

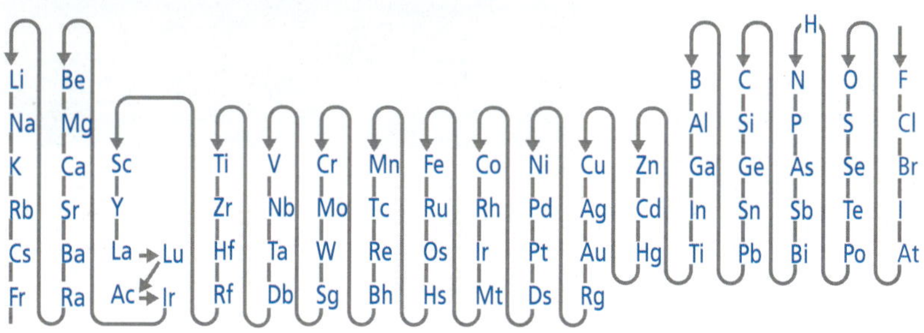

Amplia a la Xarxa...

Per saber més sobre els enllaços covalent, iònic i metàl·lic, entra a: www.tiching.com/731983

1. En què consisteix un enllaç químic?
2. Quina diferència hi ha entre una molècula i una xarxa cristal·lina?
3. Què indica una fórmula molecular? I una fórmula empírica?
4. Considera aquestes fórmules moleculars: H_2SO_4, $C_6H_{12}O_6$, HNO_3, $CH_2(COOH)_2$, H_2O.
   a. Quins elements constitueixen cadascun d'aquests compostos?
   b. Indica el nombre total d'àtoms que hi ha en una molècula de cada compost.
5. Indica les fórmules en què l'ordre dels elements sigui incorrecte i corregeix-les al quadern:

   KF, ON, CO_2, O_3S, OH_2, H_2S, AlF_3, NH_3, CaH_2 i S_2C.

5 Substàncies moleculars i atòmiques

5.1. Substàncies moleculars

Les molècules es constitueixen per unió d'un nombre discret d'àtoms d'elements no-metàl·lics, els situats a la dreta de la taula periòdica.

Les substàncies que estan formades per molècules s'anomenen **substàncies moleculars.**

Les molècules poden estar formades per àtoms d'un mateix element (O_2, N_2, O_3...) o de diferents elements (H_2O, CO_2, CO, SO_2...), i poden arribar a ser molt complexes, segons la varietat d'elements que es combinen i del nombre d'àtoms que s'enllacen.

L'estructura d'una molècula és estable perquè els àtoms que la constitueixen comparteixen electrons, de manera que compensen la força de repulsió entre els nuclis amb forces d'atracció entre els electrons compartits i els nuclis.

La unió d'àtoms mitjançant l'ús compartit d'electrons s'anomena **enllaç covalent** fig. 1.

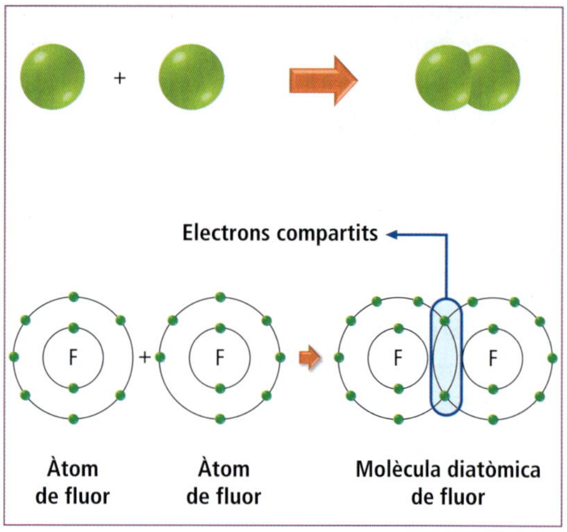

Fig. 1 En una molècula diatòmica de fluor (formada per dos àtoms de fluor), ambdós àtoms comparteixen un parell d'electrons.

Massa molecular

La suma de les masses de tots els àtoms d'una molècula serà la massa de la molècula.

Les substàncies moleculars es caracteritzen per la seva **massa molecular relativa, M_r,** que es calcula sumant les masses atòmiques relatives dels elements que les formen. S'escriu, igual que la massa atòmica, sense unitats.

@ Amplia a la Xarxa...

Per poder construir molècules mitjançant una simulació, entra a: www.tiching.com/731984

Exemple

1. Calcula la massa molecular del sulfur d'hidrogen (H_2S).
   1. Identifiquem els elements que formen la molècula: hidrogen (H) i sofre (S).
   2. Trobem la massa atòmica (A_r) de cadascun dels elements a la taula periòdica:
      $$A_r\,(H) = 1{,}0;\ A_r\,(S) = 32{,}1$$
   3. Sumem les masses atòmiques, tenint en compte el nombre d'àtoms que participen en la fórmula:
      $$M_r\,(H_2S) = (2 \cdot 1{,}0) + (1 \cdot 32{,}1) = 34{,}1$$

Propietats de les substàncies moleculars

Les forces que mantenen units els àtoms de la molècula són molt fortes, però les forces d'atracció entre les molècules són generalment dèbils, i són aquestes les que expliquen les propietats de les substàncies moleculars fig. 2.

Tot seguit, podràs observar les propietats d'aquesta mena de substàncies amb una explicació de cadascuna.

Fig. 2 Les propietats de les substàncies moleculars ens resulten molt familiars perquè algunes de les substàncies més comunes, com l'aigua i els components de l'aire, ho són, de substàncies moleculars.

Propietat	Explicació	Model
A temperatura ambient són gasos, líquids o sòlids de punt de fusió baix.	Les forces d'atracció entre les molècules són dèbils o molt dèbils.	
Canvien d'estat fàcilment.	Aportant poca energia es poden vèncer les dèbils forces d'atracció que hi ha entre les molècules.	
La seva solubilitat en aigua és variable, però solen ser solubles en etanol i en dissolvents semblants.	Només es dissolen en dissolvents de la seva mateixa naturalesa química.	
No condueixen l'electricitat en estat pur o en solució aquosa.	Com que els electrons compartits estan molt subjectes en l'enllaç, no hi ha càrregues elèctriques que es puguin desplaçar (excepte si les molècules reaccionen amb l'aigua i es formen espècies noves que sí que condueixen).	

5.2. Substàncies atòmiques

La unió d'àtoms mitjançant enllaç covalent no sempre produeix molècules; de vegades es formen xarxes cristal·lines, i llavors es parla de **substàncies atòmiques**.

Aquest és el cas, per exemple, del carboni en forma de diamant ($C_{diamant}$). Un àtom de carboni s'enllaça a quatre àtoms de carboni i aquests, al seu torn, a quatre àtoms més, i així successivament, i es forma una estructura gegant d'àtoms units molt fortament entre ells.

Fig. 3 Les eines de tall fan servir substàncies atòmiques per la seva duresa.

Propietats de les substàncies atòmiques

Les propietats de les substàncies atòmiques fig. 3 deriven de la naturalesa d'aquesta xarxa cristal·lina, anomenada **cristall atòmic**, formada per una infinitat d'àtoms units mitjançant enllaços covalents:

Propietat	Explicació	Model
Són sòlids densos, durs, insolubles i amb elevats punts de fusió (per sobre dels 1400 °C).	Els enllaços covalents són molt forts i fan que el cristall atòmic sigui molt compacte i difícil de destruir.	 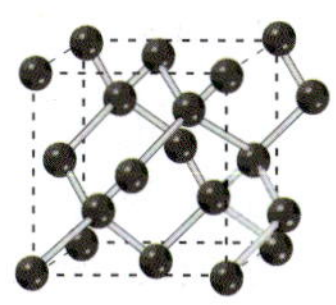
No condueixen el corrent elèctric.	Com que els electrons compartits estan molt subjectes en l'enllaç, no hi ha càrregues elèctriques que es puguin desplaçar (excepte en una forma del carboni anomenada grafit).	

1. Què és un enllaç covalent?

2. Explica quina diferència hi ha entre una substància covalent molecular i una altra d'atòmica.

3. En un laboratori es determina el punt de fusió d'una substància, i s'obté un valor de 143 °C.

   a. Pot ser una substància covalent atòmica?

   b. I molecular? Per què?

4. Calcula la massa molecular dels compostos següents: $C_6H_{12}O_6$, H_3PO_4, C_6H_6.

5. La sacarina és un compost de cristalls blancs, solubles en aigua calenta i de punt de fusió baix (224 °C). La seva fórmula és $C_7H_5NO_3S$ i té un poder edulcorant 550 vegades superior al del sucre.

   Quins elements i quin nombre d'àtoms de cada element formen la seva molècula? Quina és la massa molecular de la sacarina?

6 Substàncies metàl·liques i iòniques

6.1. Substàncies metàl·liques

Una **substància metàl·lica** (Na, Fe, Al, Au...) està formada només per àtoms d'elements metàl·lics fig. 1. En aquestes substàncies, els electrons més externs, dèbilment units al nucli, formen un **núvol electrònic** que es manté al voltant dels àtoms del metall tot i que es pot desplaçar entre ells amb gran llibertat.

L'**enllaç metàl·lic** es dóna entre elements metàl·lics i es caracteritza perquè té una estructura ordenada d'ions positius immersa en un núvol d'electrons subjectat molt dèbilment.

L'estructura del metall és estable perquè el núvol electrònic contraresta les forces de repulsió entre els nuclis amb forces d'atracció entre els electrons i els nuclis.

Fig. 1 Casc cretenc de bronze del 600 a.C. A l'antiguitat ja coneixien els metalls.

Propietats de les substàncies metàl·liques

La matriu d'àtoms cohesionada pel núvol electrònic forma una xarxa cristal·lina compacta i ordenada anomenada **cristall metàl·lic**. Aquest núvol, comú a tots els metalls, és el responsable principal de les propietats i l'aspecte tan semblant dels metalls.

Propietat	Explicació	Model
La majoria són sòlids densos de punts de fusió elevats.	El núvol electrònic fa que el cristall metàl·lic sigui molt compacte.	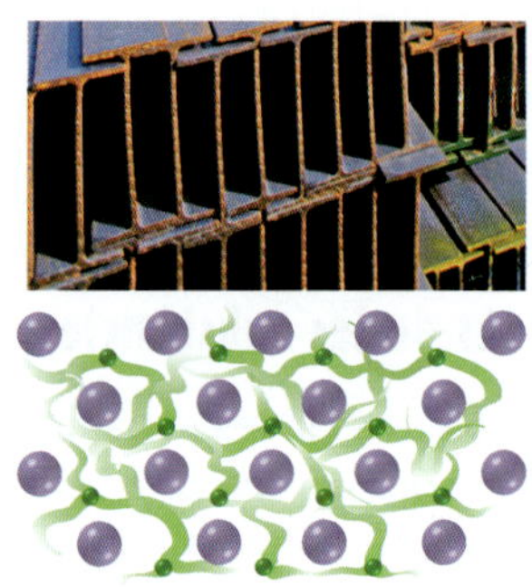
Són insolubles en qualsevol dissolvent.	Els metalls només es poden dissoldre en altres metalls perquè també tenen núvol electrònic (amalgames amb metalls líquids).	
Són mal·leables i dúctils.	La fluïdesa del núvol electrònic permet adaptar-se a qualsevol deformació del metall.	
Condueixen la calor i el corrent elèctric en estat sòlid o fos.	Els electrons del núvol electrònic es poden desplaçar fàcilment per tot el metall.	

6.2. Substàncies iòniques

Quan un element metàl·lic s'uneix amb un element no-metàl·lic es formen **substàncies iòniques** (NaCl, CaS, MgF_2...) la peculiaritat de les quals és que estan formades per xarxes cristal·lines d'ions, àtoms o grups d'àtoms carregats elèctricament:

- Un ió amb càrrega positiva o **catió** es produeix quan un àtom perd electrons.
- Un ió amb càrrega elèctrica negativa o **anió** es produeix quan un àtom guanya electrons.

Els ions es representen pel símbol de l'element i un superíndex que indica la càrrega elèctrica neta. Alguns dels més comuns es troben a la taula 1.

Els elements metàl·lics tenen electrons molt dèbilment units al nucli, de manera que es poden desprendre amb relativa facilitat i que els àtoms formin cations. Els electrons despresos poden ser captats per àtoms d'elements no-metàl·lics per formar anions.

Taula 1

Fórmula	Nom	Fórmula	Nom
Na^+	ió sodi	O^{2-}	ió òxid
K^+	ió potassi	S^{2-}	ió sulfur
Mg^{2+}	ió magnesi	F^-	ió fluorur
Ca^{2+}	ió calci	Cl^-	ió clorur
Al^{3+}	ió alumini	Br^-	ió bromur

Naturalment, com que els ions formats tenen càrregues oposades, s'atreuen i queden units. Aquest tipus d'enllaç es coneix com a **enllaç iònic** fig. 2.

Exemple

1. Quants protons i electrons tenen els ions Al^{3+} i S^{2-}?

Els ions guanyen o perden electrons respecte de l'àtom neutre, però el nombre de protons és invariable. Els nuclis d'alumini i de sofre tenen, respectivament, 13 i 16 protons.

El 3+ de Al^{3+} indica que l'alumini ha perdut 3 electrons i, en conseqüència, el nombre de protons supera en 3 el d'electrons. L'Al^{3+} té 13 protons i 10 electrons.

El 2– del S^{2-} indica que el sofre ha guanyat 2 electrons i, en conseqüència, el nombre d'electrons supera en 2 el de protons. El S^{2-} té 16 protons i 18 electrons.

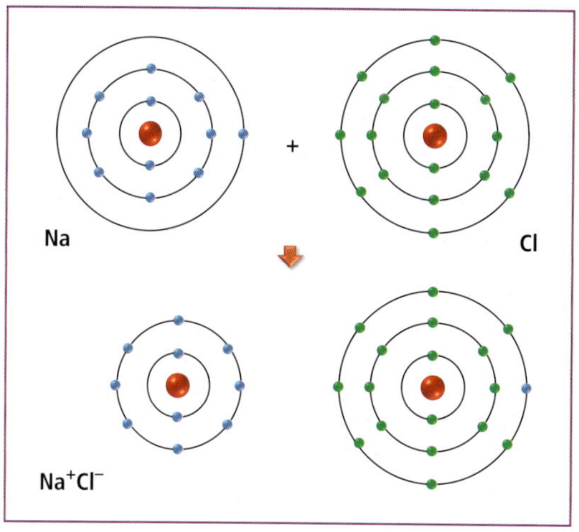

Fig. 2 L'atracció electrostàtica entre els cations sodi i els anions clorur forma el clorur de sodi.

Propietats de les substàncies iòniques

Com que cada ió atreu ions de signe contrari, un primer ió quedarà envoltat d'ions de signe oposat i aquests, al seu torn, s'envoltaran de més ions de signe oposat i així successivament, però sempre conserven entre els ions la proporció adequada per mantenir la neutralitat elèctrica.

Així es forma un conglomerat ordenat d'ions anomenat **cristall iònic** les propietats del qual són:

@ Amplia a la Xarxa...

Per poder accedir a una simulació que mostra la dissolució de la sal, entra a: www.tiching.com/731985

Propietat	Explicació	Model
Són sòlids amb punts de fusió elevats.	En el cristall iònic, els cations i els anions estan units molt fortament perquè tenen càrregues de signe oposat.	
Són durs però fràgils.	Quan es desplaça molt poc una capa d'ions, s'encaren els ions de signe oposat que es repel·leixen, per la qual cosa el cristall es trenca.	
Si són solubles, ho són en aigua.	L'aigua és capaç de separar els ions i el cristall iònic s'ensorra.	
No són conductors d'electricitat en estat sòlid, però sí fosos o en dissolució.	Els ions queden molt agafats en el cristall iònic, i només hi haurà conducció elèctrica si es poden moure lliurement.	

1. Què és el núvol d'electrons dels metalls?
2. Què és un ió? Descriu els tipus d'ions que hi ha i posa algun exemple de cadascun.
3. Quines característiques han de tenir dos àtoms perquè es formi un enllaç iònic entre ells?
4. Què significa que un compost iònic ha de mantenir la neutralitat elèctrica?
5. Uns quants metalls són líquids en condicions ambientals. Busca a la taula periòdica els seus noms i els símbols i escriu-los.
6. És possible que hi hagi elements diatòmics iònics?
7. La fórmula del clorur de potassi és KCl, i la del sulfur de potassi és K_2S. Per quina raó la proporció d'àtoms de potassi és diferent en ambdós compostos.

Molècules i ions

A mitjan segle XIX, l'electròlisi era una tècnica experimental utilitzada habitualment als laboratoris químics, però el cert és que es desconeixia què passava realment a escala atomicomolecular quan es feia passar corrent elèctric per les substàncies.

Svante A. Arrhenius (1859-1927).

A. El 1884, el químic suec Svante A. Arrhenius, en la seva tesi doctoral, va defensar la seva teoria de la dissociació iònica, segons la qual algunes substàncies es dissolen i donen molècules sense càrrega elèctrica, i d'altres, en canvi, es trenquen en forma d'àtoms o grups d'àtoms amb càrrega elèctrica oposada, els anomenats *ions*.

La teoria de la dissociació elèctrica explicava moltes evidències experimentals, com ara per què les solucions d'algunes substàncies condueixen l'electricitat i d'altres no. Malgrat això, la teoria de la dissociació iònica no va ser ben acceptada en el seu moment, perquè llavors els químics encara pensaven que els àtoms no tenien estructura subatòmica.

Van haver de passar vint anys perquè Arrhenius fos degudament reconegut i recompensat pel seu treball. L'any 1903 se li va atorgar el Premi Nobel de Química.

(1) La teoria de la dissociació iònica no va ser ben rebuda el 1884 perquè encara no s'havia descobert l'electró. Quin científic anglès i en quin any va identificar l'electró?

B. Les substàncies que són solubles en aigua es poden dissoldre en forma de molècules o d'ions. En el primer cas, la solució no serà conductora del corrent elèctric perquè les molècules tenen càrrega elèctrica neutra, mentre que sí que ho serà en el segon cas, perquè els ions són àtoms o grups d'àtoms amb càrregues elèctriques negatives o positives.

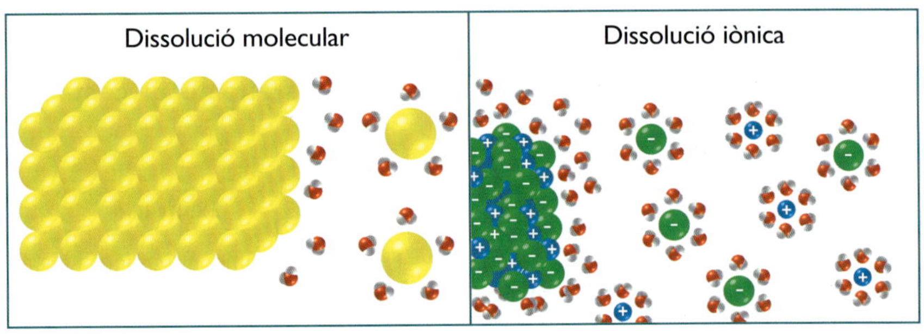

Identificació de substàncies moleculars i iòniques per conductivitat elèctrica

1. Busca les substàncies amb què assajaràs; clorur de sodi (sal comuna), sucre, nitrat de coure (II), etanol, glicerina i hidrogen carbonat de sodi o bicarbonat (nom comú comercial).
2. Redacta una fitxa per a cada substància que n'inclogui el nom, la fórmula, els pictogrames de seguretat, si en tenen, i la descripció (aspecte, color, olor...).
3. Prepara solucions de les substàncies dissolent uns 3 g de cadascuna en 50 g d'aigua destil·lada.
4. Fes el muntatge que es mostra a la figura.

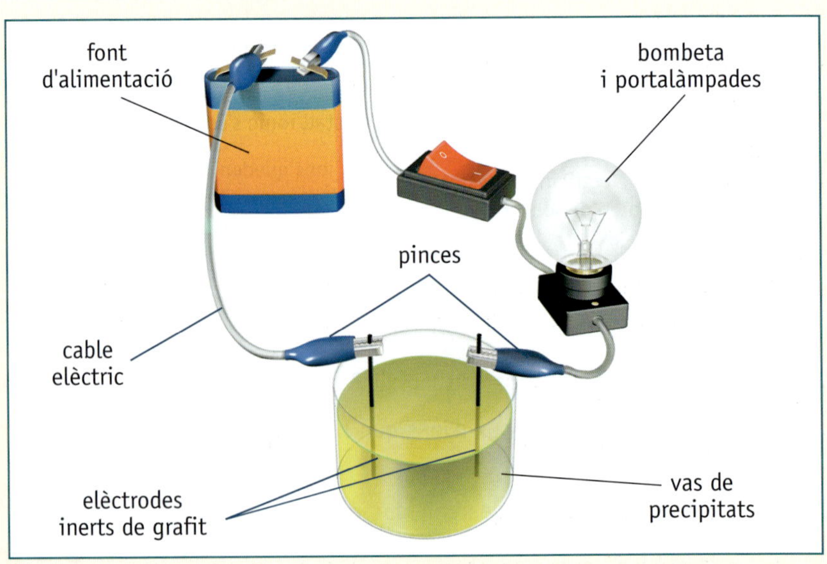

Muntatge experimental.

5. Quan connectis els cables a la font d'alimentació, es poden donar dos casos:
   - Si la bombeta comença a brillar, és senyal que la solució és conductora perquè la substància s'ha dissolt en forma d'ions.
   - Si la bombeta no s'encén, és senyal que la solució no és conductora perquè la substància s'ha dissolt en forma de molècules.
6. Completa al quadern una taula com la de la dreta amb els resultats experimentals.

   Per què has preparat les solucions amb aigua destil·lada i no amb aigua de l'aixeta?

Substància dissolta	Condueix l'electricitat (sí/no)	Tipus de substància (molecular/iònica)
clorur de sodi (sal comuna)		
sucre		
nitrat de coure(II)		
etanol		
glicerina		
bicarbonat de sodi (comercial)		

C. L'assaig de la conductivitat elèctrica també serveix per identificar metalls perquè aquestes substàncies condueixen el corrent elèctric en estat sòlid i les substàncies moleculars i iòniques no ho fan.

Assajar la conductivitat elèctrica de materials sòlids

1. Busca les substàncies amb les quals assajaràs i que pots llegir a la taula.
2. Elabora una fitxa per a cada substància com la que es demana al primer experiment.
3. Fes l'assaig de conductivitat amb les substàncies de la taula. En aquests assajos no utilitzis els elèctrodes, només has de fer pressió amb les pinces de cocodril per fer contacte.

Material a assajar	Condueix l'electricitat (sí/no)	Metall (sí/no)
paper d'alumini		
bolígraf de plàstic		
cristall de sal gemma (halita)		
tros de sofre mineral		
vareta de vidre		
clip metàl·lic		

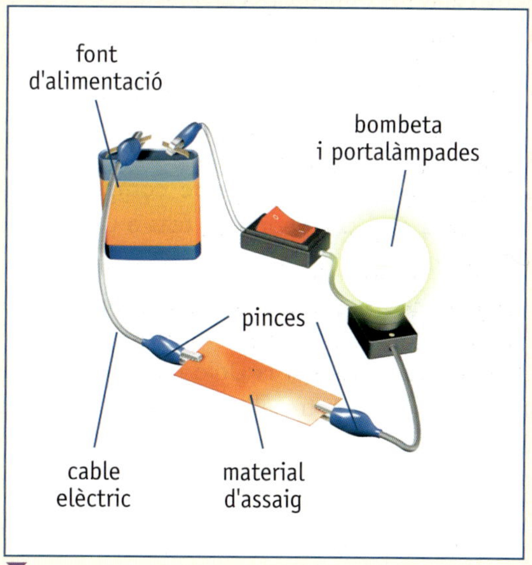

Muntatge experimental.

D. Una substància que és conductora en estat sòlid i que no és un metall és el grafit, el carbó que es fa servir en la fabricació de mines de llapis.

Assaig de la conductivitat del grafit

1. Fes punta pels dos extrems d'un llapis i fes l'assaig de conductivitat.
2. Repeteix l'assaig amb un llapis de color.
3. Busca informació sobre els ingredients dels llapis de color per justificar que l'assaig de conductivitat sigui negatiu.

8 El llenguatge químic

8.1. El llenguatge químic

La química, com qualsevol branca del coneixement, té un llenguatge específic per anomenar instruments, substàncies, procediments, etc.

En els primers temps de la química, els científics anomenaven arbitràriament les noves substàncies a mesura que les anaven descobrint fig. 1.

Els noms donats podien referir-se al seu descobridor (*sal admirable de Lémery*, per Nicolas Lémery (1645-1715), químic francès), al lloc de procedència (*sal d'Anglaterra*), a alguna característica (*sal amarga*) i, fins i tot, a la seva possible aplicació com a medicament (*sal purgant*).

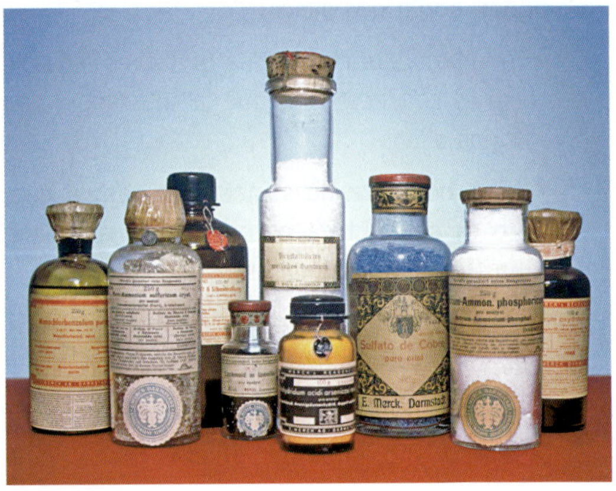

Fig. 1 Antigament, una mateixa substància química podia rebre noms diferents.

Primers intents de sistematització

Fins que Dalton va enunciar la seva teoria atòmica no es va començar a pensar a sistematitzar la nomenclatura i la formulació de les substàncies químiques.

Dalton va proposar un primer sistema de formulació, que posteriorment va ser modificat pel químic suec J. J. Berzelius (1779-1848) en la línia utilitzada actualment: *els elements se simbolitzen per lletres, i els subíndexs de les fórmules indiquen el nombre d'àtoms* fig. 2.

Més dificultat va presentar convenir una nomenclatura comuna. La varietat de noms que rebia una mateixa substància era enorme. Per exemple, els quatre noms de compostos esmentats anteriorment eren noms que corresponien tots a una mateixa substància: el sulfat de magnesi.

Fig. 2 J. J. Berzelius.

Unificació de les nomenclatures

El 1919 es va fundar la Unió Internacional de Química Pura i Aplicada (IUPAC) que, entre altres objectius, es va proposar unificar l'enrevessada nomenclatura química. Actualment, gairebé un segle després, tot i que s'ha avançat molt, encara coexisteixen diversos sistemes fig. 3.

Fig. 3 La comunicació entre els professionals de la química es facilita amb un llenguatge químic comú.

8.2. Nomenclatura dels compostos binaris

La nomenclatura de composició o estequiomètrica és la més senzilla de totes les que accepta la IUPAC, perquè només cal memoritzar el nom i el símbol dels elements químics.

La *química inorgànica* estudia els elements de la taula periòdica i els compostos que formen, excepte la majoria dels compostos del carboni. Aquests compostos, pel seu gran nombre i peculiaritat química, s'estudien en l'anomenada *química orgànica* o *química del carboni.*

Els compostos inorgànics més simples són els binaris, és a dir, els que estan formats per dos elements químics diferents, siguin els que siguin.

Els principals tipus de compostos binaris són:

- **Òxids**. Hi intervenen l'oxigen i qualsevol altre element. Per exemple: CO_2, Fe_2O_3, P_2O_5, etc.
- **Hidrurs**. Hi intervenen l'hidrogen i qualsevol altre element. Per exemple CaH_2, HCl, CoH_3, etc.
- **Sals**. Hi intervenen un element metàl·lic i un altre de no-metàl·lic. Per exemple NaCl, CaS, $AlCl_3$, etc.
- **Combinació de no-metalls**. Hi intervenen dos elements no-metàl·lics. Per exemple, CS_2, CCl_4, NBr_3, etc.

Nomenclatura de composició

Es donen els noms dels elements químics i s'indica, mitjançant prefix, el nombre d'àtoms de cada element que hi ha a la fórmula taula 1.

Malgrat la simplicitat del sistema, cal tenir en compte:

- Generalment s'omet el prefix *mono-*.
- L'element situat a la dreta de la fórmula s'anomena amb la terminació *-ur*, excepte si és oxigen. En aquest cas, s'anomena òxid taula 2.

Noms propis

Alguns compostos binaris més comuns i quotidians conserven el nom tradicional: aigua (H_2O), amoníac (NH_3), metà CH_4)...

Taula 1

Prefixos numerals	
un	mono-
dos	di-
tres	tri-
quatre	tetra-
cinc	penta-
sis	hexa-
set	hepta-

Taula 2

Exemples de nomenclatura	
CO_2	diòxid de carboni
Fe_2O_3	triòxid de diferro
P_2O_5	pentaòxid de difòsfor
CaH_2	dihidrur de calci
HCl	clorur de sodi
CoH_3	trihidrur de cobalt
NaCl	clorur de sodi
CaS	sulfur de calci
$AlCl_3$	triclorur d'alumini
CS_2	disulfur de carboni
CCl_4	tetraclorur de carboni
NBr_3	tribromur de nitrogen

1. Escriu la fórmula dels compostos següents:

a. monòxid de carboni
b. triclorur de ferro
c. tetraclorur de silici
d. pentaòxid de diarsènic
e. hexafluorur de sofre
f. triclorur de níquel
g. diòxid de sofre
h. hidrur de sodi
i. diclorur de bari
j. pentaòxid de dinitrogen
k. òxid de calci
l. dihidrur de beril·li

2. Escriu el nom dels compostos següents:

a. $PbCl_4$
b. H_2S
c. Ni_2O_3
d. MgH_2
e. KCl
f. P_2O_3
g. NO_2
h. HBr
i. AgCl
j. $PbBr_4$
k. K_2O
l. TiO_2
m. PCl_5
n. Na_2S
o. LiH
p. AlF_3
q. ZnO
r. NaBr

1. A l'organisme humà, el 18 % en massa dels àtoms són de carboni. Calcula quants quilograms de carboni té, aproximadament, una persona de 60 kg.

2. Quins dels elements següents tenen propietats químiques semblants al calci? Carboni, magnesi, liti, sofre, estronci i bor.

3. Busca a la taula periòdica el nom i el símbol dels elements no-metàl·lics.

4. Classifica aquests elements segons si són metalls, no-metalls o semimetalls: crom, brom, oxigen, sofre, silici, sodi, zinc, clor, antimoni, manganès i calci.

5. Completa al quadern una taula com aquesta:

Nom	Símbol	Grup	Període
oxigen			
		17	4
	Al		
bari			
	Kr		
		12	6

6. Fixa't en els models següents. Indica quins representen elements i quins representen compostos.

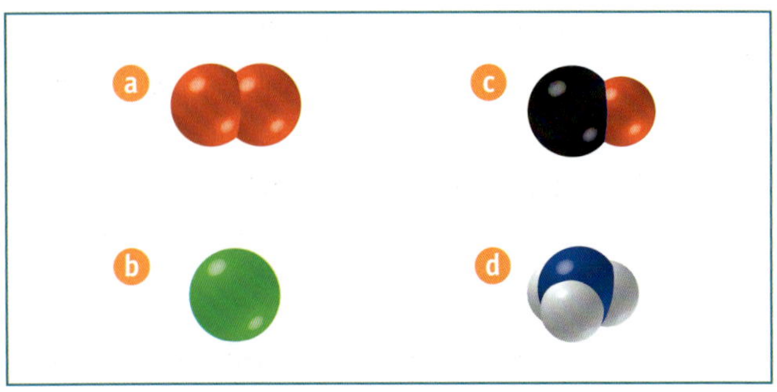

7. Indica quins d'aquests parells d'elements poden formar compostos iònics:

a) hidrogen i oxigen
b) alumini i oxigen
c) potassi i sofre
d) sofre i clor
e) iode i plom
f) brom i liti

8. Indica quins d'aquests parells d'elements es poden combinar formant molècules:

a) clor i clor
b) hidrogen i oxigen
c) alumini i oxigen
d) sofre i clor
e) iode i plom
f) carboni i sofre

9. Calcula la massa molecular de les fórmules següents:

CO_2, $CaSO_4$, NH_4Br, H_2S, Ni_2O_3, $Ba(OH)_2$, NH_3 i KF

10. L'aspirina és un medicament basat en el compost químic àcid acetilsalicílic. El model molecular d'aquest compost és:

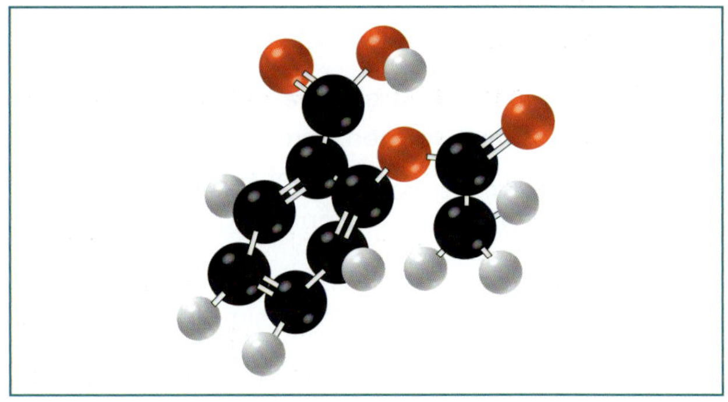

Tenint en compte que els àtoms de color negre són de carboni, els vermells són d'oxigen i els blancs són d'hidrogen, quina és la fórmula molecular de l'àcid acetilsalicílic? Calcula'n la massa molecular.

11. Completa la taula al quadern escrivint les fórmules dels ions, tal com es mostra en l'exemple:

Nombre de protons	Nombre d'electrons	Ió
11	10	Na^+
20	18	
47	46	
35	36	
16	18	
28	25	

12. Explica per què aquesta frase és incorrecta: "El clorur de sodi (NaCl) és un compost iònic i, per tant, està format per una xarxa cristal·lina de molècules de NaCl".

13. Es tenen i s'analitzen quatre substàncies: *A*, *B*, *C* i *D*.

A partir de les dades recollides a la taula, identifica quina de les quatre substàncies és covalent molecular, quina és covalent atòmica, quina és iònica i quina és metàl·lica:

	Estat (25 °C)	Duresa	Solubilitat en aigua	Conductivitat elèctrica
A	líquid	-	soluble	no
B	líquid	-	insoluble	sí
C	sòlid	molt elevada	insoluble	no
D	sòlid	elevada	insoluble	sí (fos)

14. Classifica els símbols i les fórmules següents en àtoms, ions i molècules: H_2, HCl, Co, H^+, O^{2-}, Br, CO, O_2, H_2O, O, F^-, NO, Pb.

15. Explica per què quan toquem un metall tenim sensació de fred.

1. Defineix els conceptes següents:
   a) Element natural.
   b) Element artificial.
   c) Oligoelement.
2. Com estaven ordenats els elements a l'antiga taula periòdica de Mendeleiev?
3. Completa al quadern:
   a) A la taula periòdica actual, els ... estan col·locats en ordre creixent de ... i disposats en 18 ... i 7 ... .
   b) Per norma general, cada grup conté elements amb unes propietats ... . Alguns d'aquests grups tenen noms distintius: grup 1 (...), grup 17 (...) i grup 18 (...).
   c) El volum dels àtoms ... quan es desplaça d'esquerra a dreta en un ... i augmenta quan descendeix en un ... .
4. Escriu el nom i el símbol dels gasos nobles. Per quina característica química reben aquest apel·latiu?
5. Prepara al quadern una taula periòdica buida com la de la dreta i escriu-hi els símbols i els noms dels elements més abundants en:
   a) l'univers.
   b) l'escorça terrestre.
   c) els éssers vius.
6. Què és un enllaç químic? En què consisteix?
7. Què distingeix una substància química elemental d'un compost químic?
8. Què és una molècula? I una xarxa cristal·lina?
9. Quina diferència hi ha entre una fórmula molecular i una fórmula empírica?
10. En què consisteix l'enllaç covalent?
11. Indica si són veritables o falses aquestes afirmacions sobre les substàncies covalents moleculars i atòmiques:
    a) Les substàncies moleculars són sòlids d'elevat punt de fusió.
    b) Les forces que uneixen les molècules en un sòlid molecular són dèbils.
    c) Les substàncies moleculars en estat pur són bons conductors de l'electricitat.
    d) Les substàncies moleculars són de densitat elevada.
    e) Les substàncies atòmiques són gasos, líquids o sòlids de baix punt de fusió.
    f) Les substàncies atòmiques estan formades per xarxes cristal·lines.
12. Quin nom reben els àtoms o grups d'àtoms carregats positivament? I els carregats negativament?
13. Copia al quadern i completa:
    a) En un enllaç iònic, els ions queden units per atracció ... . Aquest tipus d'enllaç es dóna entre elements metàl·lics (que tendeixen a formar ...) i elements ... ... (que tendeixen a formar ...).
    b) L'ordenament en l'espai de cations i d'anions, formant una estructura tridimensional gegant, origina la formació d'un ... .
    c) La proporció d'anions i de cations en un compost iònic ha de ser tal que s'aconsegueixi la ... elèctrica.
14. Indica algunes propietats de les substàncies iòniques.
15. En què consisteix l'enllaç metàl·lic? Quines són les propietats principals dels metalls?
16. Quines característiques comunes comparteixen els cristalls atòmics, iònics i metàl·lics?
17. Per què tots els metalls tenen una lluïssor semblant?
18. Quin científic va proposar el sistema de formulació utilitzat actualment?
19. Què és un compost binari? Quins són els principals tipus de compostos binaris?
20. Quins prefixos numerals es fan servir en la nomenclatura sistemàtica dels compostos binaris?
21. Quin significat tenen els subíndexs en una fórmula química? Posa'n un exemple.
22. Busca en aquesta sopa de lletres els noms dels elements no-metàl·lics de la taula periòdica i copia'ls al quadern.

D	T	W	U	A	T	S	O	F	R	E	S
N	C	A	R	B	O	N	I	J	Q	D	O
O	O	F	B	Z	B	R	B	R	O	M	F
O	X	I	B	U	I	O	D	E	Y	L	H
S	I	U	X	F	O	S	F	O	R	P	I
C	G	I	C	R	R	G	G	U	Y	E	D
N	E	T	N	I	T	R	O	G	E	N	R
K	N	F	R	Q	Z	P	R	A	J	T	O
Q	A	L	O	U	G	O	F	O	T	P	G
X	L	U	X	O	Y	B	R	G	K	J	E
X	G	O	M	S	E	L	E	N	I	A	N
I	J	R	L	X	J	T	F	C	L	O	R

1 Utilitza. Fórmules químiques

Fixa't en les diferents substàncies químiques donades.

a) Indica quines representen substàncies químiques elementals, compostos químics i substàncies moleculars.

b) Explica quines d'aquestes substàncies formen xarxes cristal·lines.

c) Escriu la fórmula química de les substàncies moleculars. Pots escriure la fórmula química de les altres substàncies?

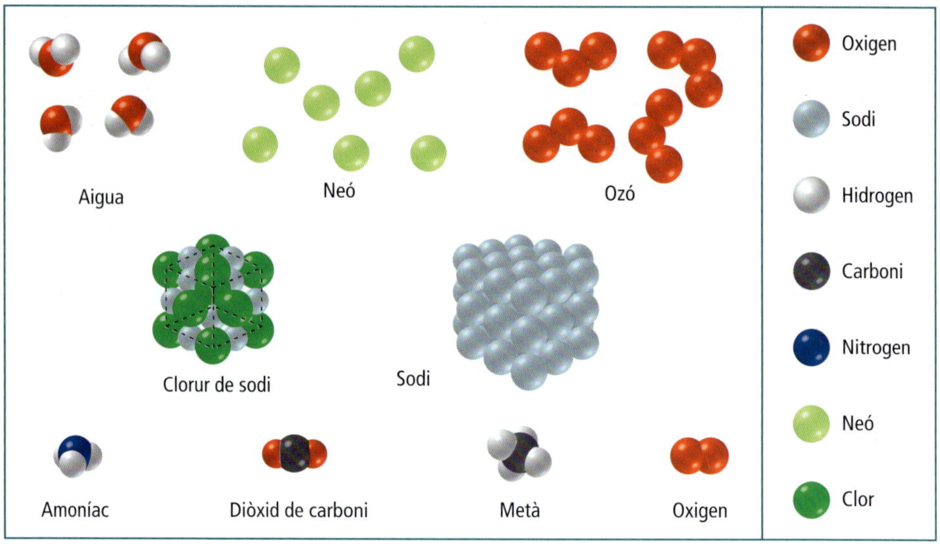

2 Raona. Alimentació variada

Menjar peix és necessari per mantenir una dieta equilibrada. No obstant això, l'excessiu contingut de mercuri que hi ha en algunes espècies de peixos pot presentar un problema per a la salut.

La solució d'aquest problema no és fàcil i passa per unes polítiques de protecció del medi ambient per part dels poders públics, però també per la implicació de la ciutadania.

De moment, per minimitzar el risc, és imprescindible que el consum de peix sigui variat i reduir el consum d'aquelles espècies (tauró, tonyina, emperador...) que presenten una bioacumulació més elevada perquè estan en els llocs més elevats de la cadena tròfica.

Pregunta 1

La seqüència de dibuixos següent representa esquemàticament el problema del mercuri en el peix que consumim. Copia-la i redacta un text per a cada dibuix que expliqui el que s'hi representa.

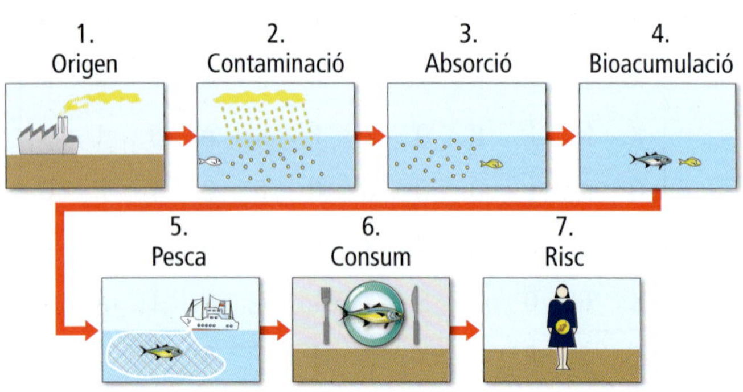

Pregunta 2

Què entens per bioacumulació?

A. L'acumulació de mercuri dissolt al mar.

B. L'acumulació de mercuri en els microorganismes que hi ha al mar (plàncton).

C. L'acumulació de mercuri en els peixos que s'alimenten d'altres peixos.

D. L'acumulació de mercuri en tots els éssers vius.

Pregunta 3

Un grup d'alumnes proposa les mesures següents per al problema del mercuri. Comenta fins a quin punt penses que serien eficaces les mesures proposades:

A. No menjar peix fins que no es redueixi el contingut de mercuri al mar.

B. Que es prohibeixi completament l'ús de mercuri en la indústria.

C. Que a les etiquetes dels productes s'indiqui el contingut de mercuri.

D. Extreure el mercuri del mar.

Pregunta 4

El problema no té una solució fàcil. Reflexiona-hi i proposa una mesura que la ciutadania pugui portar a terme per palliar el problema.

Els elements químics i la seva classificació

- ✔ A la natura hi ha 90 elements químics, els **elements naturals**. La resta són **elements artificials**. Gairebé tots es troben a la natura, combinats amb altres elements, formant **compostos**.
- ✔ Els elements químics s'ordenen segons el seu nombre atòmic a la **taula periòdica** dels elements.

  Algunes de les propietats dels elements varien de forma regular dins d'un grup o un període de la taula. Per exemple, el volum i el caràcter metàl·lic.
- ✔ En funció del caràcter metàl·lic els diferents elements es poden classificar en tres famílies: **metalls**, **no-metalls** i **semimetalls**.
- ✔ El 99 % dels éssers vius està format per sis elements i només un d'aquests, el calci, és un metall. No obstant això, els oligoelements, molts dels quals són metalls, són indispensables.

L'enllaç químic

- ✔ L'**enllaç químic** és el conjunt de forces d'atracció que permeten unir els àtoms amb altres àtoms per formar molècules i xarxes cristal·lines.
- ✔ Si els àtoms que s'uneixen són del mateix element, es formarà una **substància química elemental**, mentre que si són de diferents elements, tindrem un **compost químic**.
- ✔ La unió d'àtoms mitjançant l'ús compartit d'electrons rep el nom d'**enllaç covalent**.
  - Les **substàncies moleculars** estan constituïdes per molècules unides per enllaços intermoleculars.
  - Les **substàncies atòmiques** estan formades per xarxes cristal·lines d'àtoms units mitjançant enllaç covalent.
- ✔ Les **substàncies metàl·liques** estan formades per àtoms d'elements metàl·lics. L'**enllaç metàl·lic** es caracteritza per una estructura ordenada de ions positius immersa en un núvol d'electrons subjectada molt dèbilment.
- ✔ Els **ions** són àtoms o grups d'àtoms carregats elèctricament. Les **substàncies iòniques** estan formades per xarxes cristal·lines de ions unides per forces d'atracció electrostàtica formant un **cristall iònic**.

Formulació i nomenclatura

- ✔ Una **fórmula química** és la representació d'una substància química, que informa de les classes d'elements que componen la substància i, mitjançant subíndexs numèrics, de la proporció en què es troben en aquesta substància.
  - Si indica el nombre exacte d'àtoms de cada element que hi ha a la molècula és una **fórmula molecular**.
  - Si indica només la proporció relativa entre els àtoms de cada element que hi ha a la xarxa cristal·lina és una **fórmula empírica**.
- ✔ La **nomenclatura sistemàtica estequiomètrica** és la més senzilla de les acceptades per la IUPAC perquè només cal memoritzar el nom i el símbol dels elements químics.

Consolidació de competències

RESPON LA PREGUNTA INICIAL

Després d'haver estudiat aquesta unitat, pots respondre la pregunta inicial:

Com s'organitzen els àtoms?

Redacta un text d'entre 10 i 20 línies que resumeixi les conclusions a què hagis arribat sobre la qüestió.

CONSOLIDA EL QUE HAS APRÈS

Per consolidar els coneixements adquirits al llarg de la unitat pots fer les Activitats que trobaràs a l'adreça web següent:

www.tiching.com/731555

Aquestes Activitats s'han preparat en un document en format pdf que pots descarregar-te.

Al final del document trobaràs les solucions de manera que puguis comprovar si has assolit els objectius de la unitat.

APRENDRE PER EMPRENDRE

Les etiquetes dels recipients amb substàncies químiques adverteixen sobre la perillositat d'aquestes i sobre com s'han de manipular per reduir riscos. Per fer-ho utilitzen una sèrie de pictogrames i frases establertes.

En aquesta web de l'Institut Nacional de Seguretat i Higiene en el Treball trobaràs una base de dades amb les fitxes de moltes substàncies químiques:

www.tiching.com/731986

Tria algunes de les substàncies que hi ha al laboratori de la teva escola i compara la informació de la seva etiqueta amb la que conté la fitxa de seguretat. A continuació, elabora una fitxa amb la informació més destacable atès l'ús escolar del producte.

TÈCNIQUES D'ESTUDI

Entra a: www.tiching.com/727426 i practica una tècnica d'estudi a partir de la síntesi.

6 REACCIÓ QUÍMICA

Com canvia la matèria que ens envolta?

A l'antiguitat, la metal·lúrgia semblava una cosa de màgia. Els ferrers coneixien tècniques per extreure ferro de minerals d'aspecte terrós i forjar-lo per fer eines i armes, però desconeixien la naturalesa profunda de les transformacions que portaven a terme.

1750-1799

1777

Combustió.
El químic francès A. Lavoisier publica el 1777 la *Memòria sobre la combustió*, on explica aquesta reacció des d'una perspectiva plenament moderna.

1778

Fotosíntesi.
El metge holandès Jan Ingenhusz (1730-1799) descobreix els aspectes essencials de la fotosíntesi de les plantes.

1836

Catàlisi.
El químic suec J. Berzelius (1779-1848) revisa els coneixements sobre la catàlisi química, en descriu les característiques, li dóna el nombre actual i en defineix el camp d'estudi.

1840

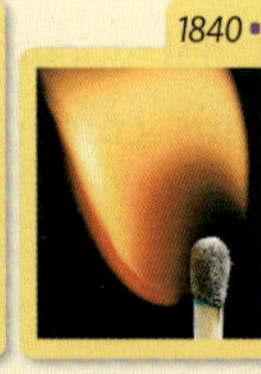

Termoquímica.
El químic rus G. H. Hess (1802-1850) fa una sèrie d'experiments que posen les bases de la termoquímica.

Una característica de la naturalesa humana és l'afany de transformar els materials disponibles per fer-los més profitosos. Al principi, van ser simples canvis físics, principalment talla i poliment.

Molt de temps després, el descobriment del foc va portar a alterar profundament la naturalesa de les substàncies i transformar-les en altres de diferents.

La manufactura química era una feina artesanal, basada en l'acumulació de sabers pràctics, el fonament científic de la qual s'ignorava o, en el millor dels casos, era molt superficial. La naturalesa del canvi químic es va començar a comprendre fa poc més de dos-cents anys, gràcies al desenvolupament de la química com a disciplina científica.

Què sabem?

Les reaccions químiques són fenòmens molt corrents. Identifica les reaccions químiques de la llista de transformacions següents:

- Un gelat es desfà per la calor.
- La cera d'una espelma encesa es consumeix.
- La llum és reflectida en un mirall.
- La llet es torna agra fora de la nevera.
- El pa és fornejat.
- Una amanida s'amaneix amb sal i oli.

Què aprendrem?

1. **Transformacions de la matèria.**
2. ***Laboratori*. Evidències de la reacció química**
3. **Energia i velocitat de la reacció química**
4. ***Laboratori*. Factors que influeixen en la velocitat de reacció**
5. **Representació d'una reacció química**
6. ***Descobreix*. Reaccions químiques quotidianes**

1800-1899

1889

Energia d'activació. El químic suec S. Arrhenius (1859-1927) formula una equació que introdueix el concepte d'energia d'activació en relació a la velocitat de reacció.

1900-1950

1916-1918

Teoria de les col·lisions. Els químics Max Trautz (1880-1960) i William Lewis (1885-1956) proposen, de manera independent, entre 1916 i 1918, la teoria de les col·lisions com a model de la reacció química.

1 Transformacions de la matèria

1.1. Canvi físic

Com ja saps, l'etanol s'evapora fàcilment. Si en una ampolla sense tap hi poses una mica d'etanol, al cap de poca estona haurà desaparegut.

No obstant això, saps que la desaparició és aparent: l'etanol només ha passat a l'estat gasós. Les molècules d'etanol continuen idèntiques, però ara estan disperses en l'aire.

Quan una substància experimenta alguna transformació que canvia el seu estat d'agregació o el seu aspecte, però continua tenint idèntica naturalesa química, diem que ha experimentat un **canvi físic**.

Per comprovar que només ha estat un canvi físic, es pot evaporar l'etanol en una ampolla tancada. Si quan s'ha evaporat es refreda el recipient, s'observa que l'etanol es torna a condensar fig. 1.

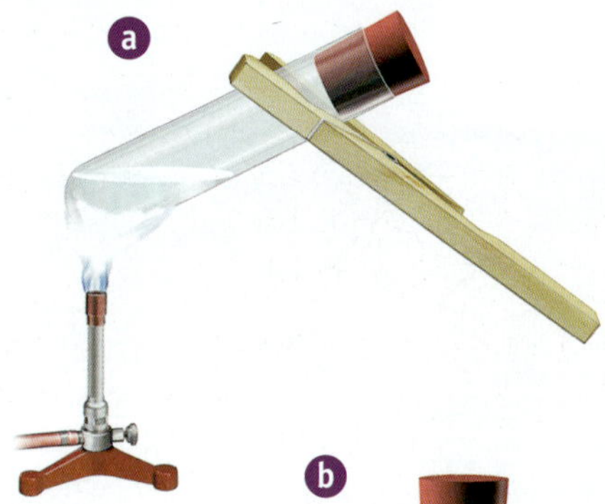

Fig. 1 a) Quan escalfem etanol, sembla que desaparegui perquè passa a l'estat gasós. b) Si refredem el vapor format, es torna a condensar a etanol líquid; per tant, es tracta d'un canvi físic.

1.2. Canvi químic

Si es posa una mica d'etanol en una càpsula i s'hi apropa un llumí encès, l'etanol s'inflamarà i al cap de poca estona haurà desaparegut completament. Però, ara també es tracta d'un canvi físic?

Això es pot comprovar refredant els gasos produïts: també es condensa un líquid però, quan s'analitza, s'observa que és aigua. És a dir, quan es crema etanol apareixen substàncies noves.

Quan una substància experimenta una transformació que canvia la seva naturalesa química, diem que ha experimentat un **canvi químic** o **reacció química** fig. 2.

Així, la combustió de l'etanol és una reacció química en la qual l'etanol reacciona amb l'oxigen de l'aire i es formen dues substàncies noves: aigua i diòxid de carboni.

Les substàncies inicials (etanol i oxigen) s'anomenen **reactius**, i les substàncies obtingudes (aigua i diòxid de carboni) s'anomenen **productes**.

Fig. 2 a) Tot i que l'aspecte del ferro fos és molt diferent de l'aspecte del ferro sòlid, continua sent ferro. b) En canvi, l'aparició de rovell a les peces és deguda a la transformació del ferro en una altra substància: l'òxid de ferro.

1.3. Model de la reacció química. Teoria de col·lisions

Una reacció química s'interpreta fàcilment a partir d'un model molt senzill, anomenat **teoria de col·lisions**, fonamentat en les teories atomicomolecular i cineticomolecular de la matèria. Aquest model va ser proposat, de manera independent i gairebé simultània, per dos químics, l'alemany M. Trautz (1880-1969) el 1916 i el britànic W. Lewis (1885-1956) el 1918.

Segons la teoria de col·lisions, les partícules dels reactius (molècules, àtoms o ions) xoquen contínuament entre elles i, com a conseqüència de l'impacte, alguns enllaços es poden arribar a trencar. En aquest cas, els àtoms o grups d'àtoms queden momentàniament deslligats i tendeixen a enllaçar-se una altra vegada, però si ho fan en disposició diferent de la de l'original es formaran noves substàncies, els productes, i la reacció química haurà tingut lloc.

El xoc entre partícules és una condició indispensable perquè es produeixi la reacció, però no és l'únic requisit. Perquè la reacció es produeixi és indispensable que el xoc sigui eficaç i per això s'han de donar les circumstàncies següents fig. 3:

- Que les partícules xoquin amb una orientació adequada, de manera que en el punt de col·lisió hi hagi enllaços que es puguin trencar.
- Que les partícules tinguin un mínim de velocitat. Com més elevada sigui la temperatura, més gran serà la velocitat de les partícules i, per tant, hi haurà una probabilitat més gran que quan xoquin es trenquin els enllaços.

Energia d'activació

L'**energia d'activació** és l'energia mínima necessària perquè s'iniciï una reacció química.

Per exemple, per encendre un llumí cal rascar-lo lleugerament, perquè la calor generada en la fricció amb la superfície rugosa és l'energia d'activació de la reacció d'ignició. Al seu torn, la calor despresa pel llumí en cremar pot ser l'energia d'activació necessària per iniciar la crema d'un paper o qualsevol altra substància combustible.

1. En què es diferencien els canvis físics dels canvis químics?
2. Classifica aquestes transformacions segons si són canvis físics o químics:
   a. Cremar un paper.
   b. Dilatació de l'alcohol a l'interior d'un termòmetre.
   c. Assecatge de la pintura.
   d. Fregir una hamburguesa.
   e. Extreure la sal de l'aigua de mar en una salina.
   f. Un cafè es refreda a poc a poc a la tassa.
   g. La maduració de la fruita.

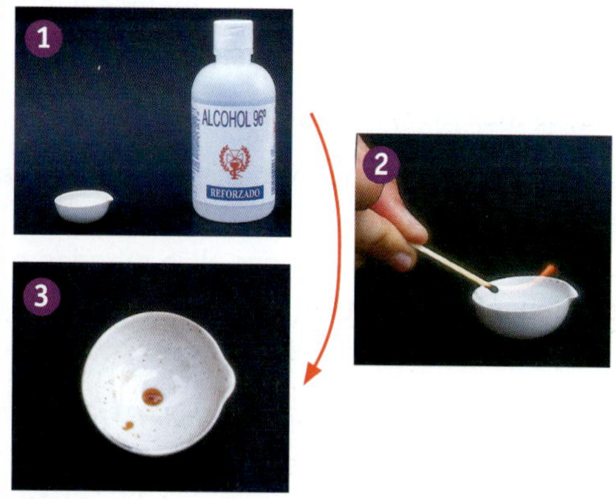

1 A temperatura ambient, els xocs entre les molècules d'etanol i les d'oxigen de l'aire no tenen suficient energia per trencar els enllaços entre els seus àtoms.

2 La calor del llumí proporciona suficient energia perquè les molècules pròximes a la flama trenquin els seus enllaços.
Els àtoms es recombinen per produir aigua i diòxid de carboni.

3 La reacció iniciada genera calor que permet continuar el procés.
Es formen més molècules d'aigua i de diòxid de carboni fins que no queda més etanol.

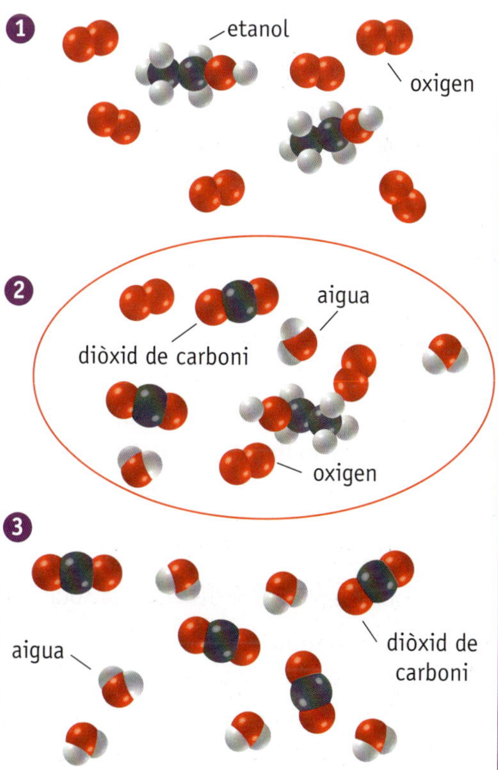

Fig. 3 Reacció de combustió de l'etanol. Model segons la teoria de col·lisions.

2 Evidències de la reacció química

LABORATORI

A la novel·la d'Arthur Conan Doyle *El misteri de la vall de Boscombe*, el famós detectiu Sherlock Holmes manté una conversa amb el doctor Watson sobre l'aspecte clau del seu mètode d'indagació:

Vostè ja coneix el meu mètode. Es fonamenta en l'observació de les coses més insignificants.

Els científics coincideixen plenament amb aquesta afirmació. En qualsevol investigació cal observar tots els detalls i, molt especialment, els que acostumen a passar per alt a mirades poc experimentades, perquè semblen insignificants.

Seguretat al laboratori

En totes les experiències has de fer servir bata de laboratori i ulleres de seguretat.

Els residus no s'han de llençar a l'aigüera; els has de llençar als contenidors corresponents, seguint les instruccions del teu professor o professora.

A. El microbiòleg escocès Alexander Fleming (1881-1955) l'any 1945 va rebre el Premi Nobel de Medicina pel descobriment de la penicil·lina el 1928.

Llegeix el text de la dreta sobre les circumstàncies del descobriment de la penicil·lina i valora el mèrit de Fleming en aquest descobriment.

El setembre de 1928 Fleming estava fent diversos experiments al seu laboratori i el dia 22, quan va inspeccionar els seus cultius abans de destruir-los, es va adonar que la colònia d'un fong havia crescut espontàniament, com un contaminant, en una de les plaques de Petri sembrades amb *Staphylococcus aureus*.

Fleming després va observar les plaques i va comprovar que les colònies bacterianes que estaven al voltant del fong (més endavant identificat com a *Penicillium notatum*) eren transparents a causa d'una lisi bacteriana.

Per ser més exactes, *Penicillium* és un fong que produeix una substància natural amb efectes antibacterians: la penicil·lina. La lisi significava la mort dels bacteris, i en el seu cas, la dels bacteris patògens (*Staphylococcus aureus*) que havien crescut a la placa. Malgrat que ell va reconèixer immediatament la transcendència d'aquesta troballa, els seus col·legues la van subestimar.

Fleming va comunicar el seu descobriment sobre la penicil·lina al *British Journal of Experimental Pathology* el 1929.

B. Una de les facetes principals que ha de cultivar un científic és la capacitat d'observació.

Ara portaràs a terme una sèrie de reaccions químiques en un tub d'assaig, l'objectiu de les quals serà que observis atentament i prenguis nota de tots els detalls que, per insignificants que et semblin a primera vista, puguin ser indicis que s'hagin format substàncies noves en el curs de la reacció.

Les manifestacions més importants de la formació de noves substàncies són:

- Canvi de color
- Apreciació d'olor
- Despreniment gasós
- Formació de precipitat

Experiment 1

1. Els reactius són un clau de ferro (que no sigui d'acer inoxidable) i solució de sulfat de coure. Descriu l'aspecte inicial dels reactius i identifica'n els pictogrames de seguretat.
2. Posa en un tub d'assaig uns 5 mL de solució de sulfat de coure. Introdueix-hi el clau de ferro net. Al cap de mitja hora, observa els canvis en el color del clau i la solució i anota'ls.
3. Extreu el clau del líquid i observa'n la superfície. Pots millorar l'observació utilitzant una lupa.
4. Explica com interpretes els canvis observats sabent que el coure és un metall de color vermellós i que ha tingut lloc la reacció següent:

sulfat de coure + ferro ⟶ sulfat de ferro + coure

Experiment 2

1. Els reactius són solucions de nitrat de plom i de iodur de potassi. Descriu l'aspecte inicial dels reactius i identifica'n els pictogrames de seguretat.
2. Posa en un tub d'assaig uns 5 mL de solució de nitrat de potassi i amb un comptagotes afegeix-hi gota a gota solució de iodur de potassi.
3. Pren nota dels canvis que hi observis. Deixa el tub d'assaig en una gradeta i al cap d'uns quants minuts fixa't que s'ha dipositat un precipitat de color groc al fons del tub.
4. Explica com interpretes els canvis observats sabent que el iodur de plom és un sòlid insoluble i que ha tingut lloc la reacció següent:

nitrat de plom + iodur de potassi ⟶ nitrat de potassi + iodur de plom

Experiment 3

1. Els reactius són carbonat de calci (fragments de marbre) i solució d'àcid clorhídric. Descriu l'aspecte inicial dels reactius i identifica'n els pictogrames de seguretat.
2. En un erlenmeyer petit introdueix-hi uns quants trossos de marbre i afegeix-hi una mica de solució d'àcid clorhídric. Pren nota dels canvis que hi observis.

   Si cessa el bombolleig, afegeix-hi una mica més d'àcid clorhídric.
3. Pots fer un segon assaig per comprovar que l'aire de l'erlenmeyer ha estat desplaçat. Apropa un llumí encès a la boca interior de l'erlenmeyer i observa què passa.
4. Explica com interpretes els canvis observats sabent que el carbonat de calci reacciona amb l'àcid clorhídric segons:

carbonat de calci + àcid clorhídric ⟶ diòxid de carboni + clorur de calci + aigua

Experiment 4

1. Els reactius són clorur d'amoni i solució concentrada d'hidròxid de sodi. Descriu l'aspecte inicial dels reactius i identifica'n els pictogrames de seguretat.
2. Introdueix uns 5 mL de solució d'hidròxid de sodi en un tub d'assaig i amb una espàtula afegeix-hi una mica de clorur d'amoni sòlid. Pren nota dels canvis que es produeixen i presta atenció a si notes alguna olor recognoscible.
3. Explica com interpretes els canvis observats sabent que el clorur d'amoni reacciona amb l'hidròxid de sodi i produeix amoníac i clorur de sodi:

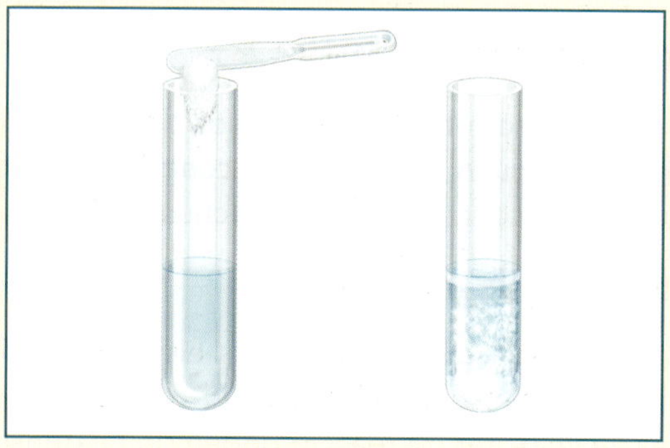

clorur d'amoni + hidròxid de sodi ⟶ amoníac + clorur de sodi + aigua

3 Energia i velocitat de la reacció química

3.1. Energia en les reaccions químiques

Durant el curs d'una reacció química sempre es produeix, en major o menor grau, un despreniment o una absorció d'energia fig. 1.

Fig. 1 Despreniment energètic en forma de: a) calor, b) llum, c) electricitat.

Generalment, aquesta energia és manifesta en forma de calor.

- **Reaccions exotèrmiques**. Es produeix un despreniment de calor perquè l'energia dels enllaços dels productes és menor que l'energia dels enllaços dels reactius fig. 2a.
- **Reaccions endotèrmiques**. Es produeix una absorció de calor perquè l'energia dels enllaços dels productes és més gran que l'energia dels enllaços dels reactius fig. 2b.

3.2. Velocitat de reacció

Les reaccions químiques es produeixen amb velocitats molt diverses. Algunes necessiten milions d'anys, com ara la formació natural del petroli, i d'altres són tan ràpides que passen en un instant, com ara les explosions.

Per mesurar la velocitat d'una reacció, es mesura la quantitat o concentració de producte que es forma, o de reactiu que desapareix, per unitat de temps.

3.3. Factors que afecten la velocitat de reacció

La velocitat d'una reacció depèn de la naturalesa mateixa de la reacció, però també de les condicions en què es porta a terme. Els factors principals que influeixen en la velocitat de reacció són:

Concentració dels reactius

En les reaccions en estat gasós o en solució, *la velocitat de reacció s'incrementa quan augmenta la concentració dels reactius.* L'explicació és que a més concentració de reactius, més xocs es produiran.

Superfície de contacte

En les reaccions en les quals els reactius presenten estats d'agregació diferents, per exemple un sòlid que reacciona amb un líquid o amb un gas, la velocitat de reacció depèn de l'extensió de la superfície de contacte entre els reactius: *com més superfície de contacte, més gran serà la freqüència dels xocs.*

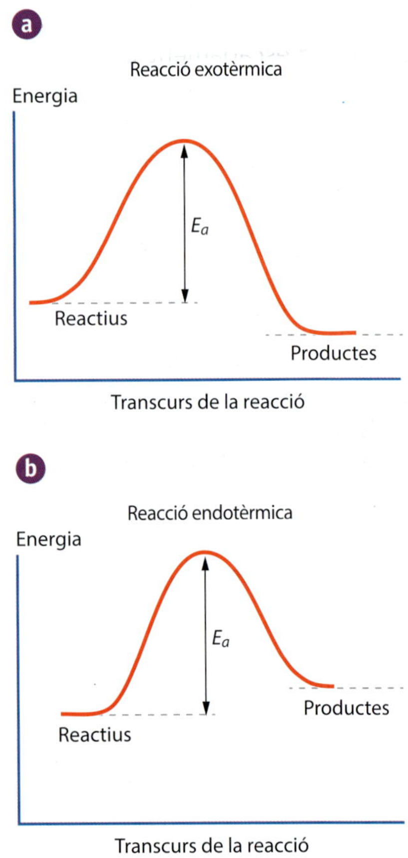

Fig. 2 Perfil energètic d'una reacció: a) exotèrmica, b) endotèrmica.

Temperatura

La velocitat de reacció augmenta si s'incrementa la temperatura i disminueix si descendeix fig. 3. L'explicació és que la velocitat de les partícules depèn directament de la temperatura i això hi contribueix amb dos efectes:

- D'una banda, com més alta sigui la temperatura, a més velocitat es mouran les partícules dels reactius i, per tant, augmentarà la freqüència dels xocs.
- Un segon efecte, molt més decisiu, és que hi haurà un nombre més gran de partícules amb energia suficient perquè els seus xocs siguin eficaços i aconsegueixin trencar els enllaços, és a dir, hi haurà un nombre més elevat de xocs que superin la barrera de l'energia d'activació.

Una regla aproximada sobre la influència de la temperatura estableix que un increment de 10 °C provoca que la velocitat de reacció es produeixi el doble de ràpid.

Fig. 3 Les baixes temperatures afavoreixen la conservació dels aliments perquè les reaccions de descomposició s'esdevenen molt més lentament.

Catalitzadors i enzims

Un **catalitzador** és una substància que, sense ser un reactiu, augmenta la velocitat d'una reacció química.

Molts dels catalitzadors utilitzats per la indústria química són metalls (platí, pal·ladi, rodi...) o els seus compostos, finament polvoritzats per augmentar la seva superfície de contacte, i fixats a un material inert i porós de naturalesa ceràmica, que actua com a suport material.

Els tubs d'escapament dels automòbils porten catalitzadors que transformen els gasos contaminants dels fums de combustió, principalment gasolina no cremada, monòxid de carboni i òxids de nitrogen, en d'altres d'innocus, com són nitrogen, diòxid de carboni i aigua.

Els **enzims** són catalitzadors biològics indispensables per portar a terme les reaccions bioquímiques necessàries per als éssers vius.

Es calcula que els éssers humans tenim, aproximadament, 3 000 enzims diferents, i cadascun catalitza una reacció determinada amb una eficàcia increïble (poden aconseguir que la velocitat d'una reacció sigui entre un milió i un bilió de vegades més ràpida). No obstant això, són molt sensibles als augments de temperatura i es destrueixen ràpidament a temperatures superiors a 40 °C fig. 4.

Fig. 4 A la pasteurització, l'augment de temperatura destrueix els microorganismes que fan malbé els aliments.

1. Com s'anomenen les reaccions que absorbeixen energia? I les que en desprenen?
2. Quins factors coneixes que puguin influir en la velocitat d'una reacció? Explica per què una major concentració de reactius augmenta la velocitat de reacció.
3. Com influeix la temperatura en la velocitat de reacció?
4. Què és un catalitzador? I un enzim?
5. Quina funció tenen els catalitzadors que porten els tubs d'escapament dels automòbils?
6. Si es mesclen dues solucions, s'observa que es forma un precipitat i el recipient s'escalfa. Hi ha hagut una reacció química? De quin tipus?
7. Els aliments congelats es conserven durant molt de temps, però després d'un cert límit també s'acaben fent malbé. Per què?
8. La febre es considera un mecanisme de defensa de l'organisme enfront de les infeccions. Tot i així, no és convenient que sigui massa alta. Per què?

Factors que influeixen en la velocitat de reacció

Una forma habitual de presentar preparats farmacèutics és en forma de comprimits efervescents. Quan el comprimit s'introdueix en aigua es produeix un despreniment gasós i la disgregació ràpida del comprimit.

El gas que es desprèn és diòxid de carboni i es produeix per la reacció d'alguns components del comprimit, usualment bicarbonat o carbonat de sodi i algun àcid orgànic, àcid cítric o àcid ascòrbic.

Material

- Tubs d'assaig gruixuts
- Morter
- Vasos de precipitats

A. Busca en l'etiquetatge d'alguns comprimits efervescents que tinguis a casa la seva composició química. Identifica-hi les substàncies esmentades responsables de l'efervescència. Pots accedir a l'etiquetatge de molts preparats farmacèutics a **www.tiching.com/730602** amb el text de cerca *comprimits efervescents*.

En els comprimits efervescents els components estan en estat sòlid i, com que amb prou feines estan en contacte, la reacció no és apreciable. No obstant això, quan el comprimit es dissol en aigua, els components entren en contacte i es produeix la reacció.

La presència d'aigua és determinant en la velocitat de reacció, però hi ha alguns factors que hi influeixen amb els quals pots experimentar.

Velocitat de reacció de referència

1. Introdueix 30 mL d'aigua de l'aixeta en un tub d'assaig gruixut.
2. Mesura la temperatura de l'aigua.
3. Agafa un comprimit efervescent i introdueix-lo en el tub d'assaig.
4. Mesura el temps que tarda a dissoldre's la pastilla, és a dir, el temps fins que cessa l'efervescència.
5. Pren nota dels resultats:

   Líquid: aigua

   Temperatura: ... °C

   Temps de reacció: ... s

Influència de la superfície de contacte

1. Posa 30 mL d'aigua en un tub d'assaig gruixut.
2. Agafa una pastilla efervescent i parteix-la pels seus diàmetres en quatre trossos.
3. Tira un dels quatre trossos al tub d'assaig i mesura el temps que tarda a dissoldre's.

   Temps de reacció (quatre fragments): ... s
4. Polvoritza un altre comprimit amb un morter i repeteix l'experiment amb la pols obtinguda.

   Temps de reacció (polvoritzat): ... s
5. En quin cas és més ràpida la reacció? Quantes vegades és més ràpida respecte de la velocitat de referència?

Dependència de la temperatura

1. Agafa dos tubs d'assaig i omple'ls amb 30 mL d'aigua.
2. Agafa dos vasos de precipitats per preparar dos banys d'aigua. En un posa-hi trossos de gel i una mica d'aigua; així tindràs un bany fred. A l'altre vas posa-hi aigua fins a la meitat i l'escalfes fins a l'ebullició; així tindràs un bany calent.
3. Introdueix a cada bany un dels tubs. Al cap d'una estona, una vegada la temperatura s'hagi estabilitzat, mesura la temperatura de cadascun.
4. Seguidament, afegeix un comprimit efervescent al tub del bany calent i mesura el temps de reacció. Repeteix l'operació amb el tub del bany fred. Anota els resultats.

   Bany calent

   Temperatura del bany: ... °C

   Temps de reacció: ... s

   Bany fred

   Temperatura del bany: ... °C

   Temps de reacció: ... s
5. Com afecta la temperatura del bany en la velocitat de reacció? Quantes vegades és més ràpida la velocitat de reacció en el bany calent respecte de la velocitat de referència? I en el bany fred?

Dependència de la concentració

1. Agafa dos tubs d'assaig. En un posa-hi 15 mL d'aigua i 15 mL d'etanol. A l'altre tub posa-hi 5 mL d'aigua i 25 mL d'etanol.
2. Seguidament posa una pastilla efervescent en un dels tubs i mesura el temps de reacció. Repeteix l'operació amb l'altre tub.

   Tub amb aigua/etanol (15 mL/15 mL)

   Temps de reacció: ... s

   Tub amb aigua/etanol (5 mL/25 mL)

   Temps de reacció: ... s
3. Com expliques la variació en la velocitat de reacció respecte de la velocitat de referència? Quantes vegades és més lenta la reacció en cada solució respecte de la velocitat de referència?

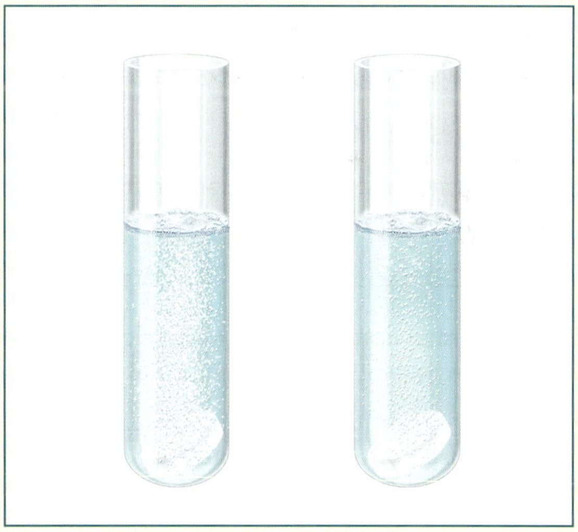

Simulació interactiva

El programa de simulació següent estudia la velocitat de reacció i els factors que l'afecten:

www.tiching.com/731988

La simulació permet una bona visualització de les reaccions químiques segons el model de la teoria de col·lisions.

Es pot escollir entre una o més col·lisions, observar el perfil energètic i analitzar els resultats obtinguts.

Es poden fer experiments de cinètica química fixant algunes condicions:

a. Concentració de reactius

b. Temperatura de reacció

Permet seleccionar el tipus de reacció segons el seu perfil energètic i veure els canvis que amb el temps es van produint en les quantitats de reactius i de productes.

5 Representació d'una reacció química

5.1. L'equació química

Si s'afegeix carbonat de calci ($CaCO_3$) a una solució d'àcid sulfúric (H_2SO_4), s'esdevé una reacció química que produeix sulfat de calci ($CaSO_4$), diòxid de carboni (CO_2) i aigua fig. 1.

La frase anterior és una descripció de la reacció química que s'origina, però aquesta descripció es pot simplificar i millorar mitjançant una representació simbòlica anomenada **equació química**:

$$CaCO_3\ (s) + H_2SO_4\ (aq) \rightarrow CaSO_4\ (aq) + CO_2\ (g) + H_2O\ (l)$$

Fig. 1 En la reacció del carbonat de calci amb àcid sulfúric, destaca la producció de diòxid de carboni gas.

L'escriptura d'una equació química segueix unes normes:

- A l'esquerra normalment s'escriuen, separats per signes +, les fórmules químiques dels reactius, i a la dreta, de la mateixa manera, els productes.
- Una fletxa → separa els reactius dels productes i simbolitza el sentit de la reacció.
- S'acostuma a indicar els estats d'agregació de les substàncies a 25 °C: sòlid (s), líquid (l), gas (g) i solució aquosa (aq).
- L'equació química s'escriu ajustada, és a dir, amb el mateix nombre i tipus d'àtoms a l'inici que al final. Ha de ser així, perquè sempre es compleix la llei de conservació de la massa.

L'equació química entre el carbonat de calci i l'àcid sulfúric ja està casualment ajustada, però no sempre és tan simple taula 1.

Taula 1

Elements	Nre. d'àtoms en els reactius	Nre. d'àtoms en els productes
Ca	1	1
C	1	1
O	7	7
H	2	2
S	1	1

Coeficients estequiomètrics

Si haguessin reaccionat el carbonat de calci i l'àcid clorhídric, l'equació hauria estat:

$$CaCO_3\ (s) + HCl\ (aq) \rightarrow CaCl_2\ (aq) + CO_2\ (g) + H_2O\ (l)$$

Si comptem el nombre d'àtoms de clor (Cl) i d'hidrogen (H), veiem que no estan igualats: n'hi ha més en els productes.

Per ajustar una equació no podem *canviar els subíndexs ni dels reactius ni dels productes*, perquè seria canviar la naturalesa de les substàncies fig. 2.

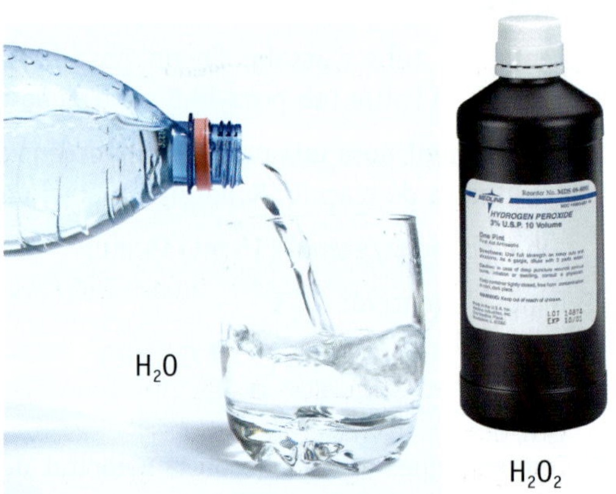

H_2O H_2O_2

Fig. 2 L'aigua i l'aigua oxigenada estan formades pels mateixos elements, però en distinta proporció.

El que s'ha de fer és *canviar el nombre de molècules participants* de manera que hi hagi el mateix nombre d'àtoms de cada element en tots dos costats de l'equació.

Per igualar-los, s'afegeixen **coeficients estequiomètrics** a l'equació, nombres que es col·loquen davant de les fórmules per indicar que aquestes espècies químiques participen en la reacció en una proporció més gran que la unitat. Així, l'equació anterior ajustada és:

$$CaCO_3\ (s) + 2\ HCl\ (aq) \rightarrow CaCl_2\ (aq) + CO_2\ (g) + H_2O\ (l)$$

Els coeficients estequiomètrics de totes les espècies són 1 (nombre que no s'escriu), excepte per al HCl que és 2. Ara l'equació química sí que està ajustada taula 2.

Taula 2

Elements	Nre. d'àtoms en els reactius	Nre. d'àtoms en els productes
Ca	1	1
C	1	1
O	3	3
H	2	2
Cl	2	2

5.2. Escriptura d'una equació química

Imagina que vols escriure, per exemple, l'equació corresponent a la combustió del metà fig. 3.

Has de seguir aquests passos:

1. Reconèixer tots els reactius i tots els productes implicats en la reacció.

   En aquest cas, els reactius són el metà i l'oxigen de l'aire, i els productes són diòxid de carboni i aigua:

   metà + oxigen → diòxid de carboni + aigua

2. Escriure la fórmula dels reactius i dels productes:

   $$CH_4 + O_2 \rightarrow CO_2 + H_2O$$

3. Ajustar l'equació química.

   L'equació no està ajustada perquè hi ha dos àtoms d'oxigen al principi i tres al final, i quatre àtoms d'hidrogen al principi i dos al final fig. 4.

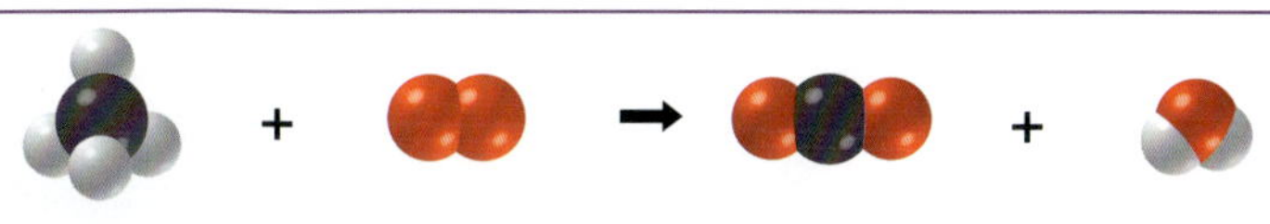

Fig. 4 Hi ha més àtoms d'oxigen i menys d'hidrogen a la dreta.

- Per començar l'ajustament és convenient igualar primer els àtoms dels elements que apareixen només en un reactiu i també només en un producte. En l'exemple, s'igualen els àtoms de H posant un 2 com a coeficient estequiomètric del H_2O:

  $$CH_4 + O_2 \rightarrow CO_2 + 2\ H_2O$$

- Finalment, s'igualen els àtoms dels elements que són lliures, sigui com a reactius o com a productes. En l'exemple, s'afegeix un 2 com a coeficient estequiomètric del O2 per igualar els àtoms de O fig. 5:

  $$CH_4 + 2\ O_2 \rightarrow CO_2 + 2\ H_2O$$

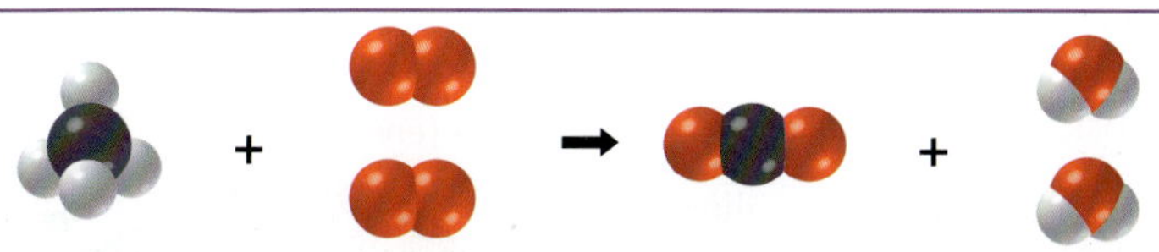

Fig. 5 Tant el nombre d'àtoms com la seva classe és el mateix.

4. Escriure l'estat d'agregació dels reactius i dels productes:

   $$CH_4\ (g) + 2\ O_2\ (g) \rightarrow CO_2\ (g) + 2\ H_2O\ (l)$$

Fig. 3 El gas natural (format principalment per metà) es guarda en grans dipòsits. És un dels combustibles d'ús domèstic més habituals.

@ Amplia a la Xarxa...

Per practicar l'ajustament d'equacions químiques en un simulador, entra a: www.tiching.com/731989

1. Què representa una equació química?
2. Quins passos cal seguir per ajustar una equació química?
3. Completa al quadern cada equació química amb els coeficients estequiomètrics que falten:

   a. $2\ NO + O_2 \rightarrow \square\ NO_2$

   b. $Zn + \square\ HCl \rightarrow ZnCl_2 + H_2$

   c. $4\ HCl + O_2 \rightarrow \square\ H_2O + \square\ Cl_2$

   d. $Na_2SO_4 + 4\ C \rightarrow Na_2S + \square\ CO$

   e. $C_2H_2 + \square\ O_2 \rightarrow \square\ CO_2 + \square\ H_2O$

6

Reaccions químiques quotidianes

DESCOBREIX

Moltes persones pensen que les reaccions químiques només passen als laboratoris o a les indústries químiques, però el cert és que es produeixen contínuament en el nostre entorn i en el nostre propi organisme.

A COMBUSTIÓ

La combustió és una reacció en la qual una substància, anomenada combustible, reacciona amb una altra, anomenada comburent, i es produeix un gran despreniment d'energia.

Les reaccions de combustió de matèria orgànica produeixen diòxid de carboni i aigua. Per exemple, la combustió de l'etanol és:

$$C_2H_5OH + 3\ O_2 \rightarrow 2\ CO_2 + 3\ H_2O$$

Si en una combustió hi ha poc oxigen, es produeix monòxid de carboni (CO), un gas molt tòxic. Per aquesta raó cal revisar periòdicament els cremadors de gas en cuines, estufes i calderes, per comprovar que no tenen problemes de combustió.

1. És correcte afirmar que l'oxigen pur és millor combustible que l'aire? Què diries tu sobre aquesta qüestió?
2. Tenint en compte els productes de reacció de les combustions, què pot ser el solc blanc que deixen els avions de reacció al cel?

B RESPIRACIÓ

La majoria dels organismes aconseguim la nostra energia mitjançant la respiració cel·lular, una combustió lenta, controlada bioquímicament, que té lloc a l'interior de les cèl·lules.

El combustible més comú és la glucosa ($C_6H_{12}O_6$) i els productes de la respiració són el diòxid de carboni i l'aigua:

$$C_6H_{12}O_6 + 6\ O_2 \rightarrow 6\ CO_2 + 6\ H_2O$$

Pots comprovar la producció de diòxid de carboni en la respiració amb un experiment senzill. Fes bombollejar aire aspirat a l'interior d'una solució d'hidròxid de calci saturada mitjançant una canya. Al cap de poca estona veuràs que la solució s'enterboleix per la presència de carbonat de calci insoluble:

$$Ca(OH)_2 + CO_2 \rightarrow CaCO_3 + H_2O$$

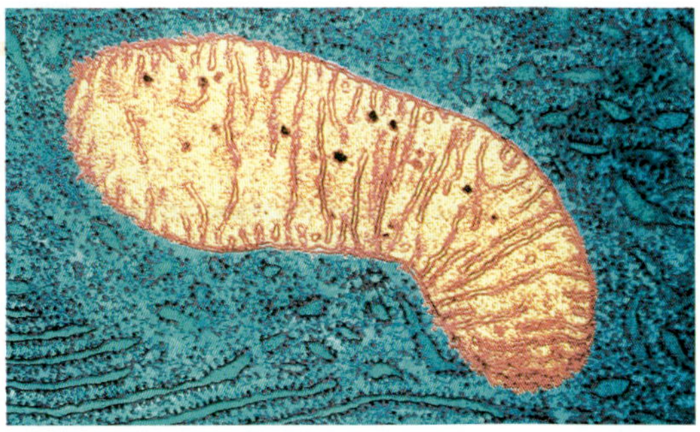

El mitocondri és l'orgànul cel·lular encarregat de la respiració.

1. Com podríem comprovar que quan respirem produïm vapor d'aigua?

C FOTOSÍNTESI

Les plantes utilitzen la llum del Sol per fabricar les substàncies que necessiten mitjançant un procés anomenat fotosíntesi.

Aquesta reacció sustenta la vida del planeta, tant de les plantes com, indirectament, de la resta d'éssers vius. Els reactius utilitzats en la fotosíntesi són diòxid de carboni i aigua, i els productes són compostos orgànics complexos i oxigen:

$$6\ CO_2 + 6\ H_2O \rightarrow C_6H_{12}O_6 + 6\ O_2$$

Tots els organismes que requereixen oxigen per respirar necessiten que les plantes el fabriquin mitjançant fotosíntesi.

1. La fotosíntesi és una reacció exotèrmica o endotèrmica?

D FERMENTACIÓ

Alguns microorganismes, com ara els llevats, aconsegueixen energia mitjançant fermentacions, processos bioquímics que no necessiten oxigen (o molt poc), però que produeixen menys energia que la respiració.

Moltes substàncies d'interès alimentari o farmacèutic es preparen per fermentacions. Per exemple:

Fermentació alcohòlica: $C_6H_{12}O_6 \rightarrow 2\ C_2H_5OH + 2\ CO_2$

Fermentació acètica: $C_2H_5OH + O_2 \rightarrow CH_3COOH + H_2O$

E OXIDACIÓ DE METALLS

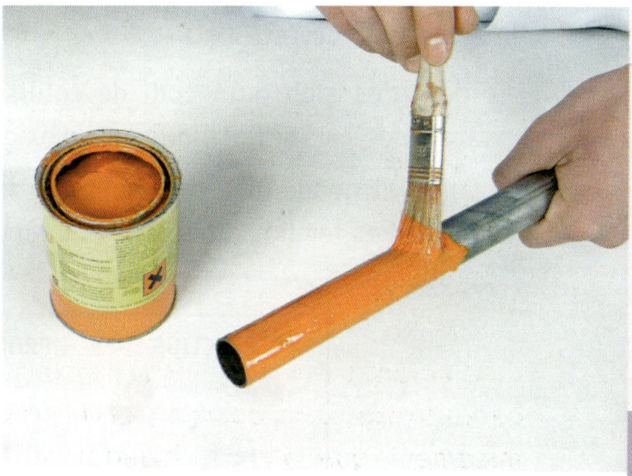

La majoria dels metalls reaccionen amb l'oxigen de l'aire i formen els òxids corresponents. El ferro és el metall més corrent i s'oxida fàcilment, especialment en ambients humits:

$$2\ Fe + 3\ O_2 \rightarrow Fe_2O_3$$

El ferro es recobreix d'una capa d'òxid de color marró i consistència pulverulenta que pel fet de ser porosa permet el pas de l'oxigen i, en conseqüència, que la peça es continuï oxidant fins a la totalitat.

L'alumini, el segon metall per magnitud de producció, també s'oxida i es recobreix d'una capa d'òxid, però a diferència de la de l'òxid de ferro no és porosa, i així l'oxidació de la peça no continua.

1. Una manera de protegir les peces de ferro és pintar-les, però no serveix qualsevol pintura. Una de les pintures protectores més tradicionals és el mini, que s'identifica fàcilment pel seu color taronja brillant.
   a. Busca informació sobre la composició química del mini.
   b. A efectes pràctics, valora quins avantatges i quins desavantatges implica protegir el ferro amb mini.

F NEUTRALITZACIÓ ÀCID-BASE

Els *àcids* són un grup estès de substàncies conegudes perquè formen part de molts aliments: àcid cítric en taronges i llimones, àcid làctic en el iogurt, àcid acètic en el vinagre. Fins i tot trobem en el nostre estómac un àcid molt fort, l'àcid clorhídric, ja que és un component dels sucs gàstrics.

Un altre grup de substàncies, les *bases*, tenen la propietat de contrarestar les característiques dels àcids.

Per això la reacció entre un àcid i una base s'anomena *reacció de neutralització*.

Quan tenim acidesa d'estómac prenem bases, que anomenem antiàcids, perquè reaccionin amb l'excés d'àcid clorhídric i en neutralitzin l'efecte.

1. L'antiàcid més tradicional és el bicarbonat de sodi, que reacciona amb l'àcid clorhídric segons:

$$NaHCO_3 + HCl \rightarrow NaCl + H_2O + CO_2$$

Justifica per què després de prendre bicarbonat és inevitable eructar.

1. Classifica aquestes transformacions segons si són canvis físics o químics:

a) L'oxidació del ferro.

b) La congelació de l'oli.

c) La combustió de la gasolina.

d) La dissolució del sucre en el cafè.

e) Fer un ou ferrat.

f) L'evaporació d'un perfum.

g) Esprémer taronges per extreure'n el suc.

h) La fotosíntesi de les plantes.

2. L'etè (C_2H_4) és un gas combustible que reacciona amb l'oxigen (O_2) i produeix diòxid de carboni i aigua.

Fixa't en la representació atomicomolecular inacabada de la combustió de l'etè.

a) Identifica amb quin codi de colors es representen els àtoms de carboni, d'hidrogen i d'oxigen.

b) Copia al quadern la representació inacabada i completa-la. Per fer-ho, dibuixa les molècules que falten dels productes.

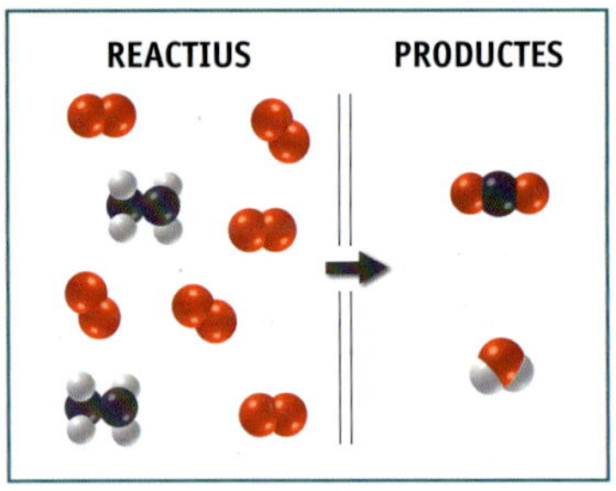

3. És el mateix l'energia d'activació que l'energia de reacció? Justifica la resposta amb un exemple.

4. Ordena aquestes transformacions químiques de més a menys velocitat de reacció:

a) Oxidació del ferro.

b) Explosió d'un petard.

c) Descomposició del plàstic.

d) Combustió d'un paper.

5. A la imatge es mostra un catalitzador utilitzat en la indústria petroquímica. Explica la raó per la qual els catalitzadors industrials en estat sòlid es preparen granulats.

6. Justifica si la frase següent és certa o no ho és:

"Tots els automòbils han de portar obligatòriament tubs d'escapament amb convertidors catalítics per estalviar gasolina".

7. L'aire està format per nitrogen i oxigen, però en condicions ambientals aquestes substàncies pràcticament no reaccionen. No obstant això, a l'interior dels motors dels automòbils, sí que ho fan i es produeixen òxids de nitrogen, substàncies molt contaminants. Raona quina d'aquestes explicacions ho pot justificar:

- Perquè la gasolina és un catalitzador de la reacció.
- Perquè la temperatura a l'interior dels cilindres arriba a uns 2 000 °C.
- Perquè dins del motor disminueix l'energia d'activació de la reacció.
- Perquè aquesta és precisament la funció dels convertidors catalítics.

8. La capacitat frigorífica dels congeladors s'acostuma a identificar amb estrelles: com més estrelles tingui, més poder de congelació. Actualment tots són de tres o quatre estrelles, que assoleixen, respectivament, els –18 °C i els –24 °C:

Nre. estrelles	Temperatura	Temps de conservació dels aliments
*	Fins a –6 °C	1-2 dies
**	Fins a –12 °C	Fins a 3 dies
***	Fins a –18 °C	Fins a un mes
****	Fins a –24 °C	3 mesos o més

a) Per què els aliments es conserven més temps en fred?

b) Una regla aproximada indica que per cada 10 °C que disminueixi la temperatura, la velocitat de reacció es redueix a la meitat. Si un aliment a temperatura ambient (al voltant de 25 °C) es conserva durant una setmana, quant de temps es conservarà l'aliment congelat a uns –25 °C? Justifica quina resposta de les següents consideres més encertada:

- Dues setmanes i mitja.
- Cinc setmanes.
- Vuit mesos.
- Indefinidament.

9. Indica quina substància química és comuna a les reaccions següents: combustió, oxidació de metalls i respiració.

10. La respiració i la fermentació són reaccions bioquímiques. Què tenen en comú ambdues reaccions i en què es diferencien?

11. Completa aquestes equacions químiques amb el coeficient estequiomètric que hi falta:

a) $N_2 + O_2 \longrightarrow N_2O_3$

b) $C + O_2 \longrightarrow CO$

c) $SO_2 + O_2 \longrightarrow SO_3$

d) $Al + O_2 \longrightarrow Al_2O_3$

e) $Al + HCl \longrightarrow AlCl_3 + H_2$

f) $C_6H_6 + O_2 \longrightarrow CO_2 + H_2O$

g) $Na_2O + H_2O \longrightarrow NaOH$

h) $N_2 + H_2 \longrightarrow NH_3$

Comprova el que has après • Comprova el que has après

1. La matèria es pot transformar mitjançant canvis físics o químics.

a) Quines són les diferències més significatives entre un canvi físic i un canvi químic?

b) Posa un exemple de cada tipus de canvi.

c) Quin altre nom reben els canvis químics?

2. La teoria de col·lisions és un model senzill de la reacció química.

a) Descriu els aspectes més importants de la teoria de col·lisions.

b) Quines condicions ha de tenir un xoc perquè es produeixi una reacció química?

c) Què és l'energia d'activació? Posa'n algun exemple.

3. Quins indicis són senyals que s'han produït substàncies noves en una reacció?

4. En una reacció química, quines manifestacions d'energia són les més freqüents?

5. Defineix els conceptes següents:

a) Reacció exotèrmica.

b) Reacció endotèrmica.

6. Indica quins factors influeixen en la velocitat d'una reacció química.

7. Explica en què s'assemblen i en què es diferencien els catalitzadors dels enzims.

8. La major part de l'energia que habitualment consumim prové de la combustió de materials d'origen orgànic.

a) Defineix *reacció de combustió*.

b) Escriu en el quadern el nom d'alguns combustibles d'ús més habitual.

c) Quin comburent és el més habitual?

d) Quins dos compostos es produeixen majoritàriament en les reaccions de combustió?

9. Què és una equació química? Descriu els passos que s'han de seguir per escriure de manera correcta una equació química.

10. De les equacions químiques següents, indica quines estan ajustades i quines no ho estan.

a) $H_2 + O_2 \longrightarrow H_2O$

b) $C + O_2 \longrightarrow CO_2$

c) $KCl + Pb(NO_3)_2 \longrightarrow PbCl_2 + KNO_3$

d) $Zn + H_2SO_4 \longrightarrow ZnSO_4 + H_2$

e) $Zn + CuSO_4 \longrightarrow Cu + ZnSO_4$

f) $HNO_3 + NaOH \longrightarrow NaNO_3 + H_2O$

11. Completa al quadern aquestes equacions:

a) $2\ H_2O + O_2 \longrightarrow \ldots\ H_2O_2$

b) $2\ CH_3OH + 3\ O_2 \longrightarrow \ldots\ CO_2 + 4\ H_2O$

c) $Fe_2O_3 + 3\ CO \longrightarrow 2\ Fe + \ldots\ CO_2$

d) $Mg + \ldots\ HCl \longrightarrow MgCl_2 + H_2$

e) $H_2SO_4 + 2\ NaOH \longrightarrow Na_2SO_4 + \ldots\ H_2O$

12. El nitrògen i l'hidrogen són gasos que quan reaccionen produeixen un altre gas, l'amoníac. Fixa't en la representació atomicomolecular d'aquesta reacció i escriu al quadern l'equació química que hi correspon.

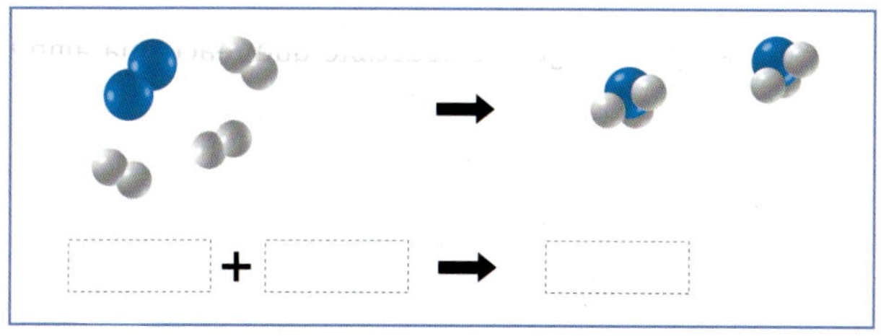

13. Completa els mots encreuats al quadern. A la columna marcada hi apareixerà el nom d'un científic francès que és considerat el fundador de la ciència química:

Definicions:

1. Substància que accelera la velocitat d'una reacció però que no és un reactiu.

2. Es trenquen i es formen en una reacció química.

3. Aportació d'energia inicial per començar una reacció química.

4. Reacció que desprèn energia.

5. Element químic necessari per a la respiració.

6. Oxidació molt intensa d'un combustible.

7. Reacció en la qual substàncies simples formen substàncies complexes.

8. Substància que neutralitza l'acció d'un àcid.

9. Substàncies obtingudes en una reacció química.

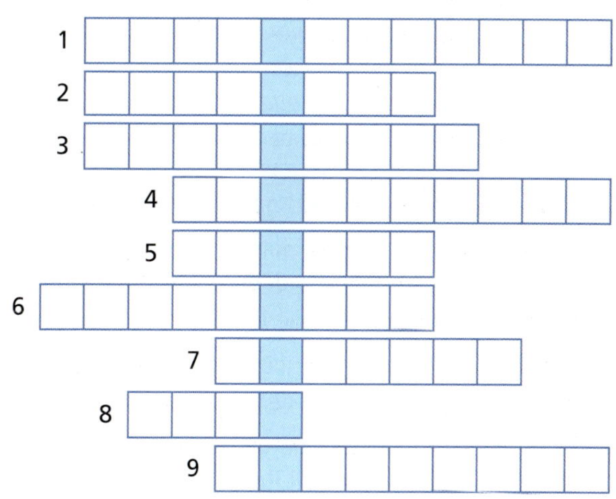

1 Analitza. Catalitzadors

La major part dels cotxes moderns estan equipats amb un catalitzador. Aquest catalitzador fa que els gasos d'escapament del cotxe siguin menys perjudicials per a les persones i per al medi ambient.

Aproximadament el 90 % dels gasos tòxics són transformats en gasos menys perjudicials.

A la dreta hi podem veure els gasos que entren i surten del catalitzador.

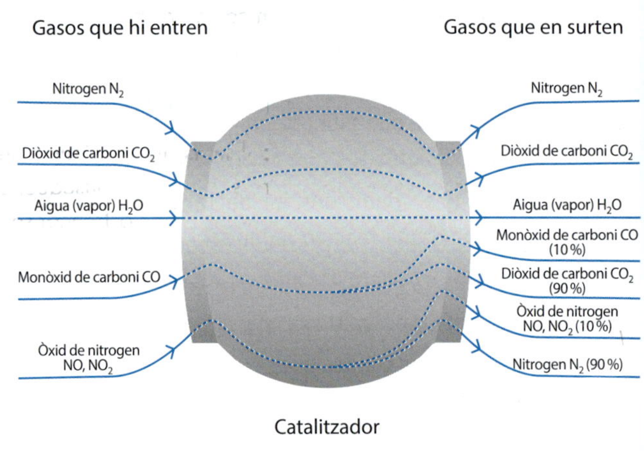

a) Utilitza la informació de la figura per donar un exemple de com el catalitzador fa que els gasos d'escapament siguin menys perjudicials.

b) A l'interior del catalitzador, els gasos experimenten canvis. Explica què és el que passa en termes d'àtoms i de molècules.

c) Fixa't en els gasos que expulsa el catalitzador. Digues un problema que els enginyers i els científics que treballen en el disseny de catalitzadors haurien de resoldre perquè els gasos d'escapament produïts encara siguin menys perjudicials.

d) T'interessa la informació de la taula següent? Copia-la al quadern i marca només una casella a cada fila.

Informació	M'interessa molt	M'interessa força	M'interessa poc	No m'interessa
a) Saber les diferències que hi ha entre els diversos carburants de cotxes pel que fa a la quantitat de gasos tòxics emesos.	☐ 1	☐ 2	☐ 3	☐ 4
b) Comprendre millor què passa a l'interior d'un catalitzador.	☐ 1	☐ 2	☐ 3	☐ 4
c) Conèixer els vehicles que no emeten gasos tòxics pel tub d'escapament.	☐ 1	☐ 2	☐ 3	☐ 4

2 Llegeix i respon. Fuites de gas

Llegeix el text següent:

El carbó natural conté gasos adsorbits superficialment, l'anomenat gas grisú, que es desprèn durant les feines d'extracció i s'acumula a les galeries. El component majoritari del grisú és el metà.

El gas metà és un gas incolor i inodor, de manera que els miners no en poden detectar la presència. El risc del grisú és que el metà forma mescles explosives amb l'aire. Perquè la mescla sigui explosiva, cal que la concentració de metà assoleixi proporcions d'entre el 5 % i el 14 %, i es requereix a més la presència d'una font de calor.

Les bombones utilitzades a les cuines contenen majoritàriament gas butà.

a) Busca informació sobre els gasos que componen el gas grisú.

b) El gas natural de consum domèstic és majoritàriament metà i, tanmateix, fa una olor molt característica. La raó és que les companyies subministradores hi introdueixen components fortament olorosos. Per què ho fan? Investiga quines substàncies hi introdueixen.

c) A les cuines és on hi ha més probabilitats que es produeixin fuites de gas. Com justifiques que una acumulació de gas no exploti a l'instant?

d) Si es detecta una fuita de gas s'ha de ventilar ràpidament l'habitació, però mai no s'ha d'accionar l'interruptor del llum. Per què?

Síntesi. Reacció química

Estats de la matèria

- Quan una substància experimenta alguna transformació que en canvia l'estat d'agregació o l'aspecte, però continua tenint una naturalesa química idèntica, diem que ha experimentat un **canvi físic**.
- Quan una substància experimenta una transformació que en canvia la naturalesa química, diem que ha experimentat un canvi químic o **reacció química**.

Característiques de les reaccions químiques

- Segons la **teoria de les col·lisions**, les partícules dels reactius xoquen contínuament entre si i, com a conseqüència de l'impacte, alguns enllaços poden arribar a trencar-se. Si s'enllacen de nou en una disposició diferent de la de l'original es formaran noves substàncies, els productes, i la reacció química s'haurà produït.
- Perquè es produeixi la reacció, les partícules han de xocar, i ho han de fer:
  - Amb una orientació adequada.
  - Amb un mínim de velocitat.
- L'**energia d'activació** és l'energia química necessària perquè s'iniciï una reacció química.
- Durant el curs d'una reacció química sempre es produeix, en un grau més o menys elevat, un despreniment o una absorció d'energia; generalment, en forma de calor.

Reaccions **exotèrmiques**: Es produeix un despreniment de calor. Reaccions **endotèrmiques**: Es produeix una absorció de calor.

Velocitat de reacció

- Per mesurar la **velocitat d'una reacció** es mesura la quantitat o concentració de producte que es forma, o de reactiu que desapareix, per unitat de temps.
- Factors que afecten la velocitat de reacció:
  - Naturalesa de la reacció
  - Concentració dels reactius
  - Superfície de contacte
  - Temperatura
  - Catalitzadors i enzims
- Una equació química és una representació simbòlica d'una reacció química:
  - A l'esquerra s'escriuen, separats per signes +, les fórmules químiques dels reactius, i a la dreta, de la mateixa manera, els productes.
  - Una fletxa → separa els reactius dels productes i simbolitza el sentit de la reacció.
  - Se solen indicar els estats d'agregació: s, l, g o aq.
  - S'escriu ajustada. Per fer-ho modifiquem, si cal, el nombre de molècules participants.

Consolidació de competències

RESPON LA PREGUNTA INICIAL

Després d'haver estudiat aquesta unitat, pots respondre la pregunta inicial:

Com canvia la matèria que ens envolta?

Redacta un text d'entre 10 i 20 línies que resumeixi les conclusions a què hagis arribat sobre la qüestió.

CONSOLIDA EL QUE HAS APRÈS

Per consolidar els coneixements adquirits al llarg de la unitat pots fer les activitats que trobaràs a l'adreça web següent:

www.tiching.com/731556

Aquestes activitats s'han preparat en un document en format pdf que pots descarregar-te.

Al final del document trobaràs les solucions de manera que puguis comprovar si has assolit els objectius de la unitat.

APRENDRE PER EMPRENDRE

Moltes petites empreses químiques treballen a un nivell gairebé artesanal per fabricar gammes de productes especialitzats que, com que tenen una demanda limitada, són desestimats per les grans empreses.

Un exemple són els productes ecològics de tot tipus: sabons, cosmètics, insecticides, netejavidres, etc. Pots veure'n un cas concret en aquest reportatge:

www.tiching.com/731990

Tria una recepta a Internet d'un producte de neteja ecològic que puguis elaborar, prepara'l i prova'l. Escull a més a més el tipus de recipient en què es vendria i la capacitat que tindria, dissenya l'etiqueta del producte, calcula el preu al qual es podria vendre, etc.

TÈCNIQUES D'ESTUDI

Entra a www.tiching.com/723889 i practica una tècnica d'estudi a partir de la síntesi.

7 ESTEQUIOMETRIA

Com treballem amb reaccions químiques?

1660-1699	1700-1799
1661	1789

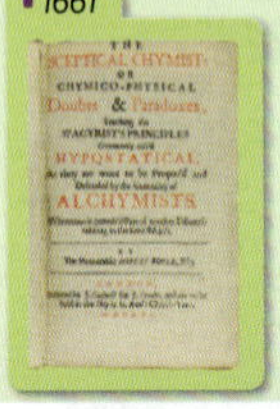

Química moderna.
El químic britànic R. Boyle (1627-1691) publica el llibre *The Sceptical Chymist*, on reivindica que la química és una ciencia amb entitat pròpia, tant pel mètode de treball com per l'objecte d'estudi.

Llei de la conservació de la matèria.
El químic francès A. Lavoisier (1743-1794) estableix la llei de la conservació de la matèria, segons la qual la matèria ni es crea ni es destrueix, només es transforma.

És freqüent datar en l'any 1661 el naixement de la química moderna, ja que és l'any que el científic britànic R. Boyle (1627-1691) va publicar el llibre titulat *The Sceptical Chymist*.

Fins llavors la química sempre havia estat supeditada a altres disciplines (medicina o la farmàcia...), però en el llibre Boyle la reivindicava com una disciplina científica amb entitat pròpia. Per diferenciar la química antiga de la moderna, va proposar canviar-ne el nom suprimint la primera síl·laba de *alquímia*.

Tot i això, el naixement de la química moderna es va produir un segle més tard, al final del segle XVIII, de la mà de científics com ara A. Lavoisier (1743-1794) o J. L. Proust (1754-1826).

Què sabem?

Els alquimistes van provar d'obtenir or a partir del sofre, el mercuri i la sal. Comenta aquestes afirmacions:

- Els alquimistes van fabricar or, però ara mateix no sabem com s'ho van fer.
- Els alquimistes no se'n van sortir perquè és químicament impossible.
- Avui gairebé tot l'or s'aconsegueix segons aquest procediment.
- Ja s'ha produït or amb aquestes substàncies, però no és rendible.

Què aprendrem?

1. **Lleis ponderals**
2. **Mol i massa molar**
3. **Càlculs de massa**
4. **Càlcul amb volums**
5. ***Laboratori*. Conservació de la massa**

1800-1899

1792

1795

Llei de les proporcions definides.
El farmacèutic i químic francès Louis Proust (1754-1826) va descobrir que, quan es combinen dos o més elements per obtenir un compost determinat, sempre ho fan en una relació constant de masses.

Estequiometria.
El químic alemany J. B. Richter (1762-1807) va establir les bases de l'estequiometria: "La ciència que mesura les proporcions quantitatives o relacions de massa dels elements químics que hi estan implicats (en una reacció química)".

1865

Primera estimació del nombre d'Avogadro.
El físic austríac J. Loschmidt (1821-1895) determina la densitat de partícules en un gas, paràmetre relacionat directament amb el nombre d'Avogadro. Per aquest motiu, el nombre d'Avogadro, a més de representar-se amb N_A, també es simbolitza amb la lletra L.

1 Lleis ponderals

Entre el final del segle XVIII i el començament del XIX, els químics comencen a estudiar les reaccions químiques d'una manera quantitativa.

Els experiments es dissenyen amb tota cura per mesurar exactament les masses de reactius i de productes. Es presta una atenció especial a les substàncies gasoses, ja que, per la seva naturalesa, no resulta fàcil pesar-les si no es prenen les precaucions adequades.

Fruit d'aquest treball és el descobriment d'una sèrie de lleis, les anomenades **lleis ponderals**, que expressen les relacions entre les masses de reactius i els productes en una reacció química o entre les masses d'elements en un compost químic.

Les lleis ponderals van establir les bases de la ciència química moderna.

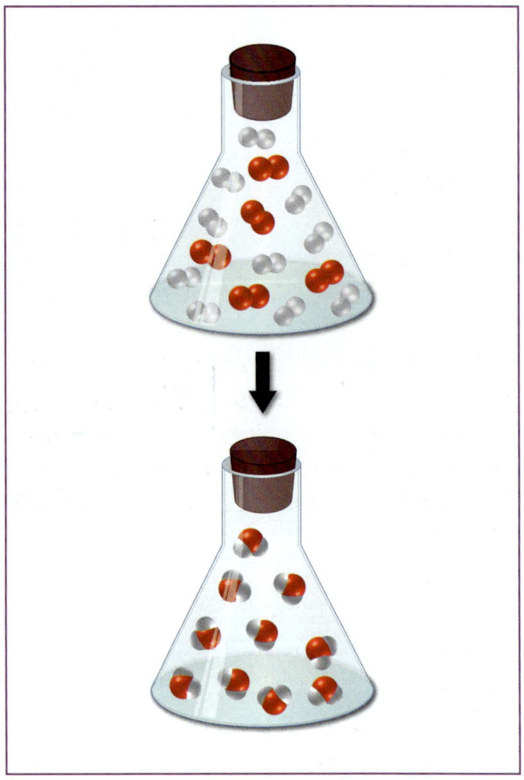

Fig. 1 El nombre d'àtoms i la massa total es conserven en una reacció química.

1.1. Llei de la conservació de la massa

Després de mesurar les masses de reactius i productes en un gran nombre de reaccions químiques, el químic francès A. Lavoisier (1743-1794) va enunciar la **llei de la conservació de la massa** o llei de Lavoisier:

> La massa de les substàncies presents al principi d'una reacció és igual a la massa de les substàncies presents al final d'aquesta reacció.

D'aquesta llei es dedueix que la massa de reactius que desapareixen en el transcurs d'una reacció és igual a la massa de productes que es formen.

Aquesta llei és consistent amb el model atomicomolecular de la reacció química. Una reacció química és una recombinació d'àtoms: al principi estaven units d'una manera en els reactius i al final estan units d'una altra manera en els productes. Per tant, els àtoms no desapareixen, només canvien de posició. Al principi i al final d'una reacció química sempre hi ha el mateix nombre i el mateix tipus d'àtoms i, en conseqüència, la massa total es conserva fig. 1.

Llei de la conservació de la massa o llei de Lavoisier

Vegem un experiment que permet comprovar aquesta llei:

1. Introduïm un tros d'estany en un recipient de vidre, el tanquem i el pesem en unes balances. D'aquesta manera tindrem la massa conjunta del recipient, l'aire que conté i el recipient.
2. Escalfem l'estany i observem la formació d'una substància nova que, analitzada posteriorment, resulta que és òxid d'estany.

Tot i la reacció química, la massa continua sent la mateixa que la inicial.

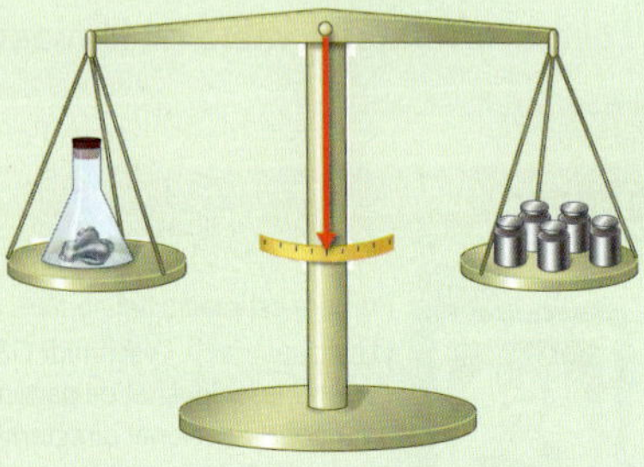

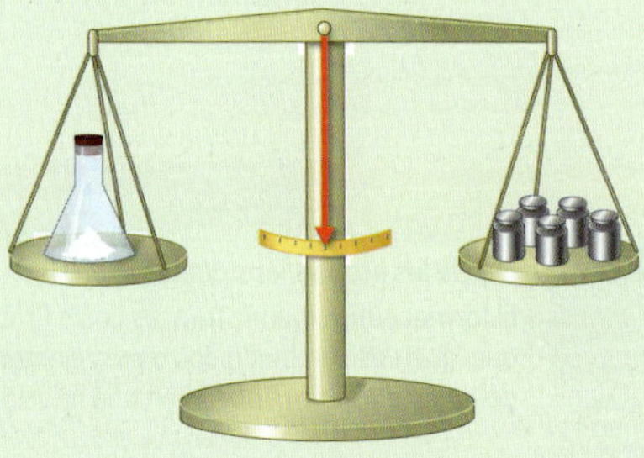

1.2. Llei de les proporcions definides

El químic francès J. L. Proust (1754-1826) va enunciar la **llei de les proporcions definides** o llei de Proust a partir de molts experiments en què mesurava la relació entre les masses dels elements que reaccionaven per formar un compost determinat.

Si dos elements o més es combinen per donar lloc a un compost determinat, sempre ho fan en una relació de masses constant.

Aquesta llei s'explica a partir de la teoria atomicomolecular de la matèria. Quan es forma un compost determinat a partir d'elements, els àtoms de cada element s'uneixen en una proporció definida i, com que els àtoms de cada element tenen una massa fixa, aquesta proporció es tradueix en una proporció definida de masses.

Composició centesimal d'un compost

Una conseqüència de la llei de Proust és que qualsevol mostra d'un determinat compost químic pur té la mateixa composició centesimal, és a dir, el percentatge en massa de cada element que forma el compost pren un valor fix fig. 2.

Per calcular el percentatge en massa d'un element A en una mostra de compost, s'aplica:

$$\text{Percentatge d'element A} = \frac{\text{massa de A}}{\text{massa de la mostra}} \cdot 100\,\%$$

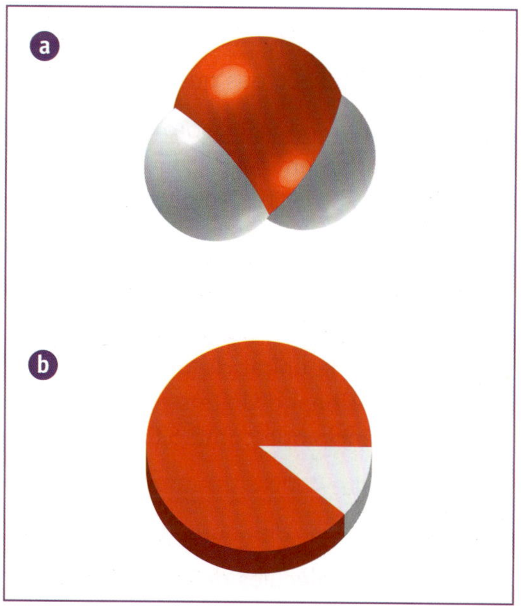

Fig. 2 a) La proporció d'àtoms a l'aigua és de 2 d'hidrogen per 1 d'oxigen; b) la proporció en massa és 11,1% d'hidrogen per 88,9% d'oxigen.

Si hi ha un líquid que sembla aigua però, en analitzar-lo, es determina que té una composició diferent, és segur que aquest líquid no és aigua.

Exemple

1. En un laboratori d'anàlisis químiques s'analitzen tres mostres d'òxid de ferro i s'obtenen els resultats següents:

Mostra	Massa de la mostra (g)	Massa de ferro (g)	Massa d'oxigen (g)
A	22,3	17,4	4,9
B	17,6	12,3	5,3
C	25,5	19,8	5,7

a) Calcula el percentatge de ferro de cada mostra.

b) Són del mateix compost totes tres mostres?

a) El percentatge de ferro de cada mostra és:

$$\text{Percentatge de ferro de la mostra } A = \frac{17{,}4}{22{,}3} \cdot 100 = 78\,\%$$

$$\text{Percentatge de ferro de la mostra } B = \frac{12{,}3}{17{,}6} \cdot 100 = 70\,\%$$

$$\text{Percentatge de ferro de la mostra } C = \frac{19{,}8}{25{,}5} \cdot 100 = 78\,\%$$

b) Les mostres *A* i *C* tenen el mateix percentatge de ferro, 78 %; per tant, són dues mostres del mateix compost.

1. Es produeix una variació de massa durant una reacció química? Explica-ho.

2. La sal comuna és clorur de sodi, NaCl. Aquest compost es descompon en els seus elements per acció del corrent elèctric. Si en un experiment es descomponen 100 g de sal i s'obtenen 39,3 g de sodi, quants grams de clor s'hauran obtingut? En quina llei t'has basat per fer els càlculs?

3. L'anàlisi de quatre mostres d'òxid de crom va donar els resultats següents:

Mostra	Massa de la mostra (g)	Massa de crom (g)
A	30,56	15,90
B	39,36	26,94
C	31,49	21,55
D	34,53	17,97

Corresponen totes quatre mostres a un mateix compost?

2 Mol i massa molar

2.1. El mol

Els àtoms i les molècules són tan petits que, per poca quantitat de substància que hi hagi, el seu nombre és enorme. Per exemple, quantes molècules creus que hi ha en una gota d'aigua petita?

Si considerem un valor aproximat de 0,05 cm^3, és a dir 50 mm^3, hi ha aproximadament 1 670 trilions de molècules d'aigua o, en notació científica, $1{,}67 \cdot 10^{21}$ molècules fig. 1.

Fer servir números tan grans resulta incòmode i, per això, els científics han acordat utilitzar una unitat prou gran per mesurar la quantitat d'una substància.

Actualment, la unitat de **quantitat d'una substància** (*n*) en el Sistema Internacional d'Unitats és el **mol**, que correspon a la quantitat d'una substància que conté $6{,}02 \cdot 10^{23}$ partícules fig. 2.

Per exemple:

– 1 mol d'àtoms de coure, (Cu) = $6{,}02 \cdot 10^{23}$ àtoms de coure

– 1 mol de molècules de CO_2 = $6{,}02 \cdot 10^{23}$ molècules de CO_2

– 1 mol d'ions de sodi, Na^+ = $6{,}02 \cdot 10^{23}$ ions de sodi

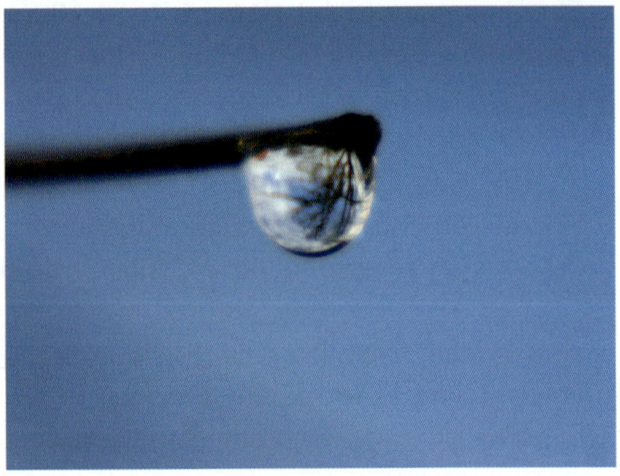

Fig. 1 En una gota d'aigua petita hi ha uns 1 670 trilions ($1{,}67 \cdot 10^{21}$) de molècules d'aigua:

1 670 000 000 000 000 000 000 de molècules

2.2. Massa molar

El nombre $6{,}02 \cdot 10^{23}$, anomenat nombre d'Avogadro en honor al científic italià Amedeo Avogadro fig. 3, el treball del qual va permetre desenvolupar el concepte de mol, es representa amb N_A:

$$N_A = 6{,}02 \cdot 10^{23}$$

Els científics han adoptat el nombre $6{,}02 \cdot 10^{23}$ com a unitat, i no un nombre enter més senzill (per exemple, 10^{20} o 10^{25}), perquè:

- La massa de $6{,}02 \cdot 10^{23}$ àtoms d'un element coincideix exactament amb el valor numèric de la massa atòmica de l'element, però expressada en grams.

  Per exemple, la massa d'1 mol d'àtoms de coure, Cu, és 63,5 g, perquè la massa atòmica del coure és 63,5.

- La massa de $6{,}02 \cdot 10^{23}$ molècules d'un compost químic coincideix amb la seva massa molecular.

  Per exemple, la massa d'1 mol de molècules d'aigua, H_2O, és 18 g, perquè la massa molecular de l'aigua és 18.

La massa d'un mol d'àtoms, molècules, etc., rep el nom de **massa molar**, se simbolitza *M* i té com a unitat el gram per mol, g/mol fig. 4.

$$1 \text{ mol de } A = M \text{ grams de } A$$

Així, per exemple, *M* (Cu) = 63,5 g/mol significa que en 63,5 g de coure hi ha exactament N_A àtoms de coure.

El concepte de massa molar resulta molt útil per als químics, perquè els permet comptar àtoms i molècules de les substàncies d'una manera molt senzilla a partir de mesures de massa.

Fig. 2 El nombre $6{,}02 \cdot 10^{23}$ és inimaginablement gran. Si existís, 1 mol de grans d'arròs cobriria tota la superfície d'Europa fins a una altura d'1,7 km.

Fig. 3 Amedeo Avogadro (1776-1856).

Substància	Fórmula	*M* (g/mol)
sofre	S	32
coure	Cu	63,5
ferro	Fe	56
mercuri	Hg	200,6
aigua	H_2O	18
clorur de sodi	NaCl	58,5
etanol	C_2H_5OH	46
diòxid de carboni	CO_2	44

Fig. 4 Les masses d'aquestes substàncies són diferents entre si, però totes corresponen a un mol de la substància indicada.

Exemples

1. **Quants mols de molècules d'aigua hi ha en 100 g?**

La massa molar de l'aigua és $M(H_2O) = (2 \cdot 1 + 16)$ g/mol = 18 g/mol, per tant:

$$n_{H_2O} = 100 \text{ g } H_2O \cdot \frac{1 \text{ mol } H_2O}{18 \text{ g } H_2O} = 5{,}56 \text{ mol } H_2O$$

2. **Quants àtoms hi ha en 8 g de sofre?**

La massa atòmica del sofre és 32. Això significa que 1 mol d'àtoms de sofre té una massa de 32 g.

Primer es calcula quants mols són 8 g de sofre:

$$n_S = 8 \text{ g S} \cdot \frac{1 \text{ mol S}}{32 \text{ g S}} = 0{,}25 \text{ mol S}$$

I, com que un mol de sofre conté $6{,}02 \cdot 10^{23}$ àtoms de sofre:

$$0{,}25 \text{ mol S} \cdot \frac{6{,}02 \cdot 10^{23} \text{ àtoms de S}}{1 \text{ mol S}} = 1{,}5 \cdot 10^{23} \text{ 1023 àtoms de S}$$

3. **On hi ha més molècules, en 100 g d'aigua, H_2O, o en 200 g de diòxid de carboni, CO_2?**

Per comptar molècules, n'hi ha prou de calcular la quantitat de mols de cada substància a partir de les masses molars:

$M(H_2O) = 18$ g/mol i $M(CO_2) = (12 + 2 \cdot 16)$ g/mol = 44 g/mol

A continuació, calculem els mols de cada substància:

$$n_{H_2O} = 100 \text{ g } H_2O \cdot \frac{1 \text{ mol } H_2O}{18 \text{ g } H_2O} = 5{,}56 \text{ mol } H_2O$$

$$n_{CO_2} = 200 \text{ g } CO_2 \cdot \frac{1 \text{ mol } CO_2}{44 \text{ g } CO_2} = 4{,}55 \text{ mol } CO_2$$

Hi ha més molècules en 100 g d'aigua.

@ Amplia a la Xarxa...

Per practicar el càlcul de massa molar, visita www.tiching.com/731993

1. Quina és la unitat per mesurar la quantitat de substància en el sistema internacional d'unitats?
2. Quantes partícules equivalen a un mol?
3. Què és la massa molar d'una substància?
4. Calcula la massa molar de les substàncies següents: SO_2, N_2, NH_3, Ni i $Al(OH)_3$.
5. Quants mols i quantes molècules hi ha en 100 g de sucre (sacarosa), $C_{12}H_{22}O_{11}$?
6. Calcula la massa d'1,25 mols de cafeïna, una substància que té la fórmula $C_8H_{10}N_4O_2$.
7. Ordena de més grans a més petites aquestes quantitats de plata: 20 g, $5 \cdot 10^{22}$ àtoms, 0,5 mol.

3 Càlculs de massa

3.1. Interpretació d'una equació química

Una equació química es pot interpretar a escales diferents. Per exemple, considerem l'equació que representa la reacció de combustió del metà:

$$CH_4\,(g) \;+\; 2\,O_2\,(g) \;\rightarrow\; CO_2\,(g) \;+\; 2\,H_2O\,(l)$$

Escala atomicomolecular

1 molècula de CH_4 reacciona amb 2 molècules de O_2 i s'obtenen 1 molècula de CO_2 i 2 molècules de H_2O

Aquesta interpretació continua sent vàlida per a un nombre gran de molècules, sempre que aquest nombre estigui en la proporció donada pels respectius coeficients estequiomètrics: 1 : 2 : 1 : 2.

Així, 1000 molècules de CH_4 reaccionen amb 2000 molècules de O_2 i s'obtenen 1000 molècules de CO_2 i 2000 molècules de H_2O.

Escala molar

Com que només s'ha de mantenir la proporció, es pot arribar a un nombre tan gran de molècules com és el nombre d'Avogadro.

Així, $1 \cdot N_A$ molècules de CH_4 reaccionen amb $2 \cdot N_A$ molècules de O_2 i s'obtenen $1 \cdot N_A$ molècules de CO_2 i $2 \cdot N_A$ molècules de H_2O. I, escrit d'una altra manera:

1 mol de CH_4 reacciona amb 2 mol de O_2 i s'obtenen 1 mol de CO_2 i 2 mol de H_2O

En conclusió, els coeficients estequiomètrics d'una equació química indiquen la proporció en mols segons la qual reaccionen els reactius i s'obtenen els productes fig. 1.

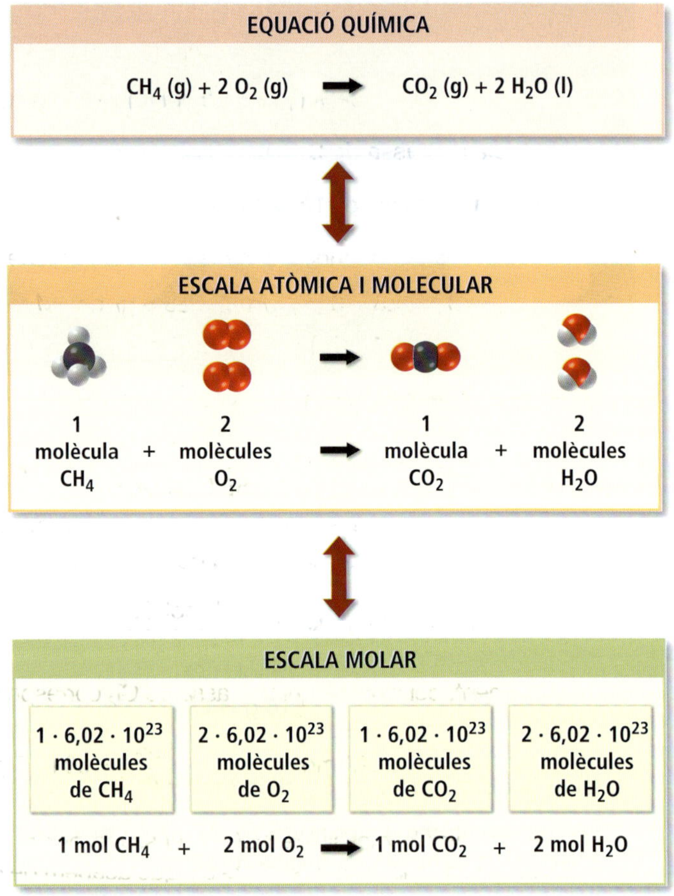

Fig. 1 Les proporcions estequiomètriques s'han de complir tant a escala de pocs àtoms i molècules com a escala de mols d'àtoms i molècules.

3.2. Càlculs estequiomètrics

A partir de l'equació química ajustada es fan els **càlculs estequiomètrics**, és a dir, es busca la quantitat de producte que es pot obtenir a partir d'una certa quantitat de reactiu o, a la inversa, es busca el reactiu necessari per obtenir una determinada quantitat de producte.

L'estratègia més general per fer càlculs de massa consta de tres passos fig. 2:

1. Es converteix la massa de A (producte o reactiu) en mols. Per portar a terme aquesta conversió, s'utilitza la massa molar de A.
2. A partir dels mols de A, es calcula el nombre de mols de B (reactiu o producte) utilitzant els coeficients estequiomètrics de l'equació ajustada.
3. Es converteixen els mols de B en massa de B fent servir la massa molar.

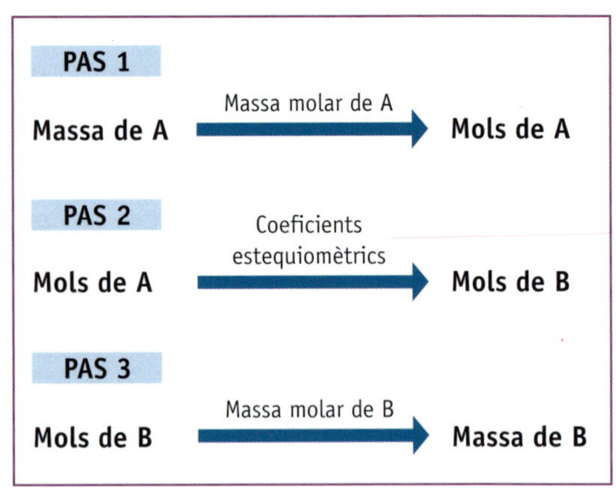

Fig. 2 Passos del càlcul estequiomètric.

Exemple

1. L'electròlisi del clorur de sodi fos produeix sodi i clor, segons la reacció:

$$2\,NaCl\,(l) \rightarrow 2\,Na\,(s) + Cl_2\,(g)$$

a) **Calcula la massa de Cl_2 que s'obtindria a partir de 500 g de NaCl.**

b) **Calcula la massa de NaCl necessària per obtenir 100 g de Na.**

a) Calculem la massa molar de cada substància present en la reacció:

$$M\,(NaCl) = (23 + 35{,}5)\ g/mol = 58{,}5\ g/mol;\ M\,(Na) = 23\ g/mol;$$

$$M\,(Cl_2) = 2 \cdot 35{,}5\ g/mol = 71\ g/mol$$

Primer passem la massa de NaCl a mols, a partir de la seva massa molar:

$$n_{NaCl} = 500\ \cancel{g\ NaCl} \cdot \frac{1\ mol\ NaCl}{58{,}5\ \cancel{g\ NaCl}} = 8{,}5\ mol\ NaCl$$

Després, com que per cada dos mols de NaCl se n'obté un de Cl_2, tindrem que, a partir dels 500 g de NaCl, s'obtenen:

$$n_{Cl_2} = 8{,}5\ \cancel{mol\ NaCl} \cdot \frac{1\ mol\ Cl_2}{2\ \cancel{mol\ NaCl}} = 4{,}25\ mol\ Cl_2$$

Finalment, per saber a quina massa de Cl_2 corresponen aquests mols:

$$m_{Cl_2} = 4{,}25\ \cancel{mol\ Cl_2} \cdot \frac{71\ g\ Cl_2}{1\ \cancel{mol\ Cl_2}} = 301{,}75\ g\ Cl_2$$

b) Per calcular la massa de NaCl necessària per obtenir 100 grams de NaCl es fan uns passos similars als que acabem de descriure:

$$n_{Na} = 100\ \cancel{g\ Na} \cdot \frac{1\ mol\ Na}{23\ \cancel{g\ Na}} = 4{,}3\ mol\ Na$$

$$n_{NaCl} = 4{,}3\ \cancel{mol\ Na} \cdot \frac{2\ mol\ NaCl}{2\ \cancel{mol\ Na}} = 4{,}3\ mol\ NaCl$$

$$m_{NaCl} = 4{,}3\ \cancel{mol\ NaCl} \cdot \frac{58{,}5\ g\ NaCl}{1\ \cancel{mol\ NaCl}} = 251{,}55\ g\ NaCl$$

Clorur de sodi.

Sodi.

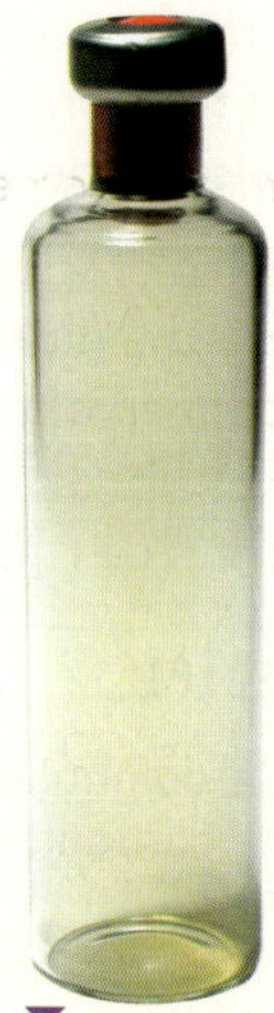

Clor.

1. El butà, de fórmula molecular C_4H_{10}, és un combustible d'ús domèstic molt habitual que es comercialitza en bombones de mides diverses.

La combustió del butà es descriu amb l'equació següent:

$$2\,C_4H_{10}\,(g) + 13\,O_2\,(g) \rightarrow 8\,CO_2\,(g) + 10\,H_2O\,(l)$$

a. Calcula la massa d'aigua produïda en la combustió de 10 kg de butà.

b. Determina la massa d'oxigen necessària per cremar 10 kg de butà.

c. Quina massa de diòxid de carboni es produeix quan es cremen 10 kg de butà?

2. La pintura de mini s'utilitza com a protector antioxidant del ferro. El mini és un òxid de plom, de fórmula empírica Pb_3O_4, de color taronja intens. Se sintetitza industrialment escalfant monòxid de plom, PbO, en presència d'aire a menys de 350 °C.

L'equació de la reacció és:

$$6\,PbO\,(s) + O_2\,(g) \rightarrow 2\,Pb_3O_4\,(s)$$

a. Calcula les masses de PbO i O_2 necessàries per obtenir 5 kg de mini.

b. Troba la massa de mini que es pot obtenir a partir d'1 g de PbO.

4 Càlculs amb volums

4.1. Substàncies líquides

Quan alguna de les substàncies que intervenen en una reacció química, reactiu o producte, és un líquid, es pot expressar la seva quantitat en forma de volum.

La densitat (ρ) de la substància relaciona massa (m) i volum (V):

$$V = \frac{m}{\rho} \Leftrightarrow m = V \cdot \rho$$

4.2. Substàncies gasoses

En moltes reaccions químiques hi intervenen gasos i, igual que en els líquids, és habitual expressar-ne les quantitats en forma de volum.

Tot i això, el volum d'una quantitat de gas determinada no és un valor fix, perquè depèn de la pressió i de la temperatura. Per aquest motiu, per poder comparar quantitats de gasos és convenient treballar en unes mateixes condicions de pressió i temperatura.

Una manera usual de treballar amb gasos és a una pressió d'**1 atm** i a una temperatura de **0 °C** (273 K). En aquestes condicions, 1 mol de qualsevol gas ocupa un volum de **22,4 dm³** fig. 1.

Aquesta propietat dels gasos es deu al fet que entre les seves molècules hi ha molt d'espai buit (que és veritablement el que es considera com a volum del gas), de manera que la mida insignificant de les molècules no té importància.

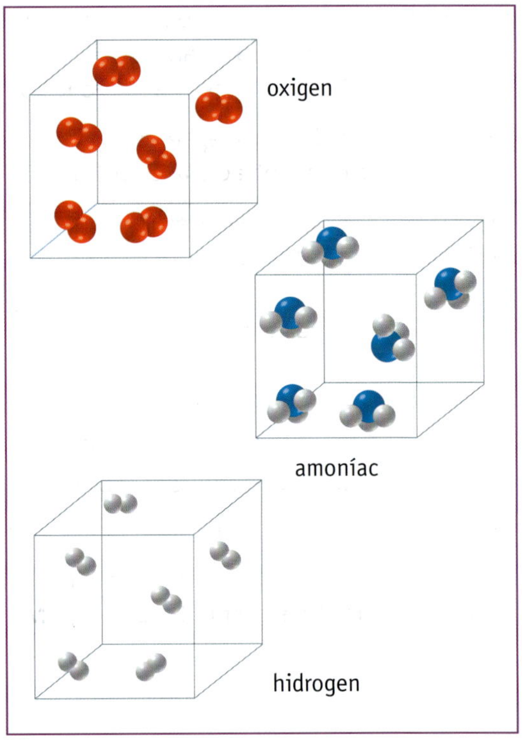

Fig. 1 Un mol de qualsevol gas mesurat en condicions normals ocupa un volum de 22,4 L, que és la capacitat d'un cub de 28,2 cm d'aresta.

Exemples

1. **La combustió de l'etanol, C_2H_5OH, produeix diòxid de carboni, CO_2, i aigua, H_2O, segons la reacció:**

$$C_2H_5OH\ (l) + 3\ O_2\ (g) \rightarrow 2\ CO_2\ (g) + 3\ H_2O\ (l)$$

Calcula la massa d'aigua que s'obtindrà cremant 100 cm³ d'etanol (densitat: ρ = 0,79 g/cm³).

Primer, calculem la massa molar dels compostos i, amb la densitat, la massa d'alcohol cremat:

M (C_2H_5OH) = 46 g/mol; M (O_2) = 32 g/mol;

M (CO_2) = 44 g/mol y M (H_2O) = 18 g/mol

$$m_{C_2H_5OH} = V \cdot \rho = 100\ cm^3 \cdot 0{,}79\ g/cm^3 = 79\ g\ de\ C_2H_5OH$$

Trobem els mols del producte i la seva massa:

$$n_{C_2H_5OH} = 79\ g\ C_2H_5OH \cdot \frac{1\ mol\ C_2H_5OH}{46\ g\ C_2H_5OH} = 1{,}7\ mol\ C_2H_5OH$$

$$n_{H_2O} = 1{,}7\ mol\ C_2H_5OH \cdot \frac{3\ mol\ H_2O}{1\ mol\ C_2H_5OH} = 5{,}1\ mol\ H_2O$$

$$m_{H_2O} = 5{,}1\ mol\ H_2O \cdot \frac{18\ g\ H_2O}{1\ mol\ H_2O} = 91{,}8\ g\ H_2O$$

2. **Calcula el volum d'oxigen necessari, mesurat en condicions normals, per cremar 25 g de butà, C_4H_{10}, segons la reacció:**

$$2\ C_4H_{10}\ (g) + 13\ O_2\ (g) \rightarrow 8\ CO_2\ (g) + 10\ H_2O\ (l)$$

Com que només ens interessen els reactius (butà i oxigen), calculem únicament les seves masses molars:

M (C_4H_{10}) = 58 g/mol y M (O_2) = 32 g/mol

Els mols de C_4H_{10} cremats són:

$$n_{C_4H_{10}} = 25\ g\ C_4H_{10} \cdot \frac{1\ mol\ C_4H_{10}}{58\ g\ C_4H_{10}} = 0{,}43\ mol\ C_4H_{10}$$

Per trobar el volum d'oxigen, hem de calcular abans els mols de O_2 necessaris en la combustió:

$$n_{O_2} = 0{,}43\ mol\ C_4H_{10} \cdot \frac{13\ mol\ O_2}{2\ mol\ C_4H_{10}} = 2{,}8\ mol\ O_2$$

El volum de O_2 mesurat en condicions normals és:

$$V_{O_2} = 2{,}8\ mol\ O_2 \cdot \frac{22{,}4\ L\ O_2}{1\ mol\ O_2} = 62{,}7\ L\ O_2$$

4.3. Substàncies en solució

La utilització de reactius dissolts és molt habitual en química. En un cas així, per saber la quantitat de reactiu que reacciona és indispensable conèixer la concentració de la solució.

Ara, a partir del concepte de mol, afegirem una manera nova d'expressar la concentració a les que ja coneixem:

La **concentració molar** o **molaritat** indica quants mols de solut hi ha dissolts en un litre de solució (mol/L o mol/dm^3) fig. 2:

$$\text{Concentració molar (mol/L)} = \frac{\text{mols de solut}}{\text{litres de solució}}$$

Normalment es fan servir algunes abreviacions:

- Una fórmula entre claudàtors, [NaCl], significa que es tracta d'una solució amb una concentració expressada en molaritat.
- La unitat mol/L o mol/dm^3 se sol escriure amb la lletra M.

D'aquesta manera, una solució aquosa de clorur de sodi de concentració 0,2 mol/L s'escriu [NaCl] = 0,2 M.

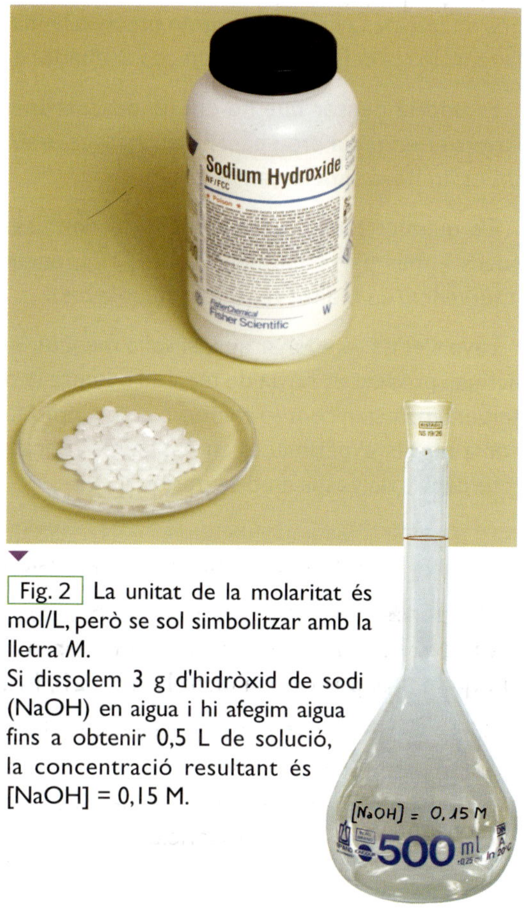

Fig. 2 La unitat de la molaritat és mol/L, però se sol simbolitzar amb la lletra *M*.
Si dissolem 3 g d'hidròxid de sodi (NaOH) en aigua i hi afegim aigua fins a obtenir 0,5 L de solució, la concentració resultant és [NaOH] = 0,15 M.

Exemple

3. Es prepara una solució de clorur de sodi, NaCl, dissolent 40 g de NaCl en aigua fins a obtenir dos litres de solució. Troba'n la concentració molar.

Primer, calculem quants mols són 40 g de NaCl. Com que *M* (NaCl) = 58,5 g/mol:

$$n_{\text{NaCl}} = 40\ \text{g NaCl} \cdot \frac{1\ \text{mol NaCl}}{58{,}5\ \text{g NaCl}} = 0{,}68\ \text{mol NaCl}$$

La molaritat és:

$$[\text{NaCl}] = \frac{n_{\text{NaCl}}}{V\ \text{dis.}} = \frac{0{,}68\ \text{mol NaCl}}{2\ \text{L dis.}} = 0{,}34\ \text{mol/L} = 0{,}34\ \text{M}$$

@ Amplia a la Xarxa...

Per calcular masses i volums en les reaccions químiques, consulta www.tiching.com/731995

---

1. L'àcid nítric, HNO_3, es pot preparar segons:

$$N_2O_5\ (g) + H_2O\ (l) \longrightarrow 2\ HNO_3\ (l)$$

Quin volum de HNO_3 s'obté a partir de 500 g de N_2O_5? (La densitat de l'àcid nítric és 1,5 g/cm^3.)

2. Calcula el volum de diòxid de carboni, CO_2, mesurat en condicions normals, i el volum de H_2O (ρ_{H_2O} = 1 g/cm^3) que s'obtindran en la combustió de 60 g de butà. L'equació de la reacció és:

$$2\ C_4H_{10}\ (g) + 13\ O_2\ (g) \longrightarrow 8\ CO_2\ (g) + 10\ H_2O\ (l)$$

3. Dissolem 25 g d'hidròxid de sodi (NaOH) en aigua fins a obtenir 500 cm^3 de solució. Quina és la concentració molar de la solució?

4. En la reacció de l'hidròxid de sodi, NaOH, amb HCl s'obté NaCl, segons:

$$NaOH + HCl \longrightarrow NaCl + H_2O$$

Quin volum de solució de NaOH 1 mol/L s'ha de fer reaccionar per obtenir 10 g de NaCl?

5. El iodur de potassi, KI, reacciona amb el nitrat de plom, $Pb(NO_3)_2$, segons:

$$KI\ (aq) + Pb(NO_3)_2\ (aq) \longrightarrow PbI_2\ (s) + KNO_3\ (aq)$$

a. Ajusta l'equació química.

b. Quin volum de solució 0,5 M de KI cal fer reaccionar amb excés de $Pb(NO_3)_2$ per obtenir 50 g de PbI_2? I per obtenir 1 mol de PbI_2?

Conservació de la massa

Al final del segle XVIII el químic francès A. Lavoisier va descobrir la llei de la conservació de la massa, després de portar a terme moltes reaccions en què pesava amb una gran precisió la massa dels reactius abans de la reacció i la dels productes un cop acabada fig. 1.

Es podria pensar que no era un descobriment gaire complicat, ja que Lavoisier en tenia prou pesant les masses amb unes balances. Ara bé, no tot es limitava simplement a pesar.

Els químics tenien unes idees força confuses sobre la naturalesa dels gasos i, més particularment, sobre l'aire, encara que reconeixien la seva intervenció en moltes reaccions químiques.

Lavoisier es va adonar que, si volia mesurar exactament la massa de reactius i productes, havia de tenir en compte la massa dels gasos que hi intervenien, fossin com a reactius o com a productes. Per fer-ho es va esforçar a fer els experiments en recipients tancats, amb la intenció d'evitar intercanvis de gasos amb l'exterior fig. 2.

Fig. 1 A sobre del retrat de Lavoisier i la seva dona hi pots veure una de les balances de precisió (*Museé des arts et métiens*, París) i, als peus del químic, al quadre, un dels seus matrassos.

A. Ara portaràs a terme dues reaccions per comprovar la conservació de la massa. En una de les reaccions hi haurà un despreniment gasós i, com que la reacció la faràs en un recipient obert, observaràs una disminució aparent de la massa. En l'altra reacció no hi intervenen gasos i, per tant, no hi fa res que la reacció es faci en un recipient obert per verificar la conservació de la massa.

Primer, has de preparar 100 mL de solució de carbonat de sodi de concentració 1 mol · L^{-1}, ja que la faràs servir en tots dos experiments.

Preparació d'una dissolució de concentració molar determinada

1. El solut sòlid que es dissoldrà és carbonat de sodi anhidre. En primer lloc es calcula la massa de solut que caldrà per preparar els 100 mL de dissolució de concentració 1 mol·L^{-1}:

$$m_{Na_2CO_3} = 100\ \cancel{mL}\ sol. \cdot \frac{1\ \cancel{L}}{1000\ \cancel{mL}} \cdot \frac{1\ \cancel{mol\ Na_2CO_3}}{1\ \cancel{L}\ sol.} \cdot \frac{106\ g\ Na_2CO_3}{1\ \cancel{mol\ Na_2CO_3}} =$$

$$= 10{,}6\ g\ Na_2CO_3$$

2. Agafa un vidre de rellotge i pesa'n la massa.
3. Diposita la massa pesada en un vas de precipitats net de 100 mL i abocar-hi uns 70 mL d'aigua destil·lada. Remou el líquid amb una vareta de vidre fins a la dissolució completa del solut.
4. Agafa un matràs aforat de 100 mL i, amb l'ajuda d'un embut, aboca-hi la solució preparada. Renta el vas de precipitats amb uns 20 mL d'aigua i afegeix-los al matràs aforat.
5. En aquest moment el volum de la solució preparada serà gairebé de 100 mL. Afegeix l'aigua que falta fent servir un comptagotes fins a arribar a la línia d'aforament.
6. Desa la solució preparada en una ampolla i escriu a l'etiqueta el nom i la fórmula del solut, la concentració molar i la data de preparació.

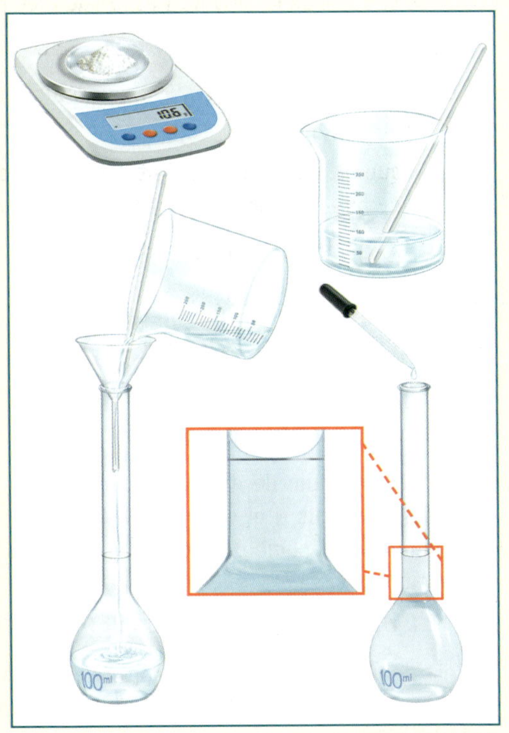

Pèrdua aparent de massa per despreniment gasós

El carbonat de sodi (Na_2CO_3) reacciona amb l'àcid clorhídric (HCl) segons:

$$Na_2CO_3\ (aq) + 2\ HCl\ (aq) \rightarrow 2\ NaCl\ (aq) + H_2O\ (l) + CO_2\ (g)$$

1. Posa en una proveta 25 mL de dissolució de Na_2CO_3 1 M.
2. Posa 50 mL de solució HCl 1 M en un vas de precipitats de 250 mL.
3. Pesa el conjunt de la proveta i el vas de precipitats i anota el valor obtingut.

   Massa inicial (recipients + reactius): ... g
4. A continuació, aboca a poc a poc la solució de carbonat sobre la de l'àcid. Veuràs un bombolleig intens pel despreniment de diòxid de carboni.

   Quan s'acabi el bombolleig, pesa una altra vegada el conjunt i anota el valor obtingut:

   Massa final (recipients + reactius): ... g
5. Calcula la pèrdua aparent de massa.

   Pèrdua aparent de massa = massa final − massa inicial = ... g

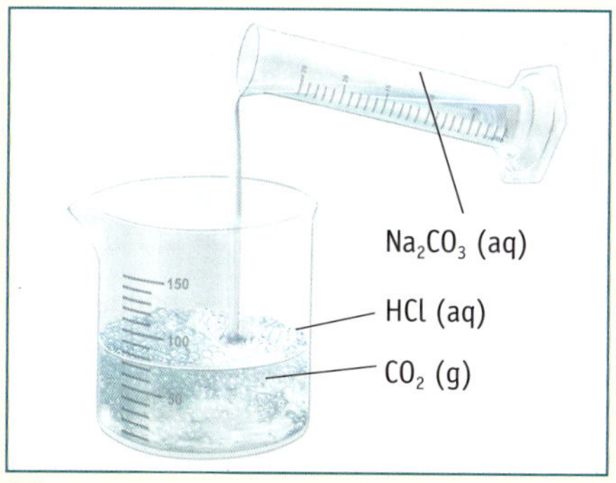

Reacció d'àcid clorhídric amb carbonat de sodi.

S'han de pesar conjuntament el vas de precipitats i la proveta amb les dissolucions abans de la reacció i també després.

Conservació de la massa en una reacció de precipitació

El carbonat de sodi reacciona amb l'hidròxid de bari segons:

$$Na_2CO_3\ (aq) + Ba(OH)_2\ (aq) \rightarrow BaCO_3\ (s) + 2\ NaOH\ (aq)$$

1. Posa en una proveta 25 mL de solució de Na_2CO_3 1 M.
2. Posa 50 mL de solució saturada d'hidròxid de bari en un vas de precipitats de 250 mL.
3. Pesa el conjunt de la proveta i el vas de precipitats i anota el valor obtingut.

   Massa inicial (recipients + reactius): ... g
4. A continuació, aboca a poc a poc la solució de carbonat de sodi sobre la de l'hidròxid de bari.

   Veuràs que es forma un precipitat de color blanc de carbonat de bari. Pesa altra vegada el conjunt i pren nota del valor obtingut:

   Massa final (recipients + reactius): ... g
5. Calcula la pèrdua aparent de massa.

   Pèrdua aparent de massa = massa final − massa inicial = ... g

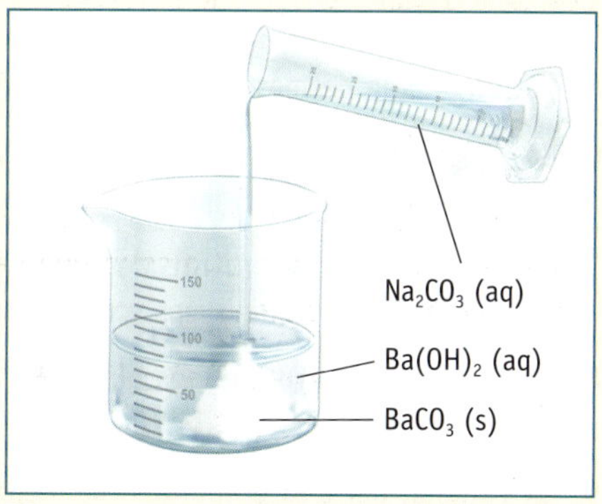

El carbonat de bari precipita en forma d'un sòlid de color blanc.

1. Creus que en els 100 mL de solució que has preparat hi ha 100 mL d'aigua?
2. Per què s'esbandeix el vas de precipitats amb una mica d'aigua destil·lada i l'aigua s'afegeix a la solució del matràs?
3. Hi ha hagut una pèrdua de massa significativa en alguna de les reaccions?
4. Quines condicions s'han de donar en una reacció feta en un recipient obert perquè no hi hagi una pèrdua aparent de massa? Descriu aquestes condicions al quadern.
5. Creus que es pot donar el cas d'una reacció química feta en un recipient obert que mostri un possible augment aparent de massa? Justifica la teva resposta.

1. Explica per què no és certa aquesta frase: "La descomposició electrolítica de 100 g de bromur de potassi (KBr) produeix 39 g de potassi i 80 g de brom".

2. A partir d'una mostra de 42,5 g d'un òxid de plom es van obtenir 36,8 g de plom. Calcula la composició centesimal de l'òxid de plom de la mostra.
   a) Quina massa de plom es podria obtenir a partir de 472 g d'òxid de plom?
   b) Quina massa d'òxid de plom s'hauria de tractar per obtenir 1 kg de plom?

3. Calcula la massa molar de les substàncies següents: O_2, NH_3, HCl, K_2CO_3 i $Ca(OH)_2$.

4. Completa al quadern la taula següent:

Fórmula	Quantitat de substància (mol)	Massa (g)
H_2O	2,50	
CO_2		186
NH_3	1,24	
H_2SO_4		450
NaOH	0,92	

5. Calcula:
   a) Quants àtoms d'or hi ha en un gram d'aquest metall.
   b) Quantes molècules hi ha en 20 g de O_2. I quants àtoms?
   c) Quants mols de Cl_2O_3 hi ha en 100 g de Cl_2O_3.
   d) Quina és la de massa 4 mols de $CaCO_3$.

6. Ordena de més grans a més petites les quantitats següents d'or: 100 g, 1,5 mol i 10^{22} àtoms.

7. Quina massa de nitrat de potassi (KNO_3) hi ha en 0,5 mol de KNO_3? I quina massa de cada element (K, N i O)?

8. D'on es pot extreure més plata, de 100 g de Ag_2O o de 130 g de AgCl?

9. Calcula, per a la preparació de diclorur de calci:

$$CaO + 2\ HCl \longrightarrow CaCl_2 + H_2O$$

   a) Quants mols de $CaCl_2$ s'obtindran a partir de 0,25 mols de CaO i HCl en excés i quants a partir de 0,25 mols de HCl i CaO en excés?
   b) Quants mols de CaO i de HCl calen per obtenir 4 mols de $CaCl_2$.

10. Calcula, per a la reacció de formació de l'aigua,

$$2\ H_2 + O_2 \longrightarrow 2\ H_2O$$

   a) Quina massa d'aigua s'obtindrà a partir de 20 g de H_2 i O_2 en excés?
   b) Quina massa de O_2 haurà reaccionat amb aquests 20 g de H_2?

11. El nitrat d'amoni, NH_4NO_3, es descompon fàcilment per escalfament, segons

$$2\ NH_4NO_3\ (s) \longrightarrow 4\ H_2O\ (l) + 2\ N_2\ (g) + O_2\ (g)$$

   a) Calcula la massa d'oxigen que s'obtindrà en la descomposició de 200 g de nitrat d'amoni.
   b) Calcula la massa de nitrat d'amoni que s'hauria de descompondre per obtenir 500 g d'amoni?

12. Calcula, per a la reacció de formació del triòxid de sofre ($2\ S + 3\ O_2 \longrightarrow 2\ SO_3$):
   a) La massa de SO_3 que s'obtindrà a partir de 50 g de S i O_2 en excés.
   b) Les masses de S i de O_2 necessàries per obtenir exactament 100 g de SO_3.

13. El diòxid de sofre, SO_2, és un contaminant que es produeix en la combustió del carbó a les centrals tèrmiques. Un mètode per netejar de SO_2 el fum expulsat a l'atmosfera consisteix a tractar-lo amb H_2S, en una reacció que produeix sofre sòlid i aigua:

$$SO_2\ (g) + H_2S\ (g) \longrightarrow S\ (s) + H_2O\ (l)$$

   a) Ajusta l'equació química.
   b) Si en una central es produeixen 500 kg de sofre cada dia, calcula la massa de diòxid de sofre que s'extraurà del fum.

14. La respiració consisteix en la combustió bioquímica del sucre glucosa, $C_6H_{12}O_6$. Aquesta reacció es pot expressar mitjançant l'equació química següent:

$$C_6H_{12}O_6\ (s) + 6\ O_2\ (g) \longrightarrow 6\ CO_2\ (g) + 6\ H_2O\ (l)$$

Una persona crema, per terme mitjà, uns 600 grams de glucosa al dia. Calcula:
   a) La massa d'aigua que es produirà.
   b) Els mols de CO_2 que es produiran.
   c) La massa d'oxigen que caldrà per completar la combustió.

15. Es prepara una dissolució de 10 g de clorur de potassi, KCl, en aigua fins a completar un litre de dissolució.
   a) Calcula la concentració molar de la dissolució.
   b) Si per a un experiment es necessiten 0,025 mols de KCl, quin volum s'haurà d'extreure de la dissolució preparada?

16. Calcula, per a la reacció de formació del diòxid de carboni, $C\ (s) + O_2\ (g) \longrightarrow CO_2\ (g)$:
   a) La massa de CO_2 produïda quan es cremen 100 g de C en excés de O_2.
   b) Els mols de CO_2 produïts.
   c) El volum d'aquest CO_2 en condicions normals.

1. Què són les lleis ponderals? Per què són importants per a la història de la química?

2. Enuncia al quadern la llei de Lavoisier o llei de la conservació de la massa i explica-la.

   Posa un exemple d'un cas en què aparentment no es compleixi la llei de Lavoisier i refuta'l, és a dir, digues a què es deu aquesta diferència de massa.

3. Quan es crema cotó es produeixen gasos i cendra. Aparentment desapareix massa, perquè les cendres pesen molt menys que el cotó. Descriu un procediment experimental per demostrar que en la combustió del cotó es compleix la llei de la conservació de la massa.

4. Les equacions següents representen reaccions químiques. Indica en quines reaccions es podria comprovar la llei de la conservació de la massa encara que la reacció es fes en un recipient obert:

   a) $2\ Cu\ (s) + O_2\ (g) \longrightarrow 2\ CuO\ (s)$

   b) $CaO\ (s) + H_2O\ (l) \longrightarrow Ca(OH)_2\ (s)$

   c) $CaCO_3\ (s) \longrightarrow CaO\ (s) + CO_2\ (g)$

   d) $Zn\ (s) + H_2SO_4\ (aq) \longrightarrow ZnSO_4\ (aq) + H_2\ (g)$

   e) $NaCl\ (aq) + AgNO_3\ (aq) \longrightarrow AgCl\ (s) + NaNO_3\ (aq)$

5. La descomposició electrolítica de l'aigua produeix oxigen i hidrogen, segons la reacció $2\ H_2O \longrightarrow 2\ H_2 + O_2$. Amb la descomposició de 27 g d'aigua, què s'obté?

   a) S'obtenen 13,5 g d'hidrogen i 13,5 g d'oxigen.

   b) S'obtenen 18 g d'hidrogen i 9 g d'oxigen.

   c) S'obtenen 3 g d'hidrogen i 24 g d'oxigen.

6. Escriu l'enunciat de la llei de les proporcions definides de Proust i justifica-la des del punt de vista de la teoria atomicomolecular de la matèria.

7. Què és la composició centesimal d'un compost? Com es calcula?

8. Què són els càlculs estequiomètrics? Quins són els tres passos fonamentals de qualsevol càlcul estequiomètric?

9. Defineix els conceptes següents:

   a) Mol.
   b) Nombre d'Avogadro.
   c) Massa molecular.
   d) Massa molar.

10. Quina és la unitat de la massa molar? Com es calcula?

11. Fes correspondre al quadern cada fórmula amb la seva massa molar:

a) SO_3	1) 17 g/mol
b) PH_3	2) 28 g/mol
c) NaOH	3) 34 g/mol
d) CO	4) 34 g/mol
e) H_2SO_4	5) 40 g/mol
f) H_2S	6) 44 g/mol
g) CO_2	7) 80 g/mol
h) NH_3	8) 98 g/mol

12. Indica al quadern si les afirmacions següents són certes o falses per a aquesta equació química:

$$2\ C_2H_2 + 5\ O_2 \longrightarrow 4\ CO_2 + 2\ H_2O$$

   a) Quan es fan reaccionar 2 g de C_2H_2 amb 5 g de O_2 s'obtenen 4 g de CO_2 y 2 g de H_2O.

   b) Per cada molècula de C_2H_2 que reacciona es forma una molècula d'aigua.

   c) Per cada dos mols de C_2H_2 que reaccionen es necessiten 5 mols de O_2.

   d) Calen 5 molècules de O_2 per obtenir 4 mols de CO_2.

13. Indica al quadern si són certes o falses aquestes afirmacions: "En una reacció química sempre...

   a) ... es desprèn calor".

   b) ... es conserva la massa".

   c) ... es conserva el nombre de mols".

   d) ... es conserva el nombre d'àtoms".

   e) ... es reorganitzen els enllaços".

14. Què és la concentració molar? En quina unitat s'expressa aquesta magnitud?

15. Quina característica d'una substància líquida s'ha de conèixer per poder utilitzar el volum de la substància en comptes de la seva massa?

16. Quines són les condicions normals de pressió i temperatura? Quina utilitat tenen en el càlcul químic?

17. Agafa les quantitats següents d'oxigen (O_2) i ordena-les segons el nombre d'àtoms que continguin de més gran a més petit: 2 mol de O_2; 22,4 L mesurats en condicions normals de pressió i temperatura; 48 g de O_2.

1 Extreu conclusions. El pa

Un cuiner fa pa barrejant farina, aigua, sal i llevat. Un cop tot barrejat, ho posa en un recipient durant unes quantes hores perquè tingui lloc el procés de la fermentació.

Durant la fermentació, es produeix un canvi químic en la barreja: el llevat (un fong unicel·lular) transforma el midó i els sucres de la farina en diòxid de carboni i alcohol.

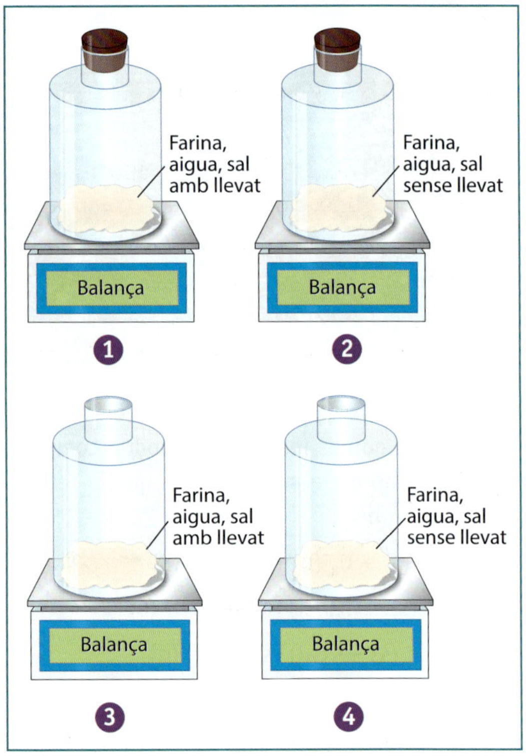

1. La fermentació fa que la barreja s'infli. Per què?
   a) S'infla perquè es produeix alcohol, que es transforma en gas.
   b) S'infla perquè els fongs unicel·lulars es reprodueixen a dintre.
   c) S'infla perquè es produeix un gas, el diòxid de carboni.
   d) S'infla perquè la fermentació transforma l'aigua líquida en vapor.

2. Hores després d'haver fet la barreja, el cuiner la pesa i observa que la massa ha disminuït.

   La massa de la barreja és la mateixa al començament de cada un dels quatre experiments que es mostren a la dreta. Quins dos experiments hauria de comparar el cuiner per determinar si és el llevat el responsable de la pèrdua de massa?
   a) El cuiner hauria de comparar els experiments 1 i 2.
   b) El cuiner hauria de comparar els experiments 1 i 3.
   c) El cuiner hauria de comparar els experiments 2 i 4.
   d) El cuiner hauria de comparar els experiments 3 i 4.

3. En la barreja, el llevat transforma el midó i els sucres de la farina mitjançant una reacció química en què es produeixen diòxid de carboni i alcohol.

   D'on provenen els àtoms de carboni que formen part del diòxid de carboni i de l'alcohol?

   Marca amb un cercle la resposta adequada de cada una de les possibles explicacions següents:

És correcta aquesta explicació sobre la procedència dels àtoms de carboni?	Sí o No?
Alguns àtoms de carboni provenen dels sucres.	Sí / No
Alguns àtoms de carboni formaven part de les molècules de sal.	Sí / No
Alguns àtoms de carboni provenen de l'aigua.	Sí / No

4. Quan la barreja de pa inflat (fermentada) es cou al forn, les bombolles de gas i vapor que hi ha en la barreja es dilaten. Per què es dilaten els gasos i els vapors quan s'escalfen?
   a) Perquè les molècules es fan més grans.
   b) Perquè les molècules es mouen més de pressa.
   c) Perquè augmenta el nombre de molècules.
   d) Perquè les molècules entren en col·lisió amb menys freqüència.

Lleis ponderals

- **Llei de la conservació de la massa o llei de Lavoisier**

  La massa de les substàncies presents al principi d'una reacció és igual que la massa de les substàncies presents al final d'aquesta.

- **Llei de les proporcions definides o llei de Proust**

  Normalment si dos o més elements es combinen per donar un compost determinat, sempre ho fan en una relació constant de masses.

- Qualsevol mostra d'un compost químic pur determinat té la mateixa **composició centesimal**, és a dir, el percentatge en massa de cada element que forma el compost pren un valor fix.

Càlculs estequiomètrics

- El **mol** és la unitat de quantitat de substància i es tracta de la quantitat de substància que conté $6{,}02 \cdot 10^{23}$ partícules.
- La **massa molar** d'una substància és la massa d'1 mol d'aquesta substància.
  - La massa d'1 mol d'àtoms coincideix numèricament amb la massa atòmica de l'element, però expressada en grams.
  - La massa de $6{,}02 \cdot 10^{23}$ molècules d'un compost químic coincideix numèricament amb la seva massa molecular.
- Una equació química es pot interpretar a diferents escales: escala molecular o escala molar.
- Els **càlculs estequiomètrics** es fan a partir de l'equació química ajustada; es troba la quantitat de producte que es pot obtenir a partir d'una determinada quantitat de reactiu o, inversament, el reactiu necessari per obtenir una quantitat de producte.
- Quan alguna de les substàncies que intervenen en una reacció química, reactiu o producte, és un líquid, se'n pot expressar la quantitat en forma de volum.

  En aquest cas, s'utilitza la densitat (ρ) de la substància, és a dir, la relació entre la seva massa (m) i el seu volum (V).

- Per treballar amb gasos, és convenient tenir-los en unes mateixes condicions de pressió i temperatura.

  Les **condicions normals** són una pressió d'1 atm i una temperatura de 0 °C (273 K). En aquestes condicions, 1 mol de qualsevol gas ocupa un volum de 22,4 dm^3.

- Si es treballa amb substàncies en dissolució, per saber la quantitat de reactiu que reacciona és indispensable conèixer la **concentració** d'aquesta dissolució (en grams per litre, percentatge...).

  La **concentració molar** o molaritat indica els mols de solut dissolts en un litre de dissolució (mol/L o mol/dm^3).

Consolidació de competències

RESPON LA PREGUNTA INICIAL

Després d'haver estudiat aquesta unitat, pots respondre a la pregunta inicial:

Com treballem amb reaccions químiques?

Redacta un text d'entre 10 i 20 línies que resumeixi les conclusions a què hagis arribat sobre la qüestió. A continuació, elabora un esquema dels continguts.

CONSOLIDA EL QUE HAS APRES

Per consolidar els coneixements adquirits al llarg de la unitat pots fer les activitats que trobaràs en aquesta adreça web:

www.tiching.com/731557

Aquestes activitats s'han preparat en un document en format pdf que et pots descarregar.

Al final del document trobaràs les solucions perquè puguis comprovar fàcilment si has complert els objectius de la unitat.

APRENDRE PER EMPRENDRE

Les empreses químiques transformen unes substàncies químiques en unes altres de més elaborades.

1. Selecciona, amb ajuda d'Internet, diverses empreses químiques del teu municipi o comarca.
2. Elabora un qüestionari amb preguntes sobre:
   - Quines matèries primeres utilitzen i quines quantitats anuals.
   - Quins productes fabriquen i la seva producció anual.
   - Les aplicacions dels productes.
   - El nombre de persones que treballen i les seves funcions.
3. Contacta, per correu electrònic o en una visita a l'empresa organitzada per l'escola, amb alguna persona de l'empresa que pugui resoldre'l.

TÈCNIQUES D'ESTUDI

Entra a www.tiching.com/723889 i practica una tècnica d'estudi a partir de la síntesi.

8 QUÍMICA, TECNOLOGIA I SOCIETAT

Com influeix la química en la societat?

Els plàstics són materials que actualment es fan servir per fabricar gairebé qualsevol objecte; per exemple, la major part dels envasos. Tot i que aquests nous productes ens ajuden a viure millor, la seva producció i el seu consum generen molts problemes mediambientals.

1850-1899

1859

Petroli.
El primer pou de petroli es va perforar el 1859 a la població de Titusville (Pennsilvània) als EUA.

1881

Vacuna.
El químic francès Louis Pasteur (1822-1895) va preparar la primera vacuna utilitzant gèrmens infecciosos afeblits.

1887

Aspirina.
El farmacèutic alemany Felix Hoffmann (1868-1946) sintetitza l'àcid acetilsalicílic, un compost analgèsic i antipirètic que el 1899 es comercialitza amb el nom d'Aspirina.

1909

Plàstics.
El químic belga Leo H. Baekeland (1863-1944) sintetitza un plàstic resistent a la calor, que anomena *baquelita*. S'inicia el desenvolupament de la indústria dels plàstics.

La humanitat sempre ha aprofitat els recursos naturals disponibles per millorar el seu benestar.

No obstant això, poques matèries primeres s'utilitzen tal com es troben a la natura. Gairebé totes les substàncies que fem servir cada dia han estat modificades, en major o menor grau, mitjançant transformacions físiques i químiques. L'exemple més notable és el petroli, un líquid espès i que fa mala olor, del qual es poden obtenir tota classes de substàncies.

En aquest tema estudiaràs com els productes químics contribueixen a millorar la nostra qualitat de vida, però sense oblidar que la seva fabricació i consum són causa de problemes mediambientals importants, com ara el forat de la capa d'ozó, l'augment de l'efecte d'hivernacle o el canvi climàtic.

Què sabem?

- Segurament els noms *aspirina* i *paracetamol* et són molt coneguts i això és perquè són els dos analgèsics (fàrmacs que actuen contra el dolor) més habituals en qualsevol farmaciola domèstica. Busca informació sobre com i quan es van obtenir per primera vegada.
- Investiga a casa teva quins productes de neteja feu servir. Llegeix-ne les etiquetes i anota el nom dels compostos químics que contenen. Són molt variats?

Què aprendrem?

1. **Matèries primeres de la indústria química**
2. ***Descobreix*. El petroli**
3. **La indústria del petroli**
4. **La indústria farmacèutica**
5. **Contaminació del medi ambient**
6. **Residus i reciclatge**
7. ***Laboratori*. Piròlisi de fusta i plàstic**

1900-1999

1930 • Primera refineria espanyola.
La primera refineria de petroli a Espanya va ser construïda per la Compañía Española de Petróleos S.A. (CEPSA) a Santa Cruz de Tenerife (Canàries).

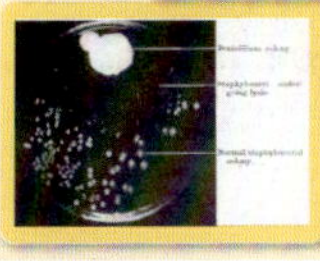

• 1928 Penicil·lina.
El bacteriòleg escocès Alexander Fleming (1881-1955) descobreix la penicil·lina.

• 1935 Niló.
El químic nord-americà W.H. Carothers (1896-1937) obté la primera fibra completament sintètica, comercialitzada amb el nom de *niló*, que va tenir una gran acceptació pel fet de tenir propietats semblants a la seda.

1985 • Forat d'ozó.
Es descobreix que la concentració de l'ozó estratosfèric està molt disminuïda a l'Antàrtida. El fenomen és anomenat "forat de la capa d'ozó".

1 Matèries primeres de la indústria química

1.1. Matèries primeres

La indústria química té per objectiu aprofitar les substàncies disponibles en l'entorn natural, les **matèries primeres**, sotmetre-les a transformacions físiques i químiques i, així, obtenir uns productes adequats per a la seva utilització.

Hi ha diferents tipus de matèries primeres segons la seva procedència. A continuació en veurem els més destacats.

1.2. Aire i aigua

Alguns components de l'aire, com ara l'oxigen i el nitrogen, tenen un gran interès industrial. Es poden separar per destil·lació fraccionada de l'aire en estat líquid, és a dir, liquant l'aire i deixant evaporar successivament els components fig. 1.

Molts processos industrials necessiten l'aigua per les seves propietats excel·lents com a dissolvent, però també com a reactiu, refrigerant, netejador...

L'aigua dolça és un recurs tan important com escàs. Només el 3 % de l'aigua del nostre planeta és aigua dolça i, d'aquesta, poc més del 20 % es troba en estat líquid, però no sempre és accessible ni té la qualitat suficient. A més, la seva distribució geogràfica és molt desigual.

Fig. 1 La destil·lació fraccionada de l'aire en separa els components per a usos diversos: nitrogen per fabricar adobs i explosius, oxigen per a soldadura...

1.3. Minerals i roques

Els **minerals** són substàncies naturals inorgàniques de composició química definida, a partir dels quals s'obtenen els metalls mitjançant *processos metal·lúrgics* taula 1.

Taula 1

MENES D'ALGUNS METALLS		
Mineral	**Compost**	**Metall**
hematites	Fe_2O_3	ferro
calcopirita	$CuFeS_2$	coure
blenda	ZnS	zinc
bauxita	$Al_2O_3 \cdot 2\ H_2O$	alumini
cassiterita	SnO_2	estany
cinabri	HgS	mercuri
galena	PbS	plom
sal gemma	$NaCl$	sodi

Les **roques** són agregats de partícules minerals de composició molt variable. Moltes s'aprofiten directament com a *materials de construcció* (granit, marbre, pissarra, etc.) o per fabricar altres materials, com ara el ciment (mescla d'argila i roca calcària cuita a 1700 °C) o les ceràmiques (fetes amb una argila d'especial puresa, el caolí).

El carbó i el petroli són roques molt utilitzades per la indústria química. En la seva major part s'utilitzen com a combustible. Però el carbó també serveix per obtenir substàncies químiques i com a reactiu en processos metal·lúrgics, i el petroli és la matèria primera de la indústria petroquímica.

1.4. Biosfera

La indústria química també utilitza moltes matèries primeres d'origen vegetal o animal.

Per la seva importància destaquen els arbres, que s'aprofiten com a éssers vius productors de substàncies extraïbles (cautxú, olis, resines, essències...) i com a font de fusta, que és la matèria primera per a la fabricació de molts productes (ebenisteria, construcció, paper, cartró, fibres...) fig. 2.

Fig. 2 A partir de la fusta es pot obtenir un gran nombre de productes.

COMBUSTIBLES

Al voltant del 80 % de l'energia consumida a Espanya prové, directa o indirectament, de cremar combustibles fòssils: carbó, petroli i gas natural.

D'aquests tres combustibles, en destaca el petroli perquè aporta el 50 % del total de l'energia.

Carbó

S'ha originat per l'acumulació de restes de materials vegetals que, coberts de sediments i sotmesos a elevada temperatura i pressió, es van descompondre i es van compactar.

Durant aquest llarg procés, es van desprendre a poc a poc l'aigua i altres substàncies volàtils i, en conseqüència, va augmentar la proporció de carboni.

De les mines es poden extreure diversos tipus de carbó, cadascun amb un percentatge de carboni diferent: turba (60 %), lignit (70 %), hulla (80 %) i antracita (90 %).

A Espanya, hi ha mines de carbó, però la producció disminueix constantment per diferents causes (exhauriment i baixa qualitat dels jaciments, inversions escasses...) i per això el 60 % del carbó consumit és importat.

Petroli

És un líquid oliós, espès i fosc que s'acumula amarant estrats de roques poroses a grans profunditats. És una mescla complexa constituïda principalment per hidrocarburs (compostos de carboni i hidrogen) i alguns compostos de sofre, oxigen i nitrogen. Aquests últims compostos són la principal font de contaminació.

Gas natural

És una mescla gasosa de composició variable, el component principal del qual és el metà (CH_4), que, segons el tipus de jaciment, pot significar entre el 70 % i el 99 % del volum.

S'acostuma a utilitzar com a combustible, i el seu consum és cada vegada més elevat perquè es tracta del combustible menys contaminant perquè no conté sofre (que quan es crema produeix diòxid de sofre).

Origen de l'energia a Espanya

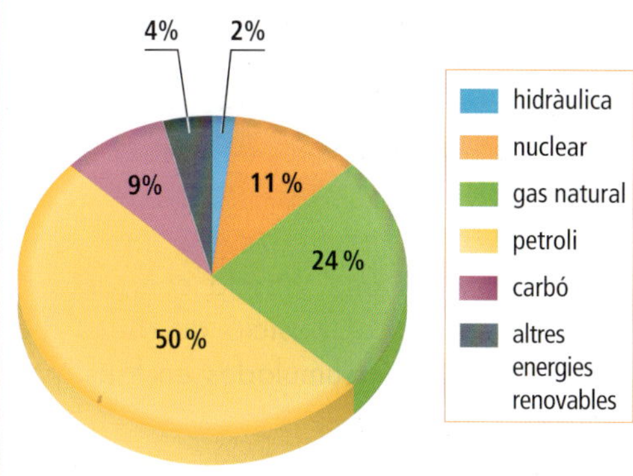

Mina de carbó a cel obert.

@ Amplia a la Xarxa...

Observa una infografia sobre el gas natural a: www.tiching. com/731996

1. Què és una matèria primera?
2. Quins són els principals grups de matèries primeres? Esmenta'ls i posa'n exemples.
3. A partir de quins materials s'obtenen els metalls? I les ceràmiques?
4. Quins materials són les principals fonts d'energia? Explica si n'hi ha d'alternatius.
5. Què és un hidrocarbur?
6. El petroli és un líquid i, tanmateix, es diu que és una roca. Per quina raó?
7. Dels diferents tipus de carbó, quin produeix més energia quan es crema? Per què?
8. Per obtenir energia, per què és preferible cremar gas natural que petroli?

DESCOBREIX

2 El petroli

Què tenen en comú la gasolina, els detergents, les ampolles de plàstic i les fibres artificials? Doncs, que tots tenen el petroli com a matèria primera.

A ORIGEN

El petroli és una mescla complexa d'hidrocarburs l'origen del qual és la descomposició de restes d'animals i algues, principalment plàncton, acumulades en fons marins de poca profunditat fa milions d'anys.

Amb el temps, aquestes restes es van cobrir de sediments i, a causa de les condicions de pressió i temperatura i l'activitat bacteriana, van experimentar transformacions químiques fins a convertir-se en petroli.

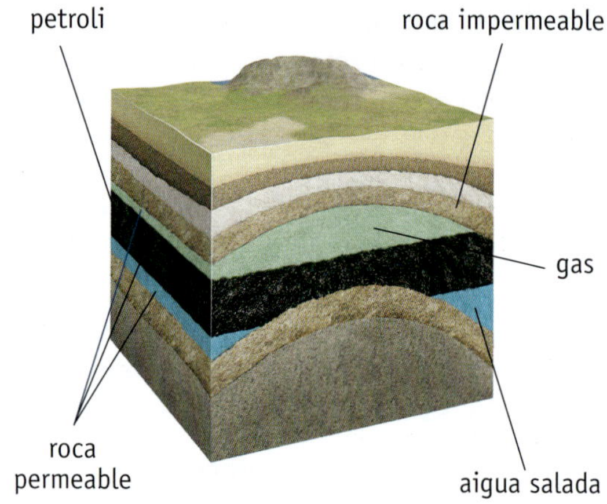

El petroli està situat entre una capa de roca impermeable (que impedeix que pugi) i una capa de roca permeable amb aigua salada.

B JACIMENTS

Els jaciments de petroli es troben en terra ferma o en el fons de mars i oceans, però sempre en terrenys sedimentaris.

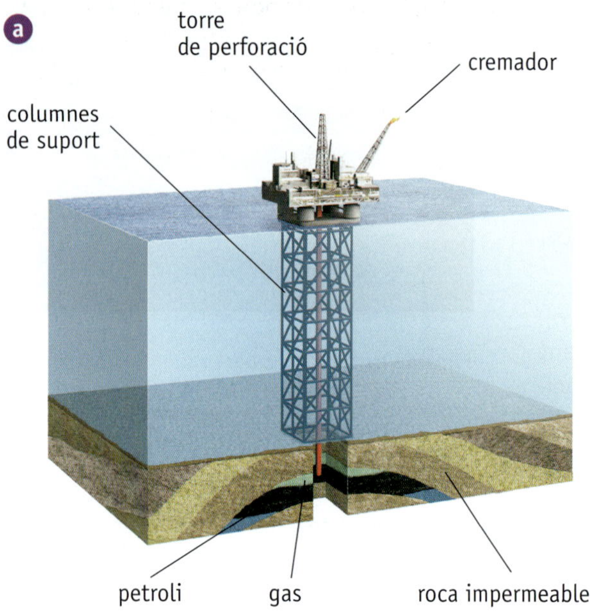

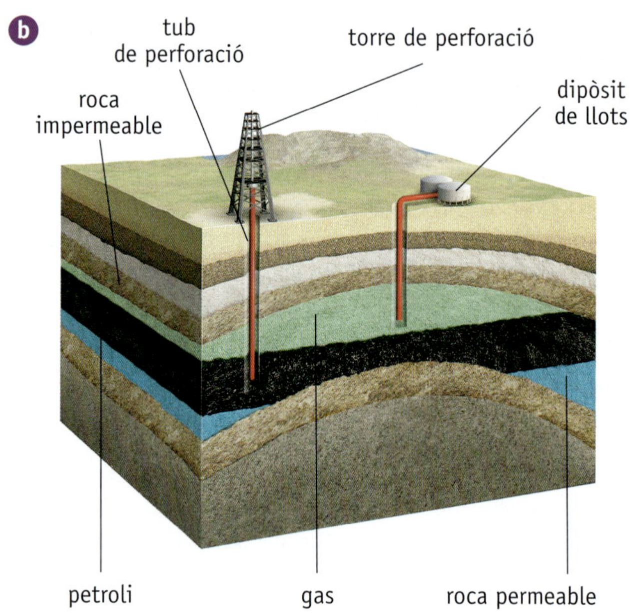

a) Plataforma petrolífera ancorada en el fons marí. b) Pou petrolífer en terra ferma.

C TRANSPORT

Del petroli que s'extreu del jaciment se'n diu **petroli cru**, i no es pot utilitzar directament, sinó que ha de ser sotmès a diverses transformacions físiques i químiques.

Aquest procés, anomenat **refinació del petroli**, es fa a grans instal·lacions, les **refineries de petroli**, on el petroli cru arriba a través d'oleoductes o transportat en vaixells petroliers.

D RISCOS MEDIAMBIENTALS

L'extracció i el transport del petroli són activitats en les quals s'han d'extremar les mesures de seguretat pel risc de vessaments al medi ambient.

Els primers jaciments que es van explotar eren molt accessibles perquè estaven en terra ferma i arribaven a poca profunditat. El seu exhauriment ha comportat haver de buscar el petroli en el fons marí, amb perforacions cada vegada més profundes i, per tant, més difícils d'explotar tècnicament.

Quan es produeix un vessament de combustible, molts hidrocarburs queden surant a l'aigua perquè la seva densitat és inferior a la de l'aigua.

La plataforma *Deepwater Horizon* es va enfonsar al golf de Mèxic l'abril del 2010. Es calcula que ha arribat a expulsar $7 \cdot 10^{11}$ L de petroli.

Com a resultat immediat, el medi marí és el més directament amenaçat i el que pateix més i més greus episodis contaminants. A més, el transport en petroliers comporta més risc, perquè qualsevol contratemps pot suposar el vessament al mar de milers (fins i tot milions) de litres de petroli.

1. En el mapa físic s'indiquen les àrees regionals on es troben els principals jaciments petrolífers.

Compara'l amb un mapa polític i localitza alguns dels països que tenen més recursos petrolífers.

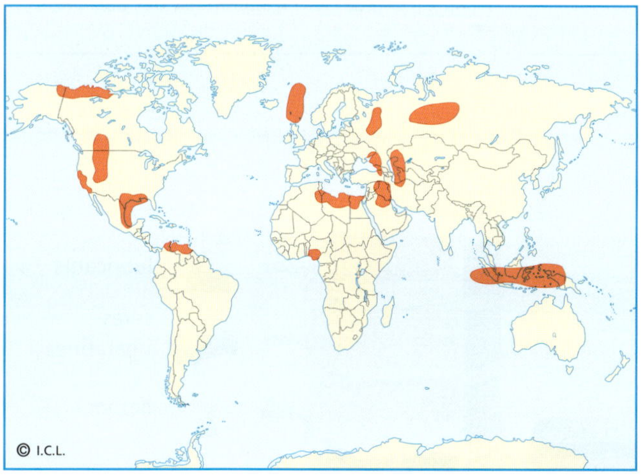

2. A Espanya hi ha molt poc petroli. Només alguns pous que el 2015, per exemple, van produir unes 230 000 tones. El 2014 es van iniciar prospeccions a Canàries però es va renunciar a l'extracció el 2015.

a. Busca informació sobre la localització de les prospeccions i les expectatives de producció.

b. Les prospeccions petrolíferes generen una gran controvèrsia pública. Busca a Internet quins arguments a favor i en contra s'esgrimeixen i després redacta un escrit amb la teva opinió.

3. La producció de petroli es mesura en barrils. Un barril de petroli equival a una capacitat de 159 L.

a. Calcula la densitat del petroli sabent que la massa d'un barril de petroli és de 140 kg, aproximadament.

b. Comparada amb la densitat de l'aigua, com és la densitat del petroli, més gran o més petita? Què passa quan es vessa petroli al mar?

4. Una de les últimes catàstrofes mediambientals per vessament de petroli es va produir a la plataforma *Deepwater Horizon* al golf de Mèxic l'abril del 2010. Consulta la pàgina indicada a continuació per contestar les preguntes següents: www.tiching.com/731997.

a. Quin accident dels que es mostren va vessar un volum de petroli més gran?

b. Hi ha algun vessament que afectés les costes espanyoles?

3 La indústria del petroli

3.1. Refinació del petroli

El petroli cru extret dels pous i plataformes se sotmet a un procés de refinació a les refineries de petroli fig. 1. Aquest procés consta, bàsicament, de dues fases.

Primera fase

La primera operació de la refinació és la **destil·lació fraccionada** del petroli fig. 2. Aquest procés es porta a terme en les columnes o torres de fraccionament, en les quals el petroli s'introdueix, per la base, a una temperatura de 350 °C.

Els components més volàtils es vaporitzen i pugen a la part superior de la columna, on es condensen a diferents altures segons la seva temperatura d'ebullició.

El residu d'aquesta primera destil·lació es destil·la una altra vegada, ara a més temperatura i a pressió reduïda per facilitar-ne l'evaporació.

Al llarg de tot aquest procés, el petroli se separa en diverses fraccions, formades per grups d'hidrocarburs amb punts d'ebullició semblants.

Segona fase

Les fraccions obtingudes en la destil·lació fraccionada se sotmeten a una sèrie de transformacions químiques per tal de produir substàncies intermèdies. Els processos principals són:

- El **craqueig** o *cracking* és un procés químic mitjançant el qual es trenquen molècules grans, com ara les que formen el querosè o el gasoil, en d'altres de més petites, i que són la base de les gasolines per a automòbils.
- La **reformació** o *reforming* és un procés químic que s'utilitza per millorar la qualitat de les gasolines obtingudes per destil·lació fraccionada o per craqueig.

Fig. 1 Refineria de petroli.

Fig. 2 Destil·lació fraccionada del petroli.

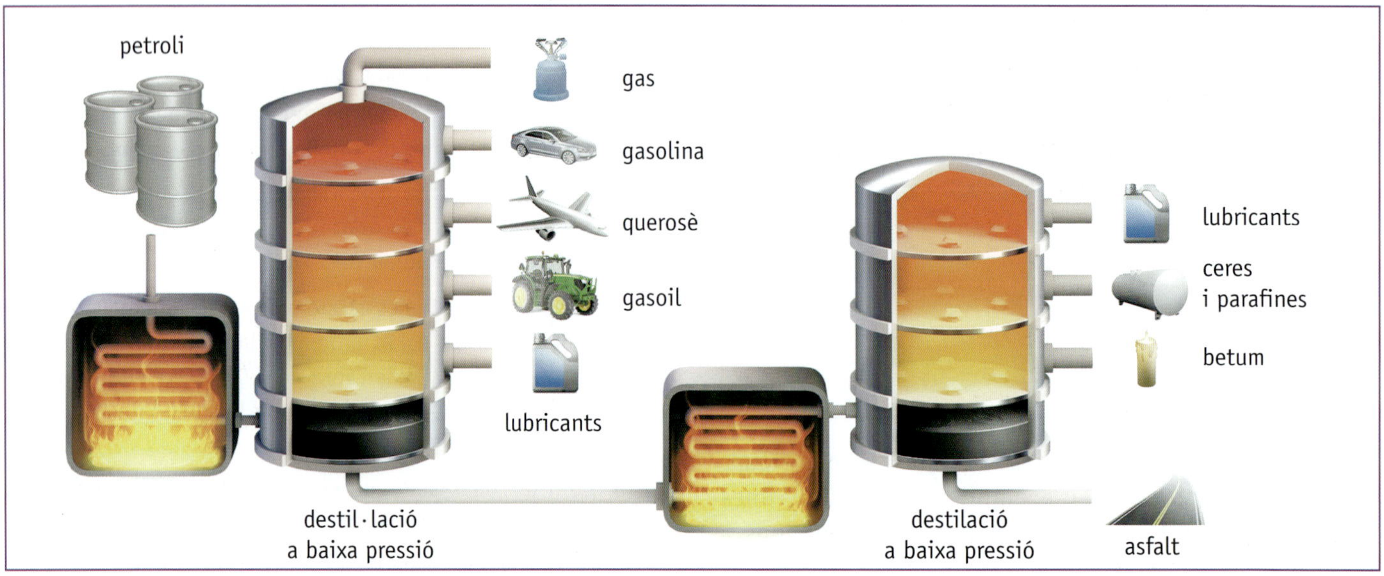

3.2. Petroquímica

La **petroquímica** és una branca de la indústria química que té per objectiu obtenir substàncies mitjançant reaccions químiques a partir de les diverses fraccions del petroli o del gas natural.

La indústria petroquímica actualment té una gran importància per l'enorme varietat de productes que sintetitza, més de 3000, i per la quantitat de producció, equivalent a més del 50 % del total de la producció química.

A partir del petroli es pot arribar a obtenir una àmplia gamma de productes tan diferents entre ells com ara insecticides, detergents o plàstics taula 1 i fig. 3.

No obstant això, de tot el petroli que es consumeix, només un 8 % s'utilitza com a matèria primera per sintetitzar altres substàncies, i un 5 % s'utilitza en la preparació d'olis lubricants i asfalts. El 87 % restant es dedica a l'obtenció de combustibles.

Taula 1

Productes derivats del petroli
anticongelants, combustibles, additius per a combustibles i olis lubricants
insecticides
gomes i pneumàtics
resines, plastificants i dissolvents
plàstics d'emmotllament i escumes
fibres sintètiques
explosius i detergents

3.3. El consum de petroli

Cada any es consumeixen uns 4500 milions de tones de petroli, de les quals 60 milions de tones corresponen a Espanya. Gairebé tot el petroli que consumim és importat, perquè a Espanya només hi ha uns quants pous petrolífers a Tarragona, amb una producció de 0,4 milions de tones.

A aquest ritme de consum, es calcula que les reserves de petroli poden durar uns 40 anys (i 60 anys les de gas natural), però és probable que, a mesura que s'exhaureixi i s'encareixi, es vagi substituint per altres combustibles que actualment no resulten econòmicament competitius.

Un possible substitut són els **biocombustibles**, substàncies combustibles obtingudes de productes o residus agrícoles:

- Alguns derivats d'olis vegetals, com ara el de colza, s'han provat com a carburants eficaços en motors dièsel.
- Els alcohols produïts en la fermentació de residus vegetals es poden utilitzar com a substituts de la gasolina.

Els avantatges principals són que es tracta de recursos renovables i que contaminen menys perquè contenen poc o gens de sofre.

Fig. 3 La matèria primera dels plàstics és el petroli.

1. Quines són les fraccions més importants de la destil·lació del petroli?
2. Què és la destil·lació fraccionada del petroli?
3. Descriu els processos principals de la segona fase de la refinació del petroli.
4. Podem substituir el petroli que es dedica a l'obtenció de combustibles per altres materials?
5. El preu del petroli cru ve donat en dòlars per barril de petroli (unitat de capacitat equivalent a 159 L).
   a. Informa't del canvi del dòlar enfront de l'euro, és a dir, de quants dòlars val un euro.
   b. Consulta el preu actual d'un barril de petroli i dóna'n el preu en euros per barril.
   c. Calcula el preu d'un litre de petroli cru.

4 La indústria farmacèutica

4.1. La salut i els medicaments

Una de les grans aportacions de la química a la millora de la nostra qualitat de vida és la síntesi de medicaments.

Així, mentre que al començament del segle XX, i a causa d'un gran nombre de malalties, no era estrany que l'**esperança de vida** d'una persona no superés els cinquanta anys, actualment l'esperança de vida al nostre país està al voltant dels vuitanta anys.

Això ha estat possible gràcies al fet que en els darrers cent anys hi ha hagut avenços importants en la medicina i en el desenvolupament de nous fàrmacs:

- **Vacunes**. Prevenen les malalties en estimular el nostre sistema immunològic perquè produeixi substàncies de defensa, els anomenats **anticossos**, que destruiran els agents responsables de la malaltia quan aquesta es produeixi fig. 1.

  Les vacunes actuals reprodueixen només petits trossos de l'agent infecciós, suficients per estimular el sistema immunològic, però sense els riscos associats a la inoculació d'un agent infecciós complet.

- **Analgèsics**. Són fàrmacs que alleugen el malestar causat per moltes malalties, però que no les curen. Quan tenim la grip, la febre ens produeix un malestar que pot ser alleujat amb un analgèsic, malgrat que l'analgèsic no destrueix l'agent infecciós.

- **Antibiòtics**. Són substàncies químiques que actuen contra els bacteris, que són els organismes responsables de moltes malalties infeccioses. El primer antibiòtic, descobert l'any 1928 per Alexander Fleming, va ser la penicil·lina fig. 2.

Les primeres vacunes

La primera vacuna va utilitzar virus d'una malaltia, la verola de les vaques, per immunitzar contra una altra malaltia, la verola humana.

Les vacunes posteriors van començar a utilitzar els mateixos agents infecciosos que ocasionaven la malaltia però atenuats. Així es va iniciar la immunització, per exemple, contra l'àntrax o la ràbia.

Actualment s'utilitzen, sempre que és possible, els agents infecciosos desactivats o petits fragments d'aquests agents amb capacitat de generar la immunitat.

Fig. 1 El 1881, un científic francès, Louis Pasteur (1822-1895), va preparar vacunes utilitzant agents infecciosos debilitats.

4.2. Obtenció de medicaments

Molts dels ingredients actius dels medicaments es podrien extreure de productes naturals, però segurament s'han sintetitzat en un laboratori per diversos motius:

- **Tècnics**. Generalment és més fàcil controlar la puresa d'un producte sintètic que la d'un d'origen natural, perquè aquest s'acostuma a presentar molt mesclat.

- **Econòmics**. Per norma general, un producte que es pot sintetitzar al laboratori té un cos menor que si s'obté a partir d'un producte natural.

- **Ecològics**. Els ingredients actius naturals es troben en baixes concentracions, de manera que l'obtenció del medicament implicaria la destrucció de molts espècimens.

  Per exemple, l'àcid acetilsalicílic, component actiu de l'aspirina, es pot obtenir a partir de l'àcid salicílic de l'escorça del salze. Però, quants boscos de salzes s'haurien de destruir per obtenir els 50 000 000 de kg d'àcid salicílic necessaris per fabricar les aspirines que es consumeixen cada any al món?

Fig. 2 Alexander Fleming (1881-1955) va ser el descobridor del primer antibiòtic: la penicil·lina.

4.3. Administració de medicaments

Sempre s'ha de tenir cura quan es prenen medicaments, i molt especialment els que ens resulten molt familiars i, per tant, ens semblen innocuos fig. 3.

Els medicaments poden provocar:

- **Efectes secundaris** i **al·lèrgies**. A una persona al·lèrgica a l'àcid acetilsalicílic, prendre una aspirina li ocasiona perjudicis greus.
- **Interaccions**. El consum d'aspirina o altres analgèsics, acompanyat de la ingestió de begudes alcohòliques inflama la mucosa de l'estómac i pot provocar úlceres i sagnat.

Antibiòtics i resistència bacteriana

El consum abusiu i incorrecte d'antibiòtics està gestant un problema per a la salut pública global d'una magnitud incalculable: la resistència bacteriana. Això significa que els bacteris s'adapten als antibiòtics i aquests deixen de tenir efecte. Per aquesta raó, algunes infeccions són cada vegada més difícils de combatre.

Els metges han de receptar antibiòtics només en els casos en què siguin necessaris (i evitar subministrar-los en malalties causades per virus, fongs o paràsits, perquè en aquests casos els antibiòtics no són eficaços), però, a més, els pacients han de:

- No automedicar-se. Moltes infeccions, com ara el refredat o la grip, són d'origen víric, i els antibiòtics no són eficaços contra aquestes infeccions. D'altra banda, tot i que la infecció tingui tractament antibiòtic, només el metge pot prescriure el més adequat.
- Seguir la pauta de dosi i els horaris prescrits. Si se'n pren menys, es poden provocar resistències bacterianes, i, si se'n pren més, greus efectes secundaris.
- Completar el tractament prescrit. Si s'abandona el tractament abans del temps prescrit, pot passar que encara quedin bacteris a l'organisme que es facin resistents i reactivin la malaltia: les anomenades *recaigudes*.

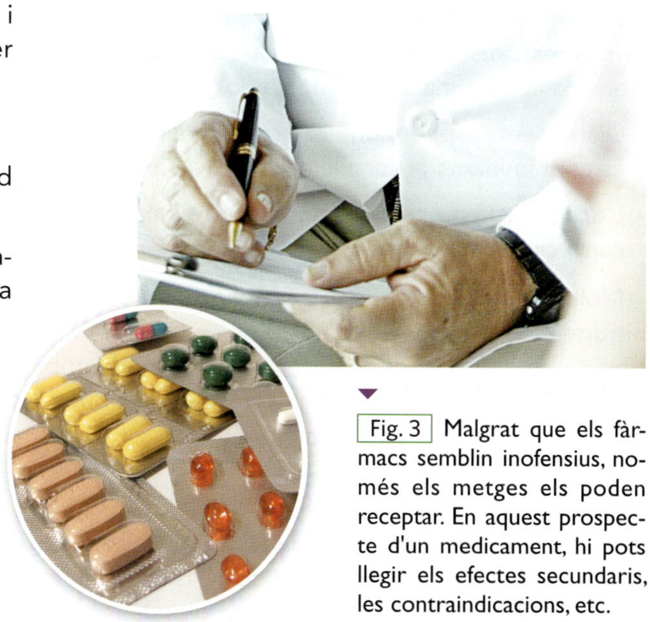

Fig. 3 Malgrat que els fàrmacs semblin inofensius, només els metges els poden receptar. En aquest prospecte d'un medicament, hi pots llegir els efectes secundaris, les contraindicacions, etc.

INDICACIONS
Alleujament simptomàtic dels processos catarrals i gripals que cursen amb dolor lleu o moderat, febre i congestió nasal.
CONTRAINDICACIONS
Aquest medicament no s'ha d'utilitzar en cas d'al·lèrgia a salicilats o a algun dels components d'aquest preparat, úlcera gastroduodenal o molèsties gàstriques de repetició, hemofília o problemes de coagulació sanguínia, teràpia conjunta amb anticoagulants orals, insuficiència renal i /o hepàtica, durant els tres últims mesos de l'embaràs, ni en nens menors de 6 anys.
PRECAUCIONS
En persones amb trastorns digestius de flatulència, deixeu dissoldre bé el comprimit fins a la desaparició de l'efervescència.
En cas d'administració continuada, preveniu el metge o odontòleg davant de possibles intervencions quirúrgiques.
No excediu la dosi recomanada.
Consulteu el metge per a tractaments de més de cinc dies.
INTERACCIONS
- Pot potenciar l'efecte dels anticoagulants orals i antidiabètics orals, l'acció dels depressors del sistema nerviós central, hipnòtics, sedants i dels anticolinèrgics.
- No administreu amb fàrmacs potencialment ulcerògens (alcohol, corticoides).
- Eviteu administrar juntament amb probenecid.
- Administrat amb metotrexat pot produir una depressió intensa de la medul·la òssia.
- Consulteu el metge o farmacèutic si esteu prenent una altra medicació.
- Pot interferir amb les proves cutànies que utilitzen al·lèrgens. Es recomana suspendre la medicació un mínim de 3 dies abans de començar les proves i informar-ne el metge.
- També pot interferir amb les determinacions d'àcid úric, glucosa, àcid vanilmandèlic i àcid 5-hidroxindolacètic (5-HIIA) en orina. Informeu el metge si esteu prenent aquest medicament.

1. Quina influència han tingut els fàrmacs en l'esperança de vida dels éssers humans?
2. Quina és la utilitat dels antibiòtics?
3. Per què la majoria de medicaments es fabriquen als laboratoris?

   Què passaria si s'extraguessin tots els medicaments que es prenen actualment de les plantes silvestres?
4. És el mateix *efectes secundaris* que *interaccions*? Llegeix el prospecte d'algun analgèsic que contingui paracetamol i extreu la informació sobre els seus possibles efectes secundaris i interaccions.
5. És correcte demanar a una altra persona els medicaments que pren si tens una malaltia amb uns símptomes semblants?
6. Si a la meitat del tractament prescrit pel metge ja et trobessis bé, seguiries el tractament o el deixaries per estalviar medicament?
7. Actualment, les autoritats sanitàries recepten medicaments genèrics per reduir costos, és a dir, sense marca però amb una composició química igual. Per què són més barats que els medicaments amb marca?

   Argumenta dues raons per les quals és convenient que el cost dels medicaments sigui reduït.

5 Contaminació del medi ambient

5.1. Contaminació atmosfèrica

Les emissions de residus gasosos i fums de combustió a l'atmosfera són les causes principals de la **contaminació atmosfèrica** fig. 1. Aquesta contaminació ens afecta doblement:

- Diàriament respirem uns 15 kg d'aire amb més o menys substàncies contaminants potencialment nocives.
- L'acumulació de certs contaminants a l'atmosfera està produint un canvi climàtic global.

Molts contaminants, com ara el diòxid de sofre (SO_2), els òxids de nitrogen (NO i NO_2), el monòxid de carboni (CO), els clorofluorocarbonis..., tenen diversos efectes sobre el medi ambient: la pluja àcida, l'augment de l'efecte d'hivernacle o la reducció de la quantitat d'ozó en són alguns exemples.

Pluja àcida

L'aigua de l'atmosfera pot dissoldre els gasos ja existents. Això és el que passa amb el diòxid de sofre (SO_2) i els òxids de nitrogen (NO i NO_2). Aquestes substàncies es dissolen en l'aigua de pluja i hi reaccionen, i es transformen en àcid sulfúric (H_2SO_4) i àcid nítric (HNO_3).

D'aquesta manera, l'aigua de pluja es torna àcida i quan cau causa:

- **Acidificació del sòl**. Això ha suposat la desaparició d'algunes zones boscoses, perquè les plantes no poden viure en aquestes condicions d'acidesa.
- **Acidificació de rius i llacs**, amb el consegüent efecte sobre la fauna que hi viu.
- **Corrosió de façanes i escultures**. Molts elements arquitectònics estan fabricats amb roca calcària o gres, materials que es descomponen per l'acció de la pluja àcida perquè contenen carbonat de calci.

Augment de l'efecte d'hivernacle

La temperatura del nostre planeta és confortable gràcies al fet que tenim una atmosfera gasosa. D'una manera semblant al vidre o al plàstic aïllant d'un hivernacle, l'atmosfera terrestre deixa passar la llum solar però, una vegada convertida en calor a la superfície terrestre, no permet que s'escapi.

Aquest fenomen, que manté la temperatura de la Terra, s'anomena **efecte d'hivernacle** fig. 2.

Un dels gasos principals d'efecte d'hivernacle és el diòxid de carboni (CO_2) que, en l'últim segle, la humanitat ha generat en grans quantitats en cremar combustibles fòssils.

Si la quantitat de CO_2 se segueix incrementant, es produirà un augment de la temperatura mitjana de la Terra, l'anomenat **escalfament global**, que comportarà efectes catastròfics: canvis del règim de pluges, fusió del gel dels casquets polars, elevació del nivell del mar, avenç dels deserts, etc.

Fig. 1 Moltes ciutats estan recobertes de boira contaminant.

@ Amplia a la Xarxa...

Observa una infografia sobre l'efecte d'hivernacle a: www.tiching.com/732604

Fig. 2 L'atmosfera actua com un hivernacle perquè no deixa escapar part de la calor.

Reducció de la capa d'ozó

A la franja atmosfèrica compresa entre els 25 km i els 35 km d'altura, la concentració d'ozó (O^3) és bastant elevada.

Aquesta franja és l'anomenada **capa d'ozó**, que té una importància vital perquè filtra la radiació ultraviolada que prové del Sol, fet que evita que una gran part d'aquesta radiació arribi a la Terra i afecti el desenvolupament de la vida.

Des del començament dels anys vuitanta, s'ha observat una disminució en la quantitat d'ozó, sobretot a les zones dels pols.

Aquest fenomen s'anomena **forat de la copa d'ozó**. Aquesta disminució és deguda principalment als clorofluorocarbonis, que durant molt de temps es van utilitzar com a refrigerants, propel·lents, etc., i que descomponen l'ozó fig. 3.

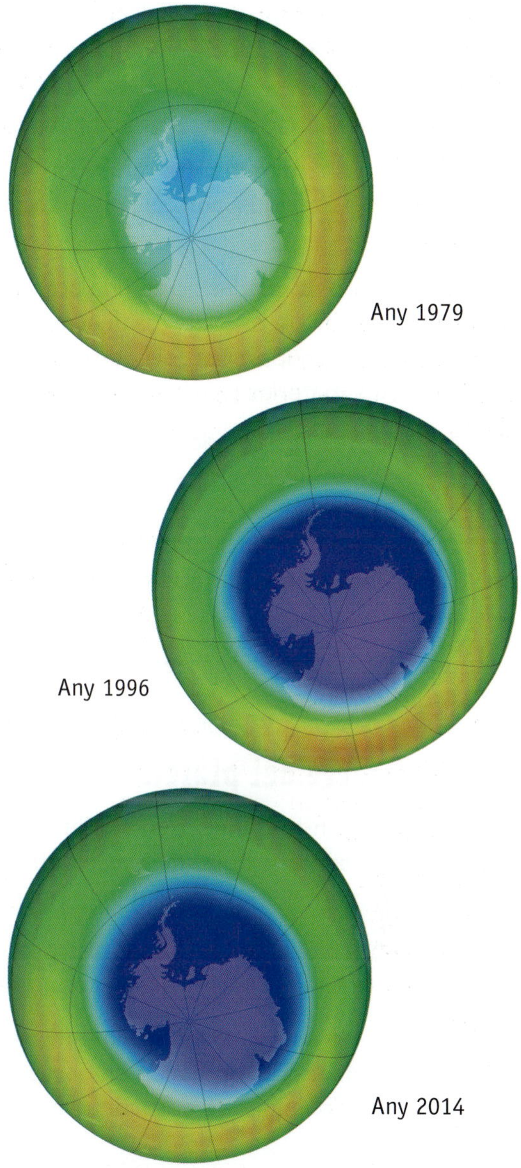

Fig. 3 *NASA Ozone Watch*. Evolució del forat de la capa d'ozó. La imatge del satèl·lit està acolorida per marcar les zones de menys a més proporció d'ozó: porpra, blau, verd i groc.

5.2. Contaminació de l'aigua

La utilització que fem de l'aigua en provoca la contaminació, de manera que, si no és tractada en plantes depuradores, l'aigua consumida torna contaminada als rius i, finalment, al mar.

Els signes de contaminació de l'aigua generalment són molt evidents: color, olor, taques olioses, escumes, excés d'algues, absència de peixos... Els contaminants de l'aigua són incomptables, cadascun amb un origen i uns efectes determinats: bacteris, metalls pesants, clor...

5.3. Contaminació del sòl

El sòl és la capa més superficial de l'escorça terrestre; el podríem considerar com la pell del planeta. És una mescla heterogènia de materials molt variats: substàncies minerals formades per disgregació fisicoquímica de les roques, aigua, aire i humus provinent de la descomposició de la matèria orgànica.

Al sòl creix la vegetació i, per consegüent, és el punt on s'inicia la cadena tròfica, que continua amb els animals que s'alimenten de plantes i, seguint la cadena, amb els seus predadors.

La contaminació del sòl pertorba la cadena tròfica i, ateses les complexes interdependències entre espècies, pot provocar efectes irreversibles en tot l'ecosistema.

1. Per què es contamina el medi ambient?
2. Explica els efectes més destacats de la contaminació de l'atmosfera.
3. Què és la pluja àcida?
4. Què és l'augment de l'efecte d'hivernacle?
5. Què és la capa d'ozó?
6. L'Organització Mundial de la Salut (OMS) recomana que la concentració de cadmi a l'aigua potable no sigui superior a 3 mg/m^3; la dosi letal de cadmi és d'1 g, aproximadament.

   Normalment, una persona beu, de mitjana, uns 2 L d'aigua cada dia. Calcula la massa de cadmi que ingereix anualment si la concentració de cadmi a l'aigua que beu és de 3 mg/m^3.

6 Residus i reciclatge

6.1. Producció de residus

A la societat de consum actual, cada dia es produeixen i es llencen tones de diferents tipus de materials: plàstic, vidre, paper i cartró, metall...

La fabricació d'objectes amb aquests materials consumeix primeres matèries i energia, mentre que quan es llencen generen quantitats enormes de residus, amb el consegüent problema mediambiental fig. 1.

El problema dels residus no té una solució senzilla, però es podria pal·liar en gran manera si els residus se sotmetessin a un procés de **reciclatge** per recuperar-ne els components i utilitzar-los una altra vegada com a matèries primeres en un nou cicle d'ús.

Fig. 1 Els residus generats diàriament són un problema mediambiental greu.

La majoria dels residus domèstics porten imprès o gravat un símbol informatiu per indicar que compleixen una sèrie de requisits tècnics: materials fàcilment separables, baixes concentracions de components tòxics, etc.

Fig. 2a Un material que porta aquest símbol compleix unes normes que el fan idoni per ser reciclat.

Aquestes característiques en faciliten el reciclatge fig. 2a i 2b.

Fig. 2b Els residus reciclables han de ser separats de la resta i dipositats als corresponents contenidors de recollida selectiva.

6.2. Reciclatge del plàstic

Els plàstics són materials que s'utilitzen per fabricar tot tipus de coses per les seves propietats excel·lents: són lleugers, resistents a l'oxidació, impermeables, fàcils de modelar, aïllants, etc.

No obstant això, algunes d'aquestes propietats tan útils es tornen inconvenients quan el plàstic acaba com a residu.

Els plàstics no es degraden fàcilment, per la qual cosa, una vegada utilitzats, els residus romanen en el medi ambient durant molt de temps i, quan finalment es degraden, la majoria desprenen substàncies contaminants.

El plàstic de rebuig pot ser sotmès a un dels processos següents:

- **Reciclatge**. Els materials plàstics són fàcilment reciclables, però plantegen el problema que n'hi ha de moltes classes.

  Els residus plàstics han de ser classificats prèviament segons el tipus, fet que, en general, és laboriós i encareix bastant el cost econòmic del reciclatge fig. 3.

- **Incineració**. Un tractament alternatiu al reciclatge és la incineració dels residus en centrals tèrmiques per aprofitar l'energia despresa, ja que els residus plàstics tenen un poder calorífic comparable al de qualsevol altre combustible convencional.

  No obstant això, l'opció de la incineració té el problema de l'emissió dels fums de combustió perquè, com que són molt contaminants, s'han de netejar abans de ser alliberats a l'atmosfera.

Fig. 3 La classificació dels residus plàstics n'encareix el reciclatge.

@ Amplia a la Xarxa...

Mira un vídeo sobre la feina en una planta de reciclatge a: tiching.com/731998

6.3. Reciclatge del vidre

En el procés de fabricació del vidre s'utilitza molta energia, perquè la fusió de les substàncies que el componen es porta a terme a altes temperatures. Per reduir l'ús d'energia, el vidre es pot reciclar, bàsicament, de dues maneres diferents fig. 4:

- Els envasos de vidre es poden rentar i esterilitzar perquè sigui possible utilitzar-los una altra vegada.
- Els objectes de vidre es poden triturar i tornar-los a fondre per formar nous objectes, perquè aquest procés necessita menys energia que si es parteix de les matèries primeres.

Fig. 4 El reciclatge del vidre permet l'estalvi de grans quantitats d'energia.

6.4. Reciclatge del paper

El paper s'obté a partir de la fusta dels arbres, per la qual cosa com més gran sigui el consum de paper més gran serà la quantitat d'arbres talats (amb el consegüent efecte en el medi ambient).

Per reduir aquesta tala, el paper es pot reciclar fig. 5. El paper reciclat té els mateixos usos que el nou i la seva producció va en augment. A Espanya, la taxa de recuperació de residus de paper i cartró s'incrementa any rere any i ja assoleix el 77 %.

Fig. 5 El reciclatge d'una tona de paper pot evitar la tala de 13 arbres adults.

6.5. Reciclatge del metall

Un dels principals metalls que es recicla, per l'estalvi energètic que comporta, és l'alumini. Aquest material s'obté per electròlisi de la bauxita (òxid d'alumini) fosa, procés que comporta grans quantitats d'energia, de manera que resulta més senzill reutilitzar l'alumini de llaunes i envasos fig. 6.

El reciclatge de metalls acostuma a ser bastant complicat, perquè generalment estan mesclats amb altres materials que en dificulten la separació.

Fig. 6 El reciclatge de metalls permet economitzar matèries primeres i energia, amb el consegüent estalvi econòmic i de contaminació.

1. Quins avantatges té el reciclatge dels residus?

2. A Espanya es consumeixen uns 161 kg de paper per habitant i any: 72 kg de cartró d'embalatges, 47 kg de paper d'escriptori, 16 kg de paper de premsa, 11 kg per a ús higiènic i la resta per a diversos usos.

   Calcula el percentatge de cadascun dels grups de consum i dibuixa un diagrama de barres o de sectors.

Piròlisi de fusta i plàstic

La major part de l'energia que es consumeix a Espanya prové de cremar combustibles fòssils. Aquests recursos no són renovables i per alentir-ne l'exhauriment cal buscar-ne d'altres d'alternatius.

A. Un recurs renovable és la biomassa. Des d'un punt de vista energètic, la biomassa és tota la matèria orgànica formada per processos biològics, naturals o fruit de l'activitat humana, que pot ser utilitzada com a font d'energia.

(1) Què és un combustible fòssil? Per què se'n diu així?

(2) Descriu en quin tipus d'activitats es genera la biomassa.

B. La biomassa forestal i els residus agrícoles han estat els combustibles majoritaris al llarg de la història, però en les societats fortament industrialitzades d'avui en dia el seu aprofitament és marginal. No obstant això, en els darrers temps comença a despertar interès com a recurs energètic alternatiu o, almenys, complementari dels combustibles fòssils.

(3) Els defensors de la biomassa vegetal com a recurs energètic argumenten que és un bon combustible perquè té un escàs contingut en sofre, genera poques cendres i contribueix poc a l'escalfament global perquè és renovable. Explica amb més detall els beneficis per al medi ambient derivats dels tres arguments.

C. La biomassa no s'acostuma a cremar directament. Normalment es transforma abans del seu aprofitament. El més freqüent és sotmetre-la a un escalfament intens amb poc aire (gasificació) o sense aire (piròlisi). Els materials generats són mescles de combustibles sòlids, líquids i gasosos.

Principals tipus de biomassa valoritzables energèticament

- Residus forestals i agrícoles
- Residus ramaders i llots de depuradora
- Fracció orgànica dels residus sòlids urbans

Piròlisi de la fusta

1. Pesa un dels tubs d'assaig. Després, agafa serradures de fusta i omple un tub d'assaig fins a la meitat, aproximadament, i torna'l a pesar. Per diferència podràs determinar la massa de serradures que hi has introduït.

$m_{tub} = \dots$ g ; $m_{tub\ amb\ serradures} = \dots$ g $\Rightarrow m_{serradures} = m_{tub\ amb\ serradures} - m_{tub} = \dots$ g

2. Fes el muntatge de la dreta. A continuació, escalfa molt les serradures amb el bec de Bunsen.
3. Fixa't en el despreniment de gasos i assaja'n la inflamabilitat acostant-t'hi un llumí encès.
4. També pots assajar la presència de sofre en els gasos despresos acostant-t'hi un paper de filtre humitejat amb una solució concentrada de nitrat de plom.

L'enfosquiment del paper és degut a la formació de sulfur de plom.

5. Quan s'hagi carbonitzat la fusta, deixa d'escalfar i, quan sigui fred, desfés el muntatge i separa els tubs.
6. Agafa el tub on hi havia les serradures i pesa'l una altra vegada per comprovar la pèrdua de massa.

$m_{tub\ amb\ residu\ carbonitzat} = \dots$ g;

$m_{residu\ carbonitzat} = m_{tub\ amb\ residu\ carbonitzat} - m_{tub} = \dots$ g

7. Agafa el segon tub i fixa't en l'aspecte (color, olor, viscositat) del residu condensat (quitrà). Assaja si el quitrà és soluble en aigua.

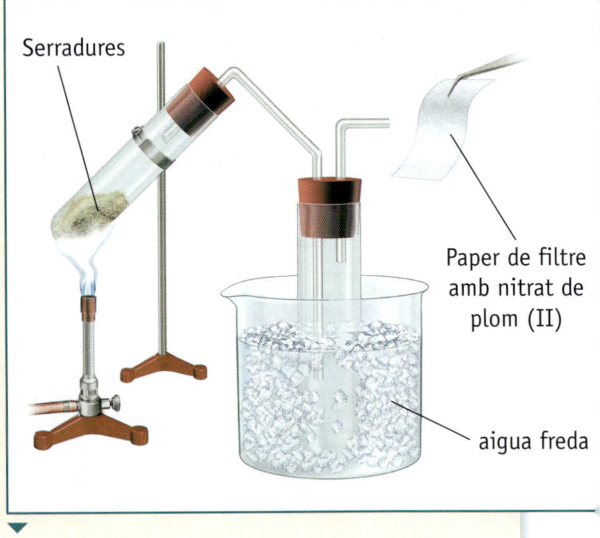

Muntatge experimental per a l'estudi de la carbonització de la fusta.

④ Pel seu aspecte, quina substàncies penses que compon majoritàriament el residu de les serradures?

⑤ El residu pesa menys que les serradures. A què és deguda la pèrdua de massa? Quin percentatge de massa s'ha perdut?

⑥ Quin aspecte té el quitrà? És soluble en aigua? Quins usos té el quitrà en l'actualitat?

D. Els residus industrials i domèstics de plàstic es recullen selectivament per aprofitar-los. La millor manera de valoritzar els residus de plàstic és el reciclatge, però en aquells casos en què no és possible també es poden utilitzar com a combustible.

La gasificació o piròlisi dels plàstics produeix hidrocarburs gasosos.

Piròlisi de plàstic polietilè

En la piròlisi dels materials plàstics es desprenen gasos nocius a la salut i per això l'experiència s'ha de fer en una vitrina de gasos.

El polietilè (PE) és un dels plàstics més utilitzats en ús alimentari. Les bosses de plàstic transparents que es fan servir per posar-hi fruites i verdures són de polietilè.

1. Fragmenta una bossa de plàstic d'ús alimentari.
2. En un tub d'assaig gruixut, posa-hi els fragments. Comprimeix-los bé per deixar el mínim d'aire possible.
3. Damunt dels fragments de plàstic posa-hi trossos de ceràmica porosa (també es poden utilitzar fragments de maó) que actuaran com a catalitzador. Perquè el catalitzador sigui més efectiu, cal que la superfície de contacte sigui gran. Procura que les mides dels trossos de ceràmica no siguin més grans que un pèsol.
4. Fes el muntatge de la figura de la dreta.
5. El procediment d'escalfament consisteix a escalfar primer la zona de la ceràmica i després la del plàstic. S'ha d'aconseguir que el plàstic es fongui i que, al mateix temps, la ceràmica estigui molt calenta perquè catalitzi la descomposició.
6. La descomposició del plàstic produeix un gas combustible. Pots portar a terme un assaig de combustibilitat apropant-hi un llumí encès.

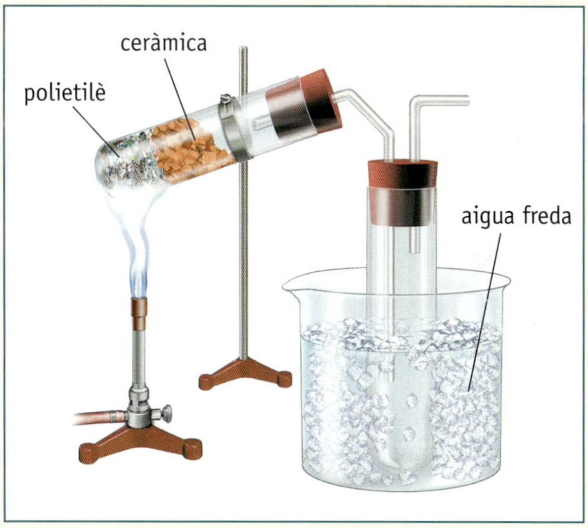

Muntatge experimental per l'estudi de la descomposició del polietilè.

Experimentació TIC @

En aquesta pàgina web hi ha una notícia sobre la posada en marxa d'una planta de valorització de residus plàstics a Jerez de la Frontera (Cadis):

www.tiching.com/731999

Al text es diu textualment que el procés aplicat: "permet obtenir combustible lliure de productes contaminants gràcies a una font renovable". Explica per què aquesta frase no és completament certa i mereix una precisió.

Activitats finals • Activitats finals • Activitats finals

1. Els gasos nobles (heli, neó i argó) s'obtenen per destil·lació de l'aire. Busca informació sobre els gasos nobles i indica algunes de les seves aplicacions.

2. Per què els metalls s'extreuen dels minerals i no de les roques? Explica amb paraules teves les diferències entre metall, mineral i roca.

3. Cada dia utilitzem molts tipus de combustibles. Fes-ne una llista i descriu en quines circumstàncies els fas servir. Per exemple, el gas butà per cuinar.

4. A les mines de carbó es produeixen acumulacions de gas grisú que poden provocar explosions. Busca informació sobre la naturalesa del gas grisú.

5. Busca informació sobre les diferents refineries de petroli que hi ha a Espanya i indica'n la posició en un mapa.

6. Què és més car, un litre d'alcohol (etanol) o un litre de gasolina? Informa't en un supermercat del preu de l'etanol de 96°, i en una gasolinera, del preu de la gasolina.

7. Ingerir alcohol sempre és perjudicial per a la salut, però molt especialment si es prenen determinats medicaments. Quina n'és la causa?

   Abans de receptar un medicament, el metge esbrina si el pacient ja pren alguna medicació? Per què?

8. Les vacunes actuen directament sobre els agents responsables de les malalties? Si no és així, de quina manera actuen?

9. Per què es pot arribar a un punt en el qual un antibiòtic deixi de complir la seva funció?

10. Els programes sanitaris públics inclouen la vacunació obligatòria de la població infantil. Busca en la teva cartilla de vacunació de quines malalties t'han vacunat.

11. A les zones polars s'han trobat evidències de contaminació. Com és possible si són zones aïllades?

12. Durant un temps es van utilitzar gasos clorofluorocarbonis com a propel·lents en els aerosols, fins que es va demostrar que eren perjudicials per a la capa d'ozó.

    Busca envasos d'aerosols i anota quins propel·lents utilitzen ara.

13. Els pneumàtics contenen sofre i per això són molt contaminants si es cremen. Quin tipus de contaminació produeixen?

14. Probablement, l'escalfament global serà un dels problemes que més afectarà la humanitat en un futur proper. Malgrat que les mesures principals les han de prendre els governs de tots els països, individualment també podem contribuir a reduir el problema.

    Explica quines accions podries portar a terme personalment en aquest sentit.

15. A moltes poblacions es recullen selectivament els residus de plàstic. Fes una llista dels principals problemes que presenta el reciclatge del plàstic.

    Considera que el procés s'inicia a la llar, on se separa el plàstic dels altres residus, i acaba a la indústria que fabrica algun producte amb el plàstic reciclat.

16. El reciclatge de les llaunes d'alumini s'encareix pel transport, perquè ocupen molt espai tot i que pesen poc.

    a) Calcula quantes llaunes d'alumini pot transportar un camió el contenidor del qual té una capacitat de 8 m^3. Suposa que cada llauna aixafada ocupa 30 mL.

    b) Determina experimentalment el pes d'una llauna d'alumini i calcula la massa total de les llaunes que transporta el camió.

    c) Si cada transport costa 250 euros, calcula quant val (només en transport) el reciclatge d'un quilogram d'alumini.

17. Alguns comerços cobren les bosses de plàstic si els clients les demanen per portar els articles que han comprat.

    a) Què opines sobre aquesta pràctica?

    b) Penses que el propòsit del comerciant és només guanyar més diners?

18. El consum de petroli és d'uns $4,5 \cdot 10^{12}$ kg al món, dels quals $6,0 \cdot 10^{10}$ kg corresponen a Espanya.

    Calcula el consum mitjà per habitant de la Terra i d'Espanya, si a la Terra hi ha uns 7250 milions d'habitants i a Espanya, aproximadament, 46,5 milions

19. L'oli usat de fregir aliments no s'ha d'abocar al desguàs de l'aigüera perquè impedeix la dissolució de l'aire. Com expliques aquest efecte? Quines conseqüències mediambientals provoca la falta d'aire dissolta en l'aigua?

    Fes una estimació del volum d'oli usat que es genera anualment a casa teva i calcula l'estalvi que significaria el seu reciclatge si per cada litre d'oli es pot obtenir aproximadament un litre de biodièsel.

1. Què entens per primeres matèries naturals? Quines són les matèries primeres naturals més utilitzades?

2. Copia al quadern el gràfic sobre la proporció i l'origen de l'energia consumida a Espanya i completa'l.

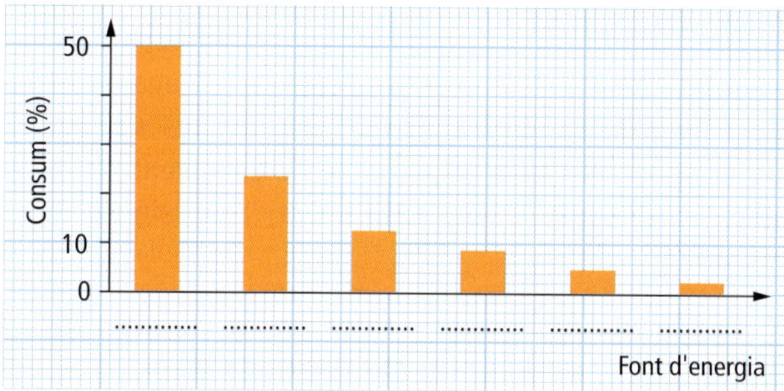

3. Explica com es van originar el petroli i el carbó.

4. Explica en què consisteix la destil·lació fraccionada del petroli. Escriu els noms dels diferents productes que s'obtenen per la destil·lació fraccionada del petroli en les columnes de fraccionament de les refineries.

5. Què és el craqueig o *cracking*? I la reformació o *reforming*?

6. Què és un biocombustible?

7. Com s'explica que l'esperança de vida al nostre país hagi passat dels cinquanta anys al començament del segle XX als vuitanta anys al començament del segle XXI?

8. Completa al quadern:
   a) Els tres tipus de fàrmacs que han permès millorar els tractaments mèdics en l'últim segle són els antibiòtics, les ... i els ....
   b) Els antibiòtics són substàncies químiques que actuen contra els ....
   c) Les ... serveixen per estimular el nostre sistema ....
   d) Els ... alleugen el ... que produeixen algues malalties, però no en combaten les causes.

9. Explica en què consisteix:
   a) La pluja àcida.
   b) El forat de la capa d'ozó.
   c) L'efecte d'hivernacle.

10. Què entens per escalfament global?

11. En què consisteix el reciclatge? Per què és important reciclar?

12. A quins dos processos pot ser sotmès el plàstic recuperat? Quins problemes mediambientals presenta un d'aquests dos processos?

13. Explica la importància de reciclar el paper.

14. Completa al quadern uns mots encreuats com els que es mostren a continuació:

Definicions

1. Combustible obtingut de productes o residus agrícoles.
2. Petroli sense refinar.
3. Element químic la presència del qual causa pluja àcida en els combustibles.
4. Fàrmac que alleuja el malestar.
5. Instal·lació on es destil·la el petroli.
6. Operació portada a terme a les refineries de petroli per augmentar la producció de gasolines.
7. Mescles de minerals.
8. Carbó que té un alt contingut en carboni.
9. Gas que filtra la radiació ultraviolada procedent del Sol.
10. Recuperació dels materials dels residus per aprofitar-los una altra vegada.
11. Científic descobridor de la penicil·lina.
12. Component principal del gas natural.
13. Mineral del qual s'obté alumini.
14. Fracció del petroli usada com a carburant per als avions.
15. Descomposició d'una substància per escalfament en absència d'aire

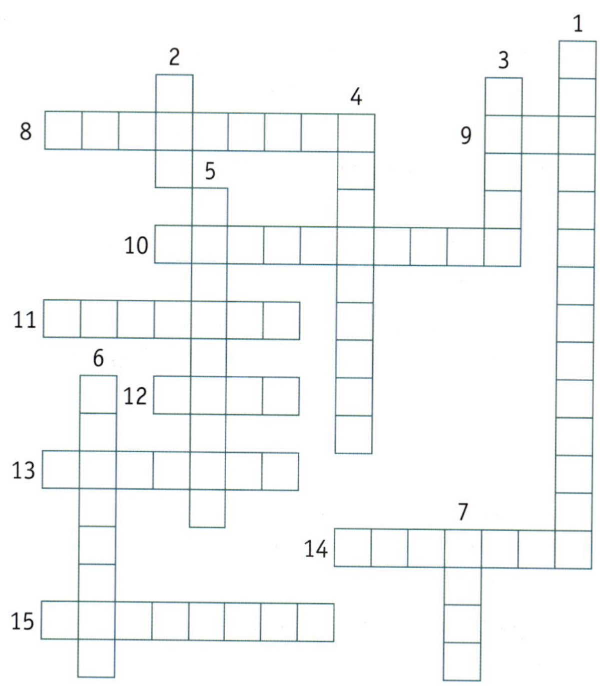

1 Observa i analitza. L'efecte d'hivernacle: realitat o ficció?

Els éssers vius necessiten energia per sobreviure. L'energia que manté la vida sobre la Terra procedeix del Sol, que irradia energia a l'espai. Una petita part d'aquesta energia arriba fins a la Terra.

L'atmosfera de la Terra actua com una capa protectora de la superfície del nostre planeta i evita les variacions de temperatura dels mons sense aire.

La major part de l'energia radiada pel Sol passa a través de la nostra atmosfera. La Terra absorbeix una part d'aquesta energia i una altra part és reflectida per la seva superfície. Part d'aquesta energia reflectida és absorbida per l'atmosfera.

Com a resultat d'aquest procés, la temperatura mitjana a la superfície de la Terra és més alta del que ho seria si no hi hagués atmosfera. L'atmosfera de la Terra funciona com un hivernacle, d'aquí ve el terme *efecte d'hivernacle*.

Actualment es diu, tant en els mitjans de comunicació com en àmbits científics, que l'efecte d'hivernacle s'ha accentuat al llarg del segle XX.

És un fet comprovat que la temperatura mitjana de l'atmosfera ha augmentat. En els diaris i les revistes s'afirma sovint que la principal causa responsable de l'augment de la temperatura en el segle XX és, bàsicament, l'emissió de diòxid de carboni.

Un estudiant, l'Andreu, s'interessa per la possible relació entre la temperatura mitjana de l'atmosfera de la Terra i l'emissió de diòxid de carboni a la Terra.

En una biblioteca troba aquests dos gràfics a partir dels quals conclou que és cert que l'augment de la temperatura mitjana de l'atmosfera de la Terra és degut a l'augment de l'emissió de diòxid de carboni.

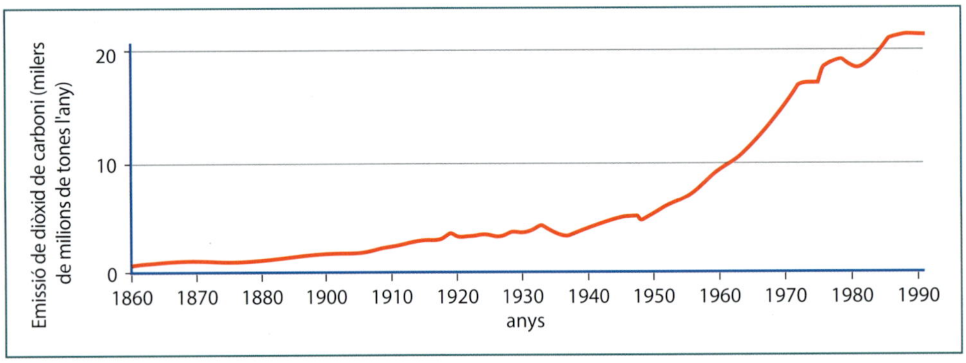

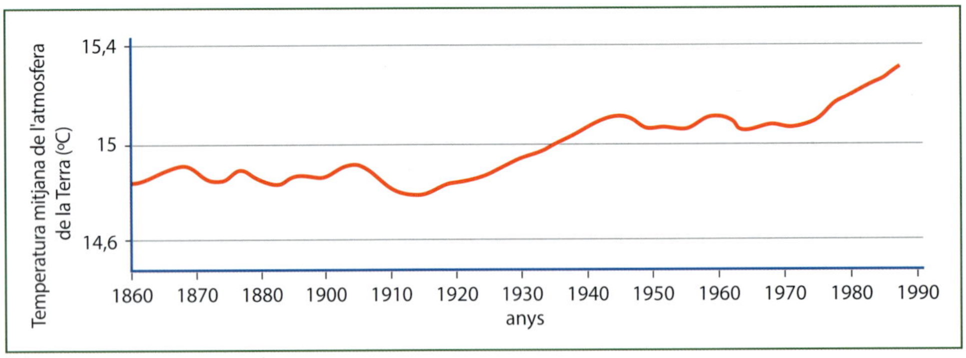

Font: CSTI Environmental Information Paper 1, 1992.

1. Què s'observa en els gràfics que fonamenta la conclusió de l'Andreu?
2. Una altra estudiant, la Joana, no està d'acord amb la conclusió de l'Andreu. Compara els dos gràfics i diu:

   "Algunes parts dels gràfics no fonamenten la conclusió."

   Selecciona com a exemple una zona dels gràfics que no confirmi la conclusió de l'Andreu. Explica la teva resposta.
3. L'Andreu insisteix en la seva conclusió que l'increment de la temperatura mitjana de l'atmosfera de la Terra és degut a l'augment de l'emissió de diòxid de carboni. Però la Joana pensa que la seva conclusió és prematura i argumenta: "Abans d'acceptar aquesta conclusió, t'has d'assegurar que els altres factors que poden influir en l'efecte d'hivernacle es mantenen constants".

   Anomena un dels factors en els quals pensa la Joana.

Síntesi. Química, tecnologia i societat

Matèries primeres

- Les **matèries primeres** són substàncies disponibles en l'entorn natural. La indústria química les transforma físicament i químicament per obtenir productes adequats per al seu ús.
- Un 80 % de l'energia consumida a Espanya prové de cremar combustibles fòssils: carbó, petroli i gas natural.
- El petroli cru se sotmet a un procés de refinació:

  Primera fase. Destil·lació fraccionada. El residu es destil·la una altra vegada, a més temperatura i a pressió reduïda.

  Segona fase. Una sèrie de transformacions químiques; les principals són el craqueig i la reformació.
- La **petroquímica** és una branca de la indústria química que utilitza les diverses fraccions del petroli o del gas natural.

Medicaments

- Una de les grans aportacions de la química a la millora de la nostra qualitat de vida és la síntesi de medicaments: **vacunes**, **analgèsics** i **antibiòtics**.
- Els medicaments poden provocar efectes secundaris i al·lèrgies, i interaccionar amb altres substàncies. A més, el consum abusiu i incorrecte d'antibiòtics està gestant un problema greu de **resistència bacteriana**.

Contaminació

- La **contaminació atmosfèrica** produeix efectes adversos en la nostra salut i provoca pluja àcida, augment de l'efecte d'hivernacle, reducció de la capa d'ozó i un canvi climàtic global.
- L'**aigua** es contamina quan s'utilitza i contamina el medi ambient si no es depura abans d'abocar-la.
- La contaminació del **sòl** es trasllada a la vegetació i d'aquí a tota la cadena tròfica.

Reciclatge

- Cada dia es produeixen i es llencen tones de diferents tipus de materials: plàstic, vidre, paper i cartró, metall... Aquest problema es podria pal·liar en gran manera si els residus se sotmetessin a un procés de **reciclatge**.
- El plàstic de rebuig pot ser sotmès a reciclatge o incineració. La incineració té el problema de l'emissió dels fums de combustió perquè són molt contaminants.
- El reciclatge del vidre redueix l'energia que es necessita per fabricar-lo, a més de reduir la despesa de matèries primeres.
- El reciclatge del paper evita la tala d'arbres.
- El reciclatge del metall és bastant complicat, perquè sol estar mesclat amb altres materials que en dificulten la separació.

Consolidació de competències

CONTESTA LA PREGUNTA INICIAL

Després d'haver estudiat aquest tema, pots contestar la pregunta inicial:

Com influeix la química en la societat?

Redacta un text d'entre 10 i 20 línies que resumeixi les conclusions a les quals hagis arribat sobre la qüestió.

CONSOLIDA EL QUE HAS APRÈS

Per consolidar els coneixements adquirits a llarg de la unitat, pots fer les activitats que trobaràs en aquesta adreça web:

www.tiching.com/731558

Aquestes activitats s'han preparat en un document en format pdf que et pots descarregar.

Al final del document trobaràs les solucions perquè puguis comprovar si has complert els objectius del tema.

TÈCNIQUES D'ESTUDI

Entra a: www.tiching.com/727426 i practica una tècnica d'estudi a partir de la síntesi.

APRENDRE PER EMPRENDRE

Les empreses del sector farmacèutic inverteixen molts diners en la investigació per descobrir nous medicaments i vacunes.

El preu dels productes farmacèutics no correspon al cost de les substàncies actives que contenen, sinó als diners invertits per l'empresa en el procés d'investigació i desenvolupament del producte.

Això planteja un problema ètic perquè és difícil establir un equilibri entre l'interès de les empreses farmacèutiques per obtenir beneficis econòmics (i així poder seguir invertint en noves investigacions) i l'interès social que els preus dels medicaments siguin assequibles per a totes les persones que els necessiten.

Organitza un debat sobre aquesta problemàtica. Busca informació i opinions contrastades en el sector empresarial i en associacions mèdiques o de consumidors i pacients.

Un grup d'alumnes ha de presentar els arguments a favor dels interessos empresarials i un altre grup ha de presentar els arguments a favor dels consumidors i pacients.

FÍSICA

9 L'ENERGIA

Quines energies ens envolten?

Actualment el consum de fonts d'energia no renovables, com ara el petroli o el gas natural, és enorme, amb els problemes mediambientals que això comporta.

S. XVII	S. XVIII	1800-1899
S. XVII En 1687 Isaac Newton (1643-1727) publica la llei de la gravitació universal.	Siglo XVIII  Màquina de vapor i Revolució Industrial (carbó).	Siglo XIX Il·luminació i motor de combustió interna (petroli). 1878 La primera central termoelèctrica del món es construeix a Baviera. 1893 Tesla dissenya la primera central hidroelèctrica del món a les cascades del Niàgara. 

Fa dos-cents anys les persones utilitzaven com a fonts d'energia l'aigua dels rius, el vent, la llenya i el carbó.

Avui dia, a causa del descobriment de l'electricitat l'any 1800 i de l'aparició dels primers automòbils el 1895, es necessiten moltes més fonts d'energia i en molta més quantitat.

El petroli, del qual s'extreu la gasolina i el gasoil, el gas natural i l'urani són actualment les principals fonts d'energia (malgrat que no són renovables i que contaminen).

Un altre tipus de fonts d'energia que s'utilitzen, tot i que en poca quantitat, són les anomenades renovables, que sí que es regeneren i que contaminen molt menys. Aquestes energies són el vent, l'aigua, la biomassa, la calor interna de la Terra i les marees.

Què sabem?

- Quina és la principal font d'energia de la majoria dels vehicles de la imatge? És una font d'energia renovable o no renovable?
- Quines mesures es podrien prendre per reduir-ne el consum?

Què aprendrem?

1. *Descobreix*. L'energia: formes i fonts
2. Transmissió de l'energia
3. Conservació i degradació de l'energia
4. L'estalvi energètic
5. L'energia i les forces
6. *Laboratori*. Construcció d'un gràfic

1900-1999

2000-2010

1954

Primera central nuclear del món (Obninsk, Rússia).

2005 Entrada en vigor del protocol de Kyoto.

1

DESCOBREIX

L'energia: formes i fonts

L'**energia** és el que produeix canvis en la matèria o en el seu estat i posició.

L'energia es manifesta de diferents formes, cadascuna de les quals rep un nom diferent: energia cinètica, energia potencial gravitatòria, energia química, energia tèrmica, energia elèctrica, energia nuclear, energia radiant...

Les **fonts d'energia** o **recursos energètics** són tots els recursos dels quals es pot extreure energia.

A FONTS D'ENERGIA NO RENOVABLES

Les fonts d'energia **no renovables** s'exhauriran en el futur. Són les més utilitzades fins als nostres dies malgrat que presenten diversos problemes:

- Marees negres (amb la desaparició de flora i fauna).
- Pluja àcida, augment de l'efecte d'hivernacle, escalfament global...
- Malalties derivades dels contaminants atmosfèrics: respiratòries i pulmonars, de cor, digestives...
- Residus nuclears, perillosos per als éssers vius.

@ Amplia a la Xarxa...

Accedeix a una infografia sobre les fonts d'energia no renovables a:
www.tiching.com/732057

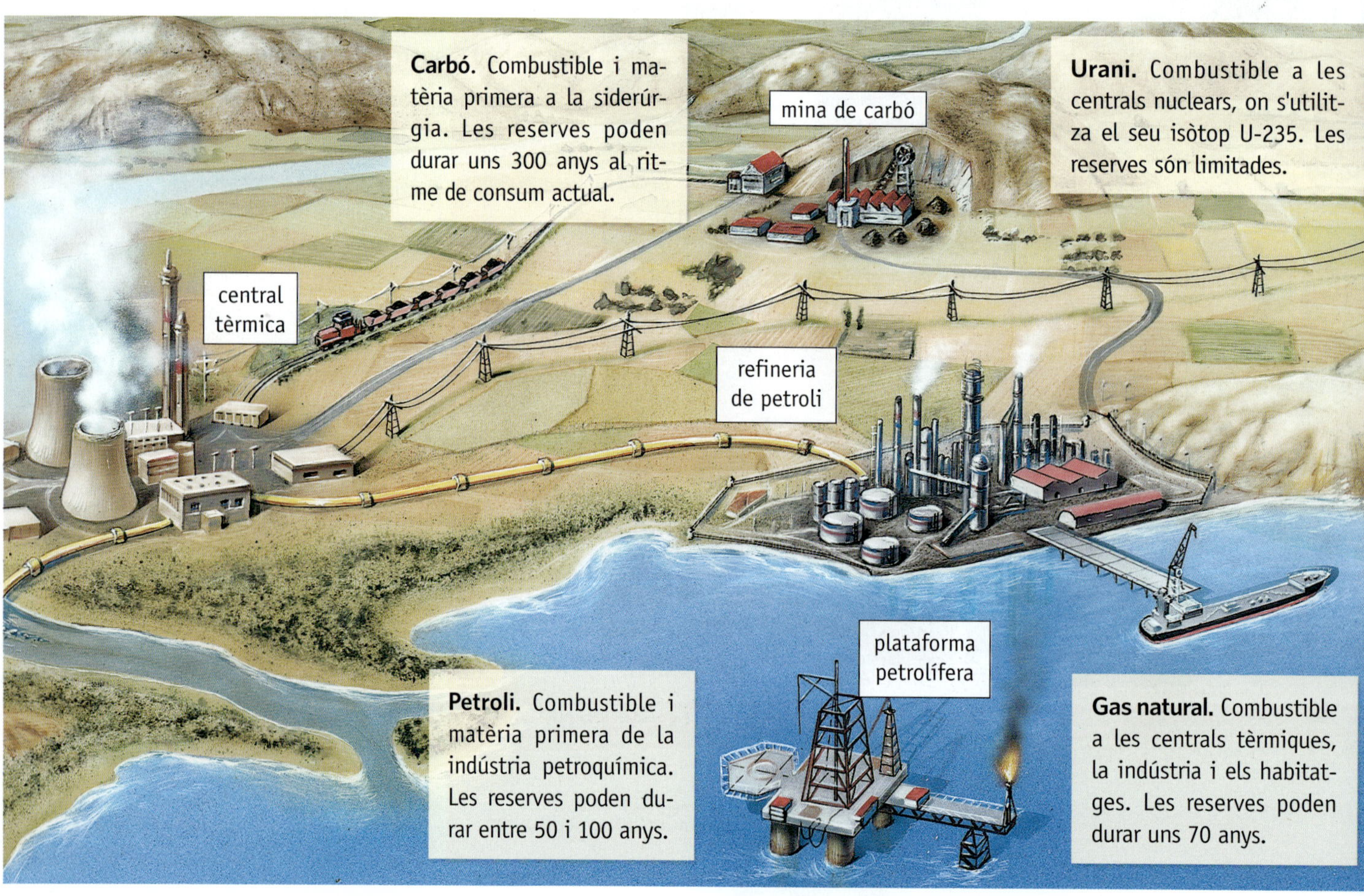

B FONTS D'ENERGIA RENOVABLES

Les fonts d'energia **renovables** són pràcticament inexhauribles, perquè es regeneren amb l'energia subministrada pel Sol. Algunes són tradicionals, com ara l'energia hidràulica, i d'altres són **alternatives**, com ara els biocarburants.

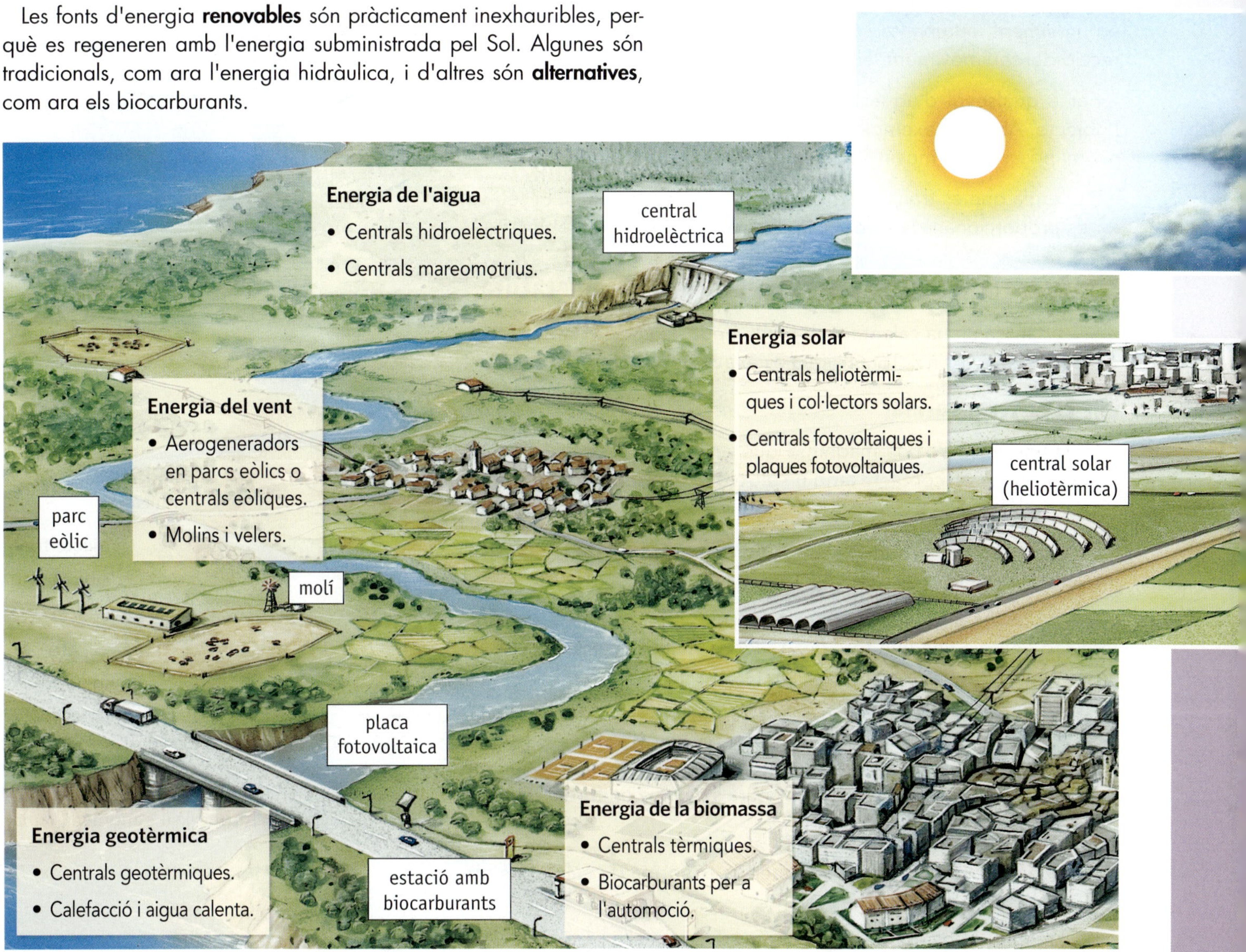

C ENERGIES DEL FUTUR?

L'energia procedent de la **fusió nuclear** és un altre tipus d'energia que prové dels nuclis atòmics, però sense perill de residus radioactius. Encara s'està investigant com podem usar-la, però hi ha moltes esperances posades en aquesta energia.

També s'estan buscant noves maneres d'aplicar l'energia solar: s'utilitza per trencar molècules d'aigua i obtenir **hidrogen**, que s'emmagatzema i s'utilitza com a combustible, aprofitant que la seva combustió és poc contaminant.

@ Amplia a la Xarxa...

Accedeix a una infografia sobre les fonts d'energia renovables a: www.tiching.com/732058

1. Enumera i explica alguns efectes perjudicials causats per determinades fonts d'energia.

2. Què anomenem *fonts d'energia renovable*? Què vol dir que siguin renovables?

2 Transmissió de l'energia

2.1. Energia transmesa mitjançant una força

L'energia produeix canvis en el moviment dels objectes: els posa en moviment, augmenta i disminueix la seva velocitat, canvia la direcció del seu moviment, els para, etc.

Per a qualsevol d'aquests canvis, s'ha d'aplicar una **força** sobre l'objecte. Així, per exemple, si empenyem el carretó d'un supermercat, el posarem en moviment fig. 1.

L'energia que es transmet mitjançant forces és el **treball**. El seu valor és proporcional a la força i a la distància que recorre l'objecte.

Fig. 1 Per moure el carretó hi exercim una força al damunt.

2.2. Energia transmesa per diferència de temperatura

Si es barreja aigua calenta amb aigua freda, la calenta cedeix energia a la freda i, al final, tota l'aigua és a la mateixa temperatura.

Què és la temperatura?

La **temperatura** és una magnitud que ens indica si un objecte adquirirà energia en contacte amb un altre objecte o si en perdrà.

En realitat és una mesura de l'energia interna de l'objecte, que és la suma de totes les energies cinètiques i potencials de les partícules que el formen.

Dos objectes a diferent temperatura posats en contacte es transfereixen energia fins que tots dos tenen la mateixa temperatura. En aquest moment s'ha assolit l'**equilibri tèrmic** fig. 2.

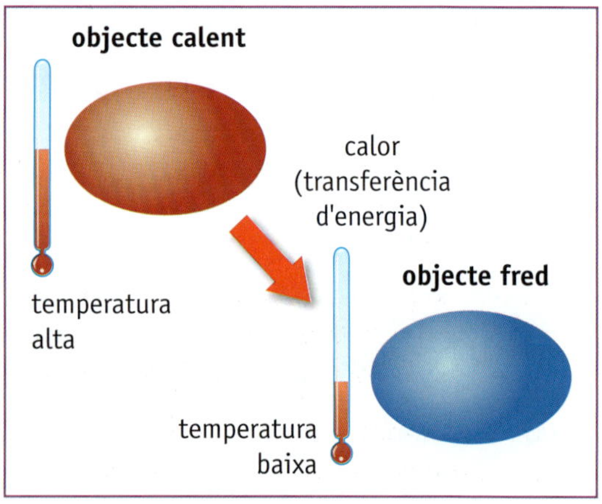

Fig. 2 Transferència de calor d'un cos calent a un altre cos més fred. La transferència es produeix fins que ambdós cossos assoleixen l'equilibri tèrmic (la temperatura final s'anomena *temperatura d'equilibri*).

La calor

La transferència d'energia que es produeix quan es posen en contacte dos objectes a diferent temperatura s'efectua en forma de **calor**.

Cal tenir en compte que:

- No hi pot haver transferència d'energia en forma de calor dels objectes freds als que són més calents.
- Els objectes freds no transmeten fred, sinó que absorbeixen calor.

Efectes de la calor

Quan subministrem energia a un objecte en forma de calor, pot tenir diversos efectes: *augment de la temperatura*, *dilatació* i *canvi d'estat*:

- L'**augment de temperatura** és directament proporcional a la calor transmesa i inversament proporcional a la massa de l'objecte, i depèn de la naturalesa de la substància. És a dir, la temperatura augmenta més com més calor proporcionem, augmenta menys com més massa contingui l'objecte i depèn de si la substància necessita més o menys energia per augmentar la seva temperatura.
- La **dilatació** és directament proporcional a la calor transmesa i depèn de la naturalesa de la substància que forma l'objecte fig. 3.
- El **canvi d'estat** depèn també de la calor transmesa i de la naturalesa de la substància que forma l'objecte.

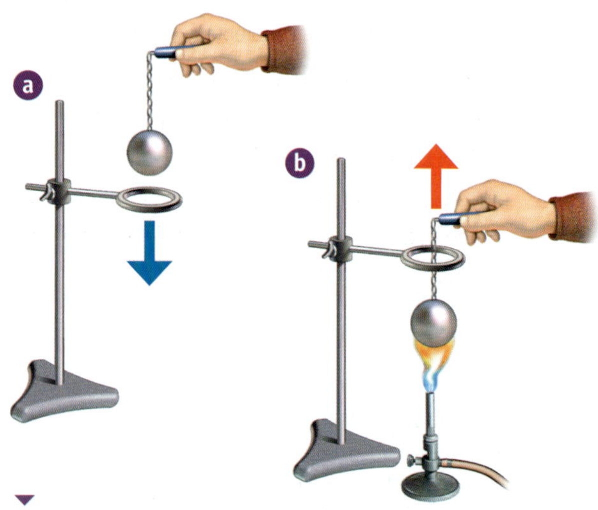

Fig. 3 a) A temperatura ambient, l'esfera metàl·lica pot passar a través de l'anella que serveix de calibre. b) Si l'escalfem, l'esfera es dilata i ja no pot passar.

FORCES A L'UNIVERS

Les forces que acabem de veure, excepte el pes, s'exerceixen quan es posen els objectes en contacte. A la natura, tanmateix, les quatre forces fonamentals s'exerceixen a distància. Les més conegudes són l'electromagnètica i la força de la gravetat.

Força de la gravetat

La força de la gravetat és la força d'atracció que s'estableix entre dos cossos amb massa, com ara un llapis i la Terra o el Sol i la Terra. Aquesta força s'expressa mitjançant la llei de la gravitació universal, demostrada per Isaac Newton al segle XVII:

Tot parell de masses, m_1 i m_2, separades per una distància, d, s'atreuen amb forces iguals i oposades, que són directament proporcionals al producte de les dues masses i inversament proporcionals al quadrat de la distància que les separa:

$$F = G \cdot \frac{m_1 \cdot m_2}{d^2}$$

Tot i que entre el Sol i la Terra hi ha una força d'atracció, la velocitat amb què es mou la Terra al voltant del Sol fa que no hi caigui a sobre. De la mateixa manera, la Lluna és atreta per la Terra, però es manté en òrbita per la velocitat que porta.

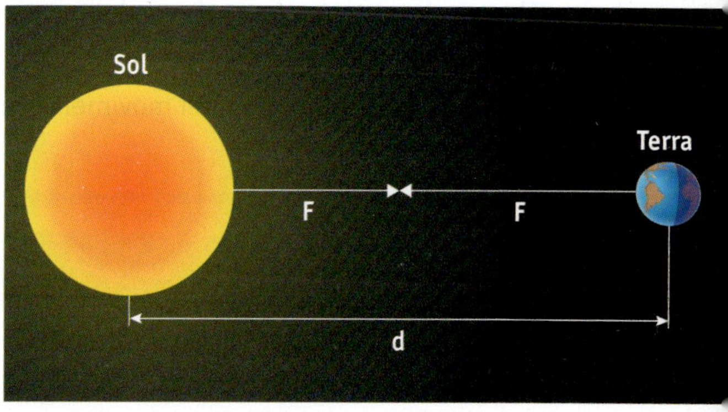

Existeix una atracció gravitatòria entre la Terra i el Sol. Tots dos cossos exerceixen forces d'atracció entre si, que fan que la Terra giri contínuament al voltant del Sol.

La força de la gravetat a l'univers

La força de la gravetat afecta tots els cossos de l'univers. Així, no només entre el Sol i la Terra o entre la Lluna i la Terra existeixen forces d'atracció, sinó que també n'hi ha a major escala.

Per exemple, els planetes que formen el Sistema Solar interaccionen amb el Sol a través de la força de la gravetat, el Sistema Solar ho fa amb el nucli de la Via Làctia (al voltant del qual orbita) i la Via Làctia interacciona amb altres galàxies que formen el cúmul de galàxies al qual pertany (anomenat *Grup Local*).

Com que aquestes forces s'exerceixen a distàncies enormes, la unitat de longitud més utilitzada és l'any llum, és a dir, la distància que recorre la llum en un any:

$$1 \text{ any llum} = 1 \cancel{\text{any}} \cdot \frac{365 \cancel{\text{dies}}}{1 \cancel{\text{any}}} \cdot \frac{24 \cancel{\text{h}}}{1 \cancel{\text{dia}}} \cdot \frac{3\,600 \cancel{\text{s}}}{1 \cancel{\text{h}}} \cdot \frac{300\,000 \text{ km}}{1 \cancel{\text{s}}} = 9{,}46 \cdot 10^{12} \text{ km}$$

La Via Làctia, juntament amb unes 30 galàxies més, forma l'anomenat *Grup Local*. La Via Làctia té un diàmetre d'uns 10 000 anys llum, mentre que el del Grup Local és d'uns 4 milions d'anys llum.

1. Indica quines forces actuen en els casos següents:

a. Una persona damunt d'una bàscula.

b. Un cotxe que circula per una carretera.

c. Un gerro damunt d'una taula.

d. Un ascensor que puja estirat per un cable.

2. Si tenim dues esferes amb la mateixa massa, explica com variarà la força d'atracció entre elles si:

a. Dupliquem la distància.

b. Dupliquem la massa de cadascuna.

c. Dupliquem la seva massa i reduïm la distància que les separa a la meitat.

Construcció d'un gràfic

Quan apliquem una força damunt d'un objecte podem canviar el seu moviment, tant la direcció com la velocitat.

A continuació estudiarem el moviment d'un objecte i la seva representació gràfica.

Material

- Canal.
- Cinta mètrica.
- Bola d'acer.
- Cronòmetres o càmera de vídeo (o un dispositiu que gravi vídeo, com ara un telèfon mòbil).

A. Un objecte quan es mou ocupa diferents posicions amb el temps. Com representaries el moviment d'aquest objecte?

Construcció d'una taula de dades

1. Fes un muntatge com el de la figura. A continuació, deixa caure una bola per la rampa al mateix temps que poses en marxa el primer cronòmetre.

   A mesura que la bola vagi passant pels diferents punts marcats de la rampa, desconnecta els diferents cronòmetres.
2. Si disposes d'una càmera de vídeo, pots gravar com baixa la bola.

   Després reprodueix el vídeo i anota el temps que marca la gravació quan la bola passa per cada punt (recorda descomptar el temps inicial, en el qual deixes anar la bola).
3. Anota en una taula els valors de la posició i del temps.
4. Quin mètode penses que és més exacte? Per què?
5. Fixa't en el temps que tarda la bola a desplaçar-se entre els mateixos punts. És el mateix? Hi veus alguna diferència?

   Si és així, a què penses que es deu?

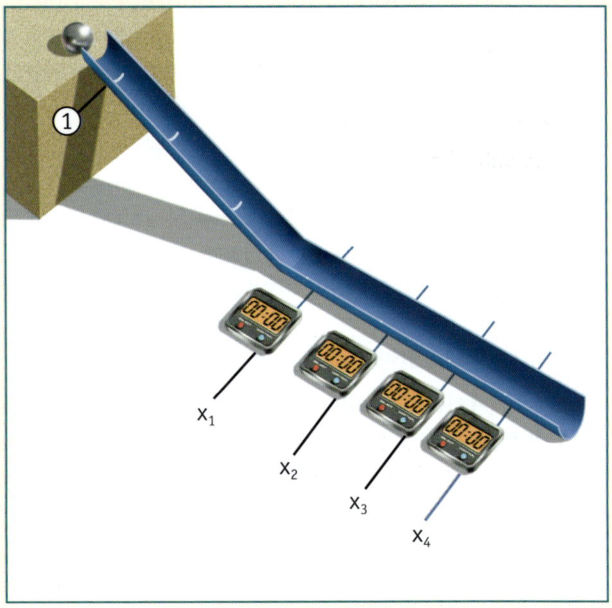

B. Una vegada tenim les dades tabulades, les representarem gràficament. Quina informació penses que ens mostrarà?

Representació gràfica de les dades

1. Agafa paper mil·limetrat i dibuixa un gràfic. A l'eix *X* representa-hi la distància recorreguda i a l'eix *Y* representa-hi el temps transcorregut.
2. Representa-hi les diferents dades obtingudes en l'experiència, recollides en la taula de dades.
3. Uneix els diferents punts mitjançant línies.
4. Quina forma té la línia que uneix tots els punts?

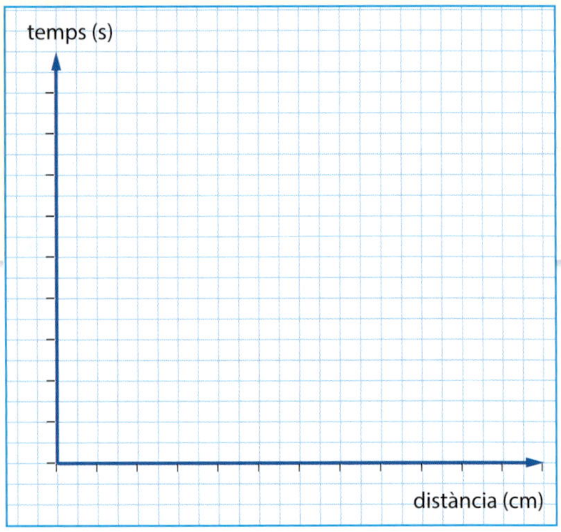

(1) La **velocitat mitjana** d'un mòbil es defineix com el quocient entre la distància recorreguda i el temps que ha tardat. Calcula aquest valor per a cada tram i per al trajecte complet.

(2) Has obtingut el mateix valor de la velocitat en tots els casos?

(3) Com és l'evolució de la velocitat mitjana a cada tram?

C. Quan fem un trajecte amb cotxe podem calcular la velocitat mitjana del trajecte a partir de la distància recorreguda i del temps transcorregut. No obstant això, si ens hem fixat en el velocímetre del cotxe durant el viatge, haurem vist que la velocitat que marca va canviant: de vegades és alta, d'altres és baixa, és de zero quan es para en un semàfor...

La velocitat d'un mòbil en cada punt s'anomena **velocitat instantània**. Com la podem calcular?

Obtenció de la velocitat instantània

1. Per aproximar-nos a la velocitat instantània en un punt, torna a fer l'experiència de la caiguda de la bola.
2. Escurça la distància entre les marques.

   Han d'estar suficientment a prop per fer una aproximació a un espai molt curt (com si fos un punt), però han de permetre que el temps transcorregut en aquest interval quedi registrat.
3. Quin valor has obtingut?
4. Calcula aquest valor en diferents punts i explica com varia.

Interval	Espai (m)	Temps (s)	Velocitat instantània (m/s)
1			
2			
3			
4			
...			

D. Tal com deus haver observat, la velocitat instantània no és constant, sinó que varia amb el temps. Quin concepte associaries amb el canvi de velocitat?

L'**acceleració** d'un objecte ens indica com canvia la seva velocitat al llarg del temps. Es calcula com el quocient entre la diferència de velocitat entre dos instants determinats i el temps transcorregut entre aquests dos instants.

(4) Calcula el valor de l'acceleració entre els diferents punts en els quals has determinat la velocitat instantània.

a) Has obtingut el mateix valor de l'acceleració en els diferents punts?

b) Si aquest experiment el fessis amb un objecte que deixessis caure lliurement en vertical, quin valor obtindries per a l'acceleració?

Acceleració i frenada

Quan un objecte augmenta la velocitat es diu que està accelerant, i l'acceleració té un valor positiu. En canvi, quan un objecte redueix la velocitat es diu que frena, i el valor de l'acceleració té signe negatiu.

Experimentació

Amb l'ajuda de gràfics també podem estudiar les forces que s'apliquen sobre un objecte i que el deformen. Per fer-ho, fes un muntatge com el de la figura, amb un suport, una molla, diferents pesos i un regle.

a. Anota la longitud de la molla sense cap pes penjat.

b. A continuació, penja-hi diferents pesos i anota, en una taula, el pes col·locat (és a dir, la força que s'aplica a la molla) i l'allargament de la molla.

c. Representa gràficament l'allargament de la molla (expressat en centímetres) davant del valor del pes aplicat (expressat en newtons). Com és el gràfic obtingut?

La relació matemàtica entre la força aplicada i l'allargament experimentat s'anomena la *llei de Hooke*.

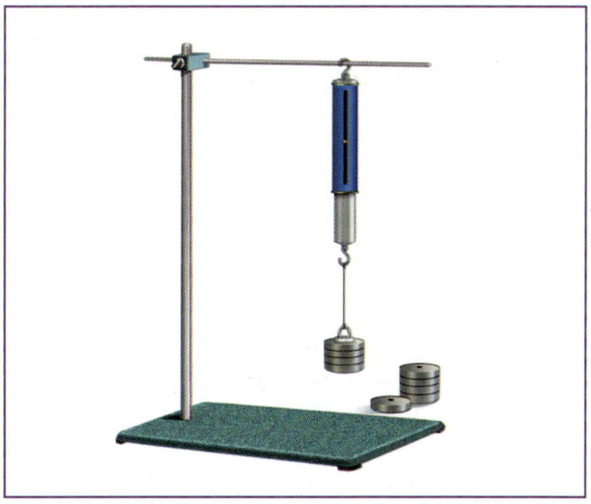

1. Escriu al quadern les frases falses d'aquesta sèrie i raona per què ho són:

a) El carbó i el petroli són combustibles que, a més de contaminar, es gasten i no es renoven.

b) L'aigua utilitzada a les centrals hidroelèctriques no es renova.

c) Encara que es gasti tot el petroli, sempre ens quedarà la gasolina.

d) La contaminació de l'aire és deguda únicament al CO_2 que emeten els cotxes.

2. Posa un exemple en què intervingui cadascuna de les formes d'energia següents:

a) Energia cinètica

b) Energia radiant

c) Energia potencial

d) Energia química

3. Quin tipus d'energia té:

a) Una corredora

b) Un alpinista

c) Una molla

d) Una pila

e) Una estufa

f) El nucli dels àtoms

4. Explica què vol dir que si dos objectes a diferent temperatura es posen en contacte acaben arribant a l'equilibri tèrmic.

5. Si a l'hivern es congela l'aigua que hi ha a l'interior d'una canonada, la canonada es pot arribar a rebentar. Raona per què es pot donar aquesta situació.

6. Explica al quadern per què tota l'energia, del tipus que sigui, procedeix o ha procedit del Sol. Descriu la relació del Sol amb:

a) Les plantes

b) El carbó

c) El petroli

d) L'urani

e) L'aigua

f) El vent

g) Els animals

h) Els aliments

7. Explica en què es transforma:

a) L'energia de la gasolina que un motorista posa a la seva moto.

b) L'energia dels aliments que pren un tennista.

c) L'energia elèctrica que utilitza una nevera.

8. Escriu al quadern per què hem d'aïllar bé els habitatges? Per on es perd l'energia calorífica que hi ha a l'interior d'un edifici?

9. Per què convé anar renovant els electrodomèstics i les bombetes de filament? Quin tipus de bombetes és convenient utilitzar?

10. Què s'entén per *desenvolupament sostenible*?

11. Per què hem de tenir cura del medi ambient? Penses que el cuidem prou? Posa exemples per explicar-ho.

12. Indica quin o quins tipus de força intervenen en cada cas:

a) Un gerro damunt d'una taula.

b) Una motocicleta que circula per la carretera.

c) Un ascensor que baixa des del vuitè pis.

d) Una persona que pesa fruita al supermercat.

13. Si la gravetat a la superfície terrestre és de 9,8 m/s^2, calcula el pes dels objectes que tenen les masses següents:

a) 2,3 kg

b) 103,5 kg

c) 180,5 g

d) 550 g

e) 10 hg

f) 0,15 kg

14. Representa en un gràfic les dades de la taula següent, que indiquen la posició d'un vehicle amb el temps, i calcula la velocitat mitjana que ha mantingut:

Posició (m)	Temps (s)
0	0
15	2
30	4
60	8
75	10
90	12
180	24

15. Fixa't en aquesta figura, en la qual es mostra com varia la velocitat d'un ciclista amb el temps i calcula l'acceleració que portava.

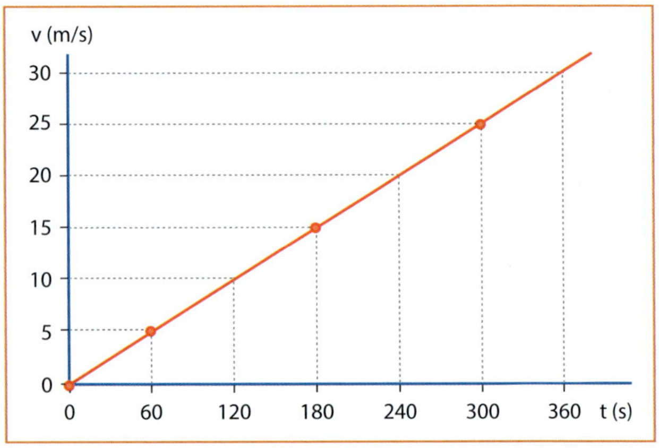

16. A quina velocitat mitjana (en km/h) es desplaça un automòbil que recorre 340 km en 3 h i 30 min?

Comprova el que has après • Comprova el que has après

1. Què són les fonts d'energia?

2. Esmenta diferents tipus d'energia.

3. En quins dos tipus podem dividir les fonts d'energia?

4. Omple al quadern els buits que hi ha en les frases següents:

   a) Les ... d'energia no ... es van exhaurint i contaminen el ... ambient.

   b) A les centrals nuclears s'utilitza l'... com a combustible.

   c) Les fonts d'... renovables no s'... perquè es regeneren amb l'energia produïda pel Sol.

   d) L'... nuclear es considera una energia del futur.

   e) La ... es pot utilitzar per obtenir biocarburants usats en automoció.

5. De quines dues maneres es pot transmetre l'energia? Posa un exemple de cadascuna.

6. Què és la temperatura? Com canviarà la temperatura d'un objecte calent que es posa en contacte amb un altre que és més fred?

7. De quines maneres es pot propagar la calor? Posa un exemple de cadascuna.

8. Explica que són l'energia inicial, l'energia útil i l'energia perduda o degradada.

9. Resol els mots encreuats següents al quadern:

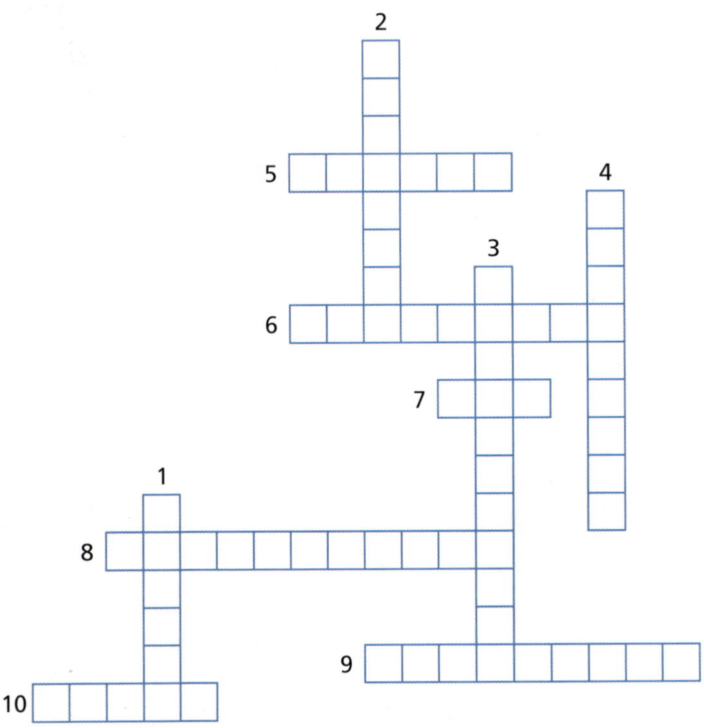

Vertical

1. Força amb la qual s'estira una corda.
2. Combustible del futur.
3. Indica com varia la velocitat.
4. Tipus de font d'energia que no s'exhaureix.

Horitzontal

5. Força que exerceix una superfície horitzontal damunt d'un objecte dipositat a sobre.
6. Forma de transmetre la calor a través dels sòlids.
7. Força amb què la Terra atreu els cossos.
8. Dóna una idea de l'energia interna que té un cos.
9. Quocient entre la distància recorreguda i el temps que s'ha tardat.
10. Una forma de transferir energia.

10. Defineix què és el rendiment energètic.

11. Indica si són veritables o falses les afirmacions que s'indiquen a continuació. Escriu-les correctament en cas que siguin falses.

    a) Per portar l'estil de vida actual, necessitem les mateixes fonts d'energia que en l'antiguitat.

    b) Hi ha tres formes d'energia: la química, l'elèctrica i la nuclear.

    c) Necessitem els aliments per viure, córrer, jugar, fer esport...

    d) L'energia calorífica a les nostres llars sempre es perd, encara que les aïllem.

    e) Les bombetes de filament ja no es venen, s'han de canviar per d'altres de menys consum i menys eficiència lumínica.

12. Indica mitjans d'estalvi energètic que convé adoptar a les nostres llars.

13. Indica diferents tipus de forces i posa un exemple de cadascun.

14. Què estableix la llei de la gravitació universal? Qui la va demostrar?

15. Què és la velocitat instantània? I la velocitat mitjana?

16. Què ens indica l'acceleració? Quina diferència hi ha entre accelerar i frenar?

1 Calcula. El consum domèstic d'energia

Fixa't en la figura que mostra els percentatges de consum dels electrodomèstics d'una casa i contesta les preguntes:

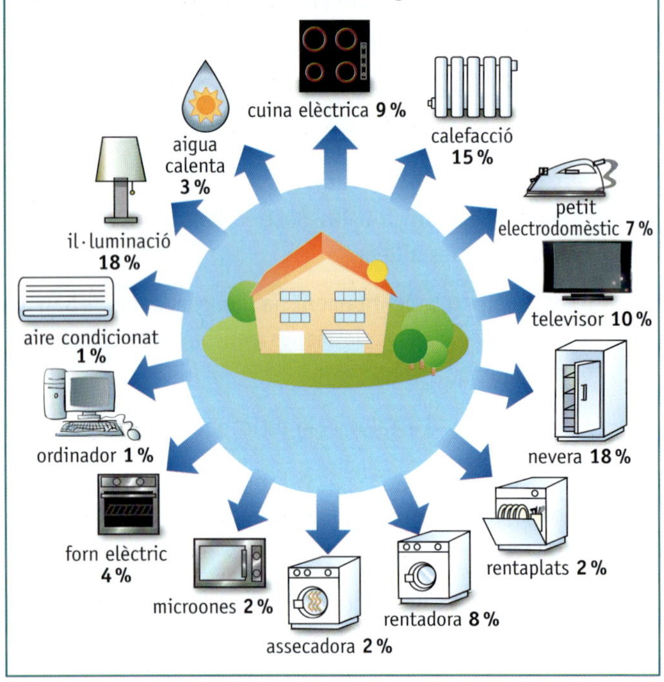

a) Quins són els tres que consumeixen més?

b) Quins són els dos que gasten menys?

c) Tenint en compte que quan s'obre la nevera i el congelador hi entra calor de l'exterior, què hem de fer per disminuir-ne el consum?

d) Enumera les mesures d'estalvi que hem de prendre amb cadascun dels aparells següents: rentadora, calefacció, llums, televisor.

Sense que ens n'adonem, molts aparells elèctrics de les nostres llars gasten contínuament energia tot i que aparentment estiguin apagats. És el que es coneix com estar en espera o *stand by*. Els hem de desconnectar del tot perquè no gastin energia inútilment.

	Potència	Funcionament	Consum diari
en funcionament	40 W	2 hores cada dia	
en espera	10 W	22 hores cada dia	

e) Amb les dades d'aquesta taula calcula quanta energia ha consumit en un dia un televisor en funcionament i en espera.

f) Calcula el tant per cent de potència perduda de la potència total gastada.

2 Descriu. Canvis energètics

Descriu els passos i els canvis energètics que tenen lloc des que es crema el combustible fins que es produeix electricitat.

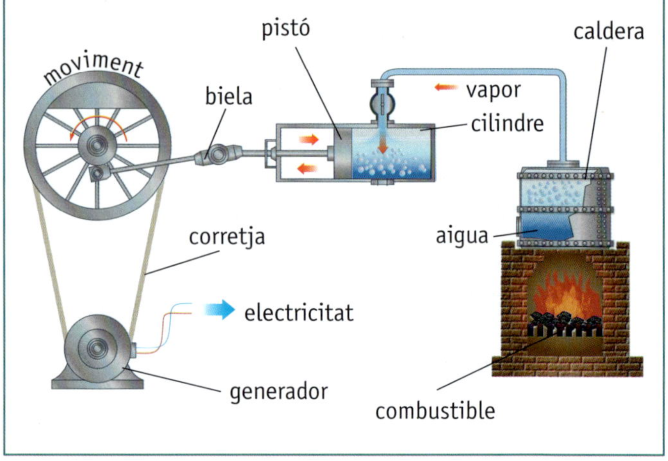

3 Investiga. La seguretat en els vehicles

Actualment, una de les preocupacions principals dels fabricants d'automòbils a l'hora de comercialitzar un nou model és la seguretat, tant dels seus ocupants com dels vianants.

Per això, aquests vehicles passen unes proves de seguretat tant internes com externes. Cal destacar les que es fan dins del programa Euro NCAP.

Redacta un informe sobre el programa Euro NCAP i tingues en compte, per exemple:

- Qui forma part d'aquest programa?
- Quines proves de seguretat porten a terme?
- Com es valoren els vehicles que es proven?

L'energia: formes i fonts

- L'**energia** existeix en moltes formes diverses i unes es transformen en d'altres contínuament.
- Hi ha **fonts d'energia renovable**, que són pràcticament inexhauribles (es regeneren) i no contaminen, i **fonts d'energia no renovable**, que acabaran exhaurint-se i el seu ús contamina el medi ambient.

Transmissió de l'energia

- L'energia es pot transmetre en forma de calor o mitjançant l'aplicació de **forces**.
- La **calor** és l'energia que es transfereix entre dos cossos a diferent **temperatura** (del més calent al més fred).
- La temperatura ens dóna una idea de l'energia interna de les partícules que formen un cos.
- Quan s'aplica calor damunt d'un cos podem augmentar-ne la temperatura i la mida, o canviar-lo d'estat físic.

Conservació i degradació de l'energia

- L'**energia total** no es crea ni es destrueix, es transforma i es conserva.
- L'**energia inicial** és la que tenen les fonts d'energia i l'**energia útil** és la que s'aprofita.
- El **rendiment energètic** és el percentatge d'energia útil partint de la inicial.

Les forces

- Les **forces** són les causants dels canvis de forma o de moviment en un cos.
- Podem classificar les forces en diferents tipus:
  - **Pes**. És la força amb què la Terra atreu els cossos. Es calcula com el producte de la massa d'un cos per la gravetat (9,8 m/s^2).
  - **Força motriu**. És la que fa que un cos es mogui.
  - **Força de fregament**. És la que exerceixen entre si dues superfícies en contacte.
  - **Força normal**. És la que exerceix una superfície sobre els cossos que hi ha al damunt.
  - **Tensió**. És la força amb què una corda o un cable tensos estiren un objecte.

Les forces i el moviment

- Per poder estudiar l'efecte d'una força sobre el moviment d'un objecte, hem de tenir en compte:
  - La **velocitat mitjana**, que es calcula com el quocient entre l'espai recorregut i el temps que s'ha tardat.
  - La **velocitat instantània**, és a dir, la velocitat en un moment determinat.
  - L'**acceleració**, que ens diu com varia la velocitat.

Consolidació de competències

CONTESTA LA PREGUNTA INICIAL

Després d'haver estudiat aquesta unitat, pots contestar la pregunta inicial:

Quines energies ens envolten?

Redacta un text d'entre 10 i 20 línies que resumeixi les conclusions a les quals has arribat sobre la qüestió.

CONSOLIDA EL QUE HAS APRÈS

Per consolidar els coneixements adquirits durant la unitat, pots fer les activitats que trobaràs en aquesta adreça web:

www.tiching.com/731559

Aquestes activitats s'han preparat en un document en format pdf que et pots descarregar.

Al final del document trobaràs les solucions de manera que puguis comprovar si has acomplert els objectius de la unitat.

APRENDRE PER EMPRENDRE

Imagina que l'ajuntament de la teva ciutat vol establir un servei de lloguer de bicicletes públiques perquè la gent redueixi l'ús del transport privat que utilitza combustibles fòssils (cotxes, motos...).

Treballant en grup, dissenya i redacta un fulletó explicatiu sobre els avantatges de l'ús d'aquest servei de bicicletes.

Per fer-ho, busca informació i tingues en compte:

- Representar un plànol de la teva ciutat i indicar-hi on col·locaries els punts de lloguer.
- El combustible estalviat amb l'ús de les bicicletes.
- La reducció en la contaminació...

TÈCNIQUES D'ESTUDI

Entra a: www.tiching.com/727426 i practica una tècnica d'estudi a partir de la síntesi.

10 CÀRREGA ELÈCTRICA

Com és l'interior de la matèria?

Les descàrregues elèctriques, com els llamps durant una tempesta, fan evident tant la naturalesa elèctrica de la matèria com la possibilitat de transferir la càrrega elèctrica.

700-599 a.C.

600 a.C. — Tales de Milet (640 a.C.-546 a.C.) estudia els efectes de l'ambre: quan es frega un tros d'ambre, atreu petits objectes.

1600-1699

1600 — William Gilbert (1544-1603) dóna nom al fenomen de l'electrització dels cossos a partir de la paraula grega per l'ambre: *élektron*. Descobreix l'existència de materials conductors i aïllants.

1700-1799

1748 — Jean Antoine Nollet (1700-1770) inventa el primer electroscopi per detectar si un objecte està carregat o no.

1752 — Benjamin Franklin (1706-1790) inventa el parallamps estudiant la naturalesa elèctrica dels llamps. També estableix l'existència de dos tipus de càrrega, que anomena *positiva* i *negativa*.

1754 — John Carton (1718-1772) inventa el primer pèndol elèctric per estudiar els fenòmens d'electrització.

Les primeres experiències sobre l'electricitat es remunten a l'antiga Grècia, realitzades per Tales de Milet (640-546 a.C.).

Però va ser a partir del segle XVIII quan, ja des d'un enfoc plenament científic, va ressorgir l'interès pels fenòmens elèctrics.

A la fi del segle XIX i la primeria del XX, gràcies al descobriment de l'estructura interna de la matèria (quan es va comprovar que hi havia partícules carregades elèctricament: els protons i els electrons), es va poder explicar quina era la naturalesa de la càrrega elèctrica.

A més, els estudis realitzats sobre la càrrega elèctrica van permetre explicar les circumstàncies que fan que aquesta es pugui transferir d'uns cossos a uns altres o que hi circuli.

Què sabem?

- Frega un bolígraf amb un tros de llana i acosta'l a un doll prim d'aigua de l'aixeta. Què passa?
- Saps quin és l'origen dels llamps? Quins aparells es col·loquen als teulats perquè els llamps no facin destrosses als edificis?

Què aprendrem?

1. **Fenòmens elèctrics**
2. **Aïllants i conductors**
3. ***Laboratori*. L'electroscopi**
4. ***Descobreix*. Llamps i trons**
5. **Interacció entre càrregues elèctriques**

1800-1899 | **1900-1999**

1777

Charles Coulomb (1736-1806) determina, mitjançant la balança electrostàtica, que la força entre dues càrregues és directament proporcional al producte de les càrregues i inversament proporcional al quadrat de la distància entre elles.

1897

J. J. Thomson (1856-1904) descobreix l'electró.

1918 E. Rutherford (1871-1937) descobreix el protó.

1932 J. Chadwick (1891-1974) descobreix el neutró.

1 Fenòmens elèctrics

1.1. La càrrega elèctrica: electrització dels cossos

Si fregues un regle de plàstic amb un jersei de llana i, després, l'acostes a uns bocinets de paper, veuràs que el regle és capaç d'atreure aquests bocins de paper fig. 1.

Per explicar aquest fenomen hem d'admetre que el regle ha adquirit, en fregar-lo amb el jersei, una propietat que no posseïa. Aquesta propietat és la **càrrega elèctrica**.

Quan un cos adquireix càrrega elèctrica diem que s'ha **electritzat**.

De manera semblant al cas del regle i el jersei, podem electritzar per fregament molts altres materials.

1.2. Tipus de càrrega elèctrica

Si electritzem una vareta de plàstic fregant-la amb una peça de llana i, a continuació, una vareta de vidre fregant-la amb una peça de seda, veurem que totes dues atreuen bocins de paper. Per tant, diem que s'han carregat elèctricament.

Però, a partir d'un experiment senzill podem deduir que la càrrega elèctrica adquirida en cada cas és diferent. Així, si apropem l'una a l'altra dues varetes electritzades comprovem això fig. 2:

- Dues varetes de vidre es repel·leixen.
- Dues varetes de plàstic es repel·leixen.
- Una vareta de plàstic i una vareta de vidre s'atreuen.

D'aquí deduïm que el vidre i el plàstic posseeixen una càrrega de tipus diferent.

Els cossos electritzats amb càrrega del mateix tipus es repel·leixen i amb càrrega de tipus diferent s'atreuen.

Per conveni, anomenem **positiva** el tipus de càrrega que té el vidre i **negativa** el tipus de càrrega que té el plàstic.

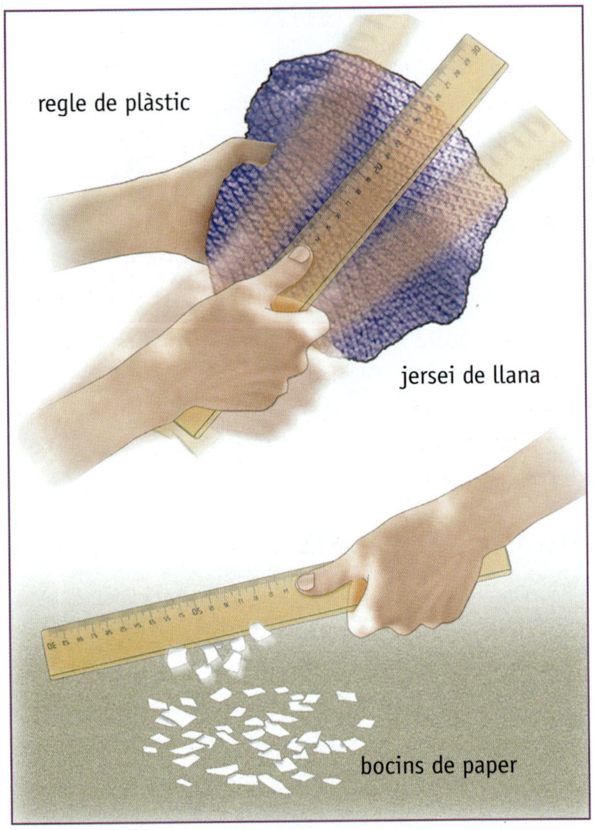

Fig. 1 Electrització d'un regle de plàstic.

El llenguatge de la ciència

Segons la tradició, fou el filòsof grec Tales de Milet qui va fer la primera referència als fenòmens elèctrics. Concretament va observar que una peça d'ambre fregada amb una pell d'animal podia atreure objectes lleugers, com ara plomes, brins de palla...

Precisament, el terme *electricitat* deriva del grec *élektron*, que significa *ambre*.

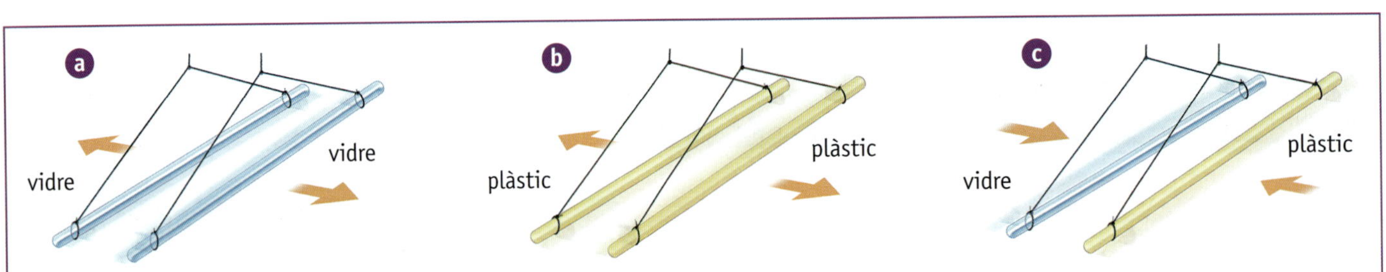

Fig. 2 Experiment amb varetes electritzades: a) dues varetes de vidre es repel·leixen; b) dues varetes de plàstic es repel·leixen; c) dues varetes, l'una de plàstic i l'altra de vidre, s'atreuen.

1.3. Naturalesa elèctrica de la matèria

Els àtoms no són indivisibles i tenen estructura interna. Posseeixen al seu interior partícules carregades positivament, els **protons**, partícules carregades negativament, els **electrons**, i partícules sense càrrega, els **neutrons** fig. 3.

La quantitat de càrrega dels protons i els electrons és la mateixa. Com que els àtoms tenen el mateix nombre d'electrons que de protons, en conjunt són elèctricament **neutres**.

Ara, un àtom deixa de ser elèctricament neutre si passa a tenir un nombre diferent de protons que d'electrons. Això passa quan guanya o perd electrons, perquè els electrons són les úniques partícules que tenen facilitat per passar d'un àtom a un altre.

Interpretació del fenomen de l'electrització

Si tenim en compte la naturalesa elèctrica de la matèria, podem explicar el fenomen de l'electrització fig. 4:

- Un cos està **carregat positivament** quan té més càrrega positiva que negativa perquè els seus àtoms han perdut electrons. És el cas del vidre, que queda carregat positivament pel fet que cedeix electrons a la seda, que queda carregada negativament.
- Un cos està **carregat negativament** quan té més càrrega negativa que positiva pel fet de guanyar electrons. És el cas del plàstic, que queda carregat negativament perquè captura electrons de la llana, que queda carregada positivament.

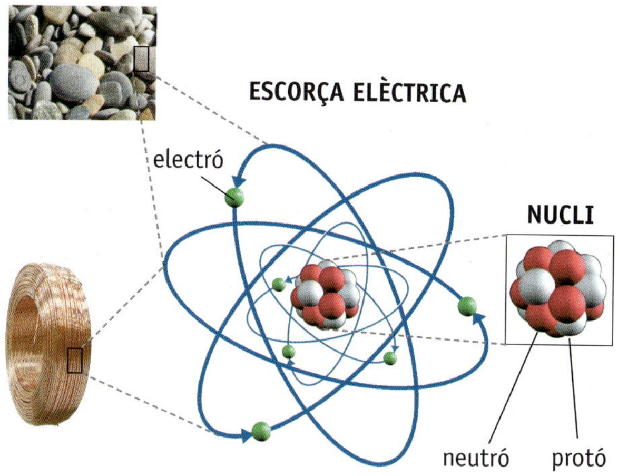

Fig. 3 Al nucli de l'àtom hi ha els protons i els neutrons; a l'escorça elèctrica, els electrons.

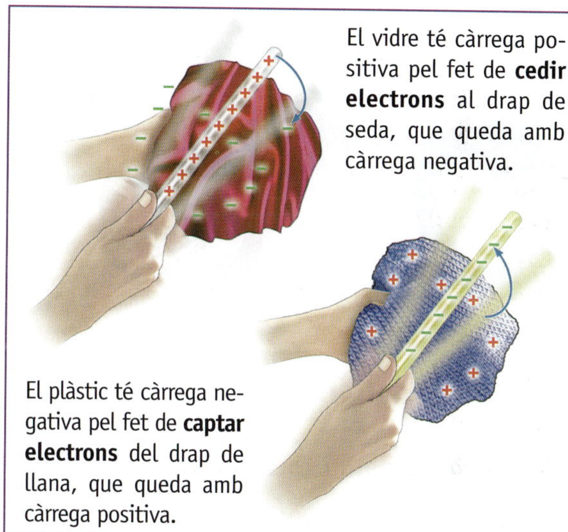

Fig. 4 Electrització per transferència d'electrons.

1.4. Llei de conservació de la càrrega

Atès que els fenòmens d'electrització es produeixen per transferència d'electrons entre els cossos, la mateixa quantitat de càrrega que l'un guanya la perd l'altre. Això permet enunciar la **llei de conservació de la càrrega**.

La càrrega elèctrica total a la natura es manté constant.

@ Amplia a la Xarxa...

Observa l'electrització de cossos a: www.ticking.com/116073

1. Què vol dir que un cos s'ha electritzat? Com podem comprovar que una vareta de plàstic i una de vidre s'han electritzat?
2. Tenen el mateix tipus de càrrega la vareta de plàstic i la de vidre? Com podem comprovar-ho?
3. Quin signe s'assigna a la vareta de vidre electritzada? I a la de plàstic? Amb quin criteri es fa aquesta assignació de signes?
4. Indica quines són les partícules de l'àtom que tenen càrrega, així com el signe de les càrregues i la part de l'àtom on es troben.
5. Tenint en compte que els àtoms tenen partícules amb càrrega, estan sempre carregats? Per què?
6. Què ha passat amb les partícules d'un àtom que està carregat positivament? I amb les d'un àtom carregat negativament?

2 Aïllants i conductors

2.1. Materials aïllants i conductors

Sabem que els àtoms poden guanyar o perdre electrons per fregament i es converteixen en anions o en cations. A més, segons la facilitat amb les quals els electrons es mouen pel material que forma un objecte, aquests materials es divideixen en *aïllants* i *conductors* fig. 1.

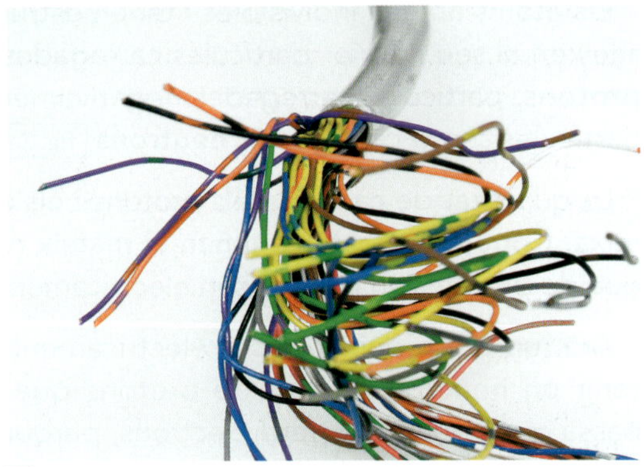

Fig. 1 Alguns objectes, com aquest conjunt de cables, presenten materials aïllants (plàstic) i conductors (coure).

Materials aïllants

Els **materials aïllants** no permeten que els electrons es moguin pel seu interior.

Si un material d'aquest tipus rep electrons, aquests es quedaran al lloc al qual han arribat, sense moure-se'n.

Materials com els que hem vist en estudiar l'electrització (el plàstic, el vidre, la llana i la seda) són aïllants. També ho són la fusta, el suro, el cartró... fig. 2.

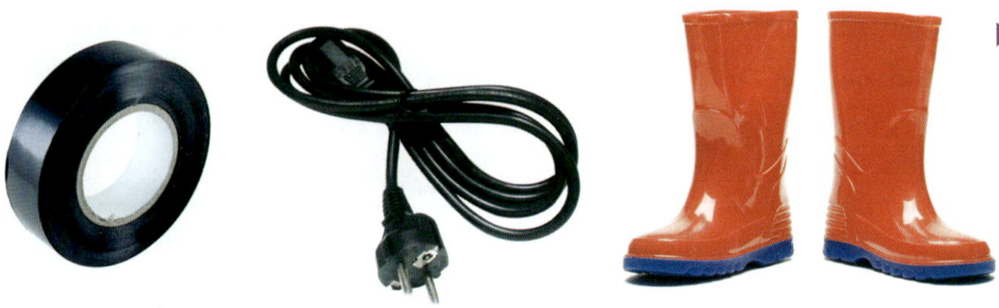

Fig. 2 La cinta aïllant, el plàstic que envolta els endolls i les clavilles o les botes amb sola de goma són exemples d'objectes fets amb materials aïllants de l'electricitat.

Materials conductors

Els **materials conductors** permeten que els electrons es moguin pel seu interior.

Aquests materials tenen lliures els electrons més allunyats del nucli, de manera que es mouen amb moviment desordenat entre els àtoms formant una mena de *núvols d'electrons*. Si es carrega aquest tipus de material, la càrrega es distribueix per l'objecte de manera que es queda tota a la superfície fig. 3.

Fig. 3 Moviment desordenat dels electrons lliures d'un conductor de coure que produeix una mena de núvol elèctric.

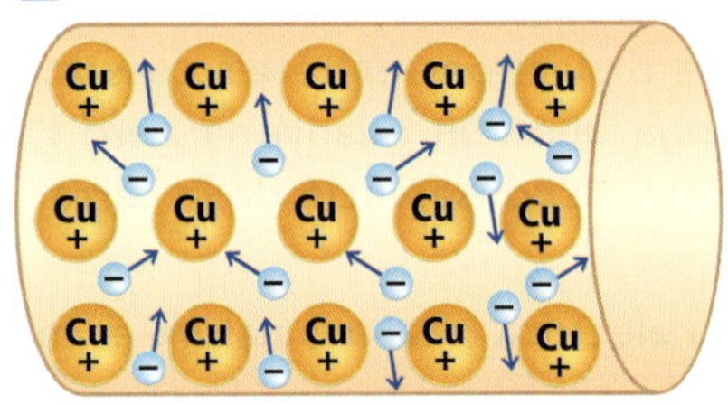

Els metalls, com l'or, la plata, el coure... fig. 4, són conductors. També ho són algunes solucions, com, per exemple, l'aigua de l'aixeta i l'aigua del mar. El cos humà també és conductor pel fet que els seus teixits tenen aigua amb sals dissoltes.

Fig. 4 Els estris metàl·lics, el cable d'acer o el coure condueixen el corrent elèctric.

2.2. L'electrització de materials conductors

Si aguantes amb la mà una vareta metàl·lica i la fregues amb un drap, t'adonaràs que no és capaç d'atreure bocinets de paper. Per tant, sembla com si els materials conductors no es carreguessin.

El que passa és que, si no prenem les precaucions adequades, la càrrega transferida a la vareta circula pel nostre cos, que és conductor, i arriba a terra. En definitiva, per carregar un conductor hem d'aïllar-lo i no tocar-lo amb la mà.

Un conductor es pot electritzar mitjançant:

- **Fregament**. Els conductors aïllats es poden carregar per fregament igual que els aïllants. La càrrega restant es reparteix pel conductor fig. 5.
- **Contacte**. En posar en contacte un conductor neutre amb un cos carregat, part de la càrrega d'aquest passa al conductor. La càrrega dels dos cossos finalment és del mateix signe fig. 6.
- **Inducció**. Quan s'acosta un cos carregat negativament a un conductor neutre, la càrrega de signe oposat, positiva, se situa davant. Si derivem cap a terra la càrrega negativa acumulada a l'altre costat, el conductor quedarà carregat positivament fig. 7.

Els cotxes s'electritzen

Quan sortim d'un cotxe i toquem la porta per tancar-la, sovint sentim una rampa a la mà. El que ha passat és que la carrosseria s'ha electritzat com a conseqüència del fregament del vehicle amb l'aire, i la càrrega es transfereix al nostre cos.

Aquest fenomen pot resultar molt perillós si el vehicle transporta mercaderies inflamables. Per evitar l'electrització, es col·loca a la part del darrere una cinta o cadena metàl·lica que va del vehicle fins al terra. Així, la càrrega que s'acumula a la carrosseria va descarregant-se al terra a través d'aquesta cinta o cadena.

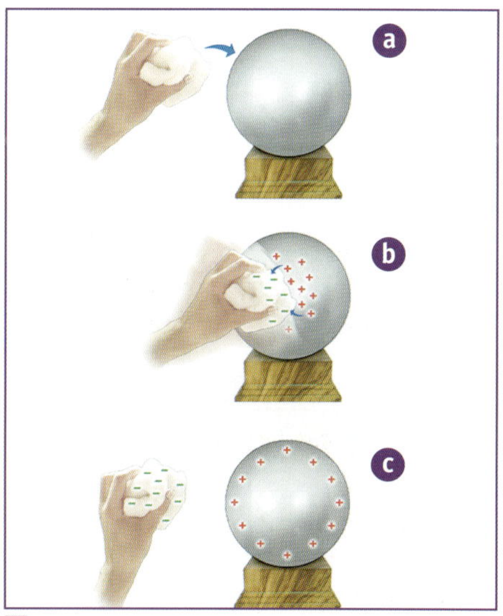

Fig. 5 En acostar el drap (a) i **fregar** amb ell l'esfera metàl·lica (b), l'esfera perd electrons i, per això, queda carregada positivament (c).

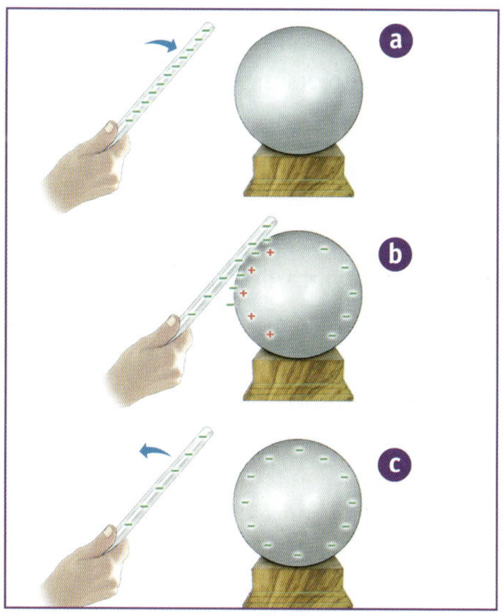

Fig. 6 En **tocar** amb una barra carregada negativament (a) l'esfera metàl·lica (b), la barra transfereix part de la càrrega a l'esfera (c).

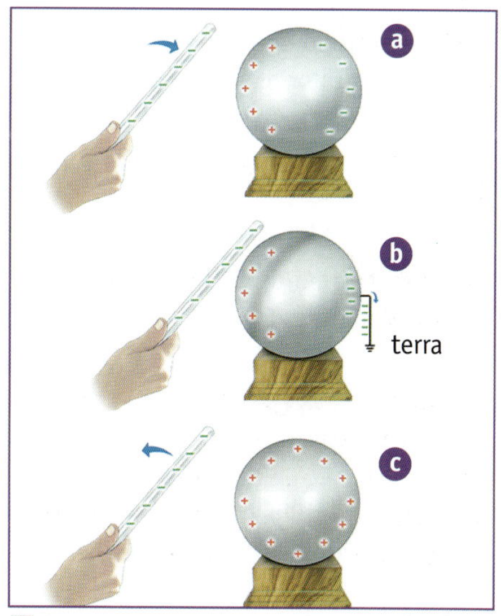

Fig. 7 En **apropar-hi** la barra carregada, la càrrega negativa de l'esfera es desplaça (a). En tocar el terra (b), l'esfera queda carregada positivament (c).

1. Quin tipus de materials no permeten que es moguin alguns electrons pel seu interior?
2. Posa exemples de 5 materials conductors i de 5 materials aïllants.
3. Per què el cos humà és conductor?
4. Si freguem una vareta metàl·lica aguantant-la amb la mà, atraurà bocinets de paper? I si l'aguantem amb una pinça de fusta? Raona les respostes.
5. Explica el resultat de posar en contacte un conductor carregat amb un conductor neutre.

L'electroscopi

En les experiències sobre l'existència de les càrregues i les forces entre elles parlem d'objectes electritzats. Però, si la càrrega no es veu, com sabem si un cos està carregat o no? Com detectem el signe i la quantitat de càrrega que té? Un dels recursos per poder contestar aquestes preguntes ens el proporciona l'electroscopi.

L'**electroscopi** és un aparell que permet estudiar les característiques dels objectes electritzats. Va ser inventat pel metge anglès William Gilbert (1544-1603) al segle XVI.

Material

- Un pot de vidre transparent (amb tapadora de plàstic) i paper d'alumini.
- Dues varetes de plàstic i una de vidre.
- Plastilina i un punxó.
- Un tros de filferro gruixut.
- Un drap de llana i un drap de seda.

A. En primer lloc necessitem construir un electroscopi per fer els experiments.

Construcció de l'electroscopi

1. Forada amb el punxó la tapadora del pot, fes passar el filferro pel forat i subjecta el filferro a la tapadora amb plastilina.
2. Doblega en forma de L l'extrem del filferro que està situat a l'interior del pot i penja del ganxo una tira rectangular de paper d'alumini doblegada per la meitat, en forma de dues làmines paral·leles.
3. Insereix a l'extrem del filferro que està situat a l'exterior del pot una esfera compacta de paper d'alumini i tanca el pot.

Electroscopi

B. A continuació detectaràs amb l'electroscopi si un objecte està carregat o no. Així comprendràs millor el funcionament de l'electroscopi i les diverses parts que el formen.

Utilització de l'electroscopi per comprovar si un objecte està carregat

Per contacte:

1. Toca l'esfera de l'electroscopi descarregat amb una vareta de plàstic sense electritzar (a).
2. Electritza ara la vareta de plàstic per fregament. Fixa't que a la vareta no s'hi veu cap canvi.
3. Toca l'esfera de l'electroscopi descarregat amb la vareta (b).
4. Quina diferència observes en tocar l'esfera amb la vareta sense electritzar i amb la vareta electritzada?
5. Explica l'efecte produït sobre l'electroscopi a causa de la càrrega de la vareta. Indica la llei que explica el motiu pel qual les làmines se separen.
6. Per què creus que tenen el mateix tipus de càrrega la vareta i l'electroscopi?

Per inducció:

1. Segueix els mateixos passos que en el cas anterior, però no toquis l'esfera amb la vareta carregada, només la hi has d'apropar (c).
2. Per què se separen també les làmines?
3. Per què en aquest cas no tenen el mateix signe la càrrega de l'esfera i la de les làmines?

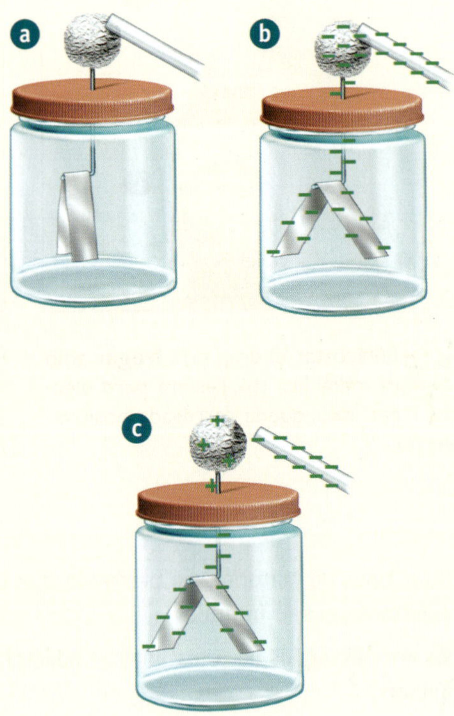

C. Ja coneixes el funcionament de l'electroscopi i la manera de comprovar si un objecte està carregat o no. Ara el faràs servir amb una finalitat igualment important: determinar si la quantitat de càrrega que presenta un objecte és gran o petita, així com el signe de la càrrega.

Utilització de l'electroscopi per saber si una càrrega és gran o petita i quin signe té

1. Electritza dues varetes de plàstic, la primera lleugerament i la segona intensament.
2. A continuació, toca l'esfera de l'electroscopi descarregat amb la primera vareta que has electritzat lleugerament (a).
3. Amb l'electroscopi novament descarregat, toca l'esfera de l'electroscopi descarregat amb la segona vareta (b).
4. Descriu la diferència que observes en tocar amb cada vareta de plàstic. En quin cas se separen més les làmines?
5. Hi ha alguna llei que justifiqui el fet que les làmines unes vegades se separin molt i altres vegades poc?
6. Sense descarregar l'electroscopi en el cas anterior, toca'n l'esfera amb una vareta de vidre electritzada. Fes-ho fregant la vareta de vidre amb el drap de seda.
7. En tocar amb la vareta de vidre carregada l'electroscopi també carregat, què observes? Per què creus que passa això?
8. Creus que has pogut detectar en aquesta experiència l'existència de càrregues de dos signes diferents?

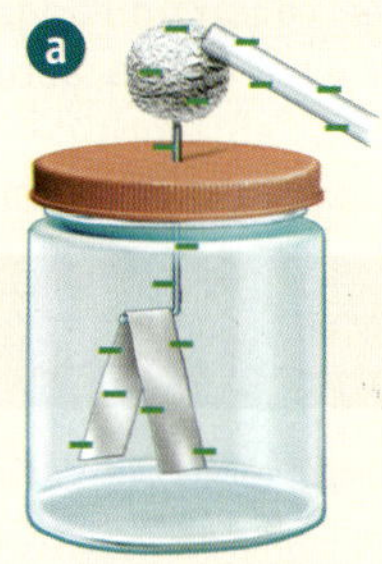

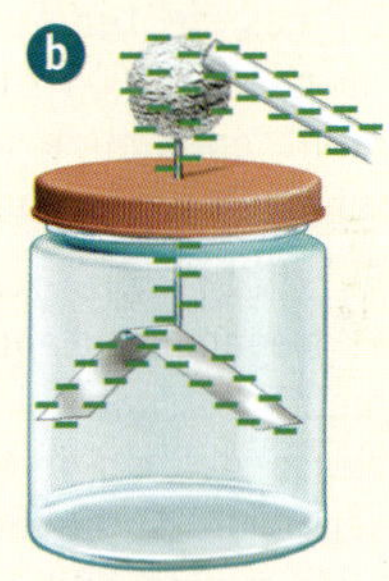

D. Gairebé en tots els casos en els quals utilitzarem l'electroscopi haurem de partir de l'estat de descàrrega; però, com el descarreguem?

Descàrrega d'un electroscopi

Tenint en compte que el cos humà és conductor, si toquem amb un dit l'esfera metàl·lica d'un electroscopi carregat, les seves càrregues es desplaçaran per la nostra mà, el nostre braç... fins que arribin al terra, per on se'n van.

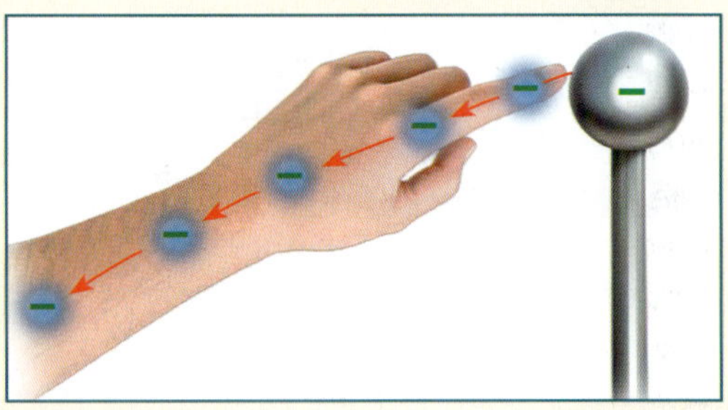

1. Explica per què per començar gairebé totes les experiències han de tenir l'electroscopi descarregat.
2. Cerca informació per saber per què el sistema de les varetes ha d'estar tancat en un recipient.
3. @ Mira a www.tiching.com/732356 un vídeo sobre la construcció d'un electroscopi i contesta aquestes preguntes:
   a. Segons l'explicació, per a què s'utilitza l'electroscopi?
   b. En què es diferencia aquest electroscopi del que has construït?
   c. Quina forma de càrrega utilitza l'electroscopi que es mostra al vídeo?
   d. Com descarregues l'aparell?
   e. Com explica la separació que es produeix entre les làmines?

4 Llamps i trons

1 A l'antiguitat

Des de l'antiguitat l'home s'ha fet preguntes sobre la naturalesa dels llamps i els trons que els acompanyen. Com que no en coneixien l'origen, els explicaven com a actuacions dels déus en forma de càstig o com a senyal d'advertiment.

2 El llamp, el llampec i el tro

La producció del llamp genera una quantitat enorme d'energia que situa la temperatura al voltant dels 30 000 °C, i aquest efecte produeix una ona de llum que és el *llampec* i una ona sonora que és el *tro*.

3 Explicació científica de la formació dels llamps

Els núvols estan formats per gotetes d'aigua i trossets de glaç. En cas de tempesta, aquestes partícules es troben en moviment continu a causa de corrents verticals que s'estableixen al seu interior.

El fregament d'aquests dos elements, les gotes i els cristalls, a causa del moviment, genera la separació de les càrregues de manera semblant al cas estudiat en fregar una barra de plàstic amb un tros de pell: la part superior d'aquests núvols queda carregada positivament, mentre que la part inferior es carrega negativament.

La descàrrega elèctrica entre càrregues oposades, és a dir, el *llamp*, pot produir-se dins del núvol mateix, o bé entre el núvol i el terra, carregat positivament per inducció de la part inferior del núvol.

4 La velocitat del llampec i del llamp

Mentre que la velocitat de la llum és de 300 000 km/s, la del so és de 340 m/s.

Veiem, per tant, que la velocitat de la llum i la del so són molt diferents, i aquesta és la causa per la qual primer veiem el llampec i després sentim el tro corresponent.

5 Tipus de llamps

núvol-terra

núvol-núvol

terra-núvol

6 Experiment de Franklin

Va ser Benjamin Franklin qui va comprovar el 1752 la naturalesa elèctrica dels llamps que es produeixen en les tempestes mitjançant l'experimentació amb un estel d'estructura metàl·lica a la qual va lligar un cordill que subjectava amb la mà. Al cordill hi va lligar una clau metàl·lica.

Va observar que la clau feia espurnes: va deduir que s'havia electritzat per mitjà d'un llamp.

Realment no va ser un llamp el que va carregar la clau com ell havia cregut, perquè, si hagués estat així, Franklin no hauria viscut per explicar-ho. El que havia electritzat la clau és la càrrega de l'aire que es produeix durant una tempesta abans que comenci a llampegar. Aquesta càrrega va ser atreta i desviada cap a la clau per l'estel.

Amb aquest experiment fet amb la finalitat d'investigar, però amb una ignorància total del perill que corria, va avançar molts passos en el coneixement científic de les propietats elèctriques dels llamps, així com en la manera com ens en podem defensar.

7 Aplicació de l'experiència de Franklin. El parallamps

Basant-se en l'experiència amb l'estel, Franklin es va adonar que les descàrregues elèctriques dels llamps es desviaven atretes per puntes metàl·liques.

Va dissenyar el parallamps que porta el seu nom amb la finalitat d'utilitzar-lo per atreure els llamps (malgrat el nom de l'aparell) i desviar-los cap al terra, on es descarreguen per, d'aquesta manera, evitar que causin destrosses. Havia de ser col·locat al capdamunt dels edificis més alts per evitar que els llamps caiguessin a punts d'alçades inferiors.

En molt poc temps es van utilitzar molts d'aquests aparells als EUA i a Europa.

Amb el temps s'han anat construint modalitats de parallamps diferents.

8 Explicació del funcionament del parallamps: l'efecte de les puntes

Els objectes conductors carregats tenen repartida la càrrega per la seva superfície, no pel seu interior.

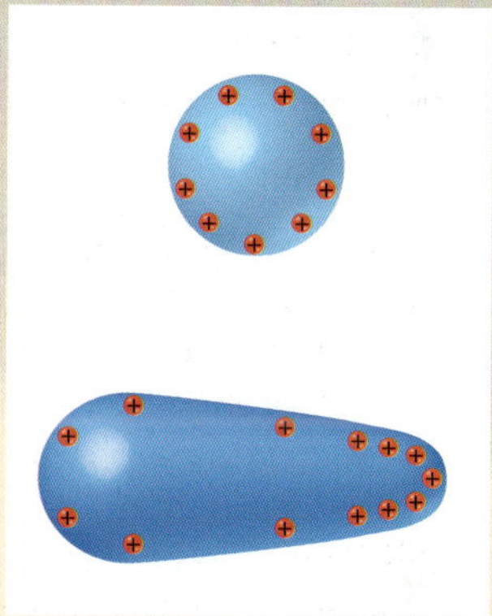

Si l'objecte té forma d'esfera, la càrrega es distribueix de manera uniforme, però si té puntes, és aquí on la càrrega s'acumula principalment. D'aquest fet en diem *efecte de les puntes* i és el fonament del funcionament del parallamps.

La càrrega agrupada a les puntes dels parallamps atreu les enormes càrregues dels llamps i els desvia cap a elles.

Aquest efecte, que és de gran utilitat per defensar-nos dels llamps, constitueix un inconvenient quan la tempesta ens sorprèn al camp.

1. @ Busca informació sobre la fabricació i la instal·lació de parallamps (com, per exemple, la que hi trobaràs a www.tiching.com/732353) i contesta:

a. De quin tipus de material són les cintes que se subjecten al terra: aïllant o conductor?

b. Quina forma té la part més alta del parallamps? Per què?

c. Què creus que hauria passat amb el llamp que capta el parallamps si aquest no hagués existit? Tingues en compte que està col·locat a l'edifici més alt.

5 Interacció entre càrregues elèctriques

5.1. Forces entre càrregues

Per mitjà d'un pèndol electrostàtic i unes barres aïllants carregades, es pot comprovar que com més gran és la càrrega que s'apropa a un pèndol electrostàtic més gran és la força de repulsió fig. 1a.

També es pot comprovar que en aproximar-hi la mateixa càrrega, com més disminueix la distància a que es trobi, més grans seran les forces de repulsió o d'atracció fig. 1b.

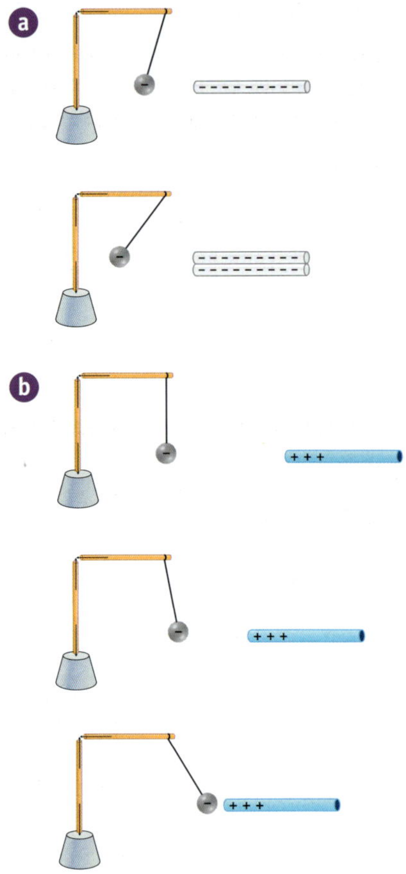

Fig. 1 Efectes d'atracció i de repulsió de les càrregues elèctriques: a) en modificar la quantitat de càrrega; b) en modificar la distància.

5.2. Llei de Coulomb

Hem comprovat com les càrregues del mateix signe exerceixen entre si forces de repulsió i que les de signe oposat exerceixen forces d'atracció.

També hem observat que el valor de la força entre les càrregues augmenta si el valor de les càrregues augmenta, mentre que aquest valor augmenta si la distància disminueix.

Coulomb va fer experiments d'aquest tipus i va calcular, a més, els valors de les forces coneixent-ne els de les càrregues i els de les distàncies; així va arribar a enunciar la llei que porta el seu nom (**llei de Coulomb**).

La **força** amb què s'atreuen o es repel·leixen dues càrregues és directament proporcional al producte dels valors de les càrregues i inversament proporcional al quadrat de la distància que les separa.

Aquesta llei s'expressa per mitjà de la fórmula matemàtica següent:

$$F = K \cdot \frac{Q \cdot q}{d^2}$$

En aquesta expressió:

- F és el valor de la força d'atracció o de repulsió entre càrregues, mesurada en *newtons* (N).
- Q i q representen el valor de cadascuna de les dues càrregues, sense el signe corresponent, mesurades en *coulombs* (C).
- d representa la distància que separa les càrregues, en *metres* (m).
- K és una constant, anomenada *constant de Coulomb*.

El valor de la constant K en el Sistema Internacional és:

$$K = 9 \cdot 10^9 \text{ N} \cdot \text{m}^2 \cdot \text{C}^{-2}$$

Entre cada parell de càrregues hi actuen sempre dues forces iguals i oposades. La direcció de les forces és la de la línia que uneix les càrregues, i el sentit depèn de si les forces són d'atracció o de repulsió fig. 2.

La llei de Coulomb pel que fa a les càrregues és semblant a la llei de la gravitació universal de Newton pel que fa a les masses:

Dues masses s'atreuen amb forces que són directament proporcionals al producte dels seus valors i inversament proporcionals al quadrat de la distància que les separa.

@ Amplia a la Xarxa...

Mira un vídeo sobre diferents experiments d'electricitat estàtica (inclosa la llei de Coulomb) a: www.tiching.com/732062

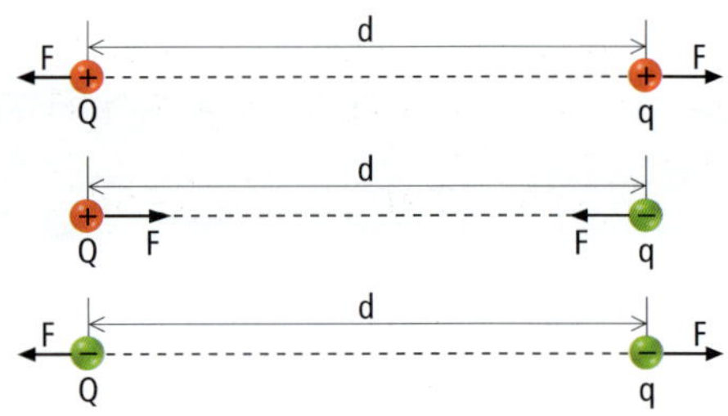

Fig. 2 Representació de les forces entre dues càrregues, Q i q, situades a una distància d. Fixa't que el sentit de les forces depèn del signe de les càrregues Q i q.

Exemples

1. **Calcula quants electrons tenen 3 C, 5 mC i 20 μC.**

   Expressem en coulombs i en potències de 10 el valor de les dues càrregues que estan expressades en forma de submúltiples i multipliquem el resultat obtingut pel valor del coulomb en electrons, $1\ C = 6{,}25 \cdot 10^{18}\ e$:

   $3\ C = 3\ C \cdot 6{,}25 \cdot 10^{18}\ e/C = 18{,}75 \cdot 10^{18}\ e$

   $5\ mC = 5 \cdot 10^{-3}\ C = 5 \cdot 10^{-3}\ C \cdot 6{,}25 \cdot 10^{18}\ e/C = 31{,}25 \cdot 10^{15}\ e$

   $20\ \mu C = 20 \cdot 10^{-6}\ C = 20 \cdot 10^{-6}\ C \cdot 6{,}25 \cdot 10^{18}\ e/C = 125 \cdot 10^{12}\ e$

2. **Ordena, de més petit a més gran, les càrregues següents:**

   a) $q_1 = 5$ mC   b) $q_2 = 0{,}08$ C   c) $q_3 = 200\ \mu$C   d) $q_4 = 0{,}3$ nC

   Per comparar les càrregues, les expressem en coulombs i en potències de 10:

   a) $q_1 = 5\ mC = 5\ mC \cdot \dfrac{10^{-3}\ C}{1\ mC} = 5 \cdot 10^{-3}\ C$

   b) $q_2 = 0{,}08\ C = 8 \cdot 10^{-2}\ C$

   c) $q_3 = 200\ \mu C = 200\ \mu C \cdot \dfrac{10^{-6}\ C}{1\ \mu C} = 2 \cdot 10^{-4}\ C$

   d) $q_4 = 0{,}3\ nC = 3 \cdot 10^{-1}\ nC \cdot \dfrac{10^{-9}\ C}{1\ nC} = 3 \cdot 10^{-10}\ C$

   Per tant, de més petit a més gran l'ordre és: $q_4 < q_3 < q_1 < q_2$

3. **Calcula el valor de les forces amb les quals es repel·leixen dues càrregues, $Q = 4$ mC i $q = 6$ mC, quan estan separades per una distància de 3 m.**

   Expressem les dades en unitats SI:

   $Q = 4\ mC = 4 \cdot 10^{-3}\ C$

   $q = 6\ mC = 6 \cdot 10^{-3}\ C$

   Substituïm aquests valors en l'expressió de la llei de Coulomb:

   $$F = K \cdot \frac{Q \cdot q}{d^2} = 9 \cdot 10^9\ N \cdot m^2 \cdot C^{-2} \cdot \frac{4 \cdot 10^{-3}\ C \cdot 6 \cdot 10^{-3}\ C}{(3\ m)^2} = 24 \cdot 10^3\ N$$

4. **Calcula la separació entre dues càrregues, $Q = 50$ C i $q = -10$ C, sabent que el valor de les forces amb les quals s'atreuen és de $18 \cdot 10^8$ N.**

   Substituïm aquests valors en l'expressió de la llei de Coulomb sense incloure-hi el signe de la càrrega negativa:

   $$F = 18 \cdot 10^8\ N = K \cdot \frac{Q \cdot q}{d^2} = 9 \cdot 10^9\ N \cdot m^2 \cdot C^{-2} \cdot \frac{50\ C \cdot 10\ C}{d^2} =$$

   $$= \frac{45 \cdot 10^{11}\ N \cdot m^2}{d^2}$$

   Aïllem la incògnita distància (d):

   $$d^2 = \frac{45 \cdot 10^{11}\ N \cdot m^2}{18 \cdot 10^8\ N} = 2\,500\ m^2 \Rightarrow d = \pm\sqrt{2\,500\ m^2} = 50\ m$$

Unitat de càrrega elèctrica

A la pràctica, un valor d'1 C representa una quantitat de càrrega molt gran, de manera que s'acostuma a utilitzar alguns dels seus submúltiples:

- 1 mil·licoulomb (1 mC) = 10^{-3} C
- 1 microcoulomb (1 μC) = 10^{-6} C
- 1 nanocoulomb (1 nC) = 10^{-9} C

La quantitat de càrrega més petita que es presenta lliurement a la natura és la dels electrons (–) o la dels protons (+), anomenada **càrrega elemental**, *e*.

Es compleix l'equació:

$$1\ C = 6{,}25 \cdot 10^{18}\ e$$

La càrrega d'un cos és sempre un nombre enter, de vegades, la càrrega elemental.

---

1. Explica com varia la força entre dues càrregues en cada cas:
   a. Una de les dues duplica el seu valor.
   b. Totes dues dupliquen el seu valor.
   c. La distància entre totes dues es fa quatre vegades més gran.
   d. La distància entre totes dues es redueix a la meitat.
2. Quants electrons hi ha en 0,2 C i en 35 mC?
3. Ordena, de més gran a més petit, les càrregues següents: 8 mC, 0,03 C, 500 μC i $2 \cdot 10^3$ nC.
4. Calcula el valor de les forces amb les quals s'atreuen dues càrregues de 2 mC i de 8 mC que es troben separades per una distància de 2 m.

1. Per què tenen signe diferent les càrregues d'una vareta de plàstic i d'una de vidre que hem fregat?

2. Els àtoms tenen càrregues positives i negatives al seu interior. Explica:

   a) El nom de cadascuna.

   b) Quins tenen una càrrega més gran?

   c) Per què els àtoms són neutres?

3. Quines càrregues poden sortir dels àtoms: els protons o els electrons?

4. Coneixent l'estructura de l'àtom, explica en què consisteix l'electrització d'una vareta de plàstic en fregar-la amb un drap.

5. Indica quins dels materials següents són conductors i quins són aïllants:

   a) fusta
   b) roba
   c) ferro
   d) carbó
   e) cartró
   f) acer

6. Amb un globus inflat podem fer una experiència senzilla sobre l'electrització dels objectes.

   Agafem el globus i el freguem per una zona amb un jersei de llana. Veurem que: atreu els nostres cabells, s'enganxa a la paret, atreu partícules de sucre, desvia un petit doll d'aigua de l'aixeta...

   A partir d'aquestes observacions, contesta de manera raonada les preguntes següents:

   a) Quin tipus de càrrega ha adquirit el globus?

   b) Atreurà o repel·lirà un altre globus que estigui també electritzat?

   c) Una llauna de refresc tombada, es mourà quan hi apropem el globus sense que arribi a tocar-la?

7. Disposem de dos pèndols elèctrics dels quals ignorem si les boletes s'han electritzat. Els posem un davant de l'altre.

   Indica l'estat d'aquestes boletes en els casos que s'indiquen a continuació:

   a) Els fils de tots dos pèndols pengen en vertical sense moure's.

   b) Els fils s'inclinen perquè les boletes se separen.

   c) Els fils s'inclinen perquè les boletes s'atreuen.

8. Pensa i explica una experiència en la qual, per mitjà d'una vareta metàl·lica, un drap i una pinça, puguis comprovar que el teu cos és conductor de les càrregues.

9. Explica per què de vegades sentim una descàrrega elèctrica en obrir un cotxe que ha estat en moviment. Indica com es pot evitar aquest efecte.

10. Indica a quants electrons equival:

    a) Una càrrega de 50 mC.

    b) Una càrrega de 25 μC.

    c) Una càrrega de 10^2 nC.

11. Ordena, de més petit a més gran, les càrregues següents:

    a) 0,3 mC
    b) 40 μC
    c) 0,02 C
    d) $5 \cdot 10^{-2}$ μC
    e) $4 \cdot 10^{-5}$ C
    f) $6 \cdot 10^2$ nC

12. Indica com varia el valor de les forces que exerceixen entre si dues càrregues en cadascun d'aquests casos:

    a) Tripliquem la distància que les separa.

    b) Reduïm a la meitat aquesta distància.

    c) Dupliquem el valor de totes dues càrregues.

    d) Les càrregues canvien de signe.

13. La figura següent mostra una vareta de vidre i un pèndol carregat elèctricament. Calcula el valor de la força amb la qual la vareta de vidre, amb una càrrega de $q_v = 5$ μC, atreu el pèndol, carregat amb una altra de $q = -10$ μC, si es troben separats per una distància de 5 cm. Suposa que tots dos objectes carregats són molt petits.

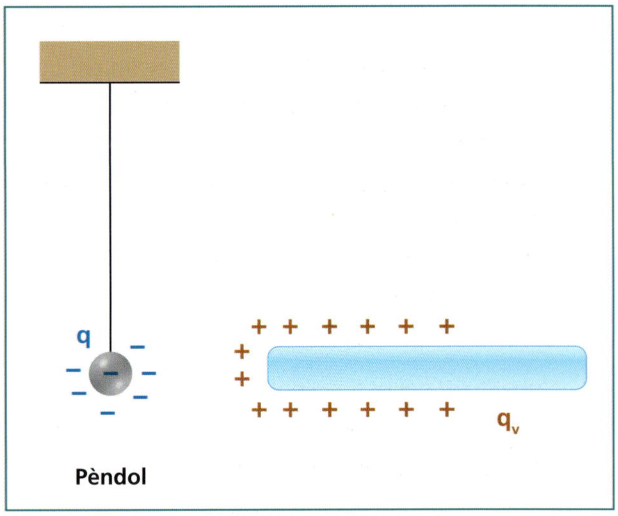

14. Calcula el valor de dues càrregues iguals que, separades per una distància de 2 m, es repel·leixen amb una força de 2 000 N.

15. A continuació s'hi indiquen un seguit d'accions. Justifica la conveniència o no d'actuar així en cas de tempesta:

    a) Obrir de bat a bat les finestres de la casa per ventilar-la.

    b) Arrecerar-nos dins l'aigua d'una piscina a l'aire lliure.

    c) Ficar-nos en un automòbil i tancar les finestretes.

    d) Agafar la bicicleta i posar-nos sota un arbre gran al camp.

1. Què és el que anomenem electrització?

2. De quina manera podem electritzar una vareta de plàstic i una vareta de vidre? Què necessitem en cada cas?

3. Raona si són certes o no les afirmacions següents:

a) Amb el mateix drap s'electritzen el plàstic i el vidre.

b) Dues varetes de plàstic electritzades s'atreuen.

c) No és el mateix electritzar un objecte que carregar-lo.

d) Hi ha dos tipus de càrrega i el seu origen es troba als àtoms.

e) Un objecte carregat positivament guanya protons i un objecte carregat negativament guanya electrons.

4. Completa al quadern aquesta taula sobre les partícules que formen els àtoms:

Partícula	Càrrega	Situació
protó	...	...
...	negativa	...
...	...	nucli

5. Escriu correctament les afirmacions següents:

a) Un cos els àtoms del qual són neutres està carregat perquè té molts electrons.

b) Si els àtoms d'un cos guanyen protons que un altre cos li ha traspassat, queda carregat positivament.

c) Perquè un objecte s'electritzi negativament ha de perdre electrons.

d) L'única forma d'electritzar un objecte consisteix a fregar-lo amb un drap de seda.

e) Els conductors només es carreguen per fregament.

6. Completa al quadern les frases següents:

a) Un material com el plàstic és ... perquè no deixa que es moguin els electrons al seu interior.

b) El coure és un material conductor perquè deixa que es moguin els ... al seu interior.

c) El suro és un material ... i l'acer és un material ....

d) Els materials ... només es carreguen per ....

e) Els materials conductors es carreguen per ..., per ... o per ....

7. Escriu l'expressió matemàtica de la llei de Coulomb i explica el significat de cadascun dels seus termes.

8. Per què diem que la força entre càrregues és directament proporcional al valor d'aquestes càrregues i inversament proporcional al quadrat de la distància que les separa? Com podem saber-ho a partir de l'expressió de la llei de Coulomb?

9. Completa al quadern la taula següent amb els submúltiples del coulomb (C):

Nom	Símbol	Equivalència
...	...	10^{-3} C
microcoulomb	...	...
...	nC	...

10. Explica les diferents maneres de carregar un conductor. Explica també per què en el cas dels aïllants només hi ha una manera d'electritzar-los.

11. Per què utilitzem com a unitat de càrrega el coulomb en lloc de la de l'electró?

12. Indica si les frases següents són veritables o falses. En cas que siguin falses, escriu-les correctament.

a) Les càrregues positives s'atreuen entre si i les negatives es repel·leixen.

b) Els materials aïllants no es carreguen; els conductors sí, fregant-los.

c) Alguns electrons poden sortir dels seus àtoms, però cap protó no pot fer-ho.

d) Els parallamps repel·leixen els llamps i impedeixen que arribin als edificis.

13. Relaciona al quadern els textos de totes dues columnes:

La càrrega més petita	Càrrega negativa
Balança de torsió	Conductor
Coure	Càrregues de signe oposat
Atracció	Constant de Coulomb
Fusta	Càrregues del mateix signe
Electró	Aïllant
Contacte	Descàrregues elèctriques
Repulsió	Càrrega de metalls
Llamps	Coulomb
$9 \cdot 10^9$	La de l'electró o la del protó

14. Contesta les preguntes següents:

a) Amb quin signe es carreguen els objectes de plàstic en fregar-los? D'on procedeix aquesta càrrega?

b) Quines partícules hi ha al nucli dels àtoms? I a l'escorça?

c) En què es diferencien els processos de contacte i inducció per carregar un material conductor?

d) Per què serveix el parallamps? Qui el va descobrir?

e) Per què diem que la càrrega elèctrica total a la natura es manté constant?

1 Contesta. Riscos de l'electrització

Entre dos objectes carregats amb càrregues de signe oposat pot saltar una espurna.

Les espurnes són capaces de produir explosions si es produeixen a prop de substàncies inflamables, com ara la gasolina.

Els conductors de vehicles, segons la roba que portin, els cotxes, els telèfons mòbils... fàcilment tenen càrrega elèctrica.

Per aquesta raó han de prendre una sèrie de mesures de precaució a les gasolineres.

Mira el vídeo que trobaràs en l'enllaç següent i contesta les preguntes:

www.tiching.com/732063

a) De quina manera es podria electritzar la roba que porta el conductor?

b) Amb què frega el cotxe quan es mou i per què s'electritza?

c) Quines mesures de seguretat penses que caldria prendre a les gasolineres per tal que no es produeixi un incendi?

d) Què s'entén com a líquid inflamable i a quins llocs s'acumulen els líquids d'aquest tipus?

2 Analitza. Els efectes de l'electrització

Analitza els efectes de l'electrització dels objectes amb la simulació següent:

www.tiching.com/732064

Activa la visualització de totes les càrregues i frega el globus amb el jersei de llana. Explica això:

a) Per què es carrega negativament el globus i de quina manera s'ha electritzat?

b) D'on surten els electrons que adquireix el globus i quin objecte els perd?

c) Per què a continuació el globus és atret pel jersei? Quina diferència hi ha entre l'atracció del globus amb poca càrrega i amb molta?

d) Quan s'apropa a la paret el globus carregat, quines càrregues es desplacen i per què les altres no es mouen?

e) Activa els dos globus i treu la paret.

f) Què passa entre els dos globus carregats?

3 Investiga. Aplicacions de l'electrització

L'electrització té moltes conseqüències negatives, com hem vist en casos de descàrregues o de caiguda de llamps, i fins i tot pot ocasionar incendis. De vegades, però, és molt útil. Cerca informació sobre els vinils electrostàtics decoratius, per exemple, i explica'n les utilitats.

4 Raona. Com es produeixen els llamps

Mira la infografia següent, llegeix-ne les explicacions i contesta:

www.tiching.com/732606

a) Quina forma té un núvol del tipus cumulonimbus?

b) Quin tipus de càrrega s'acumula a la part superior del núvol? I a la inferior? I al terra?

c) Es produeixen els llamps de dalt cap avall directament?

d) Quin és el diàmetre aproximat d'un llamp i a quina temperatura arriba?

e) Cal col·locar parallamps a tots els edificis?

f) Només hi ha un tipus de parallamps?

5 Fixa-t'hi. Els llamps

Mira el documental següent i contesta les preguntes:

www.tiching.com/732065

a) Per què creus que, a més dels arbres, també cal evitar ser a prop d'objectes metàl·lics amb puntes, com ara bicicletes, baranes o bastons de golf?

b) Com s'explica que dins d'un cotxe amb les finestretes tancades estiguem protegits dels llamps?

c) Tenint en compte que l'aigua del mar i la de l'aixeta són conductores, què hem de fer si ens estem banyant al mar o en una piscina?

Síntesi. Càrrega elèctrica

Fenòmens elèctrics

- Carregar o **electritzar** un objecte és fer que augmenti o disminueixi el nombre d'electrons dels àtoms de l'objecte.
- Si un objecte guanya alguns electrons, queda carregat negativament i si els perd queda carregat positivament.
- Els objectes es poden carregar per **fregament**, per **inducció** i per **contacte**.
- L'explicació dels processos d'electrització dels objectes es troba en l'estructura de l'àtom.
- Els electrons es troben a l'escorça dels àtoms.
- Els protons i els neutrons es troben situats al nucli.
- Només els electrons poden sortir dels seus àtoms i ser captats per altres àtoms.

Aïllants i conductors

- Són materials **conductors elèctrics** aquells que deixen que els electrons es moguin entre els seus àtoms, mentre que són **materials aïllants** els que no ho permeten.
- Als materials conductors la càrrega es mou i es reparteix per tota la seva superfície.
- Als materials aïllants la càrrega es queda en repòs al lloc on ha estat adquirida.

Interacció entre càrregues elèctriques

- Les càrregues del mateix signe es repel·leixen i les de signe oposat s'atreuen.
- La **llei de Coulomb** estableix que les forces entre dues càrregues són directament proporcionals al producte dels seus valors i inversament proporcionals al quadrat de la distància que les separa:

$$F = K \cdot \frac{Q \cdot q}{d^2}$$

- La constant de proporcionalitat de la llei de Coulomb, K, té en el buit un valor de $9 \cdot 10^9$ N · m^2/C^2.
- Els vectors força entre dues càrregues elèctriques se situen damunt la línia que uneix totes dues càrregues i tenen sentits oposats.
- La unitat de càrrega del sistema internacional d'unitats és el **coulomb**, C.

  El valor del coulomb és 1 C = $6{,}25 \cdot 10^{19}$ *e*, on e és la càrrega de l'electró.

Consolidació de competències

RESPON LA PREGUNTA INICIAL

Després d'haver estudiat aquesta unitat, pots començar a respondre la pregunta inicial:

Com és l'interior de la matèria?

Redacta un text d'entre 10 i 20 línies aproximadament que resumeixi les conclusions a què hagis arribat sobre la qüestió.

CONSOLIDA EL QUE HAS APRÈS

Per consolidar els coneixements adquirits al llarg de la unitat pots fer les activitats que trobaràs a l'adreça web següent:

www.tiching.com/731560

Aquestes activitats s'han preparat en un document en format pdf que pots descarregar-te.

Veuràs que al final del document hi ha les solucions que et permetran comprovar si has complert els objectius.

TÈCNIQUES D'ESTUDI

Entra a www.tiching.com/727426 i practica una tècnica d'estudi a partir de la síntesi.

APRENDRE PER EMPRENDRE

L'electrització d'objectes i les forces d'atracció entre les càrregues tenen aplicacions molt diverses: vinils decoratius, filtres per a partícules contaminants, impressores per làser, fotocopiadores, etc.

Dos exemples més, sobre lectors de tinta electrònica i sobre la tècnica de la pintura electrostàtica en pols, els tens a:

www.tiching.com/732066 i **www.tiching.com/732067**

1. Busca informació sobre les altres aplicacions esmentades de l'electrostàtica i redacta un informe que reculli:
- Llocs i situacions en què es fan servir les tècniques.
- Descripció de l'ús de l'atracció entre càrregues elèctriques en cadascuna d'aquestes.
- Avantatges de la incorporació de l'electrostàtica en cadascuna d'aquestes aplicacions.

2. Repassa els coneixements adquirits en aquesta unitat i pensa si podries plantejar alguna altra aplicació i si sabries desenvolupar-la.

3. Comenta els teus resultats amb els teus companys i companyes per contrastar i augmentar el nombre d'aplicacions.

11 CORRENT ELÈCTRIC

Com ens arriba el corrent elèctric a casa?

La il·luminació nocturna d'una gran ciutat és un exemple clar de la importància del corrent elèctric i dels aparells i els electrodomèstics que fem servir cada dia.

1780-1799

■ 1780

Luigi Galvani (1737-1798) utilitza l'electricitat en les seves experiències amb granotes.

■ 1800

Alessandro Volta (1745-1827) dissenya la primera pila.

■ 1827

Llei d'Ohm. Georg Ohm (1787-1854) explica el resultat de les seves investigacions: la relació entre la intensitat del corrent, el voltatge i la resistència.

Fa poc més de dos segles Alessandro Volta va inventar la pila elèctrica i, d'aquesta manera, va obrir el camí a l'obtenció i la utilització del corrent elèctric.

Des de llavors els investigadors han ampliat i perfeccionat la manera de produir corrent elèctric i han ideat un gran nombre d'aplicacions.

Avui en dia ens servim de l'electricitat en els electrodomèstics, que milloren la nostra qualitat de vida; en els aparells mèdics, que vetllen per la nostra salut; en els mitjans de comunicació i en els transports, que escurcen les distàncies entre països; en els ordinadors, que ens faciliten la feina...

Què sabem?

- Fes una llista amb les coses que podries fer i que no podries fer durant un dia si no hi hagués corrent elèctric.
- Enumera aparells i llocs on hi ha coure. Busca'n informació; comprovaràs que és imprescindible.

Què aprendrem?

1. Corrent elèctric
2. Circuits elèctrics
3. Resistència elèctrica i llei d'Ohm
4. *Laboratori.* Corrent elèctric
5. Associació de resistències
6. Energia i potència del corrent elèctric
7. El consum elèctric a la llar
8. L'electricitat a la llar

1800-1899

1844 
Samuel Morse (1791-1872) envia els seu primer telegrama. Desenvolupa el telègraf i utilitza el codi Morse.

1855 Primera línia de telegrafia elèctrica a Espanya entre Madrid i Irun.

1876 
Graham Bell (1847-1922) patenta el telèfon.

1879 
Thomas Edison (1847-1931) aconsegueix que una bombeta estigui encesa 48 h seguides.

1882 Es comencen a instal·lar les primeres línies telefòniques a Espanya.

1890 Haro (la Rioja) i Jerez de la Frontera (Cadis) són les primeres ciutats espanyoles amb enllumenat públic elèctric als carrers.

1 Corrent elèctric

1.1. El corrent elèctric

Tal com deus recordar, els metalls són materials conductors, a diferència dels materials aïllants, perquè permeten el moviment de les càrregues elèctriques.

Generalment cada àtom d'un metall perd algun electró, que queda lliure entre els àtoms. Si el conjunt dels electrons lliures formen alguna mena de *núvol electrònic* que els envolta es solen moure a l'atzar.

Si subministrem energia a aquests electrons, es mouran de manera ordenada i en un mateix sentit.

El **corrent elèctric** és el moviment ordenat dels electrons lliures d'un metall com a conseqüència de l'energia que se'ls aporta.

1.2. Intensitat de corrent

En un temps donat, per un conductor pot passar més o menys quantitat de càrrega. És a dir, el corrent elèctric pot ser més o menys *intens*.

La **intensitat de corrent**, *I*, mesura la quantitat de càrrega que travessa la secció d'un conductor per unitat de temps:

$$I = \frac{Q}{t}$$

La unitat d'intensitat de corrent en el sistema internacional (SI) és l'**ampere** (A). Correspon al transport d'una càrrega d'1 C en 1 s.

Dos submúltiples usuals són el **mil·liampere** (mA), 1 mA = 10^{-3} A, i el **microampere** (μA), 1 μA = 10^{-6} A.

1.3. Generadors de corrent

Anomenem **generadors de corrent** els aparells que solen produir l'energia necessària perquè hi hagi corrent elèctric en un conductor.

Independentment de quin tipus siguin, els generadors sempre consten de dos pols, el **positiu** (+) i el **negatiu** (–), que generalment van units al cable metàl·lic per on circulen els electrons.

Normalment els electrons surten del pol negatiu i tornen al generador entrant pel pol positiu.

Cada generador es caracteritza per la **tensió** o **voltatge** que proporciona, que es sol representar com a *V* o $V_{1\text{-}2}$ (1 i 2 són els pols) i es mesura en **volts** (V). Aquesta magnitud també es denomina **diferència de potencial** entre els punts 1 i 2.

EL COURE: METALL IMPRESCINDIBLE PER AL CORRENT ELÈCTRIC

El coure és un mineral que s'extreu de la Terra.

Amb el coure es fabriquen fils de gruixos diferents.

Els àtoms del coure estan empaquetats ordenadament.

Cada àtom de coure té algun electró que és lliure de sortir i moure's a l'atzar entre els diversos àtoms.

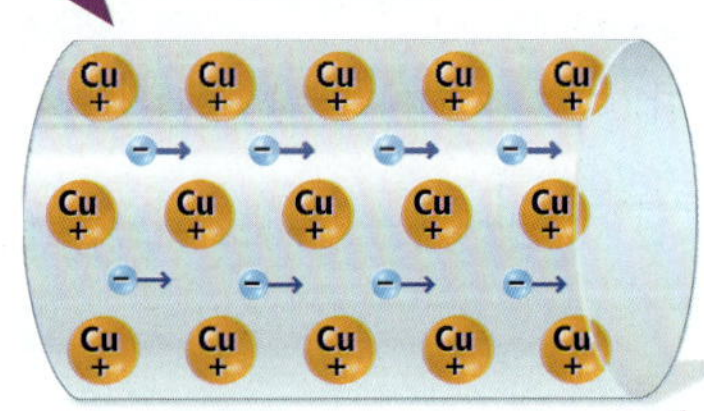

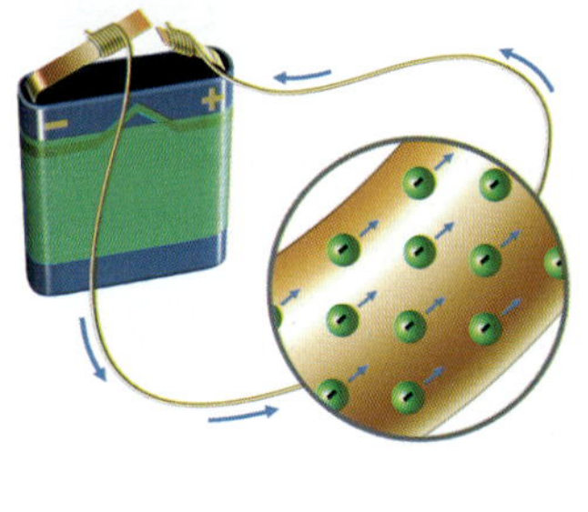

El corrent elèctric és el moviment ordenat dels electrons lliures d'un metall gràcies a l'energia que els proporcionen els generadors de corrent.

DESCOBRIMENT DEL CORRENT ELÈCTRIC

L'experiment de Galvani

El 1780 Galvani, un metge italià, experimentant amb potes de granota, va observar que, quan tocava els nervis de la pota amb el bisturí metàl·lic, els músculs es movien. Va atribuir aquest fenomen a un tipus d'electricitat animal que va suposar que es desplaçava pels nervis fig. 1.

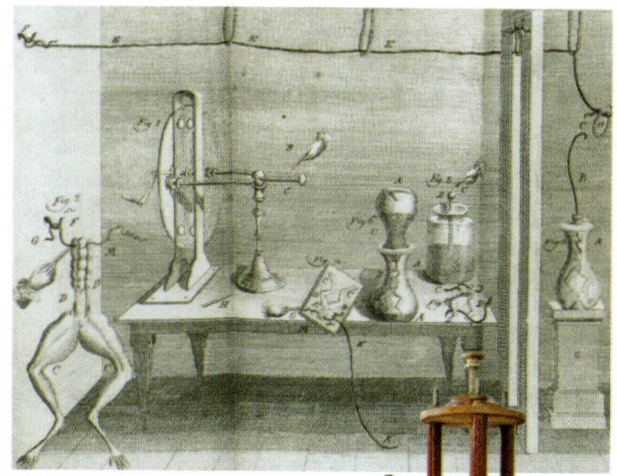

Fig. 1 Gravat de l'experiment de Galvani.

Pila de Volta

L'investigador Volta, també italià, va atribuir el descobriment de Galvani al fet que el metall del bisturí i el de la placa sobre la qual estava posada la pota eren metalls diferents, de manera que s'establia un potencial entre ells que generava el corrent elèctric.

Basant-se en això, el 1800 va construir el primer generador de corrent elèctric de la història. Va col·locar discos alternats de zinc i de coure (una *pila de discos*) i entre cada parella hi va posar un altre disc de cartró humitejat amb aigua salada. Va comprovar que entre el primer disc i l'últim s'establia un corrent elèctric fig. 2.

Fig. 2 Pila de Volta.

La funció d'un generador és comparable a la d'una bomba d'aigua	
El generador proporciona energia als electrons perquè vagin al pol negatiu.	La bomba proporciona energia a l'aigua perquè pugi de nivell fig. 3.
La diferència de potencial entre els pols del generador posa en moviment els electrons pels cables conductors.	El desnivell de l'aigua des del dipòsit fins a l'embassament permet que l'aigua baixi i es desplaci per les canonades.

Fig. 3 Bomba d'aigua.

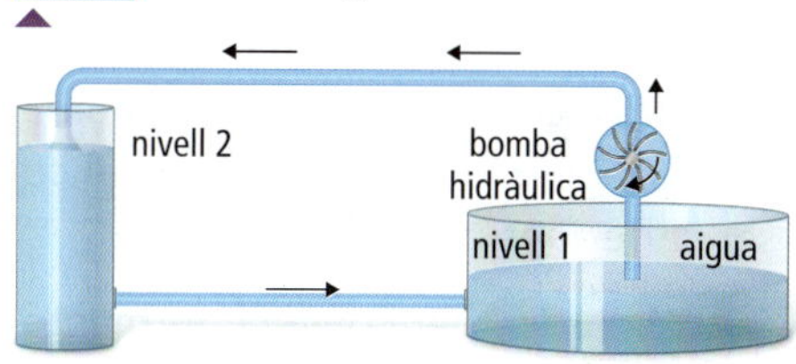

Exemples

1. **Determina la densitat de corrent que circula per un cable elèctric sabent que cada hora hi passen 4 mC.**

Expressem les dades en unitats del SI:

$4 \text{ mC} = 4 \cdot 10^{-3} \text{ C}; \; 1 \text{ h} = 3600 \text{ s}$

Substituïm aquests valors en l'expressió de la intensitat:

$$I = \frac{Q}{t} = \frac{4 \cdot 10^{-3} \text{ C}}{3600 \text{ s}} = 0{,}0011 \cdot 10^{-3} \text{ A} =$$

$$= 0{,}0011 \text{ mA} = 1{,}1 \;\mu\text{A}$$

2. **Calcula el valor de la càrrega que passa per un cable elèctric durant 25 min sabent que la intensitat del corrent és de 6 mA.**

Expressem les dades en unitats del SI:

$25 \text{ min} = 25 \text{ min} \cdot 60 \text{ s/min} = 1500 \text{ s}$

$6 \text{ mA} = 6 \cdot 10^{-3} \text{ A}$

Aïllem la càrrega en l'expressió de la intensitat i substituïm els valors:

$$I = \frac{Q}{t} \Rightarrow Q = I \cdot t = 6 \cdot 10^{-3} \text{ A} \cdot 1500 \text{ s} = 9 \text{ C}$$

---

1. Hi ha electrons lliures en un metall per on no circula corrent elèctric?
2. Què cal perquè els electrons lliures d'un metall es moguin ordenadament i formin un corrent elèctric?
3. Són generadors de corrent les piles?
4. De quin pol d'una pila surten els electrons?
5. A quin pol arriben?
6. Calcula quanta càrrega en C i quants electrons passen per cada segon per un conducte si:
   a. $I = 20$ mA b. $I = 30$ A c. $I = 5$ A
7. Calcula la intensitat de corrent que circula per un cable elèctric per on passen 8 mC cada mitja hora.
8. Quant de temps es necessita perquè per un cable elèctric amb una intensitat de corrent de 10 μA hi passin 5 mC?

2 Circuits elèctrics

2.1. Circuit elèctric elemental

El corrent elèctric serveix per fer funcionar els **aparells elèctrics**. Els aparells fan servir l'energia elèctrica que produeix un generador.

Hi ha diversos tipus d'aparells elèctrics: bombetes, electrodomèstics, ordinadors, motors... Perquè aquests aparells funcionin és indispensable que estiguin connectats a un **circuit** elèctric per on els arribi el corrent.

Els elements bàsics d'un circuit són el **generador**, els **receptors** (**aparells elèctrics**) i els **cables conductors** que uneixen els diversos elements. Per simplificar l'estudi, imaginarem un circuit elèctric senzill amb un únic receptor, per exemple una bombeta fig. 1. Els elements del circuit es representen gràficament mitjançant **símbols** taula 1.

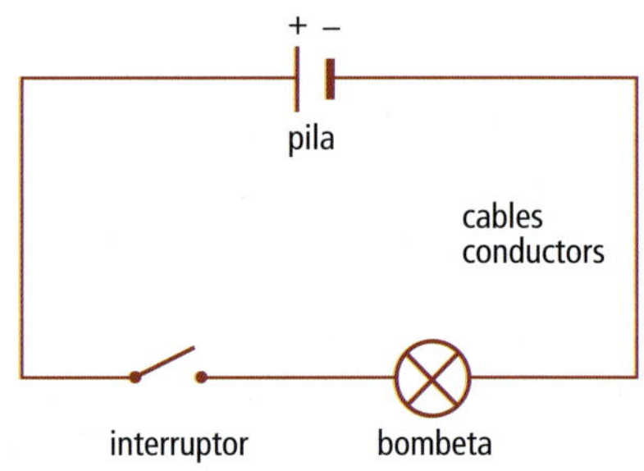

Fig. 1 Circuit elemental.

Taula 1

Nom	Símbol
conductor	
bombeta	
pila	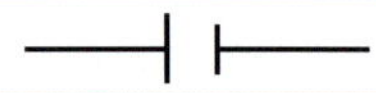
resistència	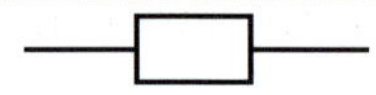
resistència variable	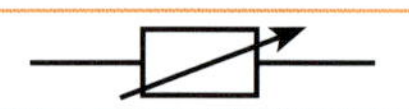
interruptor	
amperímetre	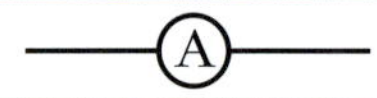
voltímetre	
generador	

Sentits del corrent

El corrent elèctric es va estudiar abans de conèixer l'existència de l'electró i de l'estructura de l'àtom. Llavors no se sabia quines eren les càrregues que transportava el corrent i es va suposar que devien ser càrregues positives.

Avui en dia, per conveni, es manté aquest criteri per representar el sentit del corrent, encara que no és el sentit real del moviment dels electrons.

El **sentit convencional** del corrent és el que va del pol positiu al negatiu, però el **sentit real** dels electrons és el que va del pol negatiu al positiu fig. 2.

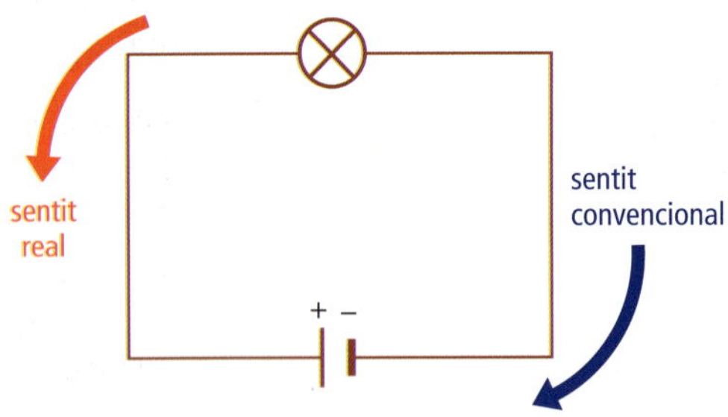

Fig. 2 Sentit del corrent en un circuit: en blau, el sentit convencional, del pol positiu al negatiu; en vermell, el moviment real dels electrons, del pol negatiu al positiu.

2.2. Circuit obert i circuit tancat

Perquè els aparells connectats a un circuit funcionin ha de ser un circuit **tancat**, és a dir, el corrent que surt d'un pol del generador ha d'arribar a l'altre pol després d'haver recorregut els diversos cables i aparells elèctrics.

Un **circuit obert** està tallat en algun punt i el corrent no hi pot circular fig. 3a. En **tancar un circuit**, els electrons comencen a moure's des del generador i els aparells connectats funcionen fig. 3b.

Per obrir o tancar un circuit es recorre a l'**interruptor**. L'interruptor, doncs, és un element de control que ens permet tallar o establir el pas del corrent.

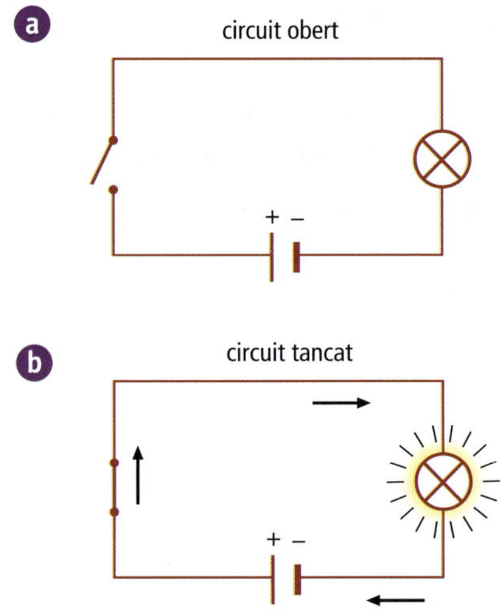

Fig. 3 Representació d'un circuit obert (a) i d'un circuit igual però tancat (b).

2.3. Aparells de mesura

Voltímetre i amperímetre

Per mesurar la diferència de potencial entre dos punts d'un circuit es fa servir el **voltímetre**, i per mesurar la intensitat del corrent que hi circula es fa servir l'**amperímetre**.

Aquests aparells poden ser tant **analògics** com, els més moderns, **digitals**. Els models analògics consten d'una escala i una agulla que indica el valor de cada magnitud; els digitals mostren els valors en una pantalla fig. 4.

Per fer una mesura amb un voltímetre o amb un amperímetre s'ha de tenir en compte que:

- El voltímetre mesura diferències de potencial entre dos punts, de manera que els dos pols s'han de connectar sobre els dos punts dels quals es vol mesurar la diferència de potencial. Aquesta manera de connectar un aparell s'anomena connexió **en paral·lel** fig. 5a.
- L'amperímetre mesura la intensitat de pas del corrent per un punt del circuit, de manera que s'ha d'intercalar en aquest punt del circuit. Aquesta manera de connectar un aparell o element s'anomena connexió **en sèrie** fig. 5b.

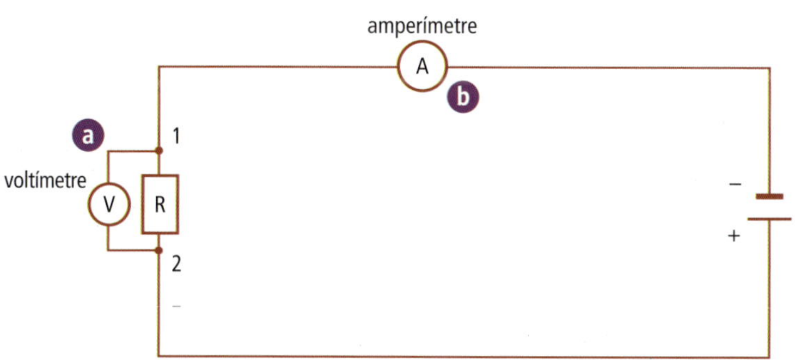

Fig. 5 Connexió correcta d'un voltímetre i un amperímetre. El primer es connecta en paral·lel, i el segon, en sèrie.

Actualment les mesures elèctriques se solen fer amb instruments anomenats **polímetres** o **multímetres** que permeten mesurar diverses magnituds, principalment la intensitat del corrent, la diferència de potencial i la resistència del corrent. N'hi ha tant d'analògics com de digitals fig. 6.

Amplia a la Xarxa...

Per veure un vídeo sobre l'ús d'un voltímetre i un amperímetre, entra a www.tiching.com/766950

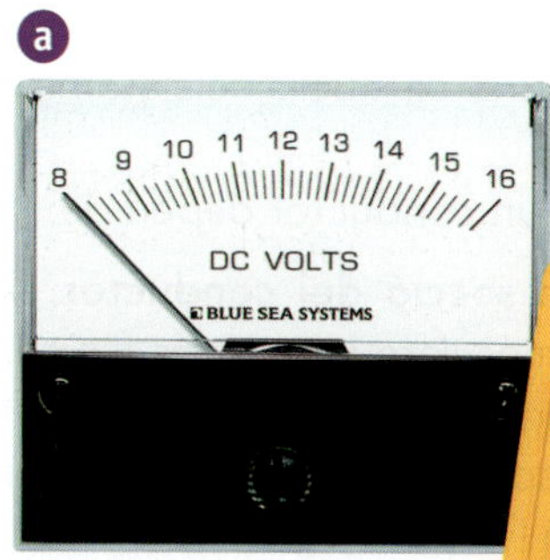

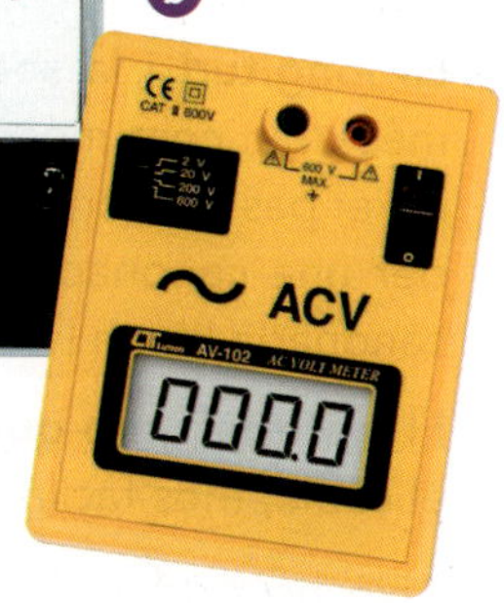

Fig. 4 a) Voltímetre analògic; b) Voltímetre digital.

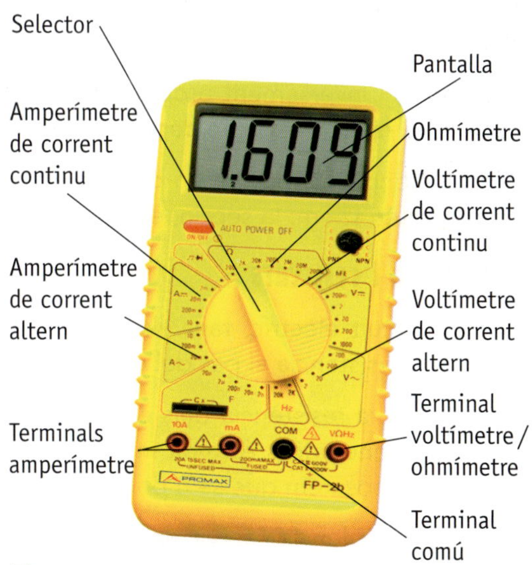

Fig. 6 Polímetre digital. Permet mesurar diferències de potencial, resistències i intensitats de corrent.

1. Indica tots aquells elements bàsics que formen un circuit elèctric.
2. Explica si el sentit del corrent és el mateix que el dels electrons.
3. Descriu la utilitat d'un interruptor a l'interior d'un circuit elèctric.
4. Explica per què els aparells de mesura es connecten de manera diferent.
5. Dibuixa un circuit elèctric amb els elements següents i amb els símbols corresponents: pila, bombeta, interruptor, fils conductors, amperímetre i voltímetre.
6. Explica la utilitat del multímetre.

3 Resistència elèctrica i llei d'Ohm

3.1. Resistència elèctrica

La intensitat del corrent depèn de la quantitat de càrrega que circula per un circuit, i la càrrega, al seu torn, depèn d'una magnitud anomenada *resistència*.

La **resistència** d'un circuit representa la dificultat que troben els electrons per moure-s'hi, com a conseqüència dels xocs amb altres electrons i amb els nuclis dels àtoms.

La resistència d'un conductor depèn de:

- La **longitud** i la **secció del conductor**: la resistència elèctrica és més gran com més llarg i com més fi sigui el cable. Es pot comparar el pas de corrent per un cable conductor amb el pas de l'aigua per una canonada: l'aigua troba més dificultats per fluir per una canonada llarga i estreta fig. 1.
- El **material amb què està fet el cable**: com més bon conductor és el cable, més fàcilment hi passen les càrregues elèctriques.

Això ho podem veure de manera matemàtica amb la relació següent per calcular la resistència *R* d'un **conductor**:

$$R = \rho \cdot \frac{L}{S}$$

és a dir, la resistència del cable és directament proporcional a la seva longitud (*L*) i inversament proporcional a la seva secció (*S*). La constant ρ és la **resistivitat**, que depèn del metall del conductor taula 1.

La resistència es mesura en **ohmios**, (Ω), en el SI; la resistivitat (ρ) s'expressa en Ω · m; la secció, en m^2, i la longitud, en m.

Resistència i resistors

En un circuit elèctric, tant els receptors com els cables elèctrics presenten resistència al pas del corrent elèctric.

Tot i això, la resistència dels cables elèctrics que uneixen aparells elèctrics i generadors és molt inferior a la dels generadors, de manera que suposarem que se'n pot prescindir.

També se solen fer servir uns components electrònics, els **resistors**, amb uns valors de resistència coneguts i indicats pels colors de les ratlles pintades i per l'ordre d'aquests colors fig. 2.

Exemple

1. **El coure té una resistivitat d'1,67 · 10^{-8} Ω · m. Determina la resistència d'un fil d'aquest metall que té 30 m de longitud i 4 mm^2 de secció.**

   Expressem la secció en unitats del SI: 4 mm^2 = 4 · 10^{-6} m^2

   Substituïm les dades en l'expressió de la resistència:

   $$R = \rho \cdot \frac{L}{S} = 1{,}67 \cdot 10^{-8}\ \Omega \cdot \text{m} \cdot \frac{30\ \text{m}}{4 \cdot 10^{-6}\ \text{m}^2} = 12{,}5 \cdot 10^{-2}\ \Omega = 0{,}125\ \Omega$$

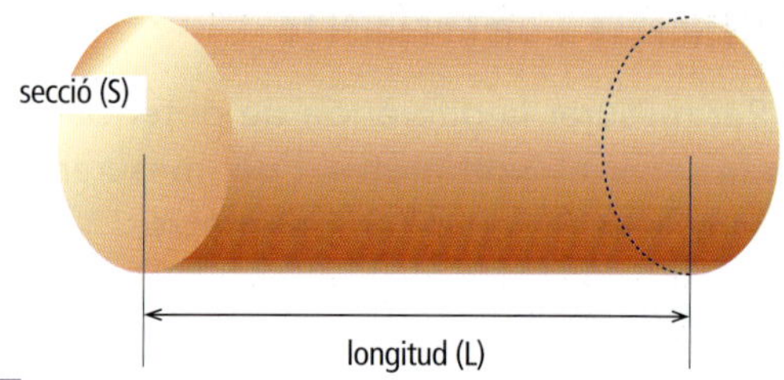

Fig. 1 En la resistència d'un conductor hi influeixen tant la seva secció com la seva longitud.

@ Amplia a la Xarxa...

Calcula el valor de la resistència modificant diferents paràmetres en la simulació que trobem a www.tiching.com/732069

Taula 1

RESISTIVITAT (ρ) D'ALGUNS MATERIALS	
Material	**ρ (10^{-8} Ω · m)**
plata	1,59
coure	1,67
or	2,4
alumini	2,8
ferro	10,0
plom	22,0
constantà	49,0
arc de carboni	≃ 6 000

Fig. 2 Resistor en un circuit.

3.2. Llei d'Ohm

Perquè hi hagi moviment de càrregues entre dos punts d'un circuit, 1 i 2, hi ha d'haver una tensió o diferència de potencial, $V_1 - V_2$, entre tots dos.

Si les càrregues es mouen, hi ha un corrent elèctric d'intensitat *I* que ha de vèncer la resistència *R* que troben aquestes càrregues en el recorregut.

Sembla lògic, per tant, que hi hagi d'haver una relació entre totes aquestes tres magnituds: la diferència de potencial, la intensitat i la resistència.

El físic alemany George Simon Ohm va demostrar experimentalment, el 1827, la relació següent:

$$V_{1\text{-}2} = I \cdot R$$

Aquesta expressió resumeix l'enunciat de la **llei d'Ohm**:

La diferència de potencial i la intensitat de corrent són directament proporcionals, amb la resistència com a **constant de proporcionalitat**.

Si anotem els valors que pren la intensitat per a diverses diferències de potencial i portem cada parella de valors sobre dos eixos, *I* a l'horitzontal i *V* en el vertical, trobem que defineixen una línia recta que passa per l'origen fig. 3.

El pendent d'aquesta recta és, precisament, el valor d'aquesta resistència.

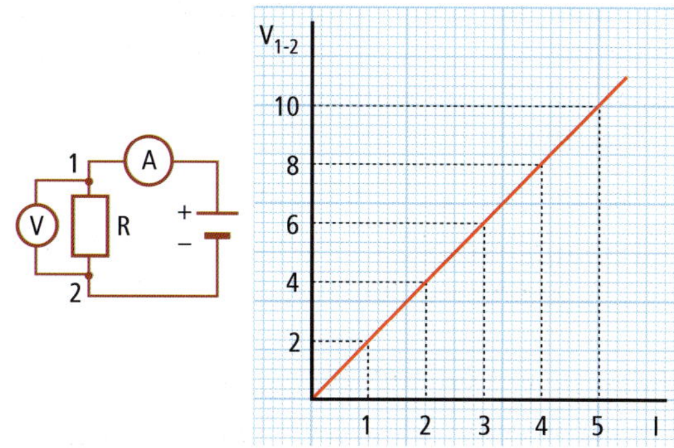

Fig. 3 Disseny del muntatge experimental i expressió gràfica de la llei d'Ohm. S'ha mesurat la intensitat de corrent que circulava pel circuit en modificar la diferència de potencial aplicada.

Amplia a la Xarxa...

Treballa la llei d'Ohm a www.tiching.com/732070 amb una simulació o mira un vídeo d'aquesta llei a www.tiching.com/732071.

Exemples

2. **Determina la diferència de potencial entre els extrems d'una resistència de 20 Ω per on passa una intensitat de corrent de 3 mA.**

   Expressem la intensitat en unitats del SI:

   $3 \text{ mA} = 3 \cdot 10^{-3} \text{ A}$

   Substituïm les dades a la llei d'Ohm:

   $V_{1\text{-}2} = I \cdot R = 3 \cdot 10^{-3} \text{ A} \cdot 20\ \Omega = 6 \cdot 10^{-2} \text{ V} = 0{,}06 \text{ V}$

3. **Calcula la intensitat que passa per una bombeta de 500 Ω connectada a la xarxa de 230 V.**

   Aïllem la intensitat de la llei d'Ohm i substituïm les dades:

   $V_{1\text{-}2} = I \cdot R \Rightarrow I = \dfrac{V_{1\text{-}2}}{R} = \dfrac{230 \text{ V}}{500\ \Omega} = 0{,}46 \text{ A}$

   És a dir, per la bombeta hi circula un corrent elèctric de 0,46 A.

1. Què és la resistivitat d'un material i quines unitats té?
2. Explica el concepte de resistència elèctrica.
3. Com comprovaries la llei d'Ohm?
4. Calcula, amb les dades de la taula 1, la resistència d'un cable de constantà que mesura 10 cm i té una secció de 2 mm^2.
5. A quina diferència de potencial està connectada una bombeta en el laboratori si hi passa un corrent de 0,2 mA i té una resistència de 30 Ω?
6. Determina la intensitat de corrent que passa per una torradora elèctrica que està connectada a la xarxa de 230 V i té una resistència de 10 Ω.

Corrent elèctric

El corrent elèctric es genera a les centrals elèctriques i es distribueix a poblacions, indústries i habitatges, on es reparteix pels diferents circuits elèctrics.

Amb els experiments següents entendrem aquest complex i enorme conjunt de circuits, per mitjà d'uns circuits molt més reduïts.

Material

- pila i generador de CC variable
- bombeta, interruptor
- cables elèctrics, pinces de connexió
- resistències
- dos polímetres
- materials diversos: fusta, suro, vidre, plàstic, grafit (mina de llapis), coure, plata, estany, plom, paper d'alumini...

A. Els circuits elèctrics consten d'unes parts bàsiques, que ara veurem.

Construcció d'un circuit elemental

1. Fes un muntatge com el de la figura connectant un polímetre com a voltímetre i un altre com a amperímetre. A continuació, connecta l'interruptor.
2. Descriu i explica el que observes a la bombeta i en els polímetres.
3. A continuació, substitueix la pila per un generador de corrent continu (CC) variable. Dóna valors diferents a la tensió i explica què passa en els diferents elements del circuit.

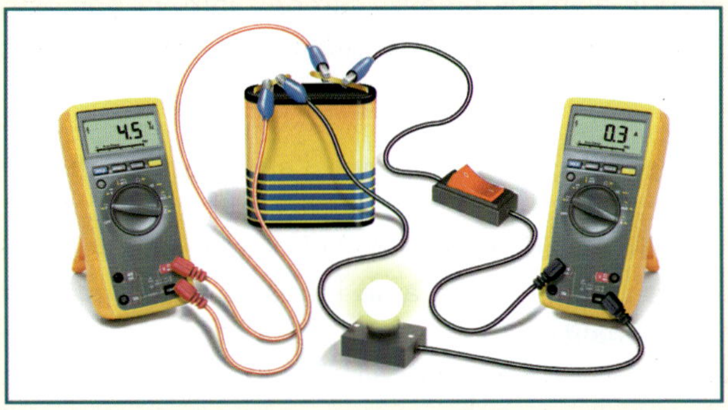

① D'ara endavant farem servir aquest generador de corrent continu en comptes de fer servir la pila. Per què creus que el convertirem en generador de corrent? Quin avantatge té? Quins inconvenients trobes a les piles?

② Explica per què s'han de connectar d'aquesta manera concreta el voltímetre i l'amperímetre. Què marcaria un voltímetre connectat en sèrie amb el circuit? I un amperímetre posat en paral·lel marcaria la intensitat que passa pel circuit?

B. Tots els aparells elèctrics connectats a la xarxa elèctrica que tenim en els habitatges funcionen amb la mateixa tensió: 230 V. Les diferències entre ells són la resistència i la intensitat que hi circula. Aquestes tres magnituds es relacionen per mitjà de la llei d'Ohm.

Comprovació de la llei d'Ohm

1. Construeix el circuit de la figura. A continuació, tanca el circuit connectant el generador i fes-lo treballar amb un potencial inicial. Deixa passar el corrent que subministra.
2. Anota en una taula els valors que indiquen el voltímetre i l'amperímetre.
3. Repeteix les anotacions amb cinc valors diferents del potencial subministrat pel generador.
4. Escriu en una taula les parelles de valors *V-I* i dissenya el gràfic resultant posant en l'eix vertical els valors del potencial i en l'eix horitzontal els de la intensitat.

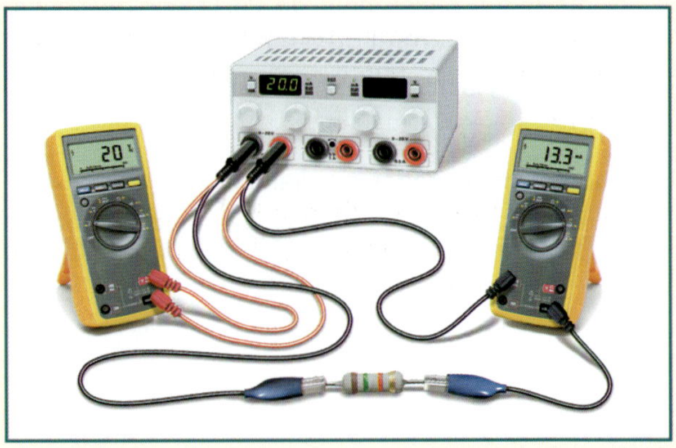

③ Calcula el valor del pendent del gràfic aproximadament recte que s'obté.

④ Explica la relació entre el valor del pendent i el de la resistència coneguda.

⑤ Creus que es podria fer servir aquest procediment per saber el valor d'una altra resistència? Fes l'experiment necessari per saber el valor d'una resistència desconeguda.

C. Per què creus que es necessiten cables metàl·lics per aconseguir que el corrent elèctric circuli pels circuits?

Comportament de les substàncies conductores i aïllants enfront del corrent elèctric

1. Construeix el circuit de la figura, amb el generador de CC treballant amb un potencial fix i una bombeta.
2. Vés intercalant els diferents trossos de material entre els extrems lliures dels dos cables de connexió, tal com indica la figura.
3. Fes una llista que indiqui si s'encén la bombeta o no amb cada un dels materials utilitzats. Digues com anomenem els materials que deixen passar el corrent i els que no.

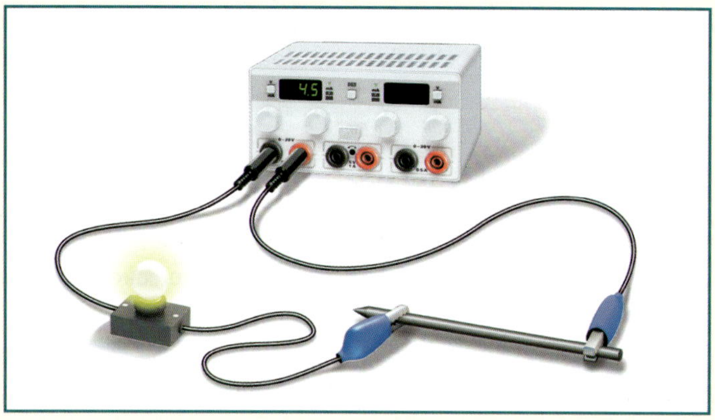

⑥ Analitza la relació que hi ha entre els materials que sí que deixen passar el corrent elèctric que fa encendre la bombeta.

⑦ Què tenen en comú aquests materials? Podries saber si aquests materials condueixen millor o pitjor el corrent elèctric? Com?

D. Els cables que transporten el corrent elèctric fins a les poblacions i els habitatges han de ser molt llargs per unir distàncies tan enormes. Saps quins problemes planteja la utilització de cables tan llargs?

Comprovació de la influència de la longitud d'un cable metàl·lic en el pas del corrent

1. Amb el mateix circuit de l'experiment anterior, posa un fil de coure entre els extrems lliures dels dos cables.
2. Deixa un dels extrems de manera que el puguis fer lliscar al llarg del fil, amb l'objectiu que la longitud del fil entre els extrems sigui variable.
3. Descriu el que observes en la bombeta a mesura que va augmentant la longitud del fil de coure entre els extrems.

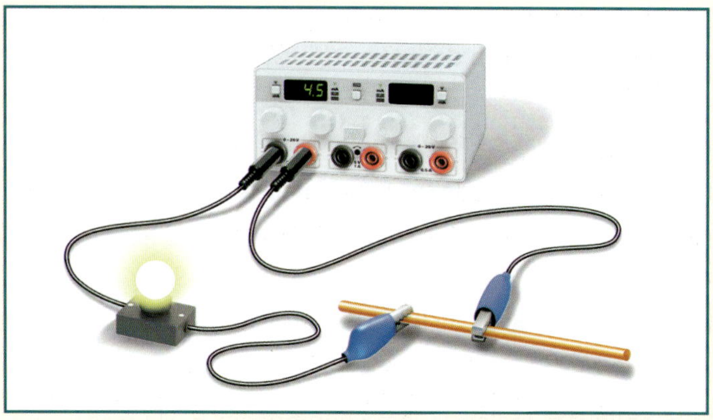

⑧ Recorda el concepte de resistència elèctrica i elabora una hipòtesi que permeti explicar el que has observat en l'experiment.

⑨ Explica el problema que plantegen els cables elèctrics llarguíssims utilitzats per transportar corrent elèctric a les poblacions i els habitatges.

Experiment TIC @

Accedeix, a www.tiching.com/732069, a una simulació amb la resistència elèctrica d'un cable i després contesta les preguntes següents:

a. Descriu com varia en cada cas la resistència d'un cable en augmentar els valors de:
   1. la resistivitat
   2. la longitud
   3. la secció

b. Què representa la figura del cable en disminuir la resistivitat? Què vol descriure?

5 Associació de resistències

En un circuit hi pot haver més d'un aparell elèctric en funcionament. Com que cada un té la seva pròpia resistència, veurem com es troba la **resistència equivalent** de tots.

Per calcular la resistència equivalent, hem de tenir en compte com estan connectats els diversos aparells elèctrics: en sèrie o en paral·lel.

5.1. Resistències en sèrie

Les característiques de les **resistències en sèrie** són fig. 1:

- Circula la mateixa intensitat de corrent, I, per cada una de les resistències.
- La diferència de potencial total és igual a la suma de les diferències de potencial entre els extrems de cada una de les resistències:

$$V_{1-4} = V_{1-2} + V_{2-3} + V_{3-4} + \dots$$

Si hi apliquem la llei d'Ohm i anomenem R_{eq} la resistència equivalent, tenim que:

$$I \cdot R_{eq} = I \cdot R_1 + I \cdot R_2 + I \cdot R_3 + \dots$$

Com que la intensitat és la mateixa en cada resistència, s'elimina I i queda:

$$R_{eq} = R_1 + R_2 + R_3 + \dots$$

La **resistència equivalent** de diverses resistències muntades en sèrie és igual a la suma de totes. Per tant, la resistència equivalent és superior a la més gran de les resistències individuals.

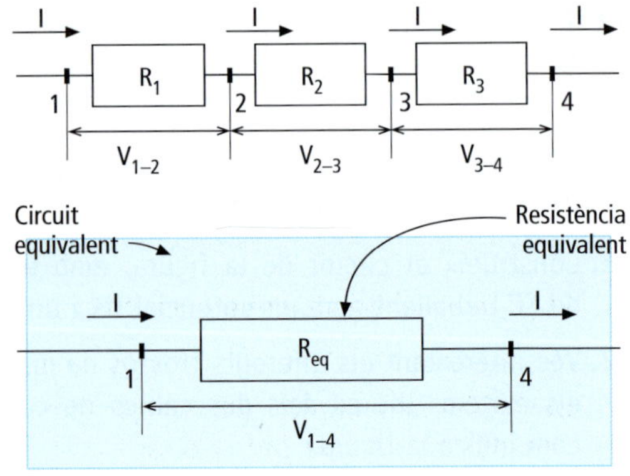

Fig. 1 Resistències en sèrie i circuit equivalent.

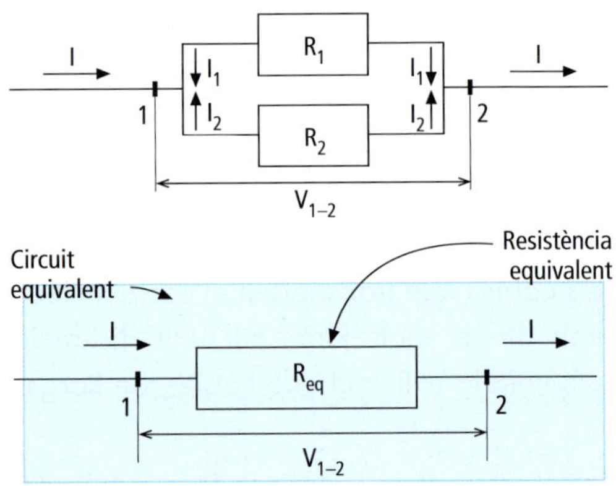

Fig. 2 Resistències en paral·lel i circuit equivalent.

5.2. Resistències en paral·lel

Les característiques de les **resistències en paral·lel** són fig. 2:

- La diferència de potencial entre cada una de les resistències és la mateixa, V.
- La intensitat total es distribueix entre les següents resistències:

$$I = I_1 + I_2 + \dots.$$

- Si hi apliquem la llei d'Ohm i anomenem R_{eq} la resistència equivalent, tenim que:

$$V_{1-2} = I \cdot R_{eq} = I_1 \cdot R_1 = I_2 \cdot R_2 = \dots \Rightarrow \frac{V_{1-2}}{R_{eq}} = \frac{V_{1-2}}{R_1} + \frac{V_{1-2}}{R_2} + \dots$$

- Com que la diferència de potencial és la mateixa a cada resistència, s'elimina V_{1-2} i queda:

$$\frac{1}{R_{eq}} = \frac{1}{R_1} + \frac{1}{R_2} + \dots \Rightarrow R_{eq} = \frac{1}{\frac{1}{R_1} + \frac{1}{R_2} + \dots}$$

La **resistència equivalent** de diverses resistències en paral·lel és la inversa de la suma de les inverses d'aquestes resistències.

Per tant, la resistència equivalent té un valor inferior a la més petita de les resistències individuals.

1. Què passarà en un arbre de Nadal si els llums estan connectats en sèrie i se'n fon un? Com haurien d'estar connectats?

2. Un circuit consta d'una pila de 3 V i de dues resistències en sèrie de 0,2 Ω i 0,8 Ω. Calcula:

a. El valor de la resistència equivalent.

b. El valor de la intensitat que hi circula.

c. La diferència de potencial en els extrems de cada resistència.

3. Dues resistències de 2 Ω i de 4 Ω estan connectades en paral·lel, i el conjunt, al seu torn, està unit a una pila de 3 V. Calcula:

a. La resistència equivalent.

b. La intensitat, I, que passa pel circuit.

c. Les intensitats I_1 i I_2 que passen per cada una de les resistències.

Exemples

1. Per al circuit de la figura 3, calcula:

a) La resistència equivalent.

b) La intensitat que passa per les resistències.

c) La diferència de potencial de cada una de les resistències.

a) La resistència equivalent és la suma de les dues resistències:

$$R_{eq} = R_1 + R_2 \Rightarrow R_{eq} = 5\ \Omega + 3\ \Omega = 8\ \Omega$$

b) Podem suposar un circuit equivalent format per una única resistència de 8 Ω per la qual circula la mateixa intensitat que circularia pel circuit real fig. 4.

Si apliquem la llei d'Ohm al circuit equivalent:

$$V_{1\text{-}3} = I \cdot R_{eq} \Rightarrow 24\ \text{V} = I \cdot 8\ \Omega \Rightarrow I = \frac{24\ \text{V}}{8\ \Omega} = 3\ \text{A}$$

c) Per calcular els valors de $V_{1\text{-}2}$ i $V_{2\text{-}3}$ apliquem la llei d'Ohm a cada una de les resistències:

$$V_{1\text{-}2} = I \cdot R_1 = 3\ \text{A} \cdot 5\ \Omega = 15\ \text{V} \quad ; \quad V_{2\text{-}3} = I \cdot R_2 = 3\ \text{A} \cdot 3\ \Omega = 9\ \text{V}$$

La suma de les dues diferències de potencial és igual a la total:

$$V_{1\text{-}2} + V_{2\text{-}3} = 15\ \text{V} + 9\ \text{V} = 24\ \text{V} = V_{1\text{-}3}$$

2. Per al circuit de la figura 5, calcula:

a) La resistència equivalent.

b) La intensitat I que passa pel circuit.

c) Les intensitats I_1 i I_2 que passen per les resistències.

a) La resistència equivalent a les dues que hi ha en paral·lel és:

$$\frac{1}{R_{eq}} = \frac{1}{R_1} + \frac{1}{R_2} \Rightarrow \frac{1}{R_{eq}} = \frac{1}{5\ \Omega} + \frac{1}{15\ \Omega} = \frac{4}{15\ \Omega} \Rightarrow R_{eq} = 3{,}75\ \Omega$$

b) Podem substituir el circuit de l'enunciat per un altre de més senzill equivalent, amb una resistència única de 3,75 Ω per on passaria la mateixa intensitat I que pel circuit real fig. 6.

Hi apliquem la llei d'Ohm:

$$V_{1\text{-}2} = I \cdot R_{eq} \Rightarrow 15\ \text{V} = I \cdot 3{,}75\ \Omega \Rightarrow I = \frac{15\ \text{V}}{3{,}75\ \Omega} = 4\ \text{A}$$

Aquesta intensitat és la que passa pel circuit real, dividida en dos per les dues resistències en paral·lel.

c) Per calcular el valor de les dues intensitats, apliquem la llei d'Ohm a cada una de les resistències, tenint en compte que totes dues estan sotmeses a una diferència de potencial de 15 V:

$$V_{1\text{-}2} = I_1 \cdot R_1 \Rightarrow 15\ \text{V} = I_1 \cdot 5\ \Omega \Rightarrow I_1 = \frac{15\ \text{V}}{5\ \Omega} = 3\ \text{A}$$

$$V_{1\text{-}2} = I_2 \cdot R_2 \Rightarrow 15\ \text{V} = I_2 \cdot 15\ \Omega \Rightarrow I_2 = \frac{15\ \text{V}}{15\ \Omega} = 1\ \text{A}$$

S'ha de complir que $I_1 + I_2 = I$. En efecte: 3 A + 1 A = 4 A

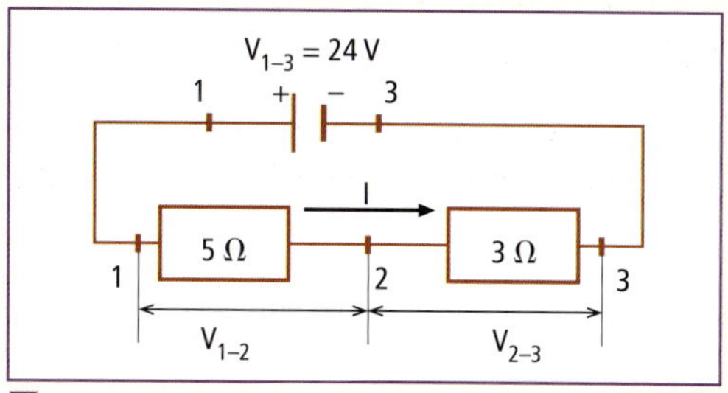

Fig. 3 Circuit amb dues resistències de 5 Ω i 3 Ω en sèrie.

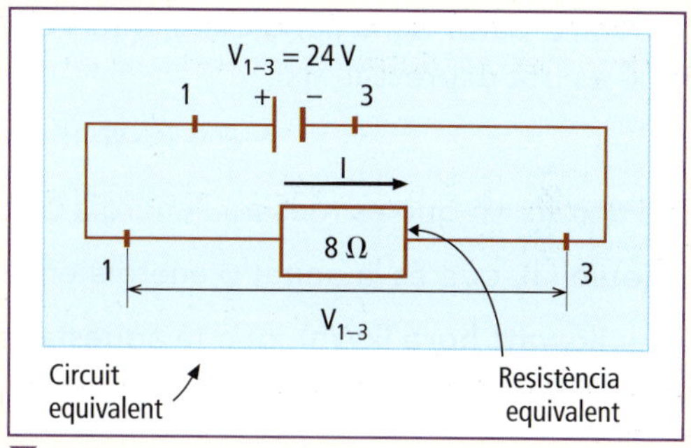

Fig. 4 Circuit equivalent al de la figura 3.

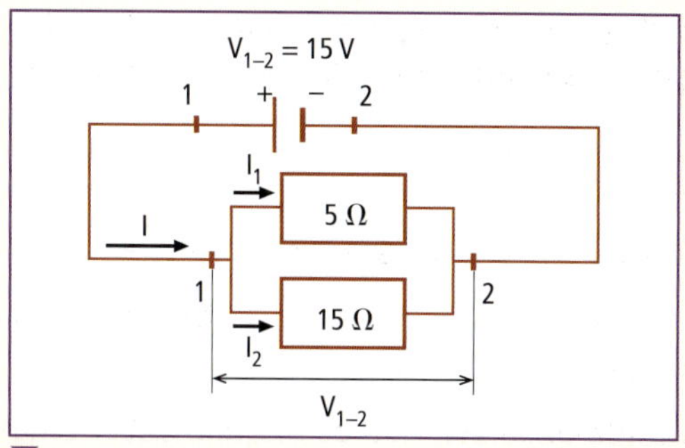

Fig. 5 Circuit amb dues resistències de 5 Ω i 15 Ω en paral·lel.

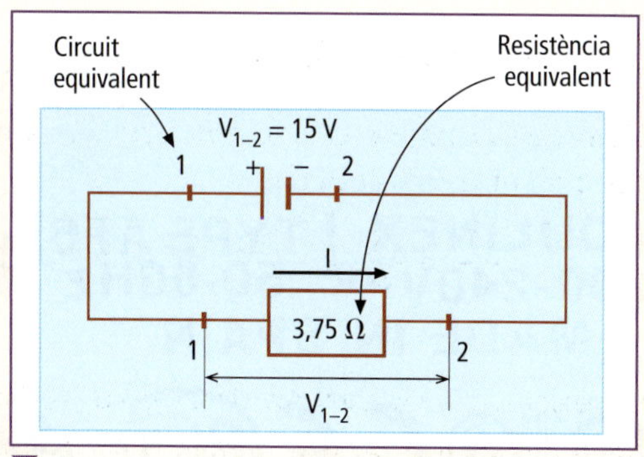

Fig. 6 Circuit equivalent al de la figura 5.

6 Energia i potència del corrent elèctric

6.1. Energía eléctrica

Per mantenir en els generadors la diferència de potencial necessària perquè hi passi el corrent cal que tinguin energia. Aquesta energia, que s'anomena **energia elèctrica**, es transfereix als diferents aparells elèctrics connectats al circuit fig. 1.

El valor de l'energia elèctrica que consumeixen els generadors i els aparells elèctrics té l'expressió

$$E = V_{1\text{-}2} \cdot I \cdot t$$

en què $V_{1\text{-}2}$ representa la diferència de potencial (en volts); I, la intensitat del corrent (en amperes), i t, el temps (en segons) durant el qual circula el corrent.

Sabem, a partir de la llei d'Ohm, que $V_{1\text{-}2} = I \cdot R$; per tant, l'energia també es pot expressar així:

$$E = I^2 \cdot R \cdot t$$

Les unitats en què es mesura l'energia elèctrica són dues:

- El **joule** (J), que és la unitat d'energia en el sistema internacional.
- El **quilowatt hora** (kWh), que té aquesta relació amb el joule:

$$1\ \text{kWh} = 3{,}6 \cdot 10^6\ \text{J}$$

Fig. 1 Els aparells elèctrics, com ara aquest frigorífic, consumeixen energia. L'energia consumida depèn de la seva potència i del temps que estiguin funcionant.

6.2. Potència elèctrica

La **potència elèctrica** (P) és una magnitud pròpia de cada aparell elèctric fig. 2 que indica l'energia que consumeix per unitat de temps:

$$P = \frac{E}{t} = V_{1\text{-}2} \cdot I = I^2 \cdot R$$

La relació entre l'energia i la potència, per tant, és:

$$E = P \cdot t$$

La unitat de potència en el SI és el **watt** (W). També s'utilitza un múltiple del watt, que és el **quilowatt** kW (1 kW = 10^3 W).

Els aparells elèctrics porten diverses indicacions fig. 3, entre les quals hi ha el valor de la potència. Si un assecador té una potència de 1 200 W vol dir que, si el fem funcionar durant 5 minuts, consumeix:

$$E = P \cdot t = 1\,200\ \text{W} \cdot 5\ \text{min} \cdot 60\ \text{s/min} = 3{,}6 \cdot 10^5\ \text{J} = 0{,}1\ \text{kWh}$$

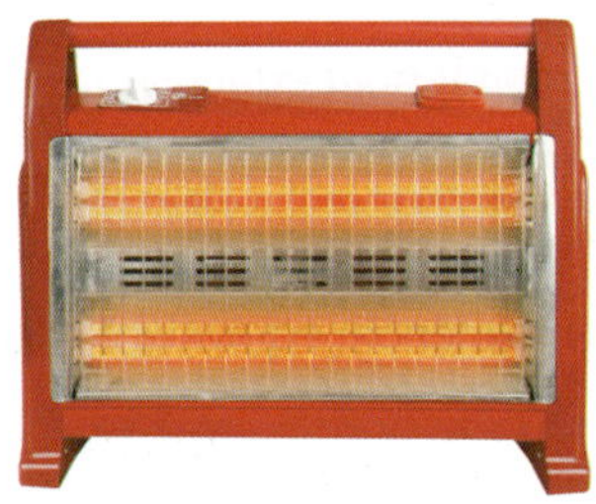

Fig. 2 La potència elèctrica és una magnitud pròpia de cada aparell.

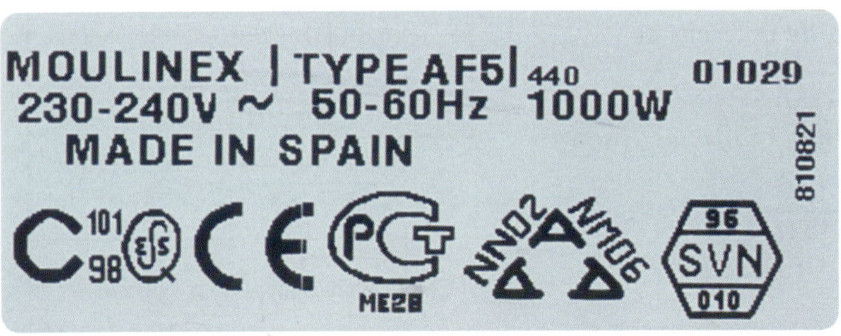

Fig. 3 Placa de característiques d'un electrodomèstic. Fixa't que la potència nominal és de 1 000 W.

6.3. Efecte Joule

El pas dels electrons pels circuits, com a conseqüència de la resistència que troben en el seu recorregut, genera calor. La transformació d'energia elèctrica en energia calorífica rep el nom de **efecte Joule**, perquè va ser James P. Joule qui el va estudiar fig. 4.

La llei de Joule estableix que el valor de l'energia calorífica (Q) despresa en un circuit és igual al de l'energia elèctrica consumida:

$$Q = V_{1\text{-}2} \cdot I \cdot t = I^2 \cdot R \cdot t$$

Les unitats en què es mesura l'energia calorífica són les mateixes que les de l'energia elèctrica i que les de qualsevol tipus d'energia: el joule (J) en el SI i el quilowatt hora (kWh).

Alguns aparells elèctrics estan dissenyats precisament per aprofitar la calor que desprèn el pas del corrent: estufes, forns, cuines, assecadores, planxes, torradores... D'altres, com ara els microprocessadors dels ordinadors, necessiten una refrigeració constant per a un bon funcionament.

Fig. 4 La bombeta de filament va ser inventada per Edison el 1879. El funcionament es basa en la calor intensa que es desprèn en el filament, ja que el posa incandescent i per això fa llum. Perquè no es cremi, a l'interior de la bombeta es fa el buit.

Exemples

1. **Una cafetera elèctrica està connectada a 230 V. Si hi circula una intensitat de 2 A, calcula:**

   a) **L'energia elèctrica que consumeix en 5 min, expressada en J i en kWh.**

   b) **La potència d'aquesta cafetera.**

   a) Expressem els minuts en segons i substituïm les dades:

   5 min = 5 min · 60 s/min = 300 s

   $$E = V_{1\text{-}2} \cdot I \cdot t = 230\ \text{V} \cdot 2\ \text{A} \cdot 300\ \text{s} =$$

   $$= 138\,000\ \text{J} = \frac{138\,000\ \text{J}}{3{,}6 \cdot 10^6\ \text{J/kWh}} = 0{,}038\ \text{kWh}$$

   b) $P = V_{1\text{-}2} \cdot I = 230\ \text{V} \cdot 2\ \text{A} = 460\ \text{W}$

2. **Un radiador elèctric indica que té una potència de 3 000 W. Si el connectem a 230 V, determina:**

   a) **La intensitat que circula pel radiador.**

   b) **L'energia elèctrica que consumeix en una hora i mitja, en J i en kWh.**

   c) **L'energia calorífica que produeix durant aquest mateix temps.**

   a) $P = V_{1\text{-}2} \cdot I \Rightarrow I = \dfrac{P}{V_{1\text{-}2}} = \dfrac{3\,000\ \text{W}}{230\ \text{V}} = 13{,}04\ \text{A}$

   b) Expressem el temps en segons i substituïm les dades:

   1,5 h = 1,5 h · 3600 s/h = 5400 s

   $$E = V_{1\text{-}2} \cdot I \cdot t = 230\ \text{V} \cdot 13{,}04\ \text{A} \cdot 5400\ \text{s} = 16\,195\,680\ \text{J} =$$

   $$= \frac{16\,195\,680\ \text{J}}{3{,}6 \cdot 10^6\ \text{J/kWh}} = 4{,}5\ \text{kWh}$$

   c) L'energia calorífica que produeix és igual a l'energia elèctrica que consumeix.

@ Amplia a la Xarxa...

Mira un vídeo sobre la transformació de l'energia elèctrica en calor a www.tiching.com/732072

Mira un vídeo sobre la bombeta a www.tiching.com/732073

1. Explica la necessitat que en tots els aparells elèctrics s'indiqui quina potència tenen.
2. Posa exemples argumentats d'aparells elèctrics amb una utilitat que es basi en l'efecte Joule.
3. Una batedora elèctrica està endollada a la xarxa de 230 V. Sabent que hi passa una intensitat de 2 A, calcula:
   a. L'energia elèctrica que consumeix durant un minut i mig de funcionament. Expressa-ho en joules i en quilowatts hora.
   b. La potència de la batedora.
4. Un forn elèctric marca que té una potència de 3 000 W. Si el connectem a la xarxa de 230 V, calcula:
   a. La intensitat que circula pel forn.
   b. L'energia elèctrica que consumeix en mitja hora de funcionament. Expressa-ho en joules i en quilowatts hora.
   c. L'energia calorífica que produeix durant aquest temps.

7 El consum elèctric a la llar

7.1. Consum domèstic d'energia elèctrica

La majoria dels aparells elèctrics que utilitzem a casa nostra no funcionen amb piles. L'energia elèctrica la prenem dels endolls on connectem els diferents aparells elèctrics.

Aquesta energia es produeix a les centrals elèctriques, es distribueix per les poblacions i ens arriba a través de la **xarxa elèctrica**.

Cada aparell connectat a aquesta xarxa elèctrica rep una tensió de 230 V i una energia perquè funcioni que depèn del temps que dura el funcionament.

Per exemple, una planxa de 2000 W de potència que fem funcionar durant mitja hora consumeix:

$$E = P \cdot t = 2000\ \text{W} \cdot 1/2\ \text{h} \cdot 3600\ \text{s/h} = 3{,}6 \cdot 10^6\ \text{J} = 1\ \text{kWh}$$

La potència aproximada dels aparells elèctrics més comuns en l'àmbit domèstic està indicada a la taula 1.

L'energia elèctrica que es consumeix no és gratuïta: s'ha d'abonar a la companyia distribuïdora. Per controlar el consum hi ha els **comptadors**, que indiquen en kWh l'energia que es va gastant a cada habitatge. fig. 1.

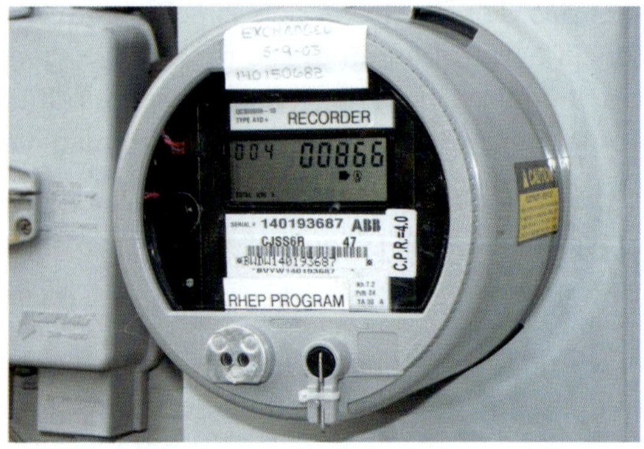

Fig. 1 Comptador elèctric digital.

Tabla 1

Aparells	Potència aproximada
bombetes	40 W – 200 W
planxa	1500 W
forn	3500 W
torradora	800 W
rentadora	2500 W
televisor	200 W
rentavaixella	3000 W

7.2. Rebut de l'electricitat

Anomenem **rebut de l'electricitat** el document que presenta la companyia subministradora en què, cada mes o cada dos mesos, indica la despesa d'energia elèctrica que hem fet, que apareix en kWh, i el cost que això ens suposa. fig. 2.

Els diversos conceptes pels quals es paga l'electricitat vénen detallats en el rebut. Els més importats són:

- **Potència contratada**. És tota la potència de què podem disposar a casa nostra o en una empresa. Té aquest nom perquè és la que se sol·licita a la companyia elèctrica i depèn de quants aparells poden arribar a funcionar alhora. Podem observar que es paga en proporció a aquesta potència contractada. Com més elevada sigui, més haurem de pagar.
- **Electricitat consumida**. En aquest apartat hi ha el producte de l'energia consumida en kWh pel cost en euros de cada kWh.
- **Lloguer del comptador**. El comptador elèctric no és propietat nostra, sinó que es lloga a la companyia elèctrica.

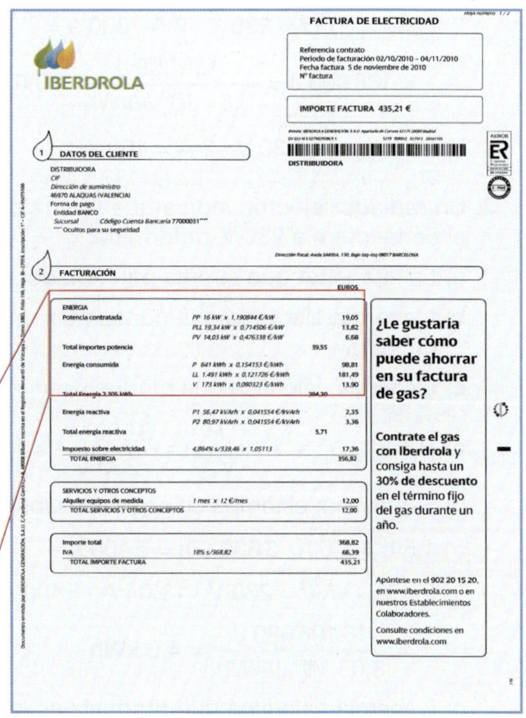

Fig. 2 Rebut de l'electricitat.

ENERGIA			
Potencia contratada	*PP 16 kW x 1,190844 €/kW*		19,05
	PLL 19,34 kW x 0,714506 €/kW		13,82
	PV 14,03 kW x 0,476338 €/kW		6,68
Total importes potencia		39,55	
Energía consumida	*P 641 kWh x 0,154153 €/kWh*		98,81
	LL 1.491 kWh x 0,121726 €/kWh		181,49
	V 173 kWh x 0,080323 €/kWh		13,90
Total Energía 2.305 kWh		294,20	

7.3. Seguretat elèctrica

A més d'assegurar la integritat dels aparells elèctrics, les instal·lacions elèctriques han de garantir, sobretot, la seguretat de les persones. En particular s'ha d'evitar al màxim el risc de **xoc elèctric** seguint certes normes de seguretat. fig. 3.

Fig. 3 **Normes de seguretat** per a la utilització d'aparells elèctrics.

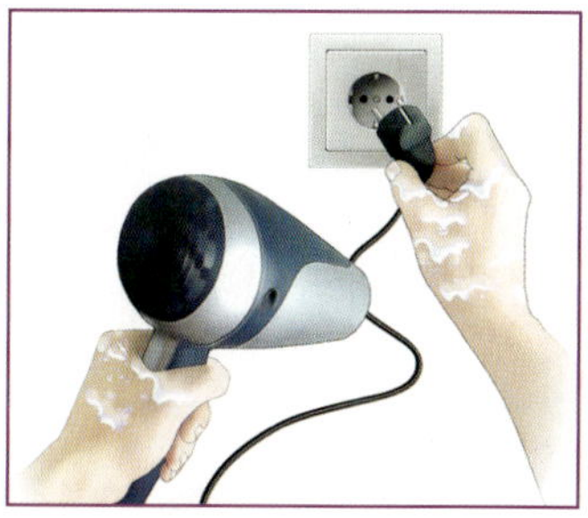

No s'ha de fer servir mai un electrodomèstic en un medi humit (bany o dutxa) amb el cos mullat.

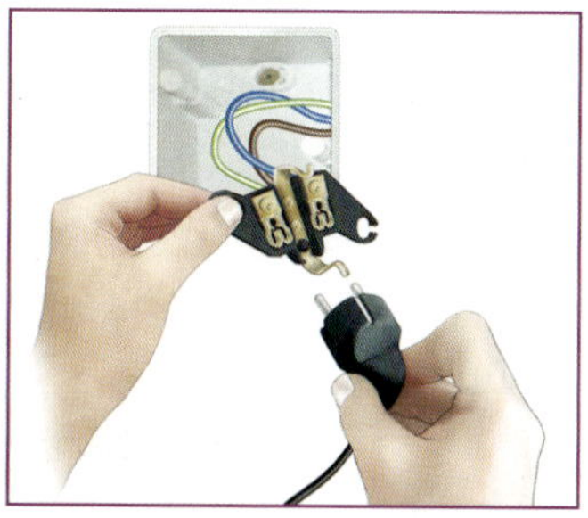

No s'ha de desmuntar mai ni utilitzar un endoll desmuntat si no s'ha desconnectat el corrent elèctric.

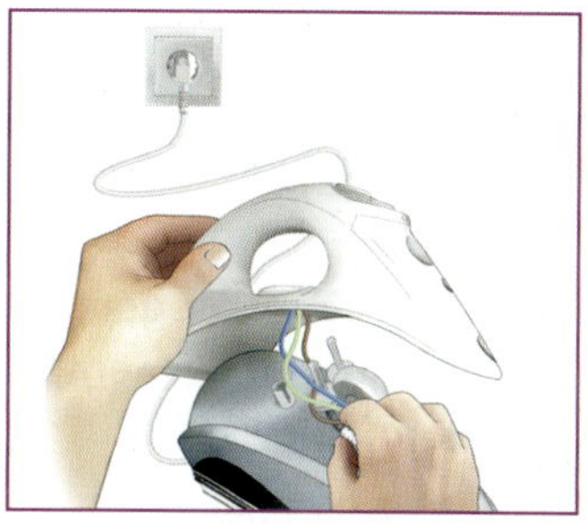

No s'ha de desmuntar mai i reparar un electrodomèstic que es trobi connectat a la red elèctrica.

No s'ha d'endollar mai cap aparell amb les mans mullades o netejar-lo mentre està connectat al corrent elèctric.

Exemples

1. **Un rentavaixella de 2000 W funciona durant tres quarts d'hora cada dia i està connectat a la xarxa de 230 V. Calcula: a) la intensitat que hi circula; b) l'energia elèctrica que consumeix al mes (suposem mesos de 30 dies); c) el que costa cada mes el seu funcionament, suposant que el preu del kWh sigui de 0,1 €.**

   a) A partir de la relació entre potència i intensitat, $P = V_{1\text{-}2} \cdot I$, aïllem la intensitat:

   $$I = \frac{P}{V_{1\text{-}2}} = \frac{2\,000\ \text{W}}{230\ \text{V}} = 8{,}7\ \text{A}$$

   b) Calculem l'energia consumida al dia:

   $$E_{dia} = V_{1\text{-}2} \cdot I \cdot t = P \cdot t = 2\,000\ \text{W} \cdot 2700\ \text{s} =$$

   $$= 54 \cdot 10^5\ \text{J} = \frac{54 \cdot 10^5\ \text{J}}{3{,}6 \cdot 10^6\ \text{J/kWh}} = 1{,}5\ \text{kWh}$$

   En 1 mes: $E_{mes} = 1{,}5\ \text{kWh} \cdot 30 = 45\ \text{kWh}$

   c) Cost = 45 kWh · 0,1 €/kWh = 4,5 €

2. **Canviem una bombeta de filament de 100 W per una altra de baix consum que indica 15 W. Comprova l'estalvi anual si el llum està connectat a la xarxa de 230 V, funciona 3 hores cada dia i el preu del kWh és de 0,1 euros.**

   $$t = 3\ \text{h/dia} = 3\ \text{h/dia} \cdot 365\ \text{dies} =$$

   $$= 1\,095\ \text{h} \cdot 3600\ \text{s/h} = 3\,942\,000\ \text{s}$$

   Energia que consumeix la bombeta de filament (E_1) i la de baix consum (E_2):

   $$E_1 = P_1 \,.\, t = 100\ \text{W} \cdot 3\,942\,000\ \text{s} = 3\,942 \cdot 10^5\ \text{J} =$$

   $$= \frac{3\,942 \cdot 10^5\ \text{J}}{3{,}6 \cdot 10^6\ \text{J/kWh}} = 109{,}5\ \text{kWh}$$

   $$E_2 = P_2 \cdot t = 15\ \text{W} \cdot 3\,942\,000\ \text{s} = 591{,}3 \cdot 10^5\ \text{J} =$$

   $$= \frac{591{,}3 \cdot 10^5\ \text{J}}{3{,}6 \cdot 10^6\ \text{J/kWh}} = 16{,}4\ \text{kWh}$$

   Estalvi d'energia i de despesa:

   $$E_1 - E_2 = 109{,}5\ \text{kWh} - 16{,}4\ \text{kWh} = 93\ \text{kWh}$$

   $$A = (E_1 - E_2) \cdot 0{,}1\ \text{€/kWh} = 93\ \text{kWh} \cdot 0{,}1\ \text{€/kWh} = 9{,}3\ \text{€}$$

---

1. Enumera, com a mínim, 5 mesures de seguretat que hauríem de prendre respecte al corrent elèctric a casa nostra. Raona la teva resposta.

2. A continuació calcula la potència que necessitem contractar a casa nostra perquè puguin funcionar alhora i correctament aquests aparells elèctrics que tenim: 10 bombetes de 100 W, 1 rentadora de 2 000 W, 3 radiadors elèctrics de 400 W, 1 cuina amb tres focs, de 600 W cadascun, 1 nevera de 700 W, 1 televisor de 150 W, 1 aspirador de 800 W, 1 microones de 1 000 W.

   Podem triar entre 2,2 kW, 3,3 kW, 4,4 kW, 5,5 kW, 6,6 kW, 7,7 kW, 8,8 kW i 9,9 kW.

8 L'electricitat a la llar

8.1. Circuits elèctrics a la llar

A casa nostra els circuits elèctrics consten d'una gran diversitat d'elements fig. 1.

a. **Endolls**. Sustituyen las pilas de los circuitos que hemos visto. A través de ellos llega la corriente eléctrica a nuestros hogares.

b. **Cables elèctrics**. Condueixen el corrent elèctric per la instal·lació.

c. **Interruptors**. Permeten (encendre) o tallen (apagar) el pas del corrent.

d. **Aparells elèctrics**. Són de diversos tipus, segons si utilitzen el corrent elèctric per produir calor, llum, moviment, so... Són les estufes, llums, rentadora, torradora, televisor...

e. **Diferencials**. Situats a l'entrada de la casa, eviten que hi hagi curtcircuits o sobrecàrrega de tensió per massa aparells funcionant. fig. 2.

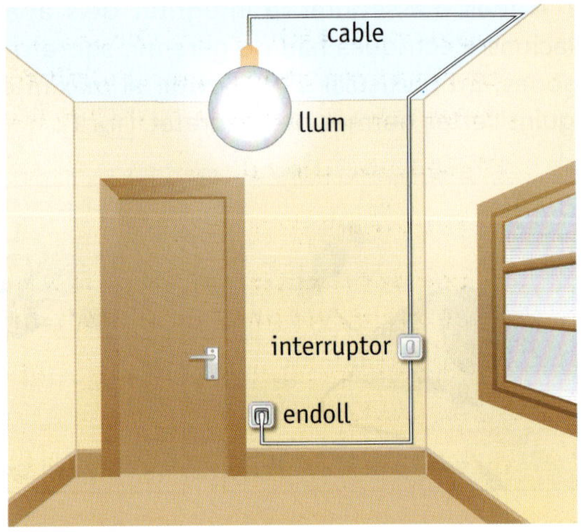

Fig. 1 Esquema del circuit per encendre una bombeta.

8.2. Components electrònics bàsics

La majoria dels aparells elèctrics porten a l'interior una sèrie d'elements electrònics per al seu funcionament. En anar-se descobrint materials nous, s'han anat construint aquests components cada cop més petits.

Actualment es fabriquen d'una mida mil·limètrica i s'insereixen en els anomenats microxips o circuits integrats, mitjançant els quals funcionen molts aparells de mides enormement més petites que els inicials.

Element del circuit i el seu símbol		
		Transformador per reduir la tensió de 230 V a 12 V, 24 V... i el seu símbol.
		LED que fa llum de diversos colors i el seu símbol.
		Díode, que deixa passar el corrent en un sentit i no en un altre i el seu símbol.
		Resistències i el seu símbol.
		Potenciòmetre, que és una resistència de valor variable i el seu símbol.
		Fotocèl·lula, que talla el pas de corrent quan no li arriba la llum, i el seu símbol.
		Interruptor del circuit i el seu símbol.

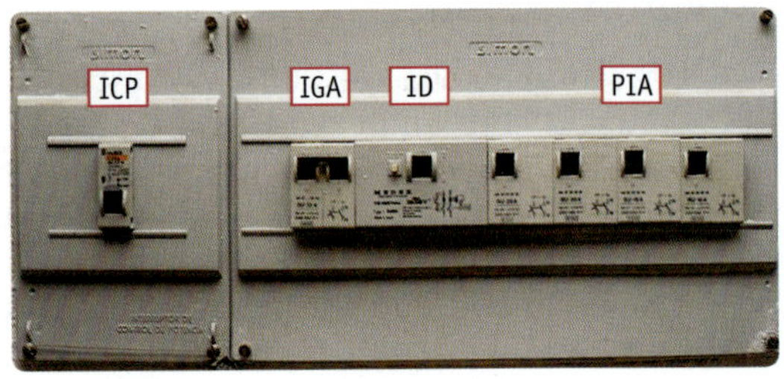

Fig. 2 ICP, interruptor de control de potencial.
IGA, interruptor magnetotèrmic general.
ID, interruptor diferencial.
PIA, petit interruptor automàtic.

Dispositius electrònics d'ús freqüent

Estem acostumats a fer servir un gran nombre de dispositius: ordinadors, tauletes, telèfons intel·ligents, càmeres... A mesura que augmenta la capacitat de miniaturització dels components electrònics que les formen, s'ha aconseguit fabricar dispositius cada cop més petits i potents.

@ Amplia a la Xarxa...

Vídeo funcionament del quadre elèctric d'un habitatge: www.tiching.com/732074

SÍMBOLS I ABREVIATURES QUE APAREIXEN ALS APARELLS ELÈCTRICS

L'**etiqueta energètica** que han de portar els aparells elèctrics té escrita una informació molt completa de:

- La seva eficiència energètica (com més eficient, menys energia elèctrica consumeix), indicada mitjançant unes barres de colors, de les quals el verd fosc correspon a la major eficiència.
- El seu consum anual.
- El soroll que provoca.
- Capacitat de rentada (kg de roba a les rentadores), la d'emmagatzematge (als frigorífics), el consum d'aigua...

Hi ha uns símbols unificats per a tot Europa que mostren cadascuna d'aquestes indicacions.

A més, aquesta etiqueta porta inscrita la marca i model de l'aparell.

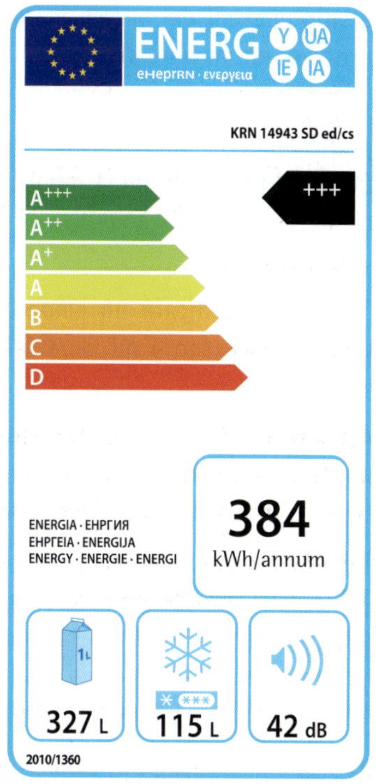

Nom del proveïdor o marca i identificador del model.

Classes energètiques.

Consum d'energia anual.

Pictogrames que destaquen les característiques seleccionades.

- **150 kWh/annum** — Consum d'energia anual, basat en resultats d'assaig normalitzats durant 24 hores.
- **12** — Capacitat de coberts normalitzats.
- **150** — Capacitat assignada de les ampolles de vi, en nombre.
- **42 dB** — Emissió de soroll en decibels.
- **A** — Classe d'eficàcia de secat.
- **kg 7 kg** — Capacitat assignada en kg per al programa normalitzat de cotó a 60 °C o 40 °C a càrrega completa.
- **100 L** — Suma de volum d'emmagatzematge de tots els compartiments d'emmagatzematge d'aliments congelats.
- **2800 L/annum** — Consum d'aigua anual en litres.
- **1L 300 L** — Suma de volum d'emmagatzematge de tots els compartiments sense classificació d'estrelles.
- **75 dB** — Classe d'eficàcia de centrifugat.

Més eficient

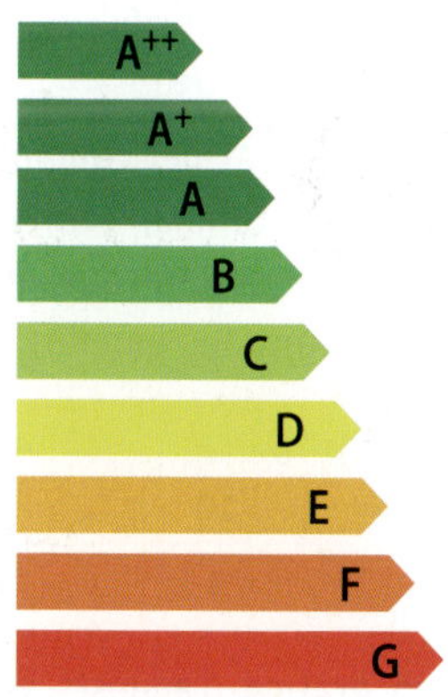

Menys eficient

1. Per què no es veuen els cables elèctrics a les cases? On creus que es troben?
2. Fes llistes amb els aparells elèctrics que es fan servir per: fer llum, fer calor, produir moviment, emetre so.
3. Fixa't en els aparells elèctrics de casa teva:
   a. Funcionen tots mitjançant un endoll? Indica quins no i explica quin generador de corrent tenen.
   b. Indica en cada cas la utilització que té.
4. Esbrina què són els circuits integrats, on se solen utilitzar i com han evolucionat els darrers anys.

Activitats finals • Activitats finals • Activitats finals

1. Descriu de quin element del circuit agafen l'energia els electrons per posar-se en moviment de manera ordenada i produir el corrent elèctric al llarg d'aquest circuit.

2. Un circuit elèctric amb un amperímetre que indica 25 μA es manté tancat durant 1 minut. Calcula la càrrega que ha passat pel circuit i expressa-la en coulombs i en electrons.

3. Quina intensitat indicarà un amperímetre connectat a un circuit pel qual passen 4 mC durant 2 min? Dóna el resultat en A, mA i μA.

4. Explica com influeixen en la resistència d'un cable elèctric la seva longitud i la seva secció.

5. Els cables d'alta tensió són els que transporten l'electricitat des d'on es produeix fins a les poblacions. Estan sostinguts per torres elèctriques (o de fusta) perquè tenen un pes considerable. Calcula la resistència d'un cable d'alumini d'alta tensió de 100 m de longitud i de 300 mm^2 de secció.

6. Descriu raonadament de quina manera s'han de connectar els aparells de mesura de la intensitat i de mesura de la diferència de potencial en els circuits. Explica quins processos hem de seguir en cas de disposar d'un multímetre per mesurar aquestes magnituds.

7. En un experiment efectuat per comprovar la llei d'Ohm i saber el valor d'una resistència, tenim un generador de tensió variable i un amperímetre que connectem en sèrie amb la resistència. Obtenim les parelles següents de valors *V-I*:

V (V)	5	10	15	20
I (mA)	2	4	6	8

Fes la representació gràfica d'aquests valors en uns eixos *V-I* per aconseguir el valor de la resistència.

8. Determina la resistència d'una torradora elèctrica que, connectada a la xarxa de 230 V, deixa passar un corrent elèctric amb una intensitat de 3 mA.

9. Les dades de la taula següent s'han obtingut en un circuit amb un generador de tensió variable i amb una sola resistència, per mitjà d'un voltímetre i un amperímetre. Completa la taula al quadern i dedueix el valor de la resistència:

V (V)	*I* (mA)
15	
	6
45	9
60	

10. Calcula la resistència equivalent de dues resistències de valor 120 Ω i 300 Ω quan estan connectades a) en sèrie i b) en paral·lel.

11. Tenim tres resistències, de 5 Ω, 10 Ω i 15 Ω, connectades en sèrie a una pila de 6 V. Determina:

a) El valor de la resistència equivalent.

b) La intensitat que passa pel circuit.

c) Els valors de la diferència de potencial entre els extrems de cada resistència.

12. Tenim un circuit amb dues resistències de 20 Ω i 40 Ω connectades en paral·lel entre si i en sèrie amb un generador de 120 V. Determina:

a) El valor de la resistència equivalent.

b) La intensitat que circula per cada resistència.

c) El valor de la intensitat total que passa pel circuit.

13. Una bombeta de baix consum té escrites les indicacions 20 W / 230 V. Determina:

a) A què correspon cada indicació.

b) Quina intensitat hi circularà en connectar-la.

c) L'energia elèctrica que consumeix durant una setmana si funciona 5 hores al dia.

d) L'energia calorífica en forma de llum i calor que genera cada mes.

14. En una cuina hi ha cinc focus de 120 W al sostre connectats a la xarxa elèctrica, que proporciona 230 V de tensió.

a) Raona com s'han de connectar entre ells aquests focus perquè, en cas d'espatllar-se'n un, els altres continuïn fent llum.

b) Calcula el valor de la intensitat que circula per cada un.

c) Calcula la resistència de cada focus i també la resistència equivalent de tots cinc.

15. Per als circuits de la figura, calcula:

a) La resistència equivalent.

b) La intensitat total que passa pel circuit i per cada una de les resistències.

c) La diferència de potencial entre els extrems de cada resistència.

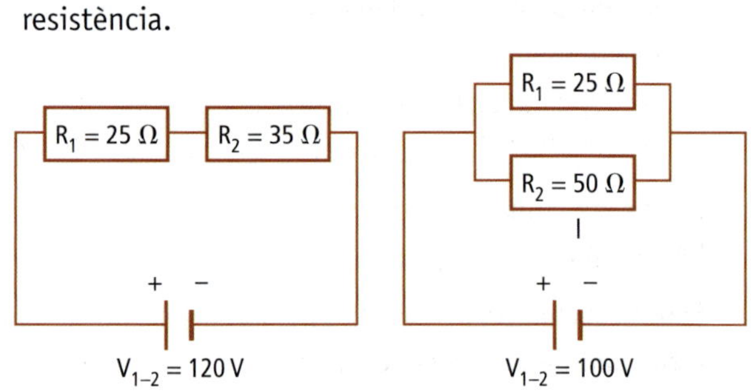

1. Indica amb quins materials estan fabricats els cables elèctrics.
2. Explica per què cal almenys un generador en cada circuit. Indica si una pila és un generador.
3. En el cas d'una pila connectada a un circuit elèctric tancat, explica el sentit del moviment dels electrons i el sentit del corrent elèctric.
4. Relaciona al quadern els elements dels circuits amb la funció que fan:

Generador	Uneixen els diferents elements del circuit.
Cable elèctric	Necessiten corrent elèctric per funcionar.
Interruptor	Dóna energia als electrons.
Aparells elèctrics	És el tipus més senzill de generador.
Pila	Tanca i obre el circuit.

5. Copia al quadern les frases següents i completa-les amb les paraules que hi falten:
   a) Com més càrrega circuli per un cable elèctric en un mateix temps, més gran és la ....
   b) Com més ... cal perquè passi la mateixa càrrega per un cable, més petita és la intensitat.
   c) Com més longitud tingui un cable elèctric, més gran és la ....
   d) Com més gran és la ... d'un cable, més petita és la resistència.
   e) Cada metall té diferent ....
6. Indica si són certes o falses les frases següents i, en cas de ser falses, escriure-les correctament:
   a) Mitjançant dues resistències formem un circuit elèctric.
   b) Les piles posen en marxa els electrons en els circuits amb interruptor obert.
   c) La resistència d'un cable és més gran com més gruixut sigui.
   d) Com més diferència de potencial hi ha entre els extrems d'una resistència, menys intensitat hi passa.
   e) La resistència equivalent de dues resistències connectades en paral·lel és igual a la suma d'aquestes dues resistències.
   f) L'energia elèctrica que consumeix un aparell elèctric és independent del temps que estigui connectat al corrent.
7. Indica què llegim en el rebut de la llum i quins conceptes hem de pagar.
8. Explica quina relació té un comptador elèctric d'un habitatge amb la potència dels aparells elèctrics que hi ha.
9. Relaciona al quadern els conceptes de la columna de l'esquerra amb els de la columna de la dreta:

Amperímetre	Mateixa intensitat
Voltímetre	Amperes
Pila	Ohms
Resistència	Intensitat
Bombeta	Mateixa tensió
Resistències en sèrie	Volts
Resistències en paral·lel	Tensió
Intensitat	Llum
Tensió	Energia

10. Explica per què el kWh és una unitat d'energia i no de potència. Calcula'n el valor en unitats del SI.
11. Digues el nom i la funció de cada element del circuit següent:

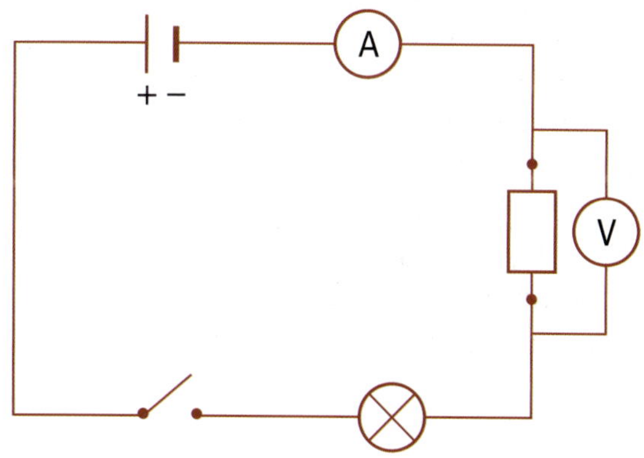

12. Escriu al quadern catorze paraules de la sopa de lletres relacionades amb aquesta unitat:

F	R	N	G	B	O	M	B	E	T	A	I	J	A	J
X	Q	A	M	P	E	R	I	M	E	T	R	E	W	Q
W	R	S	U	N	C	S	P	O	T	E	N	C	I	A
S	E	B	H	D	P	B	I	P	I	L	A	Y	U	L
E	S	Z	D	V	A	G	E	Z	E	V	L	I	W	Q
R	I	L	H	C	R	E	N	B	C	O	M	J	K	D
I	S	V	Q	A	A	N	E	P	B	L	Z	O	M	S
E	T	C	L	B	L	E	R	G	A	T	A	U	I	M
L	E	V	Y	L	L	R	G	V	U	I	I	L	C	L
E	N	S	I	E	E	A	I	W	V	M	W	E	I	F
C	C	I	O	H	L	D	A	G	C	E	N	J	Z	D
T	I	V	M	Q	R	O	F	V	Q	T	H	X	I	N
R	A	J	D	S	H	R	J	D	V	R	R	A	S	I
O	A	S	V	K	I	V	Y	M	F	E	M	U	C	N
A	M	C	T	M	U	L	T	I	M	E	T	R	E	M

1 Raona. La contaminació lumínica

S'anomena *contaminació lumínica* la presència d'un nombre excessiu de llums nocturns i els efectes negatius que produeix.

Entre els efectes d'aquesta contaminació hi ha la despesa innecessària d'energia elèctrica, la dificultat per observar el cel nocturn (estrelles, planetes, satèl·lits...), les molèsties provocades a les cases pels fanals del carrer que tenen a la vora, la dificultat per pilotar els avions, la desorientació dels ocells...

Explica:

a) Si creus que és necessària la il·luminació dels edificis i les botigues de nit.

b) Com creus que haurien de ser els fanals perquè la seva llum no afectés el cel nocturn.

c) Quins casos d'il·luminació no són necessaris.

d) Si et sembla que preocupa tant aquest tipus de contaminació com la de l'atmosfera, la dels rius...

2 Interpreta. Una pila natural

A la imatge es veu una llimona amb dos caragols de metalls diferents clavats.

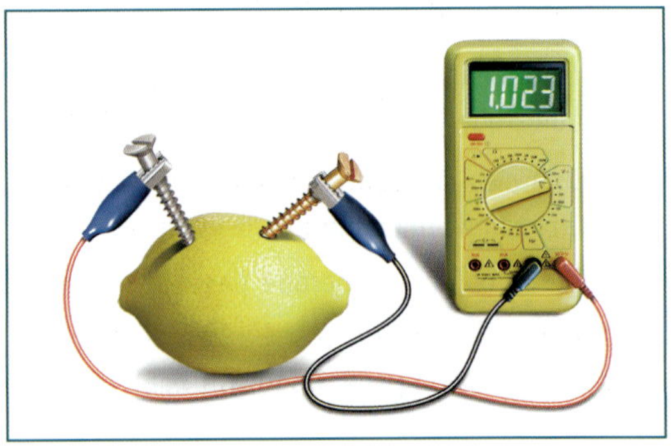

a) Què observes en el multímetre?

b) Què passaria si poséssim una bombeta petita en comptes del multímetre?

c) Indica si el circuit està tancat o obert.

d) Si connectéssim moltes llimones amb dos caragols com aquests entre si, a què s'assemblaria el sistema aconseguit? La xifra que veuríem en el multímetre, seria més gran o més petita que la que veiem ara?

e) Descriu a què creus que és degut aquest efecte.

3 Observa. Tipus de piles @

Busca informació a Internet sobre els diferents tipus de piles i el seu funcionament (per exemple, www.tiching.com/732075) i respon:

a) Indica com funcionen les piles.

b) Entre les piles primàries, quines són les que contaminen més i per què? Per a què s'utilitzen?

c) Quines són les piles més barates? Per a què es fan servir? Contaminen? Per què?

d) Explica què hem de fer amb totes les piles que ja s'han gastat.

e) Per què és bo fer servir piles recarregables? Justifica la teva resposta.

4 Observa. Línies d'alta tensió @

Mira el vídeo de www.tiching.com/732076 i contesta les preguntes següents:

a) Quin tipus de proteccions porten els tècnics de línies d'alta tensió en el seu equip per no córrer perill amb les descàrregues elèctriques?

b) Quants volts té la línia? Per què salten espurnes?

c) Per què descarrega en el terra la càrrega que havia emmagatzemat?

d) Per què els pals de les línies elèctriques actuen com a parallamps?

e) De quina manera es frenen les pujades de tensió produïdes pels llamps?

f) El corrent elèctric arriba a les cases amb la tensió tan elevada amb què la transporten les línies?

g) Per què no s'electrocuten els ocells quan s'aturen sobre aquests cables.

Síntesi. Corrent elèctric

Corrent elèctric

- El **corrent elèctric** és el moviment ordenat de càrregues elèctriques per l'interior d'un cable fabricat amb un material conductor.
- Els **generadors de corrent** són els aparells que produeixen l'energia necessària perquè hi hagi corrent elèctric.
- La **intensitat de corrent** en un punt d'un circuit és el quocient entre la quantitat de càrrega que hi passa i el temps que transcorre:

$$I = \frac{Q}{t}$$

Circuits elèctrics

- Un **circuit elèctric** consta d'un generador o pila, aparells elèctrics, un interruptor i cables que connecten tots aquests elements.
- L'interruptor ha d'estar tancat perquè el corrent circuli.
- El **sentit del corrent** s'estableix per conveni del pol positiu al pol negatiu, encara que els electrons fan el recorregut invers.
- Per mesurar la intensitat de corrent tenim l'amperímetre, que es connecta en sèrie al circuit.
- Per mesurar la diferència de potencial entre dos punts tenim el voltímetre, que es connecta en paral·lel al circuit, en aquests dos punts.

Resistències i llei d'Ohm

- La **resistència elèctrica** (R) d'un cable conductor depèn directament del material d'aquest conductor (ρ) i de la longitud del cable (L), i inversament de la secció del cable (S):

$$R = \rho \cdot \frac{L}{S}$$

- La **llei d'Ohm** estableix que la diferència de potencial i la intensitat de corrent són directament proporcionals i que la resistència és la constant de proporcionalitat:

$$V = I \cdot R$$

Energia i potència

- L'**efecte Joule** estableix que la calor que es desprèn d'una resistència és:

$$Q = I^2 \cdot R \cdot t$$

El consum elèctric

- La potència contractada, l'electricitat consumida i el lloguer del comptador són els principals conceptes en el rebut de l'electricitat.

Consolidació de competències

RESPON LA PREGUNTA INICIAL

Després d'haver estudiat aquesta unitat, pots respondre la pregunta inicial:

Com ens arriba el corrent elèctric a casa?

Redacta un text d'entre 10 i 20 línies que resumeixi les conclusions a què hagis arribat sobre la qüestió.

CONSOLIDA EL QUE HAS APRÈS

Per consolidar els coneixements adquirits al llarg de la unitat pots fer les activitats que trobaràs a l'adreça web següent:

www.tiching.com/731561

Aquestes activitats s'han preparat en un document en format pdf que pots descarregar-te.

Al final del document trobaràs les solucions perquè puguis comprovar si has complert els objectius de la unitat.

APRENDRE PER EMPRENDRE

Pensa en la instal·lació elèctrica de casa teva i escriu un comentari sobre els punts següents:

- Utilitat que tenen els diferents punts d'on s'obté corrent elèctric, tant els endolls de les diferents habitacions com les sortides per a llums.
- Conveniència de cadascun d'aquests punts i del lloc on està situat. Estan situats adequadament?
- Proposicions que planteges perquè s'adaptin millor a la utilitat que se'ls dóna: nombre de punts i situació. Contrasta amb els teus companys totes les opinions.

Feu entre tots una anàlisi similar respecte a la instal·lació elèctrica de l'aula i les millores d'aquesta.

TÈCNIQUES D'ESTUDI

Entra a: www.tiching.com/727426 i practica una tècnica d'estudi a partir de la síntesi.

12 ELECTROMAGNETISME

Quina relació hi ha entre electricitat i magnetisme?

Les aurores boreals són un espectacular efecte de la interacció de partícules que provenen del Sol amb el camp magnètic terrestre.

S. XII

S. XII — A la Xina ja feien servir la brúixola per a la navegació.

S. XVI

1600  William Gilbert (1544-1603) estableix el comportament de la Terra com un gran imant.

1800-1849

1820  Hans C. Oersted (1777-1851) descobreix que el corrent elèctric crea un camp magnètic.

1831  Michael Faraday (1791-1867) i Joseph Henry (1797-1878), independentment, descobreixen que un camp magnètic variable genera corrent elèctric.

1840  Karl Gauss (1777-1855) i Wilhelm Weber (1804-1891) dissenyen el primer telègraf electromagnètic.

El fenomen del magnetisme ja era conegut pels savis de la Grècia antiga, però aquests n'ignoraven les causes.

Molt més tard es va descobrir que l'electricitat té efectes magnètics i que el magnetisme té efecte elèctrics. D'aquí va sorgir l'electromagnetisme.

El cicle es tancava: el corrent elèctric crea magnetisme i el magnetisme genera corrent elèctric. Va quedar ben palès que hi havia una relació molt estreta entre electricitat i magnetisme.

Les aplicacions de l'electromagnetisme són molt variades. Els trens de levitació magnètica en són un exemple espectacular. D'altra banda, moltes de les seves aplicacions les fem servir cada dia sense ésser-ne conscients, com ara en motors elèctrics, altaveus, timbres...

Què sabem?

- Quins efectes dels imants coneixes?
- Saps si els imants tenen alguna cosa a veure amb el corrent elèctric?
- Indica la utilitat de la brúixola. Com et sembla que funciona?

Què aprendrem?

1850-1899

- 1860 James Maxwell (1831-1879) explica les relacions entre l'electricitat i el magnetisme.
- 1873 Es comercialitza el primer motor elèctric.
- 1895 Nikola Tesla (1856-1943) inventa la ràdio, que transmet ones electromagnètiques sense fils.

1900-1949

- 1937 Primeres transmissions de televisió a França i al Regne Unit.

Magnetisme i imants

1.1. Magnetisme

Des de l'antiguitat se sap que un mineral anomenat magnetita atreu alguns metalls, especialment objectes de ferro.

El **magnetisme** és una propietat de la matèria per la qual certes substàncies són capaces d'atreure determinats metalls.

Molt pocs són els metalls que poden ser atrets per les substàncies magnètiques; entre ells hi ha el ferro i els seus aliatges, sobretot l'acer. A aquests materials els denominem *ferromagnètics*.

Així doncs, les substàncies magnètiques no atreuen ni els materials no metàl·lics (plàstic, fusta...) ni la majoria dels materials metàl·lics (alumini, coure...).

Fig. 1 La magnetita és un mineral que presenta la propietat del magnetisme de forma natural.

1.2. Imants

Les propietats magnètiques es manifesten d'una forma especialment clara en alguns objectes, que anomenem imants.

Un **imant** és un objecte format per una substància amb propietats magnètiques.

Fig. 2 Els imants artificials, com aquesta ferradura d'acer, s'obtenen per imantació de substàncies no magnètiques.

Tipus d'imants

Podem distingir entre imants *naturals* i imants *artificials*:

- Els **imants naturals** són fragments de materials que posseeixen aquesta propietat de manera natural, com ara la magnetita fig. 1.
- Els **imants artificials** estan formats per substàncies a les quals se'ls transmet artificialment el magnetisme fig. 2.

Els imants artificials poden ser temporals o permanents:

- Els **imants temporals** perden progressivament el magnetisme adquirit.
- Els **imants permanents** conserven indefinidament el magnetisme adquirit.

Característiques dels imants

Les característiques bàsiques dels imants són fig. 3:

- Les imants presenten les propietats magnètiques més acusades en els seus extrems, denominats pols. Un imant té dos pols, anomenats **nord** (**N**) i **sud** (**S**).
- Els pols dels imants no es poden aïllar: hom no pot aconseguir un imant amb un sol pol. Si agafem un imant i el dividim en dos trossos, cada tros torna a tenir dos pols.
- Entre els pols de dos imants hi apareixen forces d'*atracció* i de *repulsió*:
  - Els pols de **nom diferent s'atreuen**.
  - Els pols del **mateix nom es repel·leixen**.

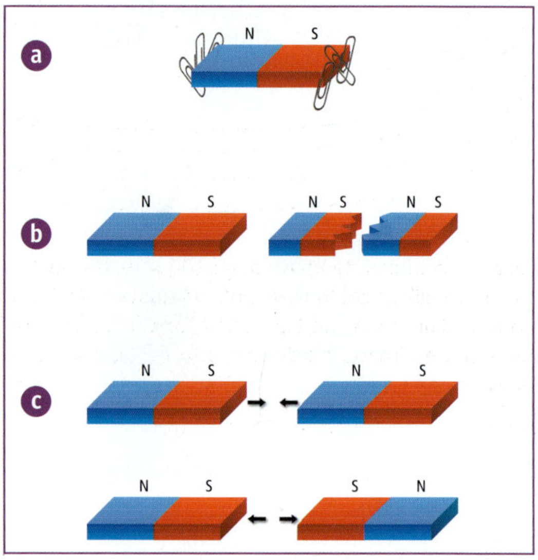

Fig. 3 a) El magnetisme d'un imant es concentra en els pols. b) Els trossos d'un imant es comporten com a nous imants. c) Els pols de nom diferent s'atreuen, i els pols del mateix nom es repel·leixen.

1.3. Camp magnètic

Acabem de veure que els imants exerceixen entre ells forces d'atracció i de repulsió. Es tracta d'un fenomen anàleg al que succeeix entre les càrregues elèctriques.

Així, podem dir que un imant crea al seu voltant un *camp magnètic*, de la mateixa manera que diem que una càrrega elèctrica crea al seu voltant un camp elèctric.

Anomenem **camp magnètic** la regió de l'espai situada al voltant d'un imant on s'aprecien els efectes d'aquest.

De la mateixa manera que com vam fer amb el camp elèctric, per representar gràficament el camp magnètic fem servir les anomenades **línies de camp magnètic**.

Pel que fa al camp magnètic creat per un imant, s'acompleix el que es veu a la fig. 4:

- Les línies del camp es concentren al voltant dels pols, on les propietats magnètiques són més acusades.
- Les línies del camp són sempre tancades: surten per un pol i entren per l'altre pol. Per convenció, hom considera que *van del pol nord al pol sud* de l'imant.

Imantació

Si un fragment de ferro o d'acer *entra en contacte* o *es frega* amb un imant, aquest fragment no tan sols és atret per l'imant, sinó que, al seu torn, es converteix en un nou imant. Aquest procés, denominat **imantació**, és una forma senzilla d'obtenir un imant artificial.

Si ara s'allunya l'imant original, l'imant artificial obtingut es comporta segons el material del qual està format. Per exemple:

- El ferro perd el magnetisme al cap de poca estona: és un imant temporal.
- L'acer conserva el magnetisme d'una manera indefinida: és un imant permanent.

@ Amplia a la Xarxa...

Accedeix a una simulació del camp magnètic d'un imant: www.tiching.com/732081

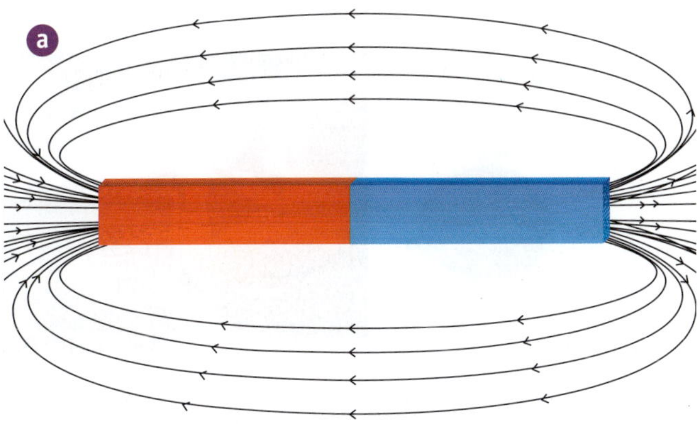

Fig. 4 a) Línies de camp magnètic creades per un imant de barra. b) Visualització mitjançant llimadures de ferro espargides al voltant d'un imant de barra. Les llimadures, imantades per la proximitat de l'imant, s'orienten segons les forces exercides sobre elles en cada punt.

1. Indica en quin moment i en quin mineral es va descobrir el magnetisme.
2. Argumenta si tots els imants són del mateix tipus i si tenen el mateix origen.
3. Explica d'una forma detallada els tipus de forces que els imants exerceixen entre ells.
4. Descriu el procés d'imantació d'un objecte: de quina mena de material ha de ser i com s'imanta.
5. Què s'observa si posem llimadures de ferro damunt d'un paper sota el qual hi ha un imant?
6. Indica la diferència entre imantar un tros de ferro i imantar-ne un d'acer.

2 La brúixola i el magnetisme terrestre

2.1. Magnetisme terrestre

Si suspenem d'un fil un imant qualsevol, observarem que s'alinea aproximadament segons la direcció geogràfica nord-sud.

Atès que això s'acompleix sempre, hom ha convingut d'anomenar pol nord de l'imant aquell que apunta cap al pol nord geogràfic, i pol sud de l'imant aquell que apunta cap al pol sud geogràfic.

Avui saben que l'alineació de l'imant es deguda al fet que sobre ell actua el **camp magnètic terrestre**. Fet i fet, el nostre planeta es comporta com un gran imant els pols magnètics del qual presenten les característiques següents fig. 1:

- Es troben situats a prop dels pols geogràfics, tot i que amb una lleu desviació.
- Estan invertits respecte dels pols geogràfics; és a dir, l'orientació d'un imant respecte del camp magnètic terrestre s'explica si al pol nord geogràfic li correspon el pol sud magnètic terrestre, i al pol sud geogràfic li correspon el pol nord magnètic terrestre (els pols oposats s'atreuen).

La intensitat del camp magnètic terrestre és molt baixa comparada amb la d'un imant de laboratori corrent, però la seva acció s'aprecia en l'espai a uns quants milers de quilòmetres de distància de la Terra.

L'orientació sud-nord de l'eix magnètic i l'angle que forma amb l'eix de rotació de la Terra no ha estat sempre l'actual. Ha experimentat variacions al llarg de l'existència del nostre planeta; en diverses ocasions, el camp magnètic terrestre ha anat desapareixent per a, tot seguit, canviar la seva orientació. El darrer canvi va tenir lloc fa 780 000 anys.

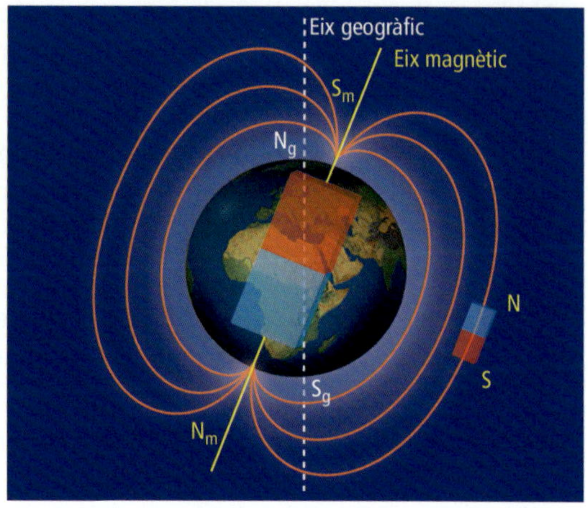

Fig. 1 Els pols magnètics de la Terra (S_m i N_m) estan invertits respecte dels geogràfics (N_g i S_g) i, a més a més, no coincideixen exactament, ja que l'eix magnètic de la Terra està inclinat uns 11° respecte de l'eix geogràfic.

@ Amplia a la Xarxa...

Visiona un vídeo sobre el magnetisme i el camp magnètic terrestre a: www.tiching.com/732082

2.2. La brúixola

Una **brúixola** consisteix en un petit imant en forma d'agulla que pot girar lliurement al voltant d'un eix perpendicular. S'emmarca en un cercle graduat on hi ha indicats els punts cardinals i s'assenyala l'extrem que apunta cap al nord fig. 2.

Com l'agulla sempre s'alinea, aproximadament, segons la direcció geogràfica nord-sud, aquest estri permet d'orientar-se fins i tot en condicions de baixa visibilitat.

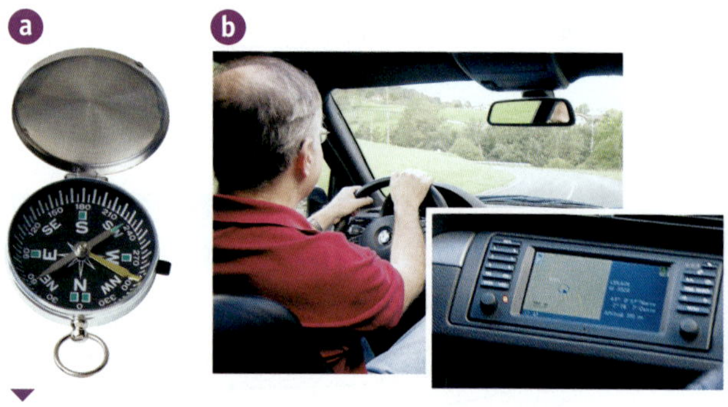

Fig. 2 a) Brúixola de butxaca. La brúixola s'ha fet servir a Europa per navegar des del segle XV, encara que a la Xina ja la coneixien molt abans. b) Actualment, l'ús del GPS (*Global Positioning System* o Sistema de Posicionament Global) permet una navegació molt més precisa.

Ús del mapa i de la brúixola

Per desplaçar-nos per una zona desconeguda, cal que disposem d'un mapa i d'una brúixola: el mapa ens servirà per *situar-nos*, i la brúixola per *orientar-nos*. Procedirem així fig. 3:

- Localitzem en el mapa el punt de partida i el punt de destinació de la nostra ruta.
- Posem la brúixola sobre el mapa en una superfície horitzontal i el girem fins que l'alineació dels meridians coincideixi amb l'alineació de l'agulla, ja que totes dues indiquen, aproximadament, la direcció geogràfica nord-sud.

Fig. 3 Mapa orientat mitjançant la brúixola.

EL CAMP MAGNÈTIC TERRESTRE

El camp magnètic terrestre ens permet orientar-nos; però, a més, és la causa de diversos fenòmens atmosfèrics i protegeix el planeta d'algunes radiacions del Sol.

@ Amplia a la Xarxa...

Accedeix a una simulació sobre el camp magnètic de la Terra i una brúixola a: www.tiching.com/732083

Les espectaculars aurores

Les **aurores** són uns impressionats fenòmens lluminosos que apareixen en l'alta atmosfera en diverses formes: de raigs, arcs, bandes, cortines, corones...

Solen tenir lloc preferentment a les regions properes als pols:

- Les que es produeixen a prop del pol nord es denominen **aurores boreals**.
- Les que es produeixen a prop del pol sud es denominen **aurores australs**.

Tot i que durant mil·lennis la causa de les aurores fou un misteri, avui se sap que aquests fenòmens obeeixen als fluxos de partícules carregades que procedeixen del Sol amb el vent solar i que aconsegueixen penetrar en l'atmosfera terrestre pels pols. Els xocs d'aquestes partícules amb els gasos de l'atmosfera originen una resplendor característica.

El camp magnètic terrestre protegeix la vida de la Terra

El camp magnètic terrestre crea una capa invisible que envolta tota la Terra, llevat de la regió dels seus pols magnètics.

Aquesta capa, denominada **magnetosfera**, protegeix la vida i l'atmosfera terrestres.

La magnetosfera impedeix que arribin a la superfície terrestre les partícules carregades i calentes que emet el Sol, les quals surten projectades a gran velocitat i són transportades pel que es coneix amb el nom de vent solar.

El vent solar xoca amb l'escut de la magnetosfera i la voreja, i entra només pels pols.

Si aquesta radiació solar de partícules carregades arribés a la Terra, provocaria estralls en els éssers vius. La part de la radiació que entra pels pols és la que origina les aurores.

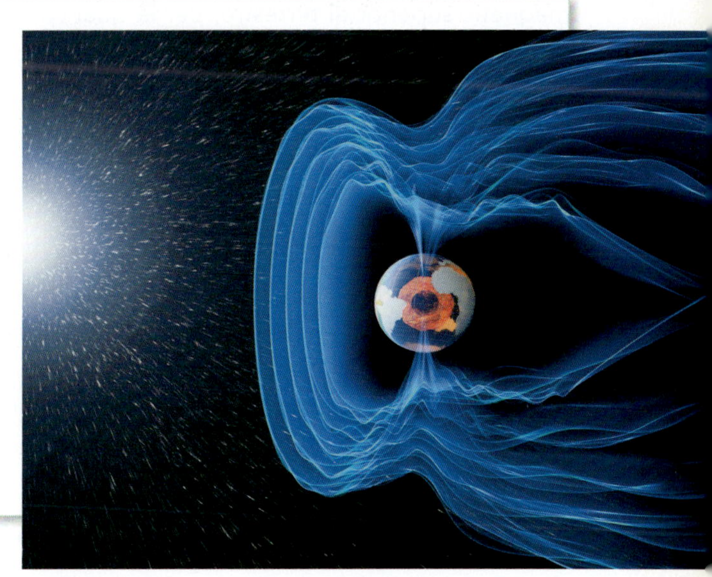

1. Explica raonadament per què diem que la Terra és un gran imant.
2. Descriu com es troben situats els pols del camp magnètic terrestre.
3. Explica com fabricaries una brúixola.
4. Per a què es fa servir la brúixola? Què podem fer amb ella i amb un plànol quan anem d'excursió?
5. Qui van ser els primers que van emprar la brúixola?
6. Creus que actualment, que podem disposar d'un GPS, segueix essent útil la brúixola?

3 Corrent elèctric i magnetisme

3.1. Magnetisme produït per corrents elèctrics

Fins el segle XIX es desconeixia completament la relació entre l'electricitat i el magnetisme.

Però cap a l'any 1820, el físic danès Hans Christian Oersted va observar que el corrent elèctric que circulava per un fil conductor era capaç de desviar l'agulla magnetitzada d'una brúixola propera fig. 1:

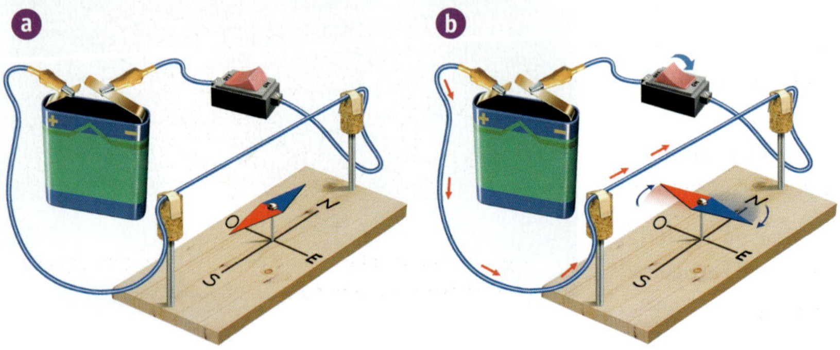

Fig. 1 a) Quan no passa corrent, la brúixola s'orienta en el sentit N-S. b) En passar corrent pel fil conductor, la brúixola gira fins a posar-se perpendicular a aquest. Si el corrent canvia de sentit, el gir de l'agulla també s'inverteix.

- Si no circulava corrent pel fil, la brúixola s'orientava en la direcció nord-sud.
- Si hi circulava corrent, la brúixola es desviava fins a orientar-se en la direcció perpendicular al fil conductor.

Aquest fet s'explica perquè el corrent elèctric produeix un camp magnètic superior al terrestre, per la qual cosa la brúixola s'orienta en virtut del camp que crea el corrent, camp que és molt més intens.

A partir d'aquest descobriment va resultar evident la relació entre electricitat i magnetisme.

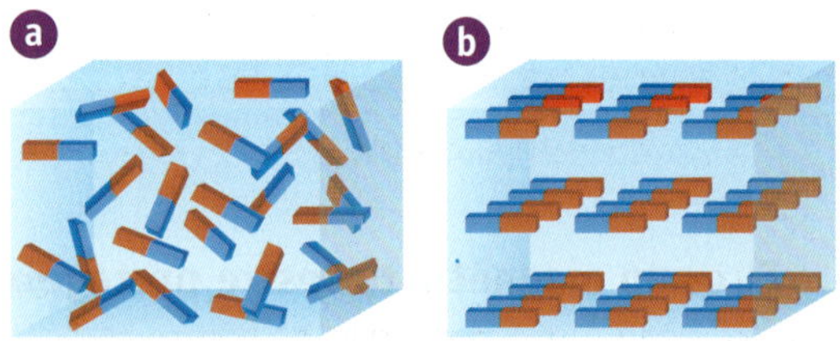

Fig. 2 a) Material no imantat; b) El mateix material imantat.

3.2. Origen del magnetisme

El moviment dels electrons en els àtoms d'un material genera petits corrents que, al seu torn, creen imants diminuts.

En un material no imantat, aquests imants estan orientats a l'atzar. Per contra, en un material imantat, s'orienten d'una manera idèntica i els seus efectes se sumen fig. 2.

Els materials en què succeeix això són alguns metalls que denominem **ferromagnètics**. En són exemples el ferro i l'acer.

3.3. Camp magnètic d'una bobina

Un cable metàl·lic enrotllat sobre un suport formant un cilindre rep el nom de **bobina** o **solenoide** fig. 3a.

Si per una bobina hi circula corrent elèctric, hom observa que es crea un camp magnètic idèntic al d'un imant fig. 3b.

Com més gran sigui la *intensitat del corrent* que circula, i com *més voltes* (*espires*) tingui la bobina, *més intens serà el camp magnètic* que crea.

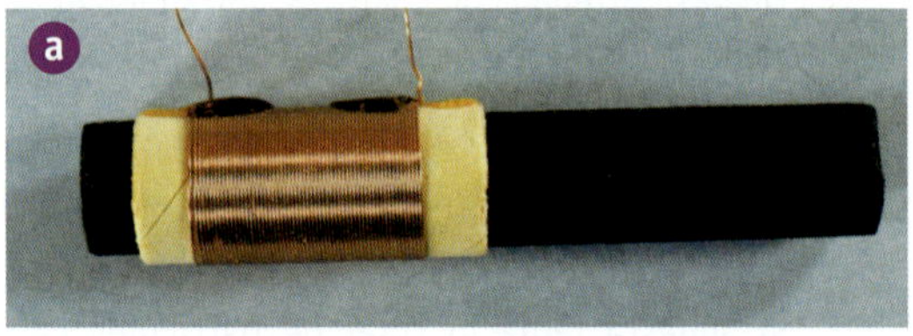

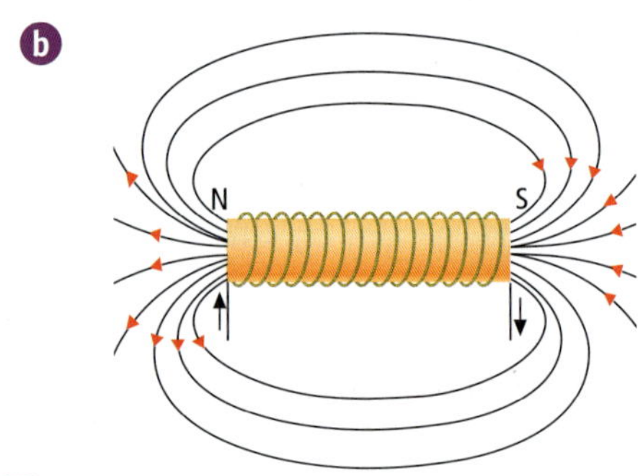

Fig. 3 a) Bobina o solenoide. b) Camp magnètic creat per una bobina per la qual circula corrent elèctric.

3.4. Electroimants

Si en l'interior d'una bobina hi col·loquem una barra de ferro dolç (ferro sense impureses), podrem comprovar que el camp magnètic creat és major que sense la barra.

Per això, quan es volen obtenir imants molt potents s'utilitza aquest muntatge.

Anomenem **electroimant** al conjunt d'una bobina i una barra de ferro al seu interior, perquè quan circula el corrent elèctric funciona com un imant. Quan el corrent cessa, deixa de ser magnètic.

No s'han d'utilitzar barres d'acer, perquè no cessarien els seus efectes magnètics (com hem vist, quan s'imanta l'acer aquest es transforma en un imant permanent).

Les aplicacions dels electroimants en la vida quotidiana són molt variades:

- Es fan servir electroimants enormes en els dipòsits de ferralla, per traslladar el material emmagatzemat fig. 4.
- N'hi ha de petits dintre dels altaveus de ràdios, equips de música, etc.
- Podem trobar-ne en aparells, com ara els timbres, en què interessa obtenir un magnetisme intermitent associat a l'obertura o al tancament d'un circuit elèctric.

Fig. 4 Potents electroimants permeten que aquesta grua transporti grans quantitats de ferralla.

Trens de levitació magnètica

El Transrapid fou el primer tren de levitació magnètica amb electroimants que es va construir al món. La seva tecnologia és alemanya i es va dissenyar per aconseguir una velocitat màxima de 500 km/h. Està en funcionament, des del 2002, entre la ciutat xinesa de Xangai i un dels seus aeroports. Recorre en set minuts i mig el trajecte de 30 km que hi ha entre aquests dos llocs.

Aquest tren circula per una via ampla, situada sobre pilars a 8 m d'altura respecte al sòl. La via és de metall i disposa d'uns electroimants que eleven el tren 15 mm, de tal forma que no es produeix fregament. A ambdós costats de la via hi ha d'altres electroimants la funció dels quals és guiar el tren i mantenir-lo en una posició correcta.

1. Digues qui va descobrir que el corrent elèctric crea magnetisme, i com i quan ho va fer.

   Opines que aquest descobriment va tenir interès? Creus que els electroimants són útils?
2. Explica en què consisteix un electroimant.
3. Que resulta més fàcil d'aconseguir, un imant o un electroimant?
4. Digues quines propietats especials tenen els materials ferromagnètics.
5. Explica, amb arguments, per què és convenient posar una barra de ferro dintre de la bobina d'un electroimant.

4 Aplicacions de l'electromagnetisme

4.1. Electricitat + magnetisme = moviment

Nombrosos electrodomèstics que tenim a les nostres llars tenen en comú el fet que el corrent elèctric en fa girar les parts mòbils.

En una rentadora, un ventilador o una batedora fig. 1, és força obvi que hi ha un moviment de gir; en una aspiradora o en un eixugacabells, això no és pas tan evident, però al seu interior hi ha elements mòbils que giren.

En tots aquests aparells, el moviment procedeix d'un **motor elèctric**, és a dir, d'un mecanisme que transforma energia elèctrica en energia cinètica, en forma de moviment circular.

Els motors elèctrics

Els **motors elèctrics** es basen en l'efecte del magnetisme sobre el corrent elèctric que circula per un conductor.

Considerem un circuit senzill com el de la fig. 2a, constituït només per un cable conductor en forma rectangular o circular, que rep el nom d'*espira*, situat dins del camp magnètic d'un imant o d'un electroimant.

Quan passa el corrent pel circuit, l'espira experimenta unes forces que la fan girar.

Fet i fet, un motor elèctric conté un circuit giratori, anomenat **rotor**, format pel moltes espires i pel qual passa corrent, i diversos imants fixos repartits circularment en l'**estator**. D'aquesta manera el gir pot ésser més ràpid, ja que l'efecte de les espires i dels imants se suma fig. 2b.

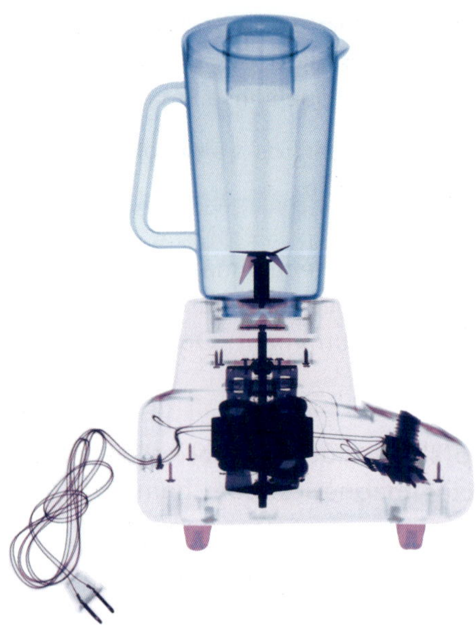

Fig. 1 Circuits interns d'una batedora elèctrica. Hom aprecia perfectament el motor vertical connectat a l'hèlix.

@ Amplia a la Xarxa...

Pots treballar amb simulacions d'un motor elèctric a: www.tiching.com/732084

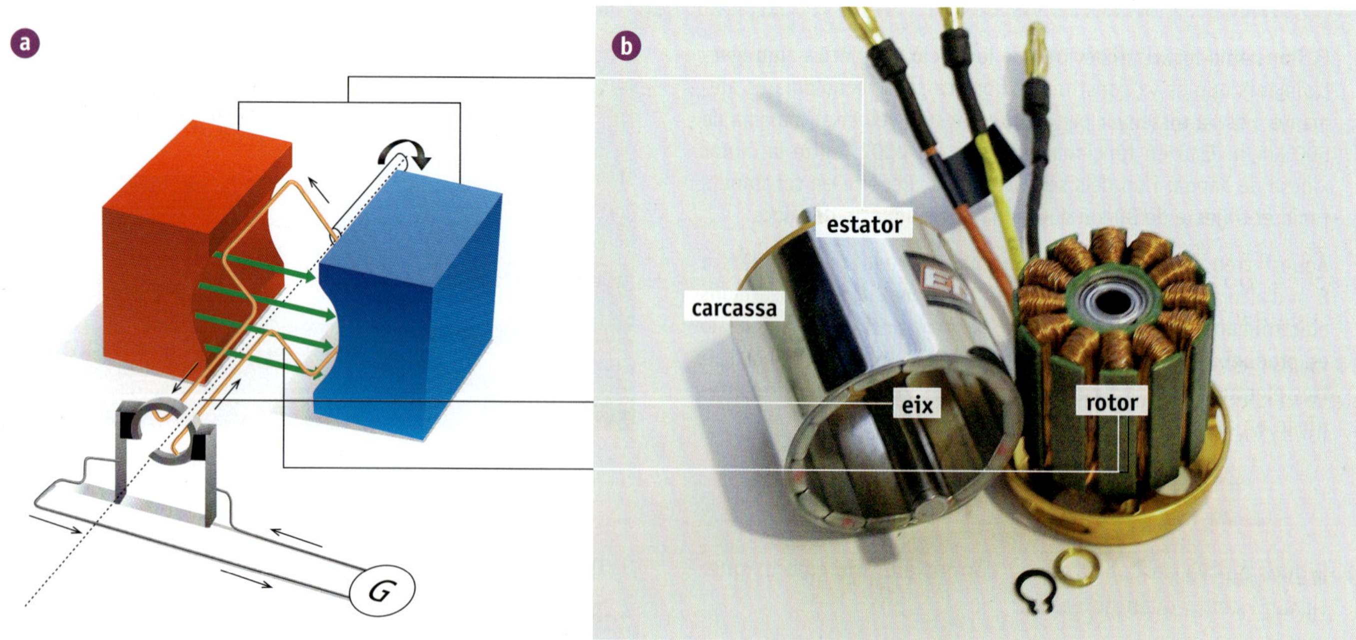

Fig. 2 a) El pas del corrent per una espira sotmesa a un camp magnètic produeix el gir de l'espira. b) Motor elèctric desmuntat per tal d'apreciar-ne les parts principals.

4.2. Moviment + magnetisme = corrent elèctric

Així com Oersted va descobrir que el corrent elèctric crea un camp magnètic, Faraday va descobrir, més tard, que un camp magnètic pot generar corrent elèctric.

Podem observar el fenomen de la inducció magnètica amb el següent experiment fig. 3a:

- Es connecta una bobina, per la qual no passa corrent, a un amperòmetre l'agulla del qual roman immòbil en no passar el corrent.
- Apropem un imant a la bobina, i aleshores veiem que circula corrent en un sentit.
- Allunyem l'imant, i llavors observem que circula corrent en el sentit contrari.

El mateix succeeix si, en lloc de bellugar l'imant, el que belluguem és la bobina dintre del camp magnètic fig. 3b.

@ Amplia a la Xarxa...

Treballa amb una simulació d'un generador de corrent altern a: www.tiching.com/732085

Fig. 3 Producció de corrent en un circuit elèctric gràcies al moviment d'un imant o d'una bobina. a) Es mou l'imant i hi ha corrent en la bobina. b) S'apropa i s'allunya la bobina de l'imant fix i es produeix corrent.

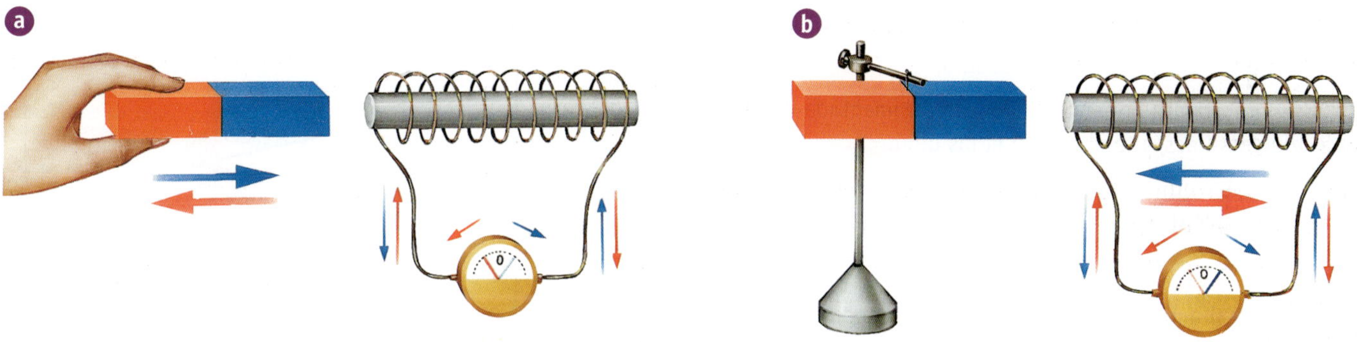

4.3. Corrent elèctric induït

L'experiment anterior posa de manifest que en un circuit elèctric que no disposa d'un generador es pot crear **corrent elèctric** a partir de l'efecte de la variació d'un camp magnètic sobre una bobina.

La **intensitat** d'aquest **corrent elèctric induït** depèn de la *rapidesa amb què varïi el camp magnètic*. La variació s'aconsegueix, a la pràctica, bo i fent girar una bobina dins del camp magnètic creat per un imant fix.

Aquest descobriment va suposar la possibilitat de crear corrent elèctric d'una manera més pràctica que el produït per les piles químiques que fins aleshores es feien servir.

@ Amplia a la Xarxa...

Visiona un vídeo sobre Faraday i la producció de corrent elèctric a: www.tiching.com/732086

1. Descriu i dibuixa al quadern un esquema bàsic d'un circuit elèctric per produir moviment.
2. Descriu i dibuixa al quadern un esquema bàsic d'un circuit elèctric a través del qual aconseguim produir corrent elèctric.
3. Els motors elèctrics s'utilitzen en nombrosos aparells. Esmenta, dels aparells elèctrics que tinguis a casa teva, els que funcionen mitjançant un motor.
4. Digues qui va descobrir la forma de generar corrent elèctric sense piles, i com va ser possible aquesta troballa.

Imants i corrent elèctric

Els imants i els electroimants formen part de nombrosos aparells elèctrics, però normalment no els veiem perquè es troben a l'interior d'aquests.

Tot seguit et proposem uns experiments per entendre a petita escala com es fabriquen els imants i els electroimants, i també per comprendre millor la relació entre magnetisme i corrent elèctric.

Material

- Agulla d'acer i imant
- Suro, got amb aigua i cinta adhesiva
- Caragol, rodet de fil (buit), clips i fil de coure
- Piles de 4,5 V
- Imant
- Bobina de 300 espires
- Nuclis d'acer i de ferro
- Interruptor

A. La brúixola és un instrument senzill que té aplicacions importants, sobretot en la navegació. Saps com pots fabricar-ne una? Com imantaries una agulla d'acer?

Construcció d'una brúixola

1. Frega, sempre en el mateix sentit, per exemple de dalt a baix, una agulla amb un imant.
2. Un cop tinguis l'agulla imantada, col·loca-la sobre una làmina de suro molt fina i subjecta-la a aquesta amb una mica de cinta adhesiva.
3. Omple d'aigua un got i fica-hi el suro.
4. Observa i apunta l'orientació de l'agulla imantada en desplaçar el got a diferents llocs, i també quan el fas girar.
5. Analitza en quina direcció s'orienta. Pots fer-ho mitjançant alguna aplicació per al mòbil que consisteixi en una brúixola.

(1) Explica si actualment tenen la mateixa importància les brúixoles que els *smartphones* (telèfons intel·ligents) o el GPS.

B. Ara recrearàs els experiments d'Oersted i Faraday.

Experiment d'Oersted: producció d'un camp magnètic mitjançant corrent elèctric

1. Construeix el circuit de la figura.
2. Deixa passar el corrent i observa el comportament de la brúixola.
3. Intercanvia els borns de la pila i torna a observar la brúixola.
4. Quina orientació presenta la brúixola mentre passa corrent? Explica'n la raó.
5. Descriu què li succeeix a la brúixola en deixar passar el corrent elèctric. Explica per què passa això.
6. Quina diferència observes en la brúixola quan intercanvies els borns de la pila? Explica quina relació té amb el sentit del moviment dels electrons.

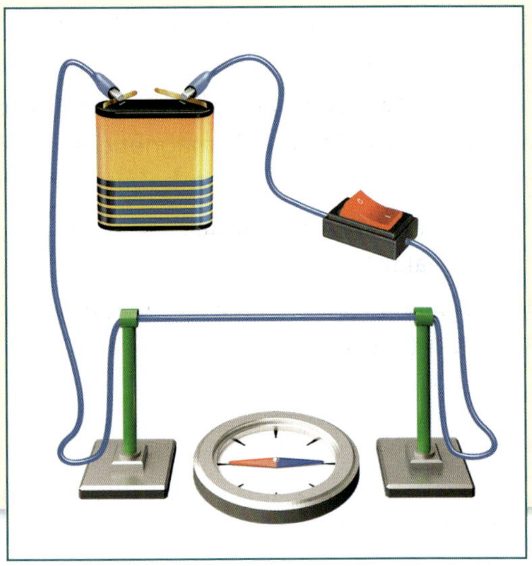

(2) Has recreat l'experiment d'Oersted. Quins aparells hem vist que es basen en aquest descobriment?

(3) Digues quina energia s'ha transformat en energia magnètica.

Experiment de Faraday: producció de corrent elèctric mitjançant un camp magnètic

1. Construeix el circuit de la figura.
2. Acciona l'interruptor per tancar el circuit i observa si la brúixola canvia d'orientació.
3. Hem retirat la pila de l'experiment anterior. Encara que tanquem l'interruptor, què ha de passar amb la brúixola? Per què?
4. Belluga l'imant tot fent-lo entrar i sortir diverses vegades de l'interior de la bobina. Observa què passa amb la brúixola.
5. Què succeeix en apropar i allunyar l'imant de la bobina? Recorda que no hi ha pila. Descriu si varia el que observes en l'agulla imantada en variar la velocitat del moviment de l'imant. Quan es desvia més?

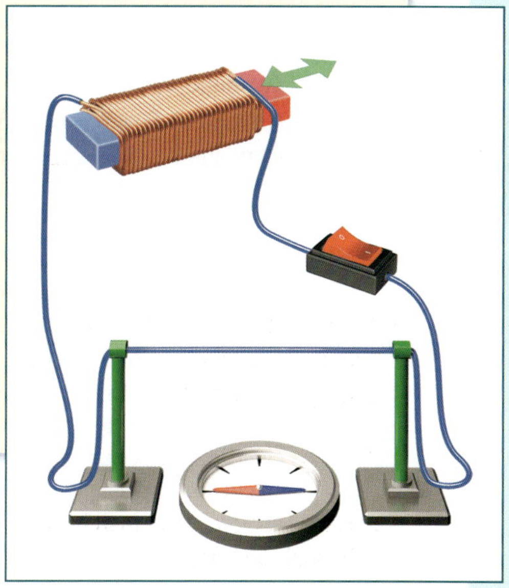

(4) Com es diu l'efecte que produeix un camp magnètic variable? Qui va descobrir aquest fet?

(5) Com es diuen els aparells que es basen en aquest experiment?

(6) En quins llocs es genera el corrent elèctric que arriba als nostres habitatges?

(7) Digues quina energia s'ha transformat en energia elèctrica.

C. Ara veurem una aplicació dels experiments d'Oersted i Faraday. Pren com a base el descobriment d'Oersted i digues si actualment són imprescindibles els imants.

Construcció d'un electroimant

1. Enrotlla la meitat del fil de coure al voltant d'un rodet, i l'altra meitat al voltant d'un caragol.
2. Observa si cada un dels muntatges enrotllats atreu els clips sense estar connectat a la pila.
3. Connecta els extrems del fil de cada muntatge enrotllat als borns de la pila.
4. Analitza si ara creen camp magnètic.
5. Observes diferències entre la força amb què cada enrotllat atreu els clips? Raona la teva resposta.
6. Descriu com es produeix l'atracció de cada clip. Creus que els clips també s'imanten o no ho creus? Com pots demostrar-ho?

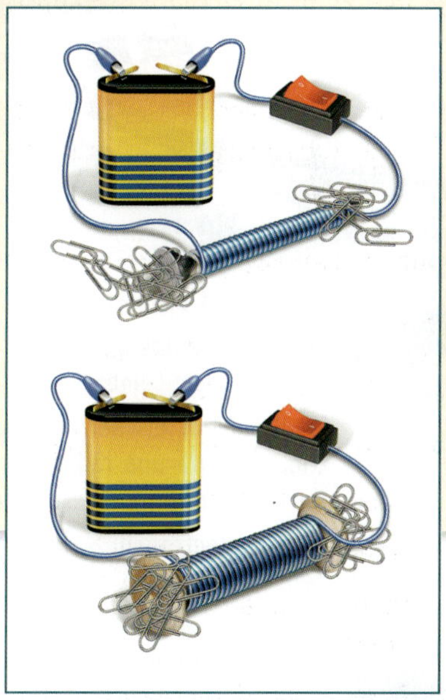

(8) Et sembla que és difícil crear un camp magnètic encara que no disposem d'imants?

(9) Relaciona la construcció d'un electroiman amb el descobriment que va fer Oersted el 1820.

Experimentació TIC @

A www.tiching.es/732087 trobem una simulació. Treballa-hi i contesta les preguntes:

a. Esmenta les similituds entre els camps magnètics generats per un imant i per un electroimant.

b. Com s'orienta la brúixola en cada punt de l'espai?

c. Apunta què indica el mesurador de camp en el cas de l'electroimant:

1. En disminuir el nombre d'espires.
2. En disminuir la tensió de la pila.

d. Què passa quan s'inverteix la polaritat de la pila?

Imants i electroimants a la llar

① El timbre elèctric

Els timbres tenen al seu interior un circuit elèctric connectat al corrent, que consta dels elements següents: un interruptor (el polsador del timbre), un electroimant, un martellet i una campana.

En pitjar l'interruptor, es tanca el circuit i el corrent elèctric circula per aquest. Amb el pas del corrent actua l'electroimant, que atreu un petit martell situat a prop. El desplaçament d'aquest martell fa que el circuit s'obri, bo i impedint, d'aquesta manera, el pas del corrent.

Per això l'electroimant deixa d'actuar, la seva atracció sobre el martell cessa, i aquest torna a la seva posició inicial. En fer-ho colpeix la campana, cosa que produeix el so del timbre, i es tanca un altre cop el circuit. Així comença de bell nou tot el procés, que té lloc en un breu espai de temps.

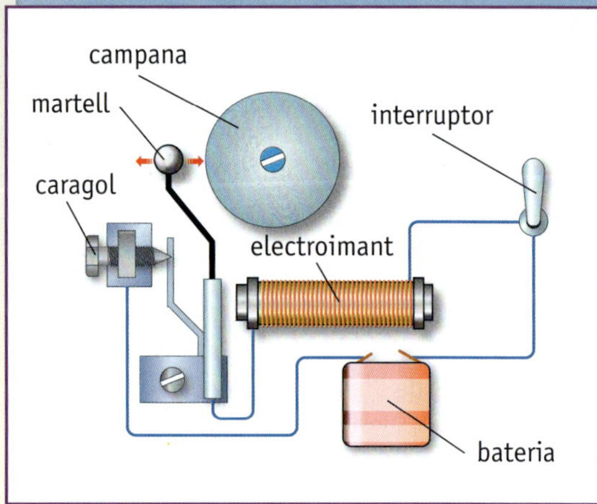

② L'altaveu i el micròfon

Es tracta de dos aparells amb funcions oposades, però amb un funcionament bàsic semblant.

En l'altaveu, els senyals elèctrics que procedeixen d'un aparell elèctric, com ara una ràdio, un amplificador, una televisió..., es transmeten a una bobina que, en circular-hi el corrent, fa d'electroimant.

Aquest electroimant atreu, amb major o menor força, un imant permanent situat més o menys a prop segons la intensitat del corrent que hi circula.

El vaivé de l'imant es transmet a una membrana que, en vibrar, produeix senyals acústics que es transmeten per l'aire.

Ha tingut lloc una transformació de senyals elèctrics en senyals acústics, tot passant per senyals magnètics.

En el micròfon, per contra, els senyals acústics de la veu o de la música es transmeten a una membrana que, en oscil·lar, mou un imant que produeix senyals elèctrics en una bobina.

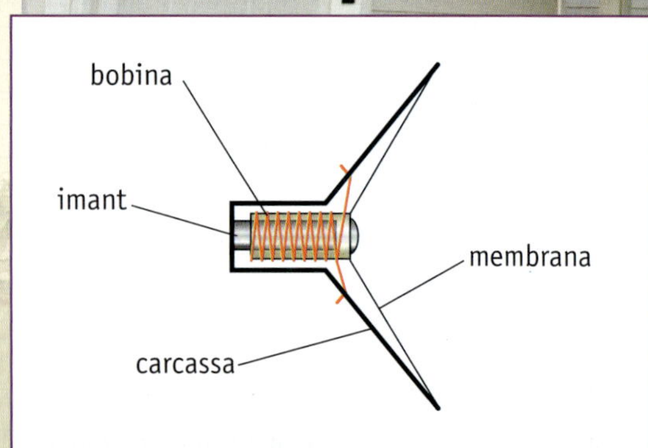

③ El cotxe elèctric

El cotxe elèctric es diu així perquè funciona amb un *motor elèctric*. Això vol dir que per moure's, en lloc de benzina, necessita corrent elèctric.

El generador de corrent elèctric d'aquesta mena de cotxes són les *bateries*, que cal recarregar a mesura que esgoten l'energia. La recàrrega es pot efectuar mitjançant una connexió a un punt extern, al carrer, o a un punt intern, a la llar.

Per tal que el cotxe pugui canviar de velocitat segons les necessitats de la conducció, hi ha l'anomenat *controlador*. Aquest connecta la bateria amb el motor i regula la quantitat d'energia elèctrica que la primera ha de proporcionar al segon.

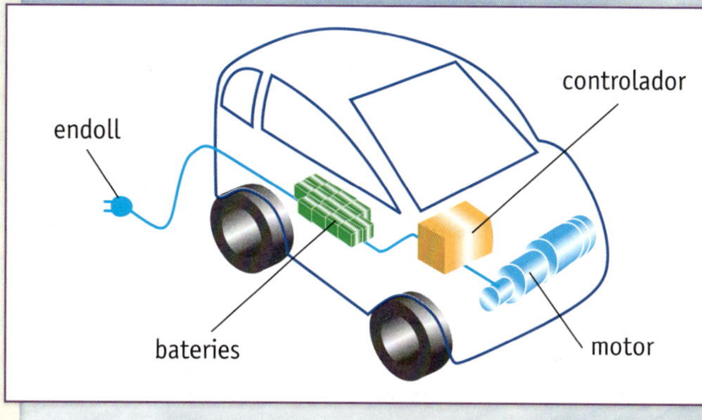

1. On es troba l'interruptor del timbre d'una casa?
2. Esmenta els elements del circuit elèctric d'un timbre.
3. Hi ha algun imant dintre d'un timbre? Per què? Què hi ha al seu lloc?
4. Què succeeix quan l'electroimant atreu el martellet? Què li passa llavors a l'electroimant?
5. Cada cop que pitgem l'interruptor d'un timbre, la campana és colpida només una vegada?
6. Els altaveus i els micròfons tenen un funcionament bàsic semblant, però funcions oposades. Per què?
7. Esbrina quins avantatges i desavantatges presenten els cotxes elèctrics actuals enfront dels de benzina.

7 Producció de corrent elèctric

7.1. Importància del corrent elèctric induït

Hem vist que l'any 1831 es va observar com un camp magnètic variable produïa corrent elèctric induït.

Aquest descobriment va ser una fita important pel que fa al desenvolupament tecnològic, ja que fins aleshores l'única forma de disposar d'electricitat era mitjançant piles, amb tot d'inconvenients, com ara el fet que aquestes tenien una durada curta i un elevat cost de transport.

Actualment, el corrent elèctric subministrat a industries i poblacions es genera en les centrals elèctriques.

Totes les centrals elèctriques tenen un element comú, que es basa en la inducció electromagnètica fig. 1: el generador de corrent alterna. La diferència entre els diferents tipus de centrals rau en la font d'energia que utilitzen i en la forma en què l'aprofiten.

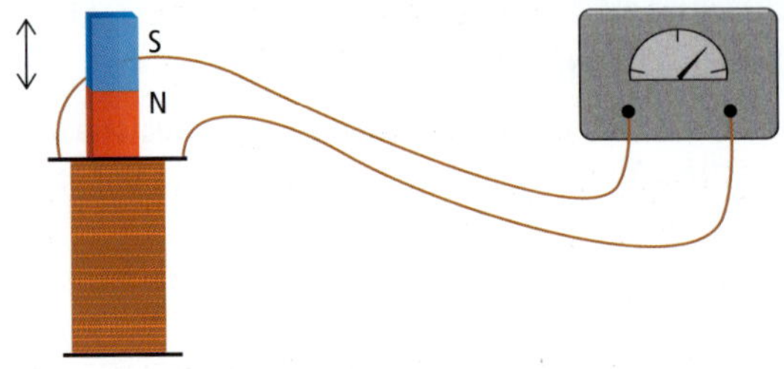

Fig. 1 Producció de corrent elèctric induït mitjançant el moviment d'un imant.

7.2. Obtenció de corrent elèctric. L'alternador

Donem el nom de **generador de corrent altern** o **alternador** al sistema que, d'una manera simplificada, observem en la fig. 2.

Fig. 2 Esquema simplificat de l'alternador. El moviment de gir de l'espira dintre del camp magnètic produeix corrent elèctric.

El camp magnètic variable s'aconsegueix en girar una o diverses espires de coure en l'interior del camp magnètic originat per un gran imant. Aquest procés senzill crea corrent elèctric que, per procedir d'un gir, té una intensitat de valor variable fig. 3.

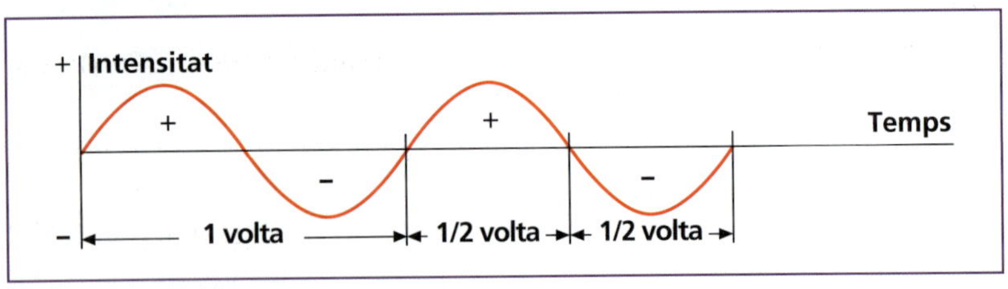

Fig. 3 Gràfic d'un corrent altern.

Aquest corrent és *altern* perquè varia de sentit i de valor alternativament. Això dóna nom a aquesta mena de generador.

Cal tenir en compte que, en contraposició a aquest tipus de corrent, les piles generen corrent *continu*, perquè la seva intensitat és constant, no canvia de sentit ni de valor.

El llum de les bicicletes

El llum que porten algunes bicicletes funciona quan gira la roda del davant. Si ens aturem, deixa de fer llum.

El corrent elèctric necessari perquè funcioni la bombeta el produeix un petit alternador que du la bicicleta. A l'interior d'aquest, hi ha una bobina i un imant.

Quan es mou la roda, gira la part superior d'aquest generador, es transmet el gir a l'imant que té a l'interior i en la bobina es genera corrent elèctric.

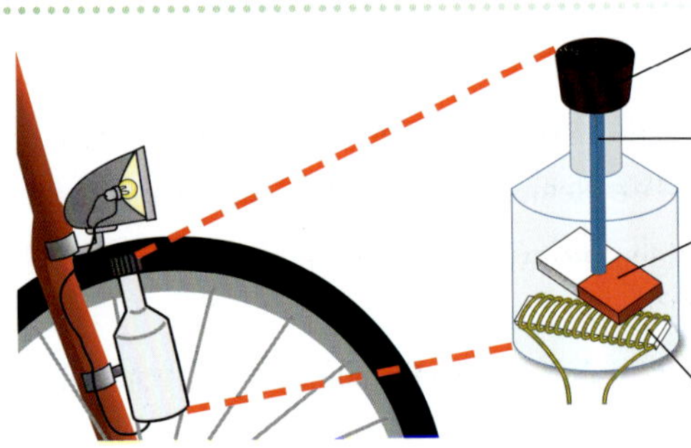

7.3. Centrals elèctriques

Els tres tipus més comuns de centrals elèctriques són: les tèrmiques, les nuclears i les hidroelèctriques.

Totes es basen en un mateix principi de funcionament: una font d'energia fa girar una turbina connectada al sistema de bobines d'un alternador; el gir de les bobines de l'alternador genera el corrent elèctric.

La diferència fonamental entre unes i altres centrals rau en l'origen de la font d'energia. El moviment de la turbina pot ser produït per un raig de vapor d'aigua (centrals tèrmiques i nuclears) fig. 4 o bé per aigua a pressió (centrals hidroelèctriques).

Fig. 4 Torre de refrigeració d'una central tèrmica.

7.4. Transport d'energia elèctrica

El transport del corrent elèctric des de les centrals fins als llocs de consum es realitza a través de la **xarxa elèctrica** fig. 5:

- En primer lloc, en les centrals elèctriques s'eleva la tensió (a més de 132 000 V) mitjançant **transformadors elevadors**. Així, hom aconsegueix disminuir les pèrdues d'energia en els cables de les **línies d'altra tensió**.
- Les línies d'alta tensió transporten el corrent elèctric fins a les zones industrials o les zones habitades.

  En aquests llocs, uns **transformadors reductors** redueixen la tensió a 45 000 V (zones industrials) o a 15 000 V (zones habitades). Tenim aleshores l'anomenada *mitjana tensió*.
- El corrent elèctric de mitjana tensió es redueix, al seu torn, a 400 V o 230 V, que és el subministrament habitual en les petites indústries i en les llars (*baixa tensió*).

Fig. 5 Esquema del transport del corrent elèctric fins a les nostres llars.

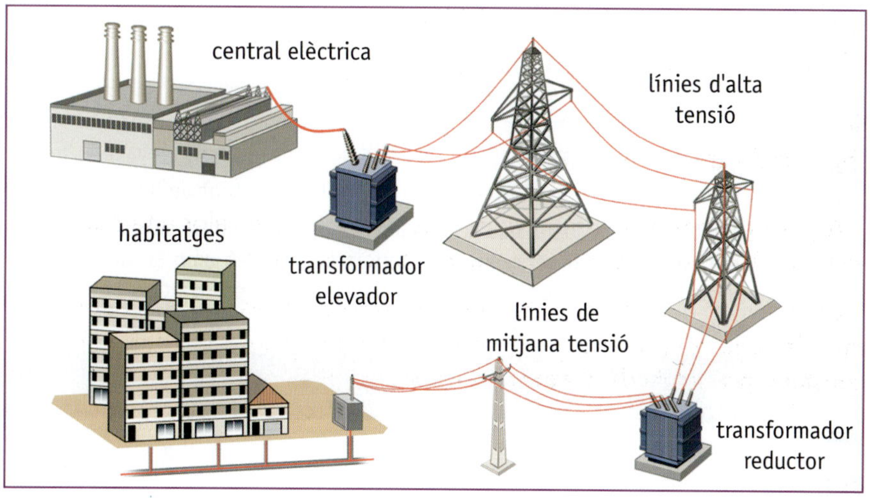

@ Amplia a la Xarxa...

Per saber més sobre el corrent continu i el corrent altern, entra a: www.tiching.com/732088

1. Descriu i dibuixa un esquema bàsic d'un circuit elèctric mitjançant el qual generem corrent altern.
2. Explica quina diferència hi ha entre corrent continu i corrent altern.
3. Digues on es genera en quantitats molt grans el corrent altern.
4. Descriu el funcionament de l'alternador que tenen algunes bicicletes.
5. Tria un tipus comú de central elèctrica, busca informació i redacta un informe sobre com funciona.
6. Descriu com arriba el corrent elèctric des de les centrals elèctriques fins a les nostres llars.

DESCOBREIX

8 Transmissió del corrent elèctric

1 L'enviament de senyals: el telègraf

El 1837, Cooke i Wheatstone demanen la primera patent del telègraf, aparell que fa servir senyals elèctrics que es transmeten a través de cables per enviar missatges de text a grans distàncies.

L'any 1844, Samuel Morse va enviar el primer telegrama amb un telègraf que havia desenvolupat a partir de telègrafs anteriors; això succeïa als Estats Units, i Morse va utilitzar els senyals del codi que duu el seu nom.

Va ser un pas gegantí a la història, a partir del qual es va buscar la forma que aquestes transmissions poguessin efectuar-se entre tots els punts del món. Per tal d'aconseguir-ho, calia connectar mitjançant cables elèctrics ciutats, països i continents.

La dificultat més gran la va plantejar la connexió entre Europa i Amèrica, a causa de l'enorme distància que les separa. Es tractava de cercar els punts d'ambdues que disten menys entre ells i de fabricar un cable que fos prou llarg per unir-los.

Aquests punts es trobaven a Irlanda i a Terranova; l'estesa havia d'anar per sota del mar i calia construir vaixells capaços de transportar l'enorme pes que tenien el 4 300 km de cable.

Després de moltes temptatives i fracassos, el 28 de juliol de 1866 la línia estava connectada.

2 La bombeta d'Edison

Edison va comercialitzar, el 1880, la bombeta que porta el seu nom, tot i que ja havia estat inventada abans. El funcionament d'aquesta bombeta, denominada d'incandescència, es basa en la producció de llum i calor d'un filament de carboni a través del qual circula el corrent elèctric.

Per tal d'evitar que el filament es cremés amb l'oxigen de l'aire, s'introduïa en una càpsula de vidre a la qual es feia el buit. Com que el carboni durava poc, va ser substituït pel tungstè (wolframi), un metall que tolera bé temperatures molt elevades.

El seu ús va suposar un gran avenç per a la il·luminació tant de les cases com dels carrers.

Actualment hom considera que les bombetes de filament resulten poc eficients, ja que l'energia que perden per calor és molt gran en comparació amb la llum que emeten. Per això ja no es fabriquen i són gradualment reemplaçades per d'altres bombetes de baix consum, com ara les halògenes, les fluorescents compactes i les de LED.

1. Cerca informació sobre l'estesa de cables submarins per a Internet (hi tens un exemple a la pàgina www.tiching.com/732068). Tot seguit, esmenta les semblances i diferències entre aquest procés i el descrit al text (entre els quals han transcorregut 150 anys) pel que fa als aspectes següents:
   a. Si en tots dos casos es tracta de transmissió per cable elèctric.
   b. Nombre de quilòmetres de cable.
   c. El procés d'instal·lació del cable.

2. Observa la bombeta fabricada per Edison i respon aquestes preguntes:
   a. Per què rep el nom de bombeta d'incandescència?
   b. Per què cal fer el buit al seu interior?
   c. Com s'il·luminaven les llars i els carrers abans que fossin utilitzades aquestes bombetes?
   d. Què volem dir quan diem que aquesta bombeta és poc eficient?

3 Transport de l'electricitat. Línies d'alta tensió

Tots hem vist alguna vegada les altes torres que suporten els cables que transporten el corrent elèctric per tal que l'electricitat arribi a tot arreu.

Atès que els esmentats cables tenen molts quilòmetres de llargària, la seva resistència ha de ser elevada i es produiran grans pèrdues d'energia per calor.

Per evitar això, cal aconseguir que la intensitat que circula per aquests cables sigui petita.

La potència de les línies ha de ser constant, per la qual cosa si s'eleva molt la tensió del corrent (d'aquí ve el nom de *línies d'alta tensió*) disminuirà la intensitat, així com les pèrdues per calor.

4 Velocitat del corrent elèctric i dels electrons

Quan endollem una làmpada veiem que la bombeta s'encén immediatament. En observar-ho, podríem creure que el corrent elèctric té una velocitat molt alta. No és així, però.

Podem fer una comparació amb l'aigua de les canonades. Quan obrim una aixeta, l'aigua surt immediatament, però la velocitat amb que circula per les canonades no és pas alta. En aquest moment surt l'aigua més propera.

Els electrons que condueixen el corrent elèctric per l'interior dels fils conductors es mouen a una velocitat força lenta. Es pot calcular que, per exemple, la velocitat dels electrons en el coure és d'uns 25 cm/h, és a dir, que per recórrer un cable d'1 m de longitud, els electrons necessiten unes 4 hores.

També podem comparar aquest moviment amb el de les boles de la figura com a conseqüència de la tensió aplicada: la primera surt disparada immediatament, però cada una només es desplaça una mica.

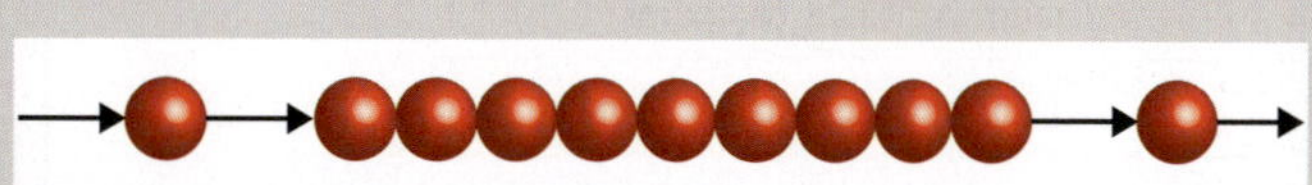

1. Explica per què hi ha imants temporals i imants permanents i quines en són les diferències.

2. Podem aconseguir un imant amb un sol pol?

3. Digues si les frases següents són veritables o falses. Si són falses, escriu-les al quadern de manera correcta:

a) Un imant és un objecte amb dos pols que atreu els electrons.

b) Els imants artificials no creen camp magnètic al seu voltant.

c) Els pols de nom diferent de dos imants es repel·leixen.

d) Si trenquem un imant per la meitat, ens queda un pol en cada tros.

e) Un electroimant és un imant connectat al corrent.

f) La Terra té un imant al seu interior.

4. Argumenta per què es fa servir una agulla imantada per fabricar una brúixola? Per què no un imant d'una altra forma?

5. Descriu l'experiment d'Oersted i la seva importància.

6. Quines similituds i quines diferències presenta un electroimant si el comparem amb un imant? Explica com en construiries un.

7. Copia al quadern i completa les frases següents:

a) La ... és un enorme ... els pols magnètics del qual es troben orientats a l'inrevés que els pols nord i sud geogràfics.

b) Podem imantar un objecte de ... o ... bo i fregant-lo amb un imant.

c) Les línies del camp ... són tancades; surten per un ... i entren per l'altre.

d) Una ... o solenoide pel que passa corrent crea un camp ... semblant al d'un ....

8. Descriu quins elements necessitaries per repetir l'experiment de Faraday. Explica quines conseqüències es deriven d'aquest experiment.

9. Relaciona en el quadern les paraules de l'esquerra amb les explicacions de la dreta:

Magnetita	Imant artificial permanent.
Ferro imantat	S'atreuen.
Acer imantat	Imant natural.
Nord-nord	Imant artificial temporal.
Nord-sud	El corrent crea magnetisme.
Oersted	Es repel·leixen.
Faraday	El magnetisme produeix corrent.

10. Escriu correctament al quadern les frases que siguin incorrectes:

a) Els imants i el corrent elèctric no tenen res a veure.

b) És possible imantar metalls amb imants.

c) El ferro imantat esdevé un imant permanent.

d) Un electroimant és un imant envoltat per un cable elèctric.

e) Un motor gira gràcies a uns imants que porta al seu interior.

f) Un motor i un alternador són idèntics: imants, cables, gir...

g) El corrent elèctric es genera sempre en les centrals elèctriques.

h) Resulta més barat utilitzar piles que corrent elèctric dels endolls.

11. Ordena al quadern els fragments de cada text de manera que formin frases amb sentit:

Text 1: a) magnètic; b) crea un camp; c) Un conductor; d) pel qual passa corrent

Text 2: a) crea un camp magnètic; b) Una bobina o solenoide; c) semblant a un imant; d) si hi circula corrent

Text 3: a) per la que passa corrent; b) amb un nucli de ferro; c) Un electroimant és una bobina; d) al seu interior

12. Explica què creus que succeirà si apropem una brúixola a un cable pel qual circula corrent elèctric.

13. Per què diem que corrent elèctric + magnetisme = moviment?

14. Per què diem que moviment + magnetisme = corrent elèctric?

15. Què significa el terme *corrent elèctric induït*? De què depèn la intensitat d'aquest corrent?

16. En el circuit de la figura, què faries perquè l'amperòmetre indiqués pas de corrent?

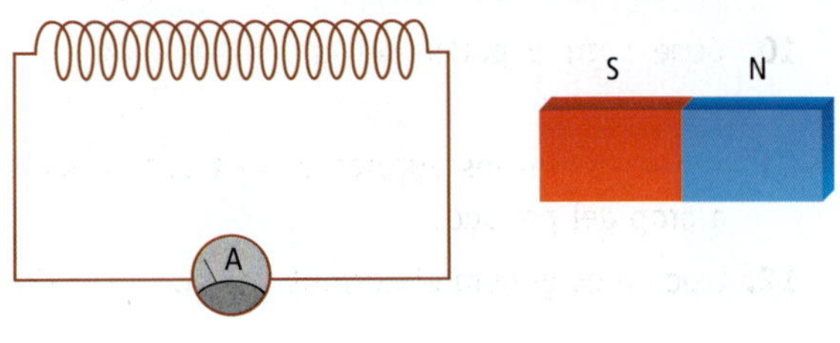

1. Indica quins materials tenen la propietat del magnetisme.

2. Esmenta els diferents tipus d'imants.

3. Descriu què passa quan:
   a) Apropem el pol nord d'un imant al pol sud d'un altre imant.
   b) Apropem els pols nord de dos imants.
   c) Trenquem un imant en dos trossos.
   d) Acostem objectes metàl·lics a un imant.
   e) Col·loquem un imant sota un paper amb llimadures de ferro.

4. Com sabem que la Terra es comporta com un imant?

5. On es troben els pols nord i sud magnètics de la Terra?

6. Descriu en què consisteix una brúixola i per a què serveix.

7. Explica en què va consistir l'experiment d'Oersted, com el va dur a terme i per què va servir per relacionar l'electricitat amb el magnetisme.

8. Què cal per a que una bobina produeixi camp magnètic com un imant?

9. Copia i resol els mots encreuats al quadern:

Vertical

1. Un altre nom amb què es coneix una bobina.
2. Produeix corrent elèctric a partir del gir i del magnetisme.
3. Generador que produeix corrent altern.
4. Fer que un objecte de ferro o d'acer tingui propietats magnètiques.
5. Ho són el ferro i l'acer.
6. Cos format per una matèria amb propietats magnètiques.
7. Aparell que ajuda a situar el nord terrestre.
8. Així es diuen les aurores que es poden veure a prop del pol nord.

Horitzontal

9. És el conjunt d'una bobina amb una barra de ferro al seu interior.
10. Genera gir a partir del corrent elèctric i del magnetisme.
11. Així es diuen les aurores que es poden veure a prop del pol sud.
12. Lloc on es genera el corrent altern.

10. Esmenta alguna aplicació dels electroimants.

11. Com aconsegueix un motor el seu moviment de gir?

12. Descriu que s'observa en un circuit elèctric amb un amperímetre i sense generador quan li apropem i li allunyem un imant. Qui va ser el primer a realitzar aquest experiment?

13. Relaciona al quadern el conceptes de cada columna:

Brúixola	No renovable
Creació de corrent elèctric	Contaminació atmosfèrica
Moviment d'un motor	Moviment + imant
Central nuclear	Renovable
Central hidroelèctrica	Camp magnètic terrestre
Fonts no renovables	Alternador
Centrals elèctriques	Crea camp magnètic
Electroimant	Corrent elèctric + imant

14. Què és un alternador? On podem trobar-ne? Per què diem que en un alternador s'obté corrent elèctric altern?

1 Observa. El comportament d'un electroimant

Busca informació sobre la construcció d'electroimants (pots accedir, per exemple, a www.tiching.es/732077) i respon les preguntes següents:

a) En què consisteix un solenoide?

b) Què cal perquè un solenoide es converteixi en un electroimant?

c) Quin és el pol nord d'un electroimant?

d) Descriu el que passa amb tres brúixoles situades al voltant de la bobina quan el corrent passa per aquesta.

e) Descriu què succeeix quan apropem una barra d'acer o de ferro a un electroimant.

f) Quin efecte produeix introduir un nucli de ferro en un electroimant?

g) Són útils els electroimants?

2 Descobreix. Plaques d'inducció

Les plaques vitroceràmiques d'inducció basen l'escalfament dels recipients i el seu contingut en els efectes del magnetisme.

Sota la placa de cocció, tenen una bobina que genera un camp magnètic de valor variable al pas d'un corrent elèctric d'intensitat variable. Aquest camp magnètic crea en la base del recipient, que ha de ser ferromagnètic, un corrent elèctric induït que produeix calor en l'esmentada base.

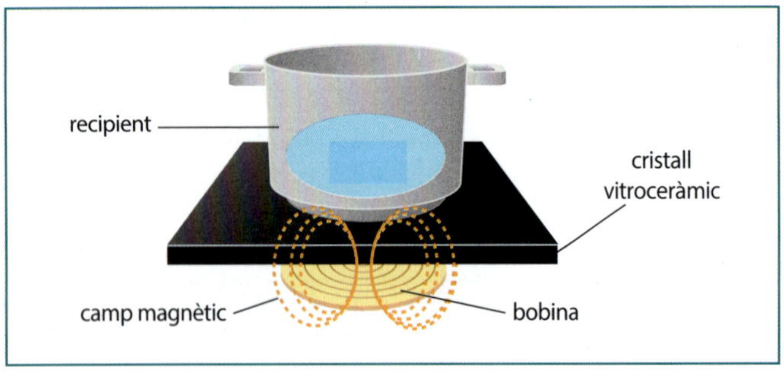

a) Creus que es produeix corrent induït si no col·loquem cap recipient sobre la placa?

b) Recorda que només es poden imantar els materials ferromagnètics. Explica per què el recipient ha de ser ferromagnètic. Posa dos exemples d'aquest tipus de material.

c) Si posem en aquestes cuines una cassola de fang, s'escalfa el seu contingut?

d) Els imants atreuen els materials ferromagnètics. Pensa quina prova podríem fer per assegurar-nos que una cassola que volem comprar és apropiada per a la cuina d'inducció?

e) Tenint en compte que la vitroceràmica és un material aïllant de la calor i de l'electricitat, creus que quan traguem el recipient la placa estarà calenta?

f) Esmenta el nom de la llei que estableix que els corrents elèctrics generen calor.

3 Observa. La bicicleta elèctrica

Cerca informació sobre les bicicletes elèctriques (en tens un exemple a www.tiching.com/732078) i contesta les preguntes:

a) En què consisteix una bicicleta elèctrica?

b) On porta muntat el motor? Com es carrega la bateria?

c) Quina és la millor bateria? Per què?

d) Explica com s'activa i desactiva el motor.

e) Cal tenir permís de conducció per usar-la? Tenen accelerador, aquest tipus de bicicletes?

Síntesi. Electromagnetisme

Magnetisme i imants

- ✔ El **magnetisme** és la propietat per la qual alguns materials atreuen el ferro i l'acer. Amb aquests materials es fan imants.
- ✔ Hi ha imants **naturals** i **artificials**.
- ✔ Els imants tenen dos **pols**: nord i sud. Si apropem dos imants pels pols oposats, s'atrauran; si els apropem pels pols iguals, es repel·liran.
- ✔ Els imants generen un **camp magnètic** al seu voltant, que és la regió de l'espai on se n'aprecien els efectes sobre els cossos de l'entorn.

La brúixola i el magnetisme terrestre

- ✔ La **Terra** és un enorme imant; els pols d'aquest imant estan invertits respecte dels pols de la Terra.
- ✔ El pol nord magnètic terrestre està a prop del pol sud geogràfic, mentre que el pol sud magnètic està a prop del pol nord geogràfic.

Corrent elèctric i magnetisme

- ✔ El corrent elèctric produeix magnetisme i el magnetisme produeix corrent elèctric en determinades condicions.
- ✔ Un **electroimant** consisteix en una bobina amb una barra de ferro situada al seu interior; quan el corrent elèctric circula per la bobina, el conjunt funciona com un imant.
- ✔ En passar el corrent elèctric per una bobina dintre d'uns imants es produeix un gir de la bobina. Aquesta és la base del funcionament dels **motors elèctrics**.
- ✔ En moure un imant dintre d'una bobina sense pila, comença a passar corrent per la bobina. A aquest corrent l'anomenem **induït**.

Producció de corrent elèctric

- ✔ Un **alternador** és un dispositiu format, bàsicament, per una espira que gira dins l'interior d'un camp magnètic i que, així, genera corrent elèctric altern.

Consolidació de competències

RESPON LA PREGUNTA INICIAL

Després d'estudiar aquesta unitat, pots respondre la pregunta inicial:

Quina relació hi ha entre electricitat i magnetisme?

Redacta un text d'entre 10 i 20 línies que resumeixi les conclusions a què has arribat.

CONSOLIDA EL QUE HAS APRÈS

Per tal de consolidar els coneixements adquirits al llarg de la unitat, pots realitzar les activitats que trobaràs en aquesta web:

www.tiching.com/731562

Aquestes activitats han estat preparades en un document en format pdf que pots descarregar-te.

Al final del document trobaràs les solucions; així podràs comprovar si has acomplert els objectius de la unitat.

TÈCNIQUES D'ESTUDI

Entra a: www.tiching.com/727426, i practica una tècnica d'estudi a partir de la síntesi.

APRENDRE PER EMPRENDRE

Els imants i els electroimants, tot i que sovint no els vegem, formen part de nombrosos aparells que fem servir diàriament.

A més de tenir-los a la nevera per subjectar notes, es troben a l'interior dels electrodomèstics, dels mòbils, de les màquines elèctriques, a les bandes de les targetes bancàries...

Busca informació a Internet i indica la varietat d'objectes i aparells la base de funcionament dels quals és el camp magnètic d'un imant o d'un electroimant.

Digues quines altres utilitats els donaries tu per facilitar alguna feina o fer més àgil algun mecanisme, i explica'n el funcionament.

Per agafar idees pots ajudar-te veient alguns o tots aquests vídeos:

www.tiching.com/732079

www.tiching.com/732080

Comenta i completa les teves respostes amb els teus companys i companyes.

Taula periòdica dels elements

CLAU DE LA TAULA

- *Nombre atòmic*: 1
- *Símbol*: H
- *Nom*: Hidrogen
- *Massa atòmica*: 1,008

Les masses atòmiques entre parèntesis corresponen al nucli més estable.

sòlid | líquid (a 30ºC) | gasós | sintètic

	Grup 1	Grup 2	Grup 3	Grup 4	Grup 5	Grup 6	Grup 7	Grup 8
Període 1	1 **H** Hidrogen 1,008							
Període 2	3 **Li** Liti 6,94	4 **Be** Beril·li 9,01						
Període 3	11 **Na** Sodi 22,99	12 **Mg** Magnesi 24,31						
Període 4	19 **K** Potassi 39,10	20 **Ca** Calci 40,08	21 **Sc** Escandi 44,96	22 **Ti** Titani 47,87	23 **V** Vanadi 50,94	24 **Cr** Crom 52,00	25 **Mn** Manganès 54,94	26 **Fe** Ferro 55,85
Període 5	37 **Rb** Rubidi 85,47	38 **Sr** Estronci 87,62	39 **Y** Itri 88,91	40 **Zr** Zirconi 91,22	41 **Nb** Niobi 92,91	42 **Mo** Molibdè 95,94	43 **Tc** Tecneci (98)	44 **Ru** Ruteni 101,07
Període 6	55 **Cs** Cesi 132,91	56 **Ba** Bari 137,33	57-71 Lantànids	72 **Hf** Hafni 178,49	73 **Ta** Tàntal 180,95	74 **W** Tungstè 183,84	75 **Re** Reni 186,21	76 **Os** Osmi 190,23
Període 7	87 **Fr** Franci (223)	88 **Ra** Radi (226)	89-103 Actínids	104 **Rf** Rutherfordi (267)	105 **Db** Dubni (268)	106 **Sg** Seaborgi (271)	107 **Bh** Bohri (272)	108 **Hs** Hassi (270)

Terres rares

Període 6	57 **La** Lantani 138,91	58 **Ce** Ceri 140,12	59 **Pr** Praseodimi 140,91	60 **Nd** Neodimi 144,24	61 **Pm** Prometi (145)	62 **Sm** Samari 150,36
Període 7	89 **Ac** Actini (227)	90 **Th** Tori 232,04	91 **Pa** Protoactini 231,04	92 **U** Urani 238,03	93 **Np** Neptuni (237)	94 **Pu** Plutoni (244)

- *Metalls*
- *Semimetalls*
- *No-metalls*
- *Gasos nobles*

Grup 9	Grup 10	Grup 11	Grup 12	Grup 13	Grup 14	Grup 15	Grup 16	Grup 17	Grup 18
									2 **He** Heli 4,003
				5 **B** Bor 10,81	6 **C** Carboni 12,01	7 **N** Nitrogen 14,01	8 **O** Oxigen 16,00	9 **F** Fluor 19,00	10 **Ne** Neó 20,18
				13 **Al** Alumini 26,98	14 **Si** Silici 28,09	15 **P** Fòsfor 30,97	16 **S** Sofre 32,07	17 **Cl** Clor 35,45	18 **Ar** Argó 39,95
27 **Co** Cobalt 58,93	28 **Ni** Níquel 58,69	29 **Cu** Coure 63,55	30 **Zn** Zinc 65,38	31 **Ga** Gal·li 69,72	32 **Ge** Germani 72,64	33 **As** Arsènic 74,92	34 **Se** Seleni 78,96	35 **Br** Brom 79,90	36 **Kr** Criptó 83,80
45 **Rh** Rodi 102,91	46 **Pd** Pal·ladi 106,42	47 **Ag** Plata 107,87	48 **Cd** Cadmi 112,41	49 **In** Indi 114,82	50 **Sn** Estany 118,71	51 **Sb** Antimoni 121,76	52 **Te** Tel·luri 127,60	53 **I** Iode 126,90	54 **Xe** Xenó 131,29
77 **Ir** Iridi 192,22	78 **Pt** Platí 195,08	79 **Au** Or 196,97	80 **Hg** Mercuri 200,59	81 **Tl** Tal·li 204,38	82 **Pb** Plom 207,2	83 **Bi** Bismut 208,98	84 **Po** Poloni (209)	85 **At** Àstat (210)	86 **Rn** Radó (222)
109 **Mt** Meitneri (276)	110 **Ds** Darmstadti (281)	111 **Rg** Roentgeni (280)	112 **Cn** Copernici (285)	113 **Nh** Nihoni (284)	114 **Fl** Flerovi (289)	115 **Mc** Moscovi (288)	116 **Lv** Livermori (293)	117 **Ts** Tennessi (294)	118 **Og** Oganessó (294)

63 **Eu** Europi 151,96	64 **Gd** Gadolini 157,25	65 **Tb** Terbi 158,93	66 **Dy** Disprosi 162,50	67 **Ho** Holmi 164,93	68 **Er** Erbi 167,26	69 **Tm** Tuli 168,93	70 **Yb** Iterbi 173,04	71 **Lu** Luteci 174,97
95 **Am** Americi (243)	96 **Cm** Curi (247)	97 **Bk** Berkeli (247)	98 **Cf** Californi (251)	99 **Es** Einsteini (252)	100 **Fm** Fermi (257)	101 **Md** Mendelevi (258)	102 **No** Nobeli (259)	103 **Lr** Laurenci (262)

CODI DE LLICÈNCIA *

VSJEVBYZAAT3

edubook
— activa l'aprenentatge —

1. Entra a la web: **edubook.vicensvives.com**
2. Introdueix el **codi de llicència** del teu llibre

   Introdueix la llicència

3. **Segueix els passos** i accedeix al teu compte d'Edubook

* Llicència gratuïta vàlida per un any des de l'activació

En cas que la disponibilitat i l'activació de la llicència no siguin possibles per algun motiu, l'usuari no podrà fer cap reclamació a EDUBOOK per aquest concepte.

Agraïm a les següents entitats: NASA i ESA, la possibilitat d'utilitzar el seu material fotogràfic (unitat 8, pàg. 153 i unitat 12, pàgs. 225, 236 i 237).

Il·lustrat per: Carles Salom i Marcel Socias.

Aquest llibre ha estat imprès en paper ecològic reciclable i amb tintes exemptes d'elements pesants solubles. Directiva Europea 88/378/UE, norma revisada EN/71.

Primera edició, 2015

4 5 6 7

Dipòsit Legal: B. 14.261-2015/ ISBN: 978-84-682-3199-0/Núm. d'Ordre V.V.: LT39.

ESPANYA. PRINTED IN SPAIN.